아름다운 생활공간을 위한

분식물 디자인

아름다운 생활공간을 위한

분식물 디자인

● 손관화 지음

중앙생활사

머리말

국내의 분식물은 농원에서 생산 후 일상적으로 실내외 공간에 배치되어 이용됨에도 불구하고 디자인과 관련된 논리적이고 체계적인 설명이 잘 이루어져 있지 않다. 이것은 분식물 디자인의 의미와 범위에 대한 인식 부족과 지속적인 관리가 필수인 분식물의 특성상 생산과 이용에 대한 큰 차이없이 이용되어 왔기 때문이라 볼 수 있다.

이 책은 분식물 디자이너, 가드너, 플로리스트 등으로 나아가기 위한 대학의 초보자들에게 분식물 디자인의 포괄적인 이해를 위한 내용을 수록하고 있는 교재이다. 보다 구체적인 지식과 기술의 습득은 이 교재의 분식물 디자인에 대한 전체적인 이해를 바탕으로 다음 단계에서 이루어지게 된다.

이 교재는 1부에서 분식물 디자인이 무엇인지, 2부에서 분식물 디자인을 위한 재료는 어떠한 것들이 있는지, 3부에서 분식물 디자인을 위한 기본 기술은 무엇인지, 4부에서 분식물 디자인은 어떤 과정을 거쳐 이루어지는지, 5부에서 분식물은 어떻게 실내외 공간에 배치해야 하는지, 6부와 7부에서 실내외 공간에 배치된 분식물은 어떻게 관리해야 하는지, 그리고 8부에서는 분식물 디자이너가 일하는 분식물 디자인 관련 산업은 어떤 상황인지에 대한 전반적인 내용으로 구성되어 있다.

특히 이 교재는 소형 분식물의 이용에서부터 규모가 큰 실내정원 조성, 그리고 정원이 부족한 한국의 주거환경에서 어떤 공간에도 조성할 수 있는 실내외 컨테이너 가드닝까지 이용상의 특성에 대한 체계적인 설명으로 구성하였으며, 아름다운 실내외 생활공간을 창조하는 분식물 디자이너를 전문 직업인으로 교육하기 위한 실용적인 목적으로 구성되었다.

가장 중점을 둔 부분은 분식물 디자인 전반적인 내용의 이해를 위한 전체 구성으로서 그 세부적인 내용은 일반적으로 알려진 내용일 수도 있으며, 적당한 분량으로 요약하여 정리하였기 때문에 부족한 부분이 있을 수도 있다. 국내 현황을 기준으로 선진 외국의 일반적인 분식물 디자인 내용을 많이 포함시켰으며 최근의 현황을 소개하려고 노력하였다. 분식물 디자인 관련 산업은 빠르게 변화하는 유행산업인 점을 고려하여 부족한 부분은 계속 수정해나갈 생각이며 여러 사람들에게 도움이 되는 교재가 되기를 바랄 뿐이다.

이 교재의 출판을 도와주신 중앙생활사 김용주 대표님을 비롯하여 주요한 내용을 많이 참고한 이상희 선생님, 허북구 선생님, 이종석 교수님, 이영무 교수님, 이정식 교수님, 윤평섭 교수님, 머네이커(G.H. Manaker) 교수님, 브릭스(G.B. Briggs) 교수님과 캘빈(C.L. Calvin) 교수님 등을 비롯한 많은 문헌들의 저자들과 사진 촬영을 허락한 (주)디자인 알레의 우현미 사장님, 그림을 도와준 이희숙 선생님, 그리고 실습 사진의 모델이 되어준 연암대학교 화훼디자인계열 학생들과 많은 분들께 감사드린다.

손관화

contents

01 분식물 디자인이란?

02 분식물 디자인 재료

07 실외환경과 분식물 관리

08 분식물 디자인 관련 산업

01

분식물 디자인이란?

분식물(盆植物, pot plant)은 화분(花盆)에 심겨진 식물이다. 사람들은 식용이나 약용으로 식물을 화분에 심기도 하지만 대부분 관상을 목적으로 화분에 심어 원하는 공간에 배치하여 그 아름다움을 감상하거나 식물을 이용한다. 드넓은 대지에 뿌리박고 자라는 식물을 언제부터 용기에 담아 이용하였는지에 대한 정확한 자료는 빈약하지만, 분식물은 인류의 역사와 더불어 오랜 옛날부터 생활공간에 이용되어 왔다. 오늘날 경제적 발전과 도시화, 주거환경의 변화 등으로 분식물은 인간에게 유익한 기능적 효과를 제공하면서 실내외 공간에 배치되어 아름다운 생활환경을 창출하고 있다.

사람들이 분식물을 생활공간에 손쉽게 이용할 수 있도록 도와주는 전문 분식물 디자이너가 되기 위해, 1부에서는 분식물 디자인이 무엇이며 어느 정도의 범위를 포함하는지, 이러한 분식물 디자인은 어떠한 역사적 과정으로 발전하였는지, 그리고 이러한 분식물이 인간생활에 기여하는 바는 무엇인지 살펴보기로 한다.

1. 분식물 디자인의 뜻과 범위

1-1. 분식물 디자인의 뜻과 범위

분식물 디자인(pot plant design)은 분식물을 이용하여 공간의 기능과 미적 효율성을 높여주는 장식물을 계획하여 디자인하고 제작하거나 설치하고 유지, 관리하는 일련의 과정을 말한다. 관상이 주목적인 관상식물 또는 화훼식물은 절화용, 분식물용, 정원식물용으로 생산되는데, 분식물은 관상을 주요 목적으로 화분에 심어 생산되는 식물이다.

분식물 디자인은 생산용 화분에 담긴 식물을 장식용 용기에 옮겨 심어 장식물 또는 첨경재료를 조화롭게 첨가하는 단순한 작업에서부터, 대형 장식용 용기나 플랜터(planter)에 용도와 목적에 맞는 대형 분식물을 옮겨 심어 공간에 배치하는 과정, 그리고 다양한 용도의 실내외 공간에 미적, 기능적 효과를 목적으로 다수의 분식물을 배치하여 조성하는 분정원, 그리고 규모가 더 커지면 실내공간에 대규모 수림을 형성하는 실내정원, 그리고 옥상정원, 실내외 버티컬가든(vertical garden)까지 그 규모와 작업 내용이 다양하다.

분식물은 실내외 공간에서 장식 목적을 중심으로 다양한 기능적인 효과를 위해 이용된다. 분식물은 생육 특성을 고려하지 않은 채 일시적으로 공간에 배치되어 이용되는 경우도 많지만 살아있는 생명체로서 지속적, 영구적으로 이용되기 때문에 광, 온도, 수분 등의 식물 생육환경 특성을 고려하여 공간에 배치하므로, 환경적 차이가 큰 실내공간용과 실외공간용으로 나누어 정리하면 이해하기 쉽다(그림 1-1).

실내공간용 분식물

실외공간용 분식물

그림 1-1. 분식물 디자인의 실내외 공간 이용 사례

실내공간에서 많은 시간을 보내는 현대인, 특히 우리나라 사람들에게 실내공간 환경문제 개선에 대한 대중적인 인식은 실내 분식물 디자인에 대한 높은 관심을 유도하였다. 이러한 관심은 시간이 흐르면서 실외공간으로 확장되어 창가, 발코니(balcony) 또는 베란다(veranda), 테라스(terrace)나 파티오(patio), 현관 또는 대문 앞, 옥상, 벽면(wall garden), 정원, 거리 등에 다수의 분식물을 배치하는 분정원으로 발전되고 있으며, 실외 분식물은 정원의 부분을 이루거나 분정원(container garden)으로 발전하고 있다.

분식물 디자이너로 활동하면 주로 세 가지 방향으로 일을 하게 된다. 첫 번째는 농원 또는 화훼도

그림 1-2. 분식물 디자이너의 세 가지 일의 방향

매시장에서 구입해 온 분식물을 단순히 재판매하는 일이며, 두 번째는 분식물을 이용한 다양한 용도의 장식물을 제작하는 일이고, 세 번째는 분식물이 중심인 실내외 공간 디자인을 의뢰받아 공간의 용도와 특성에 맞추어 분식물을 디자인하는 일이다(그림 1-2). 디자이너가 다양하게 준비한 분식물은 고객이 필요에 따라 선택하지만, 공간 디자인은 의뢰인의 요구에 맞추게 되므로 좀 더 복잡한 디자인 과정을 거치게 된다(그림 1-3).

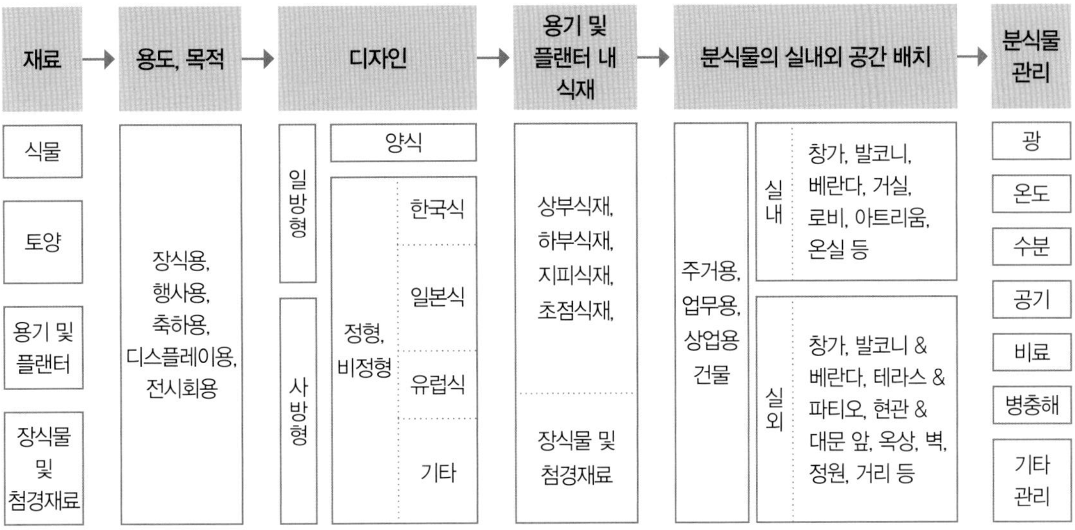

그림 1-3. 분식물 디자인 일의 흐름

본 교재는 실내와 실외 생활공간을 위한 분식물 디자인 전반적인 내용을 다루면서 충분한 햇빛과 비로 인해 생육환경이 자연스러운 실외공간용 분식물 디자인에 비해 광도가 낮고 계속 관수해주어야 하므로 식물을 키우기 어려운 실내환경의 분식물 디자인에 많은 설명을 하였다.

1-2. 분식물 디자인의 분류

분식물은 개화기에 일시적으로 이용되기도 하지만, 대부분 지속적 또는 영구적으로 이용되므로, 배치되는 장소의 환경조건이 매우 중요하다. 특히 실내외 공간 환경의 차이가 매우 크므로 실내인지 실외인지에 따라 선택되는 식물의 종류와 이용기간, 이용형태, 관리방식 등이 달라지며 분식물의 구성형태와 표현양식 또한 달라진다. 실내공간용과 실외공간용으로 나누어 분식물 디자인을 살펴본다.

1-2-1 실내공간용

실내공간에 배치되는 분식물은 다양한 크기와 형태 · 색 · 재질의 용기와 선택되는 식물의 종류 · 크기 · 수, 그리고 이용되는 식물 외 장식재료 혹은 첨경재료에 따라 다양하게 표현될 수 있다. 또한 이러한 분식물은 이들이 배치되는 실내공간의 용도, 시각적인 환경조건, 식물 생육을 위한 환경조건, 디자이너나 의뢰인, 또는 이용자의 취향 등에 따라 다양하게 표현된다. 특히 나라마다 이용되는 양식은 차이를 보인다. 규모, 용도, 표현양식, 형태적 특성에 따라 분류해보자.

(1) 규모에 따른 분류

분식물 디자인은 용기와 식물의 크기, 식물의 수에 따라 소형에서 대형, 한 개 배치에서 여러 개 배치, 그리고 많은 수의 분을 배치하여 이루어지는 분정원과 대형 플랜터(planter)에 식물을 심어 수림을 형성하는 실내정원까지 다양한 규모로 이루어진다(그림 1-4).

(2) 용도에 따른 분류

실내용 분식물 디자인은 단독주택, 연립주택, 주말주택 등의 주거용 건물이나, 사무실, 학교, 관공서, 박물관, 미술관, 방송국, 병원, 공항, 문화회관, 연구소 등의 업무용 건물, 레스토랑, 쇼핑센터, 호텔, 은행, 커피숍 등의 상업용 건물 내에서 이루어지며, 이러한 건물의 용도와 특성에 따라 다양한 방식으로 표현되며 이용된다. 분식물 디자인은 그 이용 목적에 따라 생활공간 장식용을 기본으로, 축하용, 행사용, 디스플레이용, 전시회용 등 용도별로 나누어볼 수 있다.

(3) 표현양식에 따른 분류

분식물 디자인은 그 나라의 기후로 인한 식생, 문화적인 특성, 그리고 경제적 여건 등에 따라 표현되는 양식(style)이 다르다. 표현양식은 크게 동양식과 서양식으로 나누기도 하지만, 한국, 일본, 미국, 유럽 등 각 나라마다 독특한 양식을 찾아볼 수 있다.

한국의 전통적인 분재나 분경은 자연의 모습을 연상시키는 동양적 표현양식을 보이나, 최근 국내에 도입되어 실내공간에 많이 이용되는 열대 · 아열대식물을 이용한 분식물 디자인이나 실내정원은 현대적 건물 양식에 어울리는 정형적인 서양식으로 표현되는 경우가 많다. 그러나 열대식물을 이용하더라도 그 나라의 분식물 생산 현황이나 사람들의 선호도에 따라 표현양식은 특색을 보이고 있으

그림 1-4. 실내용 분식물의 다양한 규모

며, 교통과 정보통신의 발전으로 각 나라의 현대적 양식은 비슷해지고 있다. 최근 한국의 분식물 디자인에 현대적인 유럽식 양식이 도입되고 있다.

(4) 형태적 특성에 따른 분류

분식물은 기본적으로 용기와 토양, 식물로 이루어지며, 이러한 세 가지 재료를 어떻게 이용하느냐에 따라 다양한 형태와 크기, 구성양식으로 디자인된다. 형태적 특성에 따라 다음과 같이 나누어 볼 수 있으며, 역사적으로 유행했던 형태에 따라 특정한 명칭을 가지고 있는 경우도 있다.

① 특정한 명칭이 없는 다양한 장식용 분식물

분식물을 이용한 장식물은 용기의 형태 · 크기 · 색 · 재질, 배수구의 유무에 따라, 그리고 식물의 종류, 크기, 수, 배치 방법에 따라 각양각색의 크기와 형태로 제작될 수 있으나 특정한 명칭이 없는 경우가 일반적이다(그림 1-5).

② 디쉬가든(dish garden)

1960년대에 미국에서 유행했던 디쉬가든은 깊이가 얕고 넓은 용기에 키가 작고 생육 속도가 느린 식물을 심어 작은 정원을 만든 것이다. 시간이 지나면서 이용되는 식물과 용기가 다양화되어 디쉬가든이라는 양식이 엄격하게 정해져 있진 않다. 비교적 넓은 용기에 관엽식물뿐 아니라 다육식물, 파인애플과 식물, 수생식물 등의 다양한 식물군을 식재하여 만들어진다(그림 1-6). 디쉬가든은 한국의 전통적인 분경(盆景)과 비슷하지만 이용되는 식물이나 표현양식에 차이를 보인다.

그림 1-5. 특정한 명칭이 없는 대부분의 장식용 분식물

그림 1-6. 디쉬가든

③ 테라리움(terrarium), 비바리움(vivarium), 아쿠아리움(aquarium)

테라리움은 밀폐된 유리용기 속에 토양층을 형성하여 식물이 자라도록 만든 것이다. 1830년대 영국에서 시작되어 워디안 케이스(Wardian case)란 이름으로 유행했었는데, 최근에는 라틴어로 흙이라는 의미의 테라(terra)와 용기 혹은 방이라는 의미인 아리움(arium)의 합성어인 테라리움으로 불린다. 요즘 이용되는 테라리움은 관리가 편리하도록 완전 밀폐시키지 않는다. 병 모양의 유리용기에 식물을 심어 병정원(bottle garden)이라 부르기도 한다(그림 1-7). 최근 밀폐된 유리용기 속에 배지(培地)를 넣어 조직배양한 다양한 식물이 테라리움과 같은 장식용 분식물로 생산되고 있다.

비바리움(vivarium)의 비바(viva)는 동물을 의미하며 비바리움은 테라리움이 변형된 것으로 식물을 심은 유리용기 속에 도마뱀, 뱀, 카멜레온, 이구아나 등의 동물이 함께 생활하도록 만든 것이다. 아

그림 1-7. 테라리움

쿠아리움의 아쿠아(aqua)는 물을 의미하며 아쿠아리움은 수족관을 의미하지만 테라리움처럼 유리 용기 속에 식물을 심고 연못을 만들어 거북이나 물고기를 넣어서 같이 키우는 것으로 물에 시페루스(*Cyperus*), 워터레터스(water lettuce), 살비니아(*Salvinia*) 등과 같은 수생식물을 넣어 준다.

④ 걸이분(hanging pot)

걸이분은 바구니를 비롯한 가벼운 용기에 스킨답서스, 싱고니움, 필로덴드론 옥시카르디움, 트라데스칸티아, 아이비, 러브체인, 방울선인장 등과 같은 덩굴식물이나 립살리스, 네프롤레피스 등과 같은 늘어지는 식물, 조란, 바위취 등과 같이 포복줄기에 어린 식물체가 달리는 식물을 심어 아래로 늘어뜨리면서 매달아 키우는 형태의 분식물이다. 걸이분은 오래전 외국에서 많이 이용했던 장식물이지만 다양한 걸이용 용기가 개발되면서 새로운 양식의 걸이분 디자인이 이루어지고 있다(그림 1-8).

그림 1-8. 걸이분

⑤ 토피아리(topiary)

분식 토피아리는 용기에서 자라는 식물을 전정해서 구형(球形)이나 동물 모양으로 만든 것을 말하기도 하고, 용기에 철사나 나뭇가지로 특정 형태의 틀을 만들어 세운 뒤 푸밀라고무나무나 잉글리쉬 아이비, 뮬렌베키아(*Muehlenbeckia*), 세로페지아 등의 덩굴식물을 심어 틀의 형태로 유인하여 키워 특정 형태로 만든 분식물이다(그림 1-9).

그림 1-9. 토피아리

⑥ 착생식물 붙이기

틸란드시아(*Tillandsia*)속 식물이나 파인애플과 식물, 그리고 풍란이나 콩짜개난과 같은 난과 식물 등의 착생식물(着生植物)을 나뭇가지나 돌에 붙여 용기에 담아 키우는 장식물이다(그림 1-10).

그림 1-10. 착생식물 붙이기

⑦ 수경재배

장식 목적의 수경재배(hydroculture)는 토양 대신에 식물을 지지할 수 있는 배지(培地)와 물을 넣어 인위적으로 양분을 공급하면서 식물을 키우는 방법을 말한다(그림 1-11). 천남성과 식물, 닭의장풀과 식물, 조란 등을 비롯한 대부분의 관엽식물은 수경이 잘 되는데, 장식시 그대로 수경으로 이용하도록 생산농장에서부터 수경으로 출하하고 있다. 물 대신 전분물질을 채우거나 유리용기에 색돌이나 구슬을 넣어 장식과 동시에 식물을 지지해준다. 시페루스, 워터레터스와 같은 수생식물을 용기에 넣어 재배하거나 이들을 넣은 연못도 수경재배에 포함될 수 있다.

초봄에는 히야신스나 수선화, 크로커스, 아마릴리스 등의 구근류를 이용한 일시적인 수경재배 장

그림 1-11. 수경재배

식이 많이 이루어지고, 수경재배한 고구마나 미나리 등을 장식에 이용하기도 한다.

⑧ 실내정원(indoor garden)

실내정원은 크고 작은 분식물을 반복적으로 배치한 분정원으로 이루어지기도 하며, 식물을 심는 플랜터의 크기에 따라 소규모에서부터 아트리움(atrium)에 조성된 대규모 수림(樹林)까지 다양한 규모로 이루어진다. 천장이나 벽면이 유리로 건축되는 현대식 건물 내 실내정원은 오늘날 실내공간의 필수 요소로 인식되고 있으며, 이러한 실내정원은 대부분 열대와 아열대 원산의 관엽식물로 구성되고 있다(그림 1-12).

그림 1-12. 실내정원

1-2-2 실외공간용

사람들은 건물과 연결되어 있는 실외공간에 분식물을 배치한다. 특히 정원을 만들기 위한 공간을 확보할 수 없는 도시환경에서는 창가, 발코니(balcony) 또는 베란다(veranda), 테라스(terrace)나 파티오(patio), 현관 또는 대문 앞, 옥상, 벽면, 정원, 거리 등의 공간에 분식물을 배치하여 분정원(container garden)을 조성한다.

실외공간에 이용되는 분식물은 유리용기나 배수구가 없는 용기를 제외하면 실내용과 비슷하게 이용되지만, 한국의 전통적인 분재(盆栽)나 분경(盆景)을 비롯하여 꽃피는 식물 중심의 분화, 그리고 분식 토피아리, 분식 허브 등이 많이 이용되며 크기가 큰 편이다. 실외공간은 실내와는 다른 식물 생육환경을 가지고 있으므로 식물의 종류와 관리방식에 따라 디자인이 달라진다. 실외공간에서 분식물은 건물의 이미지 증진, 휴식공간 제공, 고객 유치 등의 다양한 목적으로 이용된다. 분식물이 배치되는 공간의 특징에 따라 실외용 분식물 디자인을 나누어 본다.

(1) 창가정원(window garden)

햇빛이 잘 비치는 창가 선반에 분식물을 올려놓거나 창틀에 윈도박스를 설치하고, 걸이분을 매달아 작은 정원을 조성할 수 있다(그림 1-13). 일시적일 경우와 지속적으로 유지될 경우에 따라, 또는 창틀을 기준으로 실내와 실외인 경우에 따라 이용되는 식물이 달라진다.

그림 1–13. 창가정원

(2) 발코니 또는 베란다 정원

건물의 발코니 또는 베란다에 분식물을 배치하거나 플랜터를 설치하여 소규모 정원을 조성할 수 있다(그림 1-14). 발코니와 베란다는 옥외로 돌출되어 있으며 유리벽과 지붕을 둘러 경우에 따라 실내공간으로 이용할 수도 있다. 위치와 방향, 높이에 따라 강우량, 일조량, 기온, 풍향, 풍속 등이 달라지므로 식물 선정에 주의해야 하는데 고층 건물보다 저층 건물에 이용하기 쉽다.

(3) 테라스와 파티오 정원

주택 건물과 연결되어 있는 테라스나 건물 가까운 곳에 배치된 파티오는 휴식과 식사를 위해 바닥이 타일이나 돌, 목재 등으로 포장되어 있는 실외공간이다. 테라스와 파티오에는 보통 휴식과 식사를 위한 가구와 함께 분식물이 배치되어 정원의 일부분이 된다(그림 1-15).

그림 1-14. 발코니 또는 베란다 정원

그림 1-15. 테라스와 파티오 정원

(4) 현관 또는 대문 앞 정원

주거용, 상업용, 업무용 등 건물의 현관이나 대문 앞에는 분식물을 배치하거나 걸이분을 매달아 둔다. 이러한 분식물은 아름다운 환경을 조성하여 건물의 이미지를 높이며, 경제적 효과를 얻는데 크게 기여한다(그림 1-16).

그림 1-16. 현관 또는 대문 앞 정원

(5) 옥상정원(roof garden)

옥상정원은 사람들의 즐거움과 환경의 질을 높이기 위해 건물이나 다른 구조물에 의해 땅에서 분리된 공간에 식물을 식재하여 조성된 정원이다. 주거용 건물의 소규모 옥상에서부터 대형 건물의 넓은 옥상까지 다양한 규모의 옥상정원은 분식물을 배치하여 이루어지거나 플랜터를 설치하여 식물을 식재해 정원이 형성된다(그림 1-17). 최근 도시환경 녹화정책에 따라 옥상정원에 대한 관심이 높아지고 있다.

(6) 버티컬가든(vertical garden)

다양한 방식으로 벽면에 조성되는 정원을 버티컬가든이라 한다. 분이나 플랜터에 심은 덩굴식물을 올리거나 늘어뜨리는 전형적인 방법에서부터 특수한 용기나 부직포를 벽면에 붙여 식재하여 조성하기도 하는데 식재공간이 부족한 도시에서 최근 이용하는 독특한 양식의 정원이다(그림 1-18).

(7) 정원(garden)

토양에 식물을 심어 이루어지는 정원은 규모와 양식이 다양하다. 정원에 다양한 형태와 크기의 분식물을 배치하여 정원의 아름다움을 높여줄 수 있는데, 특히 베르사유궁전의 오랑제리(Orangery)와 같이 다수의 분을 가득 배치하여 이루어지는 분정원으로 정원을 조성하기도 한다(그림 1-19).

그림 1-17. 옥상정원

그림 1-18. 버티컬가든

그림 1-19. 정원에 배치된 분식물 또는 분식물로 이루어진 정원

(8) 거리

봄부터 가을, 그리고 겨울에도 도시의 미화를 위해 대형 화분에 식재되어 곳곳에 배치되는 아름다운 꽃은 도시 분위기에 큰 영향을 미친다. 거리의 특성에 따라 다양한 분식물이 배치되는데 인도의 대형 화분, 다리 위 난간의 꽃박스, 길거리 벽에 조성된 버티컬가든, 가로등에 걸린 걸이분 등이 주로 이용되는 유형의 분식물이다. 이러한 거리의 일상적인 분식물 외에도 특정 행사기간에는 꽃탑이 배치된다(그림 1-20).

그림 1-20. 거리의 분식물

2. 분식물 디자인의 역사

인류가 유목생활에서 농경생활로 정착하여 집을 소유한 이래 사람들은 정원(庭園)을 만들었고, 용기(容器)에 심은 식물을 정원을 비롯한 여러 실내외 공간에 배치하여 식용, 약용으로 이용하거나 생활공간을 장식하고 식물을 관리하는 즐거움을 누려 왔다.

한국의 분식물은 기후 환경으로 인한 식생(植生)과 민족성, 관습, 종교 등의 문화에 따라 특색있는 양식으로 발전해 왔다. 전 세계의 다양한 화훼식물이 이용되는 오늘날의 분식물과 달리, 전통적으로 이용된 분식물은 자생 목본식물이 주종인 분재(盆栽)나 분경(盆景)이었으며 조선 후기에는 초본식물도 이용되었다. 분재나 분경은 계절에 따라 일시적으로 실내공간을 장식하기도 하였으나 대부분 실외공간에 배치되었다.

오늘날 한국의 전통적 양식의 분식물은 경제적 발전과 주거환경의 변화, 그리고 교통과 정보통신의 발달로 각 나라의 전통적인 양식과 혼합되고 있으며, 화훼산업의 발전과 조형예술적 디자인기법의 도입으로 보다 자유롭고 창의적인 현대적 양식으로 발전하고 있다. 1980년대에 대량으로 도입된 외국의 열대식물로 인해 실내공간 분식물 이용은 대중적인 붐을 형성하게 되었고, 이후 분식물은 실내공간의 필수적 요소로 자리잡으며 대규모 실내정원으로도 발전하였다. 2000년 이후 실외공간에서 초화류 중심의 분식물 이용이 증가하면서 정원문화의 한 부분인 분정원(container garden)이 시작되고, 도시공간 녹화와 관련된 옥상정원에서의 분식물 이용과 실내외 수직정원의 발전, 도시농업, 정원에 대한 관심으로 분식물 디자인은 더욱 발전하고 있다.

한국을 중심으로 외국의 분식물 이용에 대한 발전 과정을 살펴보면, 한국은 물론 전 세계의 분식물 디자인에 대한 현재의 모습과 미래의 전개 과정을 예측해 볼 수 있다.

2-1. 한국의 분식물 디자인

우리나라는 삼국시대 이전부터 화분에 심은 식물을 실외뿐 아니라 실내에서 기르고 감상했던 흔적이 있으나 문헌에 나타난 기록은 고려 중엽부터이다. 분재란 이름으로 소나무와 매화, 난초, 석창포 등을 화분에 심어 주로 실외공간에 배치했는데 실내에서도 장식적으로 이용했던 것을 알 수 있다.

2-1-1 삼국시대(BC 57~668)와 통일신라시대(668~935)

삼국시대와 통일신라시대에는 분식물 이용에 대해 저술된 자료가 없어 정확한 상황을 알 수 없으나, 문인 · 문객들의 문집에 수록된 시에서 이용 흔적을 더듬어 볼 수 있다. 분식물은 정원의 발달과 밀접한 관계가 있으므로 삼국시대 정원의 역사를 참고해 보면 분식물 이용이 상당한 수준으로 이루어지고 있었을 것으로 짐작해 볼 수 있다. 중국에서는 600년대 말에 분재를 가꾸어 즐기는 풍습이 있었는데, 이 시기의 거의 모든 한국 문화는 중국의 영향을 받고 있었으므로 중국의 분재에 관한 습속이나 기술이 오래되지 않아 우리나라에 전래되었을 것으로 보인다.

2-1-2 고려시대(918~1392)

고려시대에는 분식물을 소재로 한 시를 여러 수 볼 수 있어 분식물 이용에 대한 자료를 얻을 수 있다(이상희, 1998). 고려 중기에는 사계화(월계화, China rose), 석류나무, 대나무, 석창포, 국화, 서상화 등의 식물이 권문세가에서 많이 가꾸어지고 있었으며, 석창포와 같은 초본식물이나 대나무와 같이 창작을 가할 필요가 없는 식물이 분재의 주종을 이루었던 것으로 보인다(이상희, 1998).

분식물의 생김새는 고려 말기 자수병풍의 자수사계분경도(刺繡四季盆景圖)에서 그 모습을 볼 수 있는데 소나무와 매화, 포도나무, 난, 연을 심은 분재를 실내에 배치해 둔 것을 볼 수 있다(그림 2-1). 고려 후기에는 소나무를 비롯한 매화나무와 대나무가 주종이었으며, 인위적으로 수형을 꾸미는 기술도 상당한 수준에 이르렀을 것으로 짐작된다.

봄 여름 가을 겨울

그림 2-1. 자수사계분경도(고려 말기)(문화재청, 2016)

2-1-3 조선시대(1392~1910)

조선 초기에 강희안의《양화소록》에는 노송을 비롯한 만년송(진백), 오반죽(오죽), 매화나무, 석류, 사계화, 산다화(동백꽃), 자미화(배롱나무), 철쭉, 귤, 석창포 등에 대한 내용이 수록되어 있다. 어울리는 수형, 심는 법, 분 놓는 법 등이 설명되어 있어 조선 초기에 분식물에 대한 기술이 크게 발전하였음을 알 수 있다. 조선 중기에는 홍만선의《산림경제》에 노송, 만년송, 대나무, 매화나무, 국화, 산다화, 치자나무, 서향, 석류나무, 철쭉, 월계화, 해당화, 배롱나무, 석창포 등 분재로 가꾸어지는 식물의 종류, 가꾸는 방법, 관리시 주의사항이 설명되어 있으나 거의《양화소록》을 인용하여 초기에 비해 별로 발전한 것 같지는 않다. 박세당의《색경증집》에서는 매화나무, 철쭉, 월계화, 옥잠화, 추해당(베고니아), 미인초(칸나)의 여섯 가지 식물의 재배요령과 고목의 운치를 높이기 위한 방법으로서 분토에 이끼를 생겨나게 하는 요령 등이 소개되어 있어 분재 관상에 대한 참뜻을 정확하게 이해하고 있었다는 것을 알 수 있다(이상희, 1998).

조선 후기에는 서유구의《임원십육지》의 〈예원지〉와 〈이운지〉에 분재 가꾸기에 대한 여러 가지 사항이 소개되고 있다. 〈예원지〉에는 고목다운 운치를 가꾸어내기 위한 방법, 가꾸는 자리, 관상을 위한 분재의 배열 요령, 겨울철의 보호와 관리 요령이 소개되어 있고, 〈이운지〉에는 분경(盆景)에 대한 이론적인 사항을 기술하고 있는데, 이 중 〈분경통론〉에서는 분재와 자연과의 관계 및 분재의 예술성에 대하여 논하고 있고, 〈분경품제(品第)〉에서는 분재의 품위를 논해 노송과 매화, 대나무의 세 가지를 삼우(三友)라 하여 최고로 손꼽았다. 그리고 〈분품〉에서는 분재에 쓰이는 다양한 분의 종류에 대해 평하였다. 이러한 자료뿐만 아니라 조선시대에는 분재를 소재로 읊은 한시가 매우 많아 조선 후기에는 분재가 크게 성행했다는 사실을 알 수 있다(이상희, 1998).

고려시대부터 조선 초기까지 분재는 줄기의 굴곡이 심한 반간(蟠幹)이라고 불리는 수형을 높이 치는 경향이 있었는데, 조선 중기로 접어들면서 분재는 줄기가 약간의 굴곡을 보이지만 비교적 밋밋하게 신장하여 상단부에 약간의 가지를 치는 수형인 문인목(文人木)으로 변화되었다. 고려시대와 조선시대를 통하여 선비들의 인격수양에 적합한 윤리적인 상징성을 지녔고 반간과 문인목의 어느 수형에도 잘 어울리는 소나무와 매화나무가 분재의 주종을 이루었는데, 조선 후기에 이르러 하나의 분속에 여러 그루의 나무를 모아 심어 산림의 원경을 꾸며내는 방법이 개발되었다. 또 조선 후기에는 분식물로 이용되는 나무의 종류도 다양해지고 초본식물도 적지 않게 가꾸어졌다(이상희, 1998).

분재를 감상하기 위해 두는 위치는 사랑방의 책상머리나 문갑 위라고 하였으며, 이러한 용도로는

독서여가도(정선, 18C). 마당에 놓인 분재를 감상하는 양반(한반도, 2016)

책거리 그림. 대나무와 매화 분재를 장식한 책상(민화, 2016)

백자 청화화접문양이호(18C)의 분식물(심천, 2016)

행려풍속도병(김홍도, 18C)(황영찬, 2016)

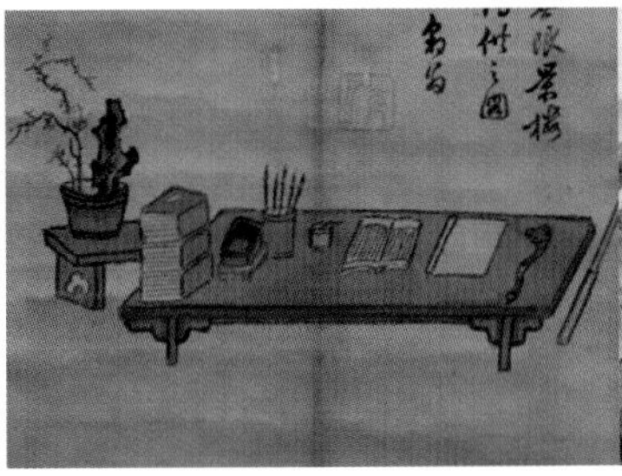
청공도(강세황, 18C). 괴석과 함께 화분에 심은 매화(황영찬, 2016)

이안와수석시회도(정황, 1789)(오소미, 2016)

풍속화(신윤복, 18C)(오소미, 2016)

그림 2-2. 조선시대의 분식물이 있는 그림

난초나 수선화, 매화, 석창포 등이 많이 이용되었다. 초봄에 꽃이 핀 난분을 책상 위에 올려놓으면 이파리와 그림자가 구경할 만하여 글을 읽는 데 졸음을 쫓기도 하고, 석창포의 분을 책상 위에 놓으면 글을 읽을 때 등잔불의 그을음을 거두어 눈이 맵지 않으니 좋은 방법이라 하였다. 또 글방이나 사랑방에서 바로 바라볼 수 있는 위치에 화분을 두어 방에서 바라보고 감상하였고(그림 2-2), 뒤뜰의 화계(花階)에 올려놓고 감상하였다(이상희, 1998).

창덕궁 대조전 옆뜰과 회정당 옆뜰에 여러 개의 분재를 배치하고 있는 모습을 '동궐도'에서 볼 수 있는데, 궁중에서는 뜰을 아름답게 장식하고 내왕하는 사람들의 관상에 공여하기 위하여 뜰의 한적한 장소에 분재를 배치하고 있었음을 짐작할 수 있다(그림 2-3). 강희안의 《양화소록》에서 화분을 배치하는 방법에 대해, '원래 화분 놓는 것은 정자의 사이에 두는 것이거늘 세인들이 번번이 화분을 늘어놓아 정원을 채우니 실로 어느 때부터 시작했는지 모르겠다'라는 설명이 있어 정원에 화분들을 많이 배치하여 이용했던 것을 알 수 있다(이상희, 1998).

또 17세기 초의 초장기명도(草丈記明圖)나 17세기 말엽의 연폭기명도(連幅記明圖)에서 실내장식용

그림 2-3. 동궐도(이윤재, 2016)

그림 2-4. 연폭기명도(17C)(석원, 2016)

으로 수경재배분이 이용된 것을 볼 수 있다(그림 2-4).

2-1-4 현대

자생식물을 이용한 전통적인 분경이나 분재는 주거 형태의 변화, 외국 식물의 도입, 생활수준의 향상 등에 의해 이용되는 식물과 표현양식이 크게 변화되었다. 1884년 인천에 최초의 서양식 집이 지어진 것을 기점으로 주거공간이 서구화되기 시작하였고(이종석 외, 1993), 1900년대 초기 일본으로부터 소철, 야자류, 그리고 알로카시아(*Alocasia*)와 같은 열대성 관엽식물들이 도입되면서 외국 식물이 들어오기 시작하였다. 1970년대 경제발전으로 인한 생활의 여유와 주거양식의 변화는 실내 분식물에 대한 관심을 불러일으켜 테라리움과 디쉬가든도 유행하였고, 분식물 관련 전시회도 많이 열리면서 실내용 분식물 디자인에 대한 관심이 높아졌다.

주거용 공간을 중심으로 작은 용기의 분식물이 배치되던 실내공간은 업무용이나 상업용 공간에 배치되는 대형 분식물로 분식물의 이용 규모가 커지게 되었고, 이것은 실내정원 조성으로 발전해 나갔다. 1970년대에 만들어진 교보빌딩의 아트리움은 국내 대규모 실내정원의 효시가 되었고(그림 2-5), 1983년 청구주택은 모델하우스 내에 실내정원을 만들어 일반인들에게 선보였는데, 아파트 건

그림 2-5. 교보빌딩 아트리움의 실내정원

설 수요가 증대하면서 발코니 공간을 이용한 분식물 또는 실내정원의 붐은 확산되었다.

1986년 제10회 아시안 게임, 1988년 제24회 올림픽 개최 등으로 국제행사가 많이 유치되던 1980년대에 건축 붐이 일어나면서 아름다운 실내환경에 대한 관심은 일반 가정뿐만 아니라 식당, 사무실, 호텔, 백화점 등 실내공간의 분식물 디자인을 일반화시켰으며, 현대식 대형 건물, 백화점, 호텔 등에 특색있는 공간 조성과 휴식공간 확보를 위한 실내정원 조성이 활성화되었다. 그러나 식물의 생육환경을 고려하지 않은 채 건축물 설계가 이루어지다 보니 여러 가지 문제점이 드러나면서 시행착오를 거듭해 왔다.

1990년대 일부 신진 건축가들이 건축과 인간, 그리고 자연이 공존하는 실내환경을 창출하자는 목표로 식물 도입이 쉬운 건축물을 선보였다. 최근에는 미적인 면뿐만 아니라 공기정화, 습도조절 등 여러 가지 실내 환경문제의 해결, 도시화로 인한 자연적 요소의 결핍 충족 등의 역할로 실내 분식물 디자인은 인간생활의 필수적인 요소가 되었다.

2-1-5 21세기

도시는 산업의 발달로 팽창하게 되고, 더 많은 사람이 도시에 거주하게 되어 제한된 토지 위에 고층 · 고밀도의 대형 건물들이 세워지게 되었다. 대표적인 주거양식이던 단독주택은 고층 아파트로 바뀌고, 상업용 · 업무용 건물도 물동량과 업무량의 급증과 함께 이를 처리하는 도시 근로자의 증가로 거대 건물화되고 있다.

도시인은 대부분 시간을 실내공간에서 영위하게 되어 자연에 대한 격리감이 커져 갔으며, 도시 근로자는 근무처에 출근하면 건물 내부를 벗어나는 일이 드물게 되었으며, 인근의 공원으로 산책을 나가고 싶어도 녹지를 발견하기 어렵게 되었다. 대부분의 도시 인구가 이 같은 환경 속에 거주하게 되자 잃어버린 자연에 대한 그리움이 살아나게 되었으며 도시의 오염된 공기 속에서 맑은 공기 부족, 도시 건축물 속에 갇히게 된 심리적 고립감 등의 위기의식을 가지게 되었다(이영무, 1995).

도시는 일정 비율의 녹지와 공원을 확보하려고 노력해 왔으며 한 가지 방법으로 옥상정원과 실내정원을 제시하였다. 주로 일반 주거공간에서 소규모의 화분을 나열하거나 소규모 실내정원을 만들어 소극적으로 이루어져 가던 분식물 디자인은 업무용 · 상업용 건물에 대규모 실내정원을 만들게 되면서 실내정원 공사를 하는 전문업체가 생기게 되고 실내조경(室內造景)이라는 용어까지 생기게 되었다.

분식물 디자인은 장식의 차원을 넘어 기능적인 역할을 수행하기 위한 첨단 공학적 방법으로 발전해나가고 있다. 분식물이 인간에게 얼마나 유익한 역할을 하는지에 대한 정밀 실험 결과를 토대로 기능적 효과 증대를 위한 연구와 함께 식물관리의 번거로움을 없애기 위한 편리한 관수장치가 개발되고 있으며, 각종 디지털 제어방식과 결합해 식물과 대화할 수 있는 장치도 개발되고 있다. 또한 최근 건축되는 건물은 중정양식을 비롯하여 다른 여러 가지 유리구조물에 의한 충분한 자연광의 유입과 인공등의 설치, 그리고 최근 개발된 광섬유(optical fiber)를 이용한 태양광의 곡선전달과 LED 조명의 등장은 거의 모든 형태의 건물에 분식물의 도입을 가능하게 만들었다.

사람들이 선호하는 관상식물은 유행을 따라 바뀌게 되며 사람들은 새로운 식물을 찾는다. 1980년대 이후 유행하던 관엽식물은 누구에게나 친숙한 식물로 일반화되었고, 1990년 후반에는 양란과 허브(herb)가 유행하였고, 다육식물, 식충식물, 수생식물까지 사람들의 선호식물이 바뀌면서 최근에는 자생식물까지 이용식물이 다양화되었다.

특히 꽃피는 초화류에 대한 관심이 증가하면서 햇빛이 비치는 실외공간에서의 분식물 이용은 분정원에 대한 관심과 분식물이 많이 배치되는 소규모 유럽식 정원에 대한 갈망으로 이어지고 있다 (그림 2-6). 또한 도시농업, 정원의 발전과 함께 새로운 화훼식물의 개발, 새로운 디자인 기법의 도입, 그리고 쾌적한 생활환경의 정착화로 분식물 디자인은 인간생활 깊숙이 자리잡아 가고 있다.

그림 2-6. 실외 분식물 디자인

2-2. 외국의 분식물 디자인

사람들이 유목생활에서 농경생활로 정착하기 시작하면서 집 둘레에 경계를 만들고 정원(庭園)이 만들어졌다. 용기에 담은 식물을 정원을 비롯한 실내외 공간에 배치하여 식용이나 약용으로 이용하면서 공간을 장식하고 식물의 아름다움을 즐긴 것으로 추정하지만 언제부터 분식물이 이용되었는지는 알기 어렵다. 현 이라크에 유적이 남아있는 네부카드네자르 2세(Nebuchandnezzar, BC 605~BC 562)에 의해 재건축된 바빌론(Babylon)의 공중정원(hanging garden)에는 석재 용기에 심은 식물을 테라스 위에 올려놓았다고 한다(그림 2-7).

그림 2-7. 바빌론의 공중정원(SWAW, 2016)

각 나라마다의 분식물 디자인 역사를 살펴보는 것은 어렵다. 국내에 알려져 있는 외국 역사의 흐름에 따라 한국에 영향을 미친 외국의 주요 분식물 디자인 발달과정을 간략하게 살펴본다.

2-2-1 고대

(1) 이집트(Egypt, BC 3200~BC 332)

고대(古代) 이집트 사람들은 꽃과 식물을 매우 사랑했던 것으로 알려져 있다. 기념물을 장식하거나 신에게 바치는 공물로 꽃과 식물을 풍부하게 사용하였다. 이집트 벽화에는 토기에 작은 교목과 관목을 심어 정원에 배치해둔 것을 볼 수 있다(그림 2-8). BC 3세기경에 테라코타(terracotta) 용기에 심은 식물을 건물의 중정(中庭)에 장식하였고, 실내에서 아름다운 꽃향기를 즐기기도 하였다. 수경재배도 이루어졌던 것으로 알려져 있다.

그림 2-8. 이집트 엘 베르세(El-Bersheh) 무덤 벽화의 덩굴 아버(arbour)와 채소 정원, 그리고 분식물(Gardenvist.com, 2016)

(2) 그리스(Greece, BC 1100~BC 146)

그리스에서 한여름에 열리는 아도니스(Adonis) 축제는 바빌로니아, 앗시리아, 페니키아에서 유래되었는데 상추, 펜넬(fennel), 밀, 보리를 심은 용기를 아도니스 상에 장식하거나 옥상에 배치하였다. 사람들은 아도니스가 가을에 죽어 지하세계로 내려가고 아프로디테에 의해 구조되어 봄에 지상으로 돌아온다고 믿었다. 시간이 지나 뜰과 옥상을 장식하기 위해 여러 식물들이 이용되었다. 1936년에 발굴된 테오프라스토스 시대(Theophrastos, BC 4C 말~BC 3C 초)의 분 조각에서 알 수 있듯이 이러한 분정원은 BC 4세기 말부터 BC 3세기 초에 이르러 정립되었는데, 아도니스 축제뿐만 아니라 연중 장식용으로 분식물이 이용되었다(Manaker, 1987). 이러한 그리스의 분 재배(container culture)와 옥상정원은 지중해 연안의 다른 지역으로 전파되었다고 한다(그림 2-9).

그림 2-9. 오늘날에도 옥상이나 테라스에 일상적으로 배치되는 그리스의 분식물

(3) 로마(Rome, BC 753~AD 476)

버질(Virgil), 오라스(Horace), 세네카(Seneca)의 문헌을 보면 관상용 식물을 석재 용기에 심어 집안의 아트리움이나 열주랑에 배치해 놓는 그리스의 관습이 로마에 그대로 전해졌다는 내용이 언급되어 있다. 로마의 집에 정원은 필수적인 요소였고 화분에 심은 식물을 옥상에 많이 배치하였다. 아도니스의 의례시 분식물은 테라스와 파티오를 따라, 그리고 풀(pool) 주변에 배치되었다. 창가에는 분정원이 일상적으로 이용되었는데 이 당시 윈도박스가 처음으로 사용되었다고 한다. 로마시대에 이용된 식물을 정확하게 알기는 어려우나 시트러스(*Citrus*)가 많이 이용되었고, 그 외 꽃이나 열대식물도 조금 사용되었던 것 같다(Manaker, 1987).

플리니(Pliny) 시대(AD 1C)에 로마의 정원은 정점에 이를 정도로 발전하였다. 활석(talc)이나 운모(mica)로 만든 창을 가진 온실이 건축되었고 AD 290년 이후에는 유리로 만든 온실이 이용되었다. 추운 겨울에 알렉산드리아 지방으로부터 도입된 장미꽃을 피우기 위하여 온실을 난방하였고 장미 외에 포도, 백합과 같은 식물도 재배되었다. 최근 발굴된 2,000년 전 이탈리아의 폼페이 유적(그림

그림 2-10. 폼페이 유적지 주택의 아트리움

2-10)에는 로렐(laurel), 미들(myrtle), 레몬(lemon) 혹은 시트론(citron) 등의 상록관목을 심은 테라코타를 아트리움(atrium)에 배치하거나 열주랑(peristyle) 위, 또는 얕은 샘가에 배치한 것을 볼 수 있다.

2-2-2 유럽

(1) 중세(Middle Ages, 476~1450)

5세기에 이르러 로마의 침략과 함께 유럽의 장식용 정원은 퇴보하였다. 이후 1,100년 동안 정원은 기독교와 이슬람인에 의해 종교적인 목적으로만 겨우 명맥이 유지되었다. 중세의 정원은 토기(terracotta)를 이용하여 실용적인 목적으로 약초나 식용 허브를 생산하였다. 로마네스크와 고딕양식 시대의 수도원에서는 과일이나 채소, 약초 등을 재배하였다. 장식적인 목적의 분식물은 종교적 행사에만 이용되는 정도였다.

11~12세기에 정원은 성벽 내에서만 만들어졌다. 장식적인 목적으로 벽, 화단, 잔디가 깔린 곳의 벤치 위에 분식물을 배치하였다. 1100년에서 1300년 사이의 십자군 원정 결과 유럽에는 수많은 새로운 식물이 들어왔다. 아랍의 영향으로 특히 스페인에는(712~1492) 식물을 심은 테라코타 분을 파티오에 놓는 전통이 생겼는데, 11세기 전 장식적인 목적으로 이용하는 유일한 분 재배였다. 중세 말엽 장식용 식물에 대한 관심이 생기기 시작하면서 토기나 금속 용기에 꽃을 심어 키우곤 했다(Manaker, 1987).

(2) 르네상스(Renaissance, 14~16C)

르네상스 시대에 분정원은 다시 활기를 띠었다. 14세기 말에 조반니 루첼라이(Giovanni Rucellai)를 위해 알베르티(Alberti)가 디자인한 분식물로 이루어진 담벽이 있는 정원을 보면 이 사실을 알 수 있다. 또 부유층에 의한 오랑제리(Orangery)가 일반적이었는데 1684~1686년에 베르사유궁전에는 분

그림 2-11. 오늘날에도 유지되고 있는 베르사유궁전의 오랑제리

이나 박스에 심은 1,200주의 오렌지와 300주의 온대관목을 수용할 수 있는 오랑제리가 건축되었다. 북쪽은 지표 아래 가라앉아 있었고 남쪽은 앞이 트여 있어 가온하지 않았으나 겨울 온도가 6℃ 이하로 떨어지지 않아, 시트러스(*Citrus*)를 여름에는 실외에 배치하였고 겨울에는 오랑제리로 옮겼다(그림 2-11). 오랑제리는 나중에 온실로 바뀌었다. 이 당시 희귀한 식물을 재배하기 위한 온실은 부를 상징하였다(Manaker, 1987).

르네상스 시대는 대탐험의 시대로 1492년 아메리카 대륙의 발견, 1498년 인도 발견, 그리고 1511년 자바섬이 발견되었다. 그 결과 새로운 식물이 남유럽에 도입되었고 부유층들은 이러한 식물들을 수집하게 되었다. 식물에 대한 관심이 높아지면서 1545년에는 파두아(Padua)에 첫 번째 식물원이 건립되었다. 1633년경 가꾸어지던 식물 중 오늘날에도 많이 이용되는 분식물은 아스파라거스, 콜레우스, 크라슐라, 아이비, 히야신스, 수선화, 바위취 등과 그 외 많은 고사리 종류 등이다.

(3) 16~17세기

16세기 독일에서는 토분에 심은 장식용 식물들을 창가에 많이 배치하였는데 일반인들이 분식물을 이용하기 시작한 시기인 것으로 보인다. 17세기, 특히 영국의 부유층들은 온실에 오렌지를 가지고 있었는데 이 당시의 온실은 저온으로 유지되면서 주로 온대식물을 추위로부터 막기 위해 사용되었다. 17세기 후반에 영국의 윌리엄(William) 왕과 메리(Mary) 여왕은 원예에 매우 관심이 많아 외국식물을 많이 수집하여 전시 목적으로 온실을 세 동이나 유지하고 있었다. 이 시기에는 납이나 돌로 된 용기가 유행하였고 이탈리아에서는 화분에 심은 꽃피는 식물을 별장의 주랑(loggia)에 올려놓았다. 이 시기에 미국의 거주자들은 실내공간용 분식물에는 별 관심을 보이지 않았다(Manaker, 1987).

(4) 18세기

18세기에 유럽의 열강들은 열대지방의 식민지로부터 이국적인 새로운 식물 도입에 관심을 쏟기 시작하였으며, 이 시대 중엽에 이르러서는 약 5,000여 종의 식물이 유럽에 소개되었다. 영국의 부유층들은 예전 방식의 오랑제리를 연중 이상적인 온도를 유지할 수 있는 온실로 바꾸었다(Manaker, 1987).

18세기 온실은 코일(coil)이 감겨진 난방용 송기관(送氣管)을 벽돌 사이에 끼워 넣거나 뜨겁게 달구어진 석탄을 쌓아두는 방식으로 가열하였다. 온수를 이용한 가온방식은 1778년 프랑스에서 처음으로 고안되었으나 이용되지 않다 19세기 초에 폴란드에서 처음 사용하였고, 공기로 덥히는 방식은 1802년 영국에서 처음으로 이용되었다.

18세기까지 미국에는 귀족계급 외에는 외국 식물에 대한 관심이 거의 없었다. 18세기 후반에 뉴잉글랜드에 바나나, 파인애플, 미모사와 같은 열대식물을 위한 온실이 처음으로 건축되었다.

(5) 19세기

19세기가 시작되자 열대 · 아열대식물은 온실의 장식물로서 시간과 돈이 있는 귀족들의 취미생활이 되었다. 일상생활에서 매일 식물과 접촉하고 있는 일반인들은 아직 분식물을 실내에 들여놓을 필요성을 느끼지 않았다. 1816년쯤 관엽식물이 실내에 이용되기 시작하면서 19세기가 끝나갈 무렵 떠오르는 중산층들에게 귀하고 이국적인 식물을 온실에 두는 것은 우아함과 명예로움의 상징이었다.

19세기 산업혁명은 식물을 위한 시간과 돈을 가진 도시 중산층을 만들었고 실내 분식물 재배에 큰 영향을 미쳤다. 영국에는 거의 모든 사람이 창가정원이나 온실을 가지고 있었고 실내식물의 재배와 번식에 대해 모르는 사람이 없었다. 19세기 중반에 부유층의 저택과 중산층 가정에는 분식물, 걸이분, 스탠드에 세워놓은 식물로 넘쳐흘렀다. 식물을 가꾸는 일은 처음에는 부유층들을 위한 섬세하고 여성적인 활동이었으나 가난한 사람들, 도시인들, 남자들의 관심을 불러일으켰고, 가드닝(gardening)은 고귀함의 상징이 되었으며 모든 계층의 존경받는 취미와 예술이 되었다. 창가정원과 실내공간의 식물 장식은 1850년 이후 유럽과 미국에서 보편화되었는데, 이는 19세기의 물질주의를 반영한 것으로 보인다(Manaker, 1987).

1830년 전까지만 해도 실내에서 고사리를 재배하는 데는 별 관심이 없었다. 탐험가들이 새로운 종을 가져왔고 포자로 키우는 방법이 습득되었지만 고사리를 매력적으로 보는 사람들은 별로 없었다. 1831년 영국의 외과 의사인 워드(N.B. Ward)가 흙을 채운 밀폐된 유리용기 속에 있는 나방과 나비의 유충에 관한 연구를 하던 중, 그 당시 외부환경에서 자랄 수 없는 양치류의 포자(胞子)가 발아하여 자라는 것을 우연히 발견하였다. 그 후 많은 실험 끝에 워드는 밀폐된 유리용기 내에서 물을 주지 않고도 식물을 13년간이나 완전한 상태로 유지할 수 있었다는 논문을 발표하였다. 워드에 의해 유리상자에서 고사리를 키우는 방법이 도입되자 고사리 재배가 인기를 끌게 되었다. 워디안 케이스(Wardian case)라 불리는 이 유리상자는 작은 고사리 외에도 꽃피는 식물이나 관엽식물 등에 이상적인 환경을 제공하였고 이것은 오늘날 테라리움(terrarium)으로 발전하였다. 워드는 그 용기에 1833년까지 30종의 고사리를 키웠고 1840년까지 워디안 케이스는 유럽에서 대유행이었다(그림 2-12). 또 이것은 열대식물을 이주시키기 위해 오랜 시간이 걸리는 해상 운반용으로 사용되기도 했다. 워디안 케이스는 종모양 용기나 유리 프레임을 가진 돌용기로 변형되었다. 1854~1855년에만 14권이나 되는 책이 출판될 정도로 관심이 높았고, 1860년에는 818종의 고사리가 재배되고 있었다. 고사리에 대한 열풍은 1860년 말까지 진행되었으나 그 후 고사리에 대한 관심은 사라졌다. 빅토리아 시대까지도 미국에서는 유행하지 않았다(Manaker, 1987).

19세기 말 빅토리아 시대(Victorian Period)에 영국과 북미에서 실내 분식물 재배는 인기있고 고상한 즐거움이었다. 크기가 큰 열대식물은 가정, 호텔, 극장, 그리고 여러 공공장소를 채우거나 온실 혹은 온실처럼 만들어진 창가정원에 배치되었다. 19세기 대부분의 가정은 응접실이나 창가에 분식물이 있었다. 그러나 집은 춥고 어두웠으며 먼지가 많았다. 직물과 목재의 변색을 방지하기 위해 블라인드, 차양, 두꺼운 커튼이 사용되어 광도가 낮고 통풍이 나빴다. 겨울에 가스 불과 석탄 난방을 견딜 수 있는 식물은 많지 않았다. 난로를 이용했기 때문에 오늘날에 비해 습도는 유지하기 쉬웠다.

19세기에 거실 장식에 인기있었던 관엽식물 중 오늘날에도 많이 이용되는 종류는 다음과 같다. 드라세나, 코르딜리네, 야자류, 고무나무, 고사리, 소철, 크로톤, 베고니아, 엽란은 가장 잘 견디고 이용성이 높은 식물로 간주되었다. 그 외 주요 식물은 파인애플과 식물(bromeliad), 피토니아, 마란타, 펠리오니아, 파인애플, 오렌지, 레몬, 호야(*Hoya carnosa*), 뷰카네아(*Beaucarnea*), 선인장류, 익소라, 스

그림 2-12. 워디안 케이스(Wardian case)(The flower doctor, 2016; Monnik, 2016; Eastlake victorian, 2016)

타펠리아, 안스리움, 동백, 유카, 헤데라, 용설란(*Agave*), 아카시아, 알로에, 청목, 아글라오네마, 싯서스, 아라우카리아, 칼라디움, 디펜바키아, 아랄리아, 대나무, 바나나, 몬스테라, 콜레우스, 돈나무 등이다. 그 외 장미, 후크샤, 헬리오트로프, 제라늄, 란타나, 한련화, 이포메아(*Ipomea*), 카네이션, 아잘레아, 피튜니아, 그리고 버베나와 같은 꽃피는 식물이 추천되었다. 또한 화분에 심겨진 구근류도 창가정원에 많이 이용되는 식물이었다(Manaker, 1987).

빅토리아 시대에는 걸이분(hanging basket)이 많이 이용되었는데 철사, 토기, 또는 아연으로 라이닝된 화분에 심은 아이비, 아이비제라늄, 바위취, 트라데스칸티아, 고사리, 그리고 그 외 관엽식물 등이 주요 식물이었다. 분식물들은 방 전체에 배열되면서 빅토리아 시대의 복잡한 집 분위기를 더욱 복잡하게 만들었다. 식물을 놓기 적절한 장소는 벽난로가, 장식용 선반, 식물용 스탠드, 바닥이었고 덩굴식물을 위해 트렐리스가 창가에 만들어지기도 했다. 장식용 항아리나 받침대 위에 올려진 여러 가지 크기와 모양의 고사리 상자는 빅토리아 시대 가정의 장식에 잘 맞았다.

(6) 20세기

전등의 발명은 실내공간에 인공적인 보조 광원을 제공해 주었기 때문에 자연광을 이용한 창가정원보다 훨씬 더 실내의 내부까지 분식물 재배가 가능하게 되었다(Manaker, 1987). 그러나 중앙난방의 도입으로 인한 고온 저습은 분식물을 유지하기 어렵게 만들었다. 20세기는 세계의 산업구조가 바뀌고 두 차례의 세계전쟁을 치르면서 관엽식물을 구하기 어려워졌고, 야자를 비롯한 몇 가지 종류만 실내장식용으로 이용되었다. 비교적 저렴한 가격에 이용할 수 있는 절화 때문에 실내 분식물에 대한 관심도는 더 줄어들었다.

2-2-3 미국

1930년대 후반에 미국에서 디쉬가든(dish garden)이 유행하면서 실내 분식물에 대한 관심이 다시 높아졌다. 1960년대까지만 해도 분식물은 가정용 식물(house plant)로 주부들의 취미활동으로 명맥이 유지되어 왔었지만 여성들의 경제 및 사회활동 참여로 분식물이 사무실과 공공의 공간에 도입되기 시작하였고, 실내 분식물에 대한 관심과 필요로 관엽식물의 이용은 급속도로 증가하였다. 1970년대에는 미국 가정의 3/4이 실내 분식물을 소유하여 녹색혁명(The Green Revolution)이라는 말이 생겨날 정도로 실내공간용 분식물의 붐은 대단한 것이었다(Manaker, 1987).

실내 분식물 이용 규모가 바뀌게 된 또 하나의 계기는 충분한 광선이 유입되는 대형 유리건물의 출현과 현대식 냉 · 난방 · 환기 시스템의 도입에 의한 이상적인 환경의 조성이었다. 1851년 런던의 대박람회 개최를 위하여 조셉 팩스톤(Joseph Paxton)이 설계한 세계 최초의 대형 유리건물인 수정궁(Crystal Palace)은 무제한의 태양광선이 유입되는 거대한 건물로 오늘날 대규모 실내정원을 예고한 건축물이라고 할 수 있다(이영무, 1995).

1930년대 후반부터 미국에서는 도시계획적인 측면에서 도시의 기능과 환경을 개선하고자 하였다. 도시 중심부에 있는 해리슨(Harrison)의 록펠러센터나 미스(Mies)의 시그램빌딩, 체이스맨해튼 은행 등은 대지의 일부를 도심의 오픈 스페이스(open space)로 제공하고자 하였다(이종석 외, 1993). 1970년대에 이러한 오픈 스페이스 개념은 대형 건물 내부로 확장되었고, 호텔이나 회사 등에서는 건물 원래의 기능을 충족시키면서 이런 개념의 실내공간을 건물의 중심공간이 되도록 하였다.

1967년에는 미국에서 댄 카일리(Dan Kiley)에 의해 세계 최초의 대형 실내정원인 포드재단 실내정원이 완공되었다(그림 2-13). 포드재단 실내정원은 실내정원에 대한 기초자료를 제공하였고 대형 실내정원의 효시가 되었다(이영무, 1995).

그림 2-13. 미국 포드재단 건물 실내정원
(Occupy wall street, 2016; Steve's digicams, 2016)

1967년에는 존 포트만(John Portman)이 하얏트 호텔을 중정(中庭, atrium)이 있고 지붕에 천창(天窓, skylight)을 씌운 형식으로 설계하였는데 애틀랜타(Atlanta)를 위시하여 시카고와 샌프란시스코에 연이어 개관하였다. 이들의 공통적인 특징은 객실로 둘러싸인 중정에 천창을 통해 햇빛이 들어오도록 하는 구조였다(그림 2-14). 이것은 2,000년 전 로마건축의 중정을 되살린 것으로 중정양식은 식물 생육을 위한 좋은 환경을 제공하여, 실내정원의 도입에 알맞은 조건을 제시하였다(이영무, 1995).

그림 2-14. 제주도 하얏트 호텔

2-2-4 중국

중국에서 분식물과 관련해 뚜렷한 역사적 자료가 남아 있는 것 중 가장 오래된 것은 711년에 세상을 뜬 당나라의 장회태자(章懷太子) 이현(李賢)의 무덤 벽화에 그려진 시녀가 들고 있는 분재이다(그림 2-15). 이것으로 짐작해볼 때 600년대 말에 분재의 유형으로 분식물을 가꾸어 즐기는 풍습이 있었음을 알 수 있다. 중국에서는 분재를 분경(盆景)이라 부르고 있으며 분재에 관한 기록이 많이 남아 있는데 가꾸는 방법이나 수형론 등을 상세하게 저술해두어 그 당시 어떻게 분재가 이용되었는지 알 수 있다.

그림 2-15. 당나라의 장회태자(章懷太子) 이현(李賢)의 무덤 벽화(알라스카, 2016)

오늘날에는 중국 대도시 여러 곳에 분재공원이 있으며 분재를 생산하여 전 세계에 수출할 정도로 여전히 전통적인 분재를 즐겨 많이 이용하지만 그 외 열대식물, 초화류 등 다양한 식물을 화분에 심어 현관 앞, 정원 등 여러 장소에 배치하여 장식하고 가꾸는 즐거움을 누리고 있다(그림 2-16).

그림 2-16. 오늘날 중국의 분식물

2-2-5 일본

중국과 한국의 영향으로 일본에도 전통적으로는 분재의 유형으로 분식물이 이용된 것으로 보인다. 분재는 중국에서 1300년경에 일본으로 전파된 것으로 알려져 있는데, 오늘날에 이르러 연간 약 100억 달러의 분재를 수출해 세계 분재 시장의 대부분을 일본 분재가 차지하고 있을 정도로 분재에 대한 관심은 높다. 분재는 일본어로 본사이(bonsai)인데 분재는 국제적으로도 본사이로 통용되고 있다. 일본의 분재나 분경은 일본 양식의 정원이 극소의 정원으로 만들어진 것이라 한다.

19세기 말 러일전쟁 승리를 거두게 된 것이 하나의 계기가 되어 분재의 예술성에 관심이 고조되었으며(분재동호회 조직), 명치시대 말(20세기 초) 경기침체와 관동 대지진으로 분재가 크게 침체되었을 때 국가적인 타결책의 일환으로 도쿄 동쪽에 분재마을이 건립되었다. 그와 함께 일본 유지들에 의해 분재전시회가 개최되었으며, 그 후 1950년 한국전쟁시 일본 경제 부흥과 함께 분재 열성가들에 의해 다양한 분재 기술이 개발 보급되어 오늘날에 이르렀다.

현재 일본은 이러한 전통적인 분재뿐만 아니라 외국의 영향으로 다양한 양식의 분식물이 이용되고 있다(그림 2-17).

그림 2-17. 오늘날 일본의 분식물

3. 분식물 디자인의 기능

도시화로 인한 현대인의 생활은 편리함과 편안함을 제공받지만 그 속에는 나름대로 문제점이 포함되어 있다. 녹색공간이 감소하여 삭막해지고 환경이 오염되고 있으며 복잡한 도시의 생활은 스트레스를 증가시킨다. 건물 내에서 일상생활이 이루어지는 도시인들에게 실내외 공간의 분식물은 아름답고 쾌적한 생활공간을 창출함과 동시에 다양한 문제점들을 해결하는 기능적인 효과를 제공한다. 이러한 효과는 아름다운 환경을 조성하는 장식적 효과를 비롯하여 건축적, 환경적, 심리적, 치료적, 교육적, 경제적 측면의 다양한 효과로서, 최근에는 특히 쾌적한 실내환경을 제공해주는 식물의 환경적 기능에 대한 사람들의 관심이 높다.

분식물 디자이너의 직업적인 측면에서 분식물이 가지는 주요 기능에 대한 인식은 분식물 디자인의 필요성과 수준 높은 생활환경에 대한 체계적인 설명을 가능하게 하여 고객 확보에 좋은 배경 지식이 되며 고객의 요구에 부응할 수 있는 디자인을 제시하도록 해준다(신현철 외, 2011). 분식물 디자인의 기능적인 역할을 장식적, 건축적, 심리적, 환경적, 치료적, 교육적, 경제적 기능으로 나누어 살펴보자.

3-1. 장식적 기능

실내외 공간에서 분식물을 이용한 장식은 아름답고 쾌적한 환경의 연출에 매우 뚜렷한 효과를 보인다. 철근과 콘크리트로 이루어진 건물의 차갑고 딱딱한 실내공간에 배치된 분식물은 꽃과 잎의 아름다운 형태와 색, 향기, 그리고 생명력이 넘치는 신선함으로 이루 말할 수 없는 아름다운 분위기를 만들어낸다(그림 3-1). 특히 조각물과 같은 멋진 형태를 지닌 분식물로 장식된 공간은 신선함은 물론 식물의 생장으로 인한 변화하는 아름다움, 그리고 규모에 비해 저렴한 경제적인 측면까지 고려할 경우 최고의 장식적 효과를 가진다(김수연, 2004).

식물은 무생물과 같이 정체된 것이 아니라 생장과 발육을 통해 형태와 색을 변화하며 이로 인해 미묘한 분위기와 느낌의 변화를 만들어내는 살아 있는 조각품이다. 이 살아 있는 조각품은 무생물

그림 3-1. 실내외 공간을 장식하는 분식물

적 디자인 요소의 마무리이며 디자인에 생명력을 불어넣는 존재이다.

대형 건물 현관 앞에 배치된 분식물, 또는 건물 내부 아트리움(atrium)의 분식물이나 실내정원은 그 공간을 눈에 잘 띄게 하여 건물에 대한 이미지를 매우 인상깊게 만드는 역할을 한다. 분식물로 아름답게 꾸며진 공간은 기능적 역할의 공간으로서뿐 아니라 예술공간으로 관심의 대상이 되며, 이는 마치 미술관에서 명작을 감상할 때와 같은 미적 감흥을 일으켜 피곤과 긴장을 해소시킨다. 이러한 뛰어난 장식적 효과를 가진 분식물은 생활공간 장식뿐만 아니라 무대장식과 디스플레이(display) 등에도 이용되면서 실내정원, 발코니 정원, 옥상정원 등으로 그 규모와 이용 범위가 점점 커지고 있다.

3-2. 건축적 기능

공간을 차지하는 분식물은 건축물로서의 역할을 대신할 수 있다. 실내공간에 배치된 녹색의 분식물은 건축물을 부드럽고 안정된 분위기로 연출하는 장식적인 효과를 제공할 뿐만 아니라, 공간을 차지하고 있어 서로 성격이 다른 공간들을 분할하여 경계를 구분하면서 공간이 고유의 기능을 가지도록 하고, 동선(動線)을 유도하여 질서를 유지시켜 주는 기능을 한다(Furuta, 1983). 시계(視界)를 부분적으로 차폐하는 건축물의 역할로도 이용되면서 열린 공간(open space)의 개념으로 이루어지는 사무공간에서 칸막이 역할을 하고 사적인 공간을 형성하기 위해 차폐물 대신에 배치된다. 통행자들

공간 분할

동선 유도

차단물(barrier)

차폐물(screen) 캐노피(canopy) 장식물

그림 3-2. 분식물은 건축물의 역할을 대신해 줄 수 있다

의 통행금지를 위한 차단물 또는 울타리로도 분식물이 배치되면서 분식물은 건축물의 역할을 대신한다(그림 3-2).

건물의 이미지를 부각시키기 위해 예술품을 건물의 일부로 설치하는 건축물에서 실내외 공간의 아름다운 분식물은 예술작품을 대신할 수 있으며 건물의 상징성을 제공한다.

3-3. 심리적 기능

세상이 만들어진 이래 식물과 더불어 살아온 인간은 식물과 함께 있을 때 본능적으로 편안한 느낌을 가진다. 이러한 인간의 감정에 대한 학자들의 해석은 각양각색이지만 식물의 존재가 인간에게 미치는 심리적 효과에 대한 다양한 실험 결과, 식물로 인해 스트레스가 해소되고 분노감이 줄어들며, 기분이 좋아지는 등 뚜렷한 감정적 변화가 있으며, 뇌파 측정에서 알파(α)파의 출현량이 많아졌다(손기철, 2007; 이해일 외, 2011). 이러한 식물이 제공하는 심리적인 효과로 인한 분식물 디자인의 의의는 매우 크며, 특히 자연과 격리된 도시환경에서 꽃과 식물로 이루어진 아름다운 생활공간에서의 진한 감동은 삶에 대한 애착과 희망으로 사람들의 정서(情緖)를 순화시키고 풍부하게 만들어 준다(유은하 외, 2015)(그림 3-3).

인간이 식물 혹은 녹색에 대한 그리움을 가지고 있는 이유는 정확히 밝힐 수 없지만 인간은 본능적으로 식물에 매료되어 있고 식물들에 둘러 싸여 있는 것을 좋아한다. 식물이 없는 공간, 특히 실내공간은 삭막하고 온기가 부족한 것처럼 느껴지는 반면, 식물이 있는 공간은 생명력과 친밀감, 그리고 활력을 주는 동시에 조용하고 편안함으로 가득 차 보인다.

분식물을 관리하고 돌보는 것을 자랑스러워하며 기쁨으로 여기는 사람이 많다. 이것은 단순히 식물의 아름다움을 좋아하는 것뿐만 아니라 식물들이 가지고 있는 의존성과 약함에 대한 양육적 특성

그림 3-3. 생활공간에 배치된 분식물은 사람들에게 긍정적인 심리적 반응을 일으킨다

에 기인한다. 분식물은 인간이 돌보아 주어야 하고 돌봄에 따라 반응하는 생명체이다. 초기 인류는 생존하기 위해 식물을 재배했는데 심리학자들에 따르면 현대인은 여전히 무의식 속에 그러한 동기들을 가지고 있다고 한다.

이러한 심리적인 효과로 인해 호텔이나 백화점과 같은 대형의 공공건물에는 분식물을 배치하거나 실내정원을 조성하여 휴식과 만남, 담소의 장 등 다목적 광장을 조성한다. 근로장소에 배치된 식물은 환경적 불쾌감을 줄이며 근로자들이 자연과 유대감을 가지게 한다. 사무실에 분식물을 배치하면 집중력과 효율성이 향상되어 근로자에게 좋은 작업환경을 제공함으로써(유미와 이은희, 2015) 10~15% 정도의 고용 효율성 증대를 가져온다고 한다. 생활공간 곳곳에 조성된 분정원을 통하여 동네, 마을 등 공동체의 주거환경을 개선시켜 구성원들의 사회정신적 건강과 작업능률을 증진시키고 경제적, 사회적 조건을 고양시켜 그 지역의 부정적인 이미지를 변화시킨다.

3-4. 환경적 기능

식물은 주변의 불량한 환경을 개선하는 정화 기능이 있다. 특히 실내공간에서 이산화탄소를 비롯한 실내공기의 오염물질을 제거해주고 산소를 방출해 준다. 수분을 방출하여 난방으로 인해 건조한 겨울철 실내공간에 살아있는 자동가습기의 역할을 하며, 증산작용에 의한 기화열(氣化熱)은 주변의 기온을 낮추어 온도조절 효과도 보인다. 또한 식물의 광합성이나 증산작용이 왕성한 곳에서는 인체에 유익한 음이온이 다량 발생한다(그림 3-4).

방향성 꽃이나 식물은 휘발성 방향물질을 방출하여 좋은 향을 제공할 뿐만 아니라 성분에 따라 스트레스 해소, 진정(鎭靜), 우울증 치료 등의 효과를 보이며, 유해한 병균의 발생을 억제시켜 건강

그림 3-4. 분식물은 생활환경을 개선해 준다

에 좋은 쾌적한 환경을 제공해 준다. 이 외에도 실내공간에 배치된 식물은 전자파 차단, 차광, 방음 등의 환경을 개선시키는 효과를 제공한다.

3-4-1 오염물질 제거

도시의 공기는 실내외를 막론하고 심하게 오염되어 있다. 실외 오염물질은 아황산가스(SO_2), 오존(O_3), 질소산화물(NOx) 및 분진과 같은 입자상 물질 등이 있고, 실내공기를 분석해 보면 포름알데히드(formaldehyde), 벤젠, 톨루엔, 자일렌 등 300~400여 가지의 휘발성 유기화합물(VOC)이 주된 오염물질이다. 특히 실내공기 중에 포름알데히드를 포함한 VOC 등은 아토피성 피부염, 아토피성 천식과 비염 등이 대표 증상인 새집증후군을 일으키는 원인 물질로 알려져 있다. 그 외에도 이산화탄소(CO_2), 일산화탄소(CO), 미세먼지 등도 주요 오염물질이다(국립원예특작과학원, 2016).

포름알데히드, 일산화탄소, 이산화탄소, 미세먼지, 부유세균 모두 식물에 의해 제거가 가능하다. 식물은 광합성을 통해 잎의 뒷면에 있는 기공에서 이산화탄소를 흡수하고 산소와 수분을 밖으로 배출한다. 이때 기공은 이산화탄소만을 흡수하는 것이 아니라 그 외 다른 휘발성 기체도 흡수한다. 잎에 흡수된 오염물질은 대사산물로 이용되어 제거되고, 일부는 뿌리로 이동하여 토양으로 유출되어 근권부 미생물의 영양원으로 활용되면서 제거된다. 또 증산작용으로 화분 토양 내 부압이 형성되어 실내공기 중의 VOC가 토양으로 이동하면 뿌리부분의 미생물과 토양 흡착에 의해 제거된다. 농촌진흥청은 포름알데히드를 비롯해 벤젠, 톨루엔 등 휘발성 유기화합물을 분해하고 건강 기준치 이하로 떨어뜨리기 위해서 1평(3.3m^2)당 1개 정도의 화분이면 가능하다고 한다(표 3-1).

표 3-1. 포름알데히드 제거 우수 식물(국립원예특작과학원, 2016)

구분	식물명
관엽식물	아스플레니움, 디펜바키아, 싱고니움, 안스리움, 조란, 필로덴드론, 아레카야자, 드라세나, 소철, 파키라, 스킨답서스, 스파티필름, 행운목, 쉐플레라
자생식물	맥문동, 털머위, 황칠나무, 남천, 마삭줄, 모람, 산호수, 차나무, 팔손이
허브	로즈마리, 재스민, 애플민트
양치류	고비, 부처손, 상록넉줄, 푸른발
난류	나도풍란, 호접란, 심비디움
기타	소나무, 구아바, 귤나무, 크라슐라

3-4-2 산소 방출

식물은 낮에 잎 뒷면에 있는 기공(氣孔)을 통해 흡수한 이산화탄소(CO_2)와 뿌리에서 흡수한 물(H_2O)을 엽록소에 의해 흡수된 태양에너지를 이용하여 식물의 생장에 필요한 탄수화물($C_6H_{12}O_6$)을 만들며 산소(O_2)를 방출하는 광합성작용을 한다. 즉, 식물은 사람이 호흡으로 내뿜는 이산화탄소를 광합성의 원료로 사용하고 산소를 발산함으로써, 특히 환기가 불량한 실내공기를 신선하게 만들면서 인간과 공생(共生, symbiosis)관계를 유지한다(그림 3-5). 식물은 호흡을 통해 밤낮으로 산소를 흡수하고 이산화탄소를 방출하지만 광합성에 비해 소량이다. 이러한 광합성과 호흡으로 인한 기공의 개폐시 증산작용이 일어나 수분이 방출된다.

이러한 결과 식물은 사람에 필요한 산소를 공급하고 유해한 이산화탄소를 흡수하여 공기를 정화시키며 수분을 방출하여 습도를 조절해 준다.

그림 3-5. 분식물의 공기정화 원리(국립원예특작과학원, 2016; Doopedia, 2016)

3-4-3 습도 조절과 온도 조절

식물이 광합성을 하기 위해 기공을 열면 식물체내 수분이 공기 중으로 날아간다. 이러한 증산작용과 화분 토양 표면이나 수경 요소로부터의 수분 증발은 건조한 실내공기를 가습하는 효과를 발휘하여 겨울철 난방으로 인해 30% 이하로 내려가는 실내 습도를 상승시켜 준다. 식물은 대기가 건조하면 증산량이 증가하고 습하면 감소하는 자기조절(self-control) 능력이 있고 증산에 의해 형성되는 대기의 습도는 완전한 무균상태이다. 습도를 높이는 역할은 잎의 기공을 통한 증산작용이 약 90%, 토양 증발이 약 10%로 대부분 증산작용에 의해서 높아진다(국립원예특작과학원, 2016).

식물이 있을 경우 증산작용에 필요한 기화열을 빼앗기므로 실내온도가 낮아진다(이나영 외, 2008). 식물의 종류, 배치방법 및 배치량에 따라 달라지지만 실내공간에 약 10%의 식물을 두면 약 10%의 상대습도가 증가하고, 여름에는 약 2~3℃ 정도 실내온도를 떨어뜨릴 수 있고 겨울철에는 같은 정도로 실내온도를 높일 수 있다(손기철, 2007). 계절에 관계없이 실내공간의 2.4%에 해당하는 용적의 식물체 배치로 3~5%의 습도 조절이 가능하다(손기철 외, 1998).

3-4-4 음이온 방출

음이온은 대기분자 중에서 자외선, 우주선이나 지각에서 발생한 각종 방사선에 의해 극히 일부 분자에서 전자가 튀어나와 이온화되는 과정에서 생성된다. 튀어나온 전자는 전자 친화력이 높은 산소에 붙어 산소분자가 음이온이 된다. 또한 물분자가 H^+와 OH^-로 분해되고 OH^-에 물분자가 결합된 $OH^-(H_2O)_n$ 형태로 대전되는 것으로 알려져 있다(국립원예특작과학원, 2016).

숲속은 식물의 광합성작용과 증산작용에 의해 산소와 물분자가 많아 음이온이 많다. 인간은 산소(O_2)와 동시에 산소분자에 있는 음이온(O_2-(H_2O)$_n$)을 흡입함으로써 건강을 유지한다. 산업화 이후 도시화로 대기가 오염되었고, 오염물질은 대부분 양이온으로 대전됨으로써 음이온의 비율이 낮아졌다. 자연상태와 가까운 환경에서는 공기 중의 음이온과 양이온의 비율이 1.2 : 1 정도이며, 도시지역이나 오염지역 등은 1 : 1.2~1.5로 양이온의 비율이 높은 것으로 알려져 있다(손기철, 2007; 국립원예특작과학원,

표 3-2. 대기조건별 음이온 량(손기철, 2007)

대기조건	음이온 량(개/cm³)
도심(실내)	30~70
도심(실외)	80~150
교외	200~300
산, 들판	700~800
숲	1,000~2,200
인체 요구량	700

2016)(표 3-2).

식물에서의 음이온 방출은 증산작용 과정에서 물분자가 기공을 통해서 나오는 과정에 이온화되는 것으로 알려져 있으며 음이온 발생량은 증산량이 많을수록 높게 나타났다. 음이온 발생량은 식물 종류별로 차이가 있지만 일정 공간에 화분을 약 30% 정도 채우게 되면 공기 1㎤당 약 100~400개 정도 발생하게 된다(국립원예특작과학원, 2016).

음이온이 피부와 호흡을 통해 몸속으로 들어가면 자율신경을 진정시키며 불면증을 없애고 신진대사를 촉진시키며 혈액을 정화하고 세포의 기능을 강화하여 얼굴색을 아름답게 한다. 또한 실내 대부분의 화학물질이나 먼지, 분진, 악취 등의 원인물질은 전자가 모자란 상태로 양이온화하여 서로 밀어내며 공기 중에 골고루 퍼져 떠다니는데 음이온이 공급되면 오염물질은 전자를 얻어 안정화되어 땅으로 떨어져 제거 효과가 생긴다(국립원예특작과학원, 2016).

3-4-5 미세먼지 제거

먼지는 직경에 따라 2.5㎛ 미만의 미세입자와 2.5㎛ 이상의 거대입자로 분류할 수 있다. 인체 건강에 영향을 크게 미치는 것은 미세먼지이다. 미세먼지는 약 20~30㎛ 정도 크기의 식물 기공에 의해 직접 흡수되거나 잎 표면에 있는 털 등에 흡착되어 제거된다. 또한 일반적으로 플러스(+)로 대전되어 있는 미세먼지는 식물에서 발생한 음이온에 의해 제거되기도 한다(국립원예특작과학원, 2016).

3-4-6 향 방출

허브를 비롯한 방향성 식물에서 발생하는 향은 다양한 역할을 하고 있다. 향의 효능은 쾌적감과 소취 · 탈취 효과, 항균 · 방충 효과로 크게 3가지로 구분할 수 있다. 성분은 테르펜류와 같은 휘발성 물질과 알칼로이드, 플라보노이드, 페놀성 물질 등의 비휘발성 물질도 포함한다. 특히 수목에서 발산하는 향은 피톤치드(phytoncide)라고 하는데, 피톤치드는 식물을 의미하는 피톤(phyton)과 죽인다는 의미를 갖는 치드(cide)의 합성어로, 치드(cide)에서 추측할 수 있듯이 균을 죽이는 항균 효과를 갖고 있어 실내 부유세균의 수를 줄여 실내정화 효과가 있다.

3-4-7 전자파 흡수

현대인은 대부분 각종 전자파에 완전히 노출되어 무방비 상태로 생활하고 있다고 해도 과언이 아니다. 가정에서는 가전제품, 출퇴근할 때는 운송수단에서, 전철에서는 고압선에, 직장에서는 각종 기기와 컴퓨터, 그리고 핸드폰에 노출되어 있다. 최근 연구결과에 따르면 전자파는 암과 백혈병 발생, 생식능력 저하, 기형아 출산, 알츠하이머와 피부질환 등의 질병과 관련이 있는 것으로 알려졌다. 여러 가지 이유로 전자파의 유해성 여부는 국가에 따라 다양하며 그 규제 기준도 모호해 전자파 연구결과의 신빙성에 대하여는 의문이 있을지라도 전자파 차단이나 제거는 삶의 질을 높이는데 매우 중요하다(손기철, 2007).

우리가 생활하면서 직접적으로 가장 큰 영향을 받는 것은 컴퓨터 모니터이다. 전자파는 물이 있는 곳으로 흐르는 성질이 있다. 사람의 몸에는 수분이 많기 때문에 텔레비전, 컴퓨터를 사용하면 그 전자파는 사람의 몸으로 흡수된다. 식물의 대부분은 수분으로 이루어져 있기 때문에 전자파는 식물 쪽으로 많이 흡수되어 실내에 배치되어 있는 식물은 전자파를 차단하는데 도움이 된다(손기철 외, 2000).

3-4-8 햇빛 차광과 방음

실내외 공간에서 잎이 무성한 분식물은 햇빛의 지나친 투입을 줄여주는 커튼이나 차양의 역할을 할 수 있다. 또 실내에서 녹색의 아름다운 분식물은 부분적인 차광으로 멋진 분위기를 연출할 수 있다. 분식물에 의한 방음 효과는 그다지 크지 않지만 실내에서는 작으나마 녹색 공간으로 인한 심리적 효과와 함께 방음 효과를 기대할 수 있다(한승원 외, 2006).

3-5. 치료적 기능

식물에 대한 사람들의 심리적인 반응에 의해 분식물은 정서안정과 같은 정신적인 치료 효과를 제공하며 눈의 피로를 경감시켜주는 효과가 있다(그림 3-6). 피실험자에게 실내에서 하루 동안 독서와 잡담 등의 생활 활동을 하면서 30분 간격으로 시각피로나 대뇌피질의 활동수준을 검사한 결과, 도중에 2회 정도 관엽식물을 보게 한 경우는 그렇지 않은 경우에 비해 눈의 피로가 명백히 경감되

그림 3-6. 분식물은 사람들을 치유하는 효과가 있다

었다. 또 종일 컴퓨터 등의 작업에 종사하고 있는 사람들은 눈의 피로, 시력 저하, 어깨나 팔의 통증, 심신의 피로, 판단력의 저하 등 각종 병증의 테크노스트레스(techno-stress)가 심각해져 사회문제가 되고 있는데, 녹색식물을 보는 것으로 해소시킬 수 있다는 연구결과가 있어 분식물은 눈의 피로 및 테크노스트레스를 치유하는 효과가 있는 것으로 증명되고 있다(손기철, 2007).

식물 관리를 위한 신체적인 움직임은 육체적 건강을 유도하게 되며, 식물에 대한 애정어린 보살핌은 정서적 안정을 유도하여 정신적인 건강을 이루어낸다. 식물을 가꾸는 사람들과 공통의 관심사를 나눔으로써 인간관계 증진에 도움을 주고 주변에 대한 이해를 넓히게 해준다.

방향성 식물의 향기는 향의 성분에 따라 우울증 해소나 스트레스를 경감시켜 주는 향기치료의 역할을 한다. 정유 실험에 의하면 스트레스 호르몬인 코티졸(cortisol) 농도를 감소시켜 스트레스 완화율이 25~70%로 높게 나타나 진정효과가 입증되었다. 자발운동량 측정은 어떤 물질을 투여했을 때 자발적인 운동량이 증가하는지(흥분작용), 또는 감소하는지(진정작용)를 측정하여 그 물질의 효과를 측정하는 방법인데 일부 식물의 정유향은 자발운동을 55%까지 감소시켜 중추신경계의 흥분을 완화시키는 효과, 즉 진정작용이 매우 크다는 것이 밝혀졌다(손기철, 2007). 이와 같이 분식물은 병원에서 제공할 수 없는 정신적, 육체적 치료 효과를 보이며 삶의 질을 향상시킨다.

식물의 치료적 효과에 대한 연구 결과를 토대로 식물을 관리하는 행위를 통한 적극적인 원예치료 프로그램이 개발되어 1800년대 후반부터 미국에서는 정신병원에서 효과적으로 이용되어져 왔다. 미국 원예치료협회에 따르면 재활을 위한 병원이나 지체 부자유자들을 위한 시설, 그리고 노인병센터에서 치료 프로그램에 원예의 이용을 확대하고 있다. 국내에서도 식물을 이용한 원예치료에 대한 관심이 매우 높아 치료가 필요한 환자들과 일반인들을 위해 병원, 노인센터, 교도소, 유치원 등에서 적용되고 있다.

3-6. 교육적 기능

식물이 있는 아름다운 공간에서의 생활은 미적 감각을 증진시키는 효과를 제공한다. 식물이나 식물이 있는 공간을 바라보는 사람들은 세상과 사물을 바라보는데 그들이 사용해 왔던 시각과는 다른 디자이너의 시각에 직면하게 되어 디자이너의 다양한 의도와 표현을 접하여 공유하게 된다(이정민, 1998, 2001). 이러한 반응을 통하여 미적 감각의 증진과 아름다운 생활환경에 대한 관심이 유도된다.

또한 지속적으로 유지되는 분식물을 위해 관리에 필요한 지식을 습득하게 되며, 이러한 관리과정을 통하여 육체적인 노력과 함께 식물에 대한 생물학적인 이해와 사랑에 대한 감정적인 성장이 이루어진다. 관리과정에서 발생하는 여러 가지 문제를 전문가를 통하거나 책을 통해서, 또는 경험에 의해 해결하게 되며 이러한 과정을 통하여 문제해결 능력과 식물의 관리능력이 증진된다.

주로 도시환경에서 자라는 오늘날의 어린 학생들은 자연과 환경에 대한 이해가 부족하다. 특히 실내공간에 분식물을 도입함으로써 자연학습의 기회가 제공되어 식물의 생장에 대한 신비롭고 경이로운 세계를 이해하고 자연을 가까이 하는 교육적인 효과를 가질 수 있으며, 꽃과 식물로 창출되는 아름다운 생활환경에 대한 관심을 증진시킨다(그림 3-7).

그림 3-7. 공간에 배치된 분식물로 인해 다양한 교육적 효과를 볼 수 있다

3-7. 경제적 기능

분식물이 장식된 공간은 아름다울 뿐 아니라 편안한 이미지를 주며 볼거리를 제공하여 사람들을 불러 모으는 효과를 가진다. 상업공간에서의 분식물은 사람들로 하여금 그 공간에 대한 긍정적인 이미지를 느끼도록 해주어 간접적인 경제적 효과를 창출시킬 수 있다(그림 3-8).

호텔에서 식물이 있는 아트리움이 보이는 방은 가격이 비싼데도 훨씬 선호되며, 카페에서 손님들은 분식물이 놓인 테이블을 선호하여 분식물로 인해 카페의 이용객이 많아져 매출이 증가하였다. 최근 카페, 레스토랑, 다양한 상점의 입구에는 화려한 색의 화훼식물이 심겨진 분식물을 배치하여 고객을 모으는 전략을 구사하고 있으며, 실내공간에도 식물이 있는 카페와 레스토랑은 사람들에게 선호되고 있다. 이러한 경제적 효과로 상품판매를 촉진시키기 위한 디스플레이 공간에도 분식물이 이용된다.

꽃을 테마로 운영하는 관광농원과 꽃피는 식물이 중심이 되는 상업적 정원과 식물원이 증가하고 있으며, 아름다운 분식물로 장식되어진 주택가, 마을, 그리고 도시는 사람들이 즐겨찾는 관광도시로 바뀌고 이와 연계해 꽃이 있는 마을은 새로운 수익을 창출하고 있다.

그림 3-8. 경제적 효과를 위한 분식물 디자인

02 분식물 디자인 재료

소규모 분식물에서 대규모 실내정원까지 그 규모와 범위는 다양하지만 분식물 디자인을 위한 재료는 식물과 토양, 그리고 이들을 담는 용기와 플랜터의 세 가지 기본 재료와 장식적 가치를 높이기 위해 첨가되는 장식물 또는 첨경재료가 있다. 기본적인 재료뿐만 아니라 장식물이나 첨경재료를 얼마나 잘 활용하느냐에 따라 분식물과 분식물이 있는 공간은 기능적이면서 예술작품으로도 승화될 수 있다.
2부에서는 식물, 토양, 용기와 플랜터, 장식물과 첨경재료 등의 분식물 디자인을 위한 재료에 대해 살펴보고, 이들 재료를 잘 활용하기 위해 필요한 기기와 용구를 갖춘 작업공간도 살펴보자.

4. 식물

꽃을 중심으로 잎, 줄기, 전체 형태 등이 아름다워 관상을 목적으로 이용되는 식물을 화훼식물이라 한다. 분식용 식물은 화훼식물을 중심으로 관상과 동시에 식용 가능한 채소와 과수, 그리고 이용 목적에 따라 약용, 향기용 등 다양한 식물이 이용되는데, 분식용 식물은 실내와 실외의 광, 온도, 수분 등의 환경 차이로 인해 실내외 공간에 따라 이용되는 식물이 달라진다.

한국의 화훼식물은 외국 원산의 식물이 대부분이고 종이 매우 많아 특성이 다양하므로 이들 식물의 형태적, 생리적, 생태적 특성을 이해해야 분식물 디자인에 적절하게 이용할 수 있으며 관리에 필요한 내용을 이해할 수 있다.

식물은 원산지의 자연 상태에서 대부분 충분한 햇빛과 비를 받으며 생육하지만 실내공간에 배치되는 분식물은 부족한 햇빛으로 광합성을 충분히 할 수 없으며, 온대지방 식물은 밝은 실내에 두어도 겨울에 저온을 겪지 못하면 정상적인 생육을 할 수 없다. 또한 열대지방에서 도입된 식물을 실외에 배치하면 겨울에 동사한다(그림 4-1). 그러므로 분식물 디자인은 용도와 목적에 따라 시각적인 특성은 물론 배치되는 실내외 공간의 환경 특성을 고려하여 식물을 선정하는 것이 매우 중요하다.

특히 식물 생육에 부족한 환경 조건을 가진 대부분의 실내공간에서 이용되는 식물은 이용 목적에 따라 일시적, 지속적, 영구적으로 나누어 디자인한다. 영구적으로 오랜 기간 이용될 식물은 실내환

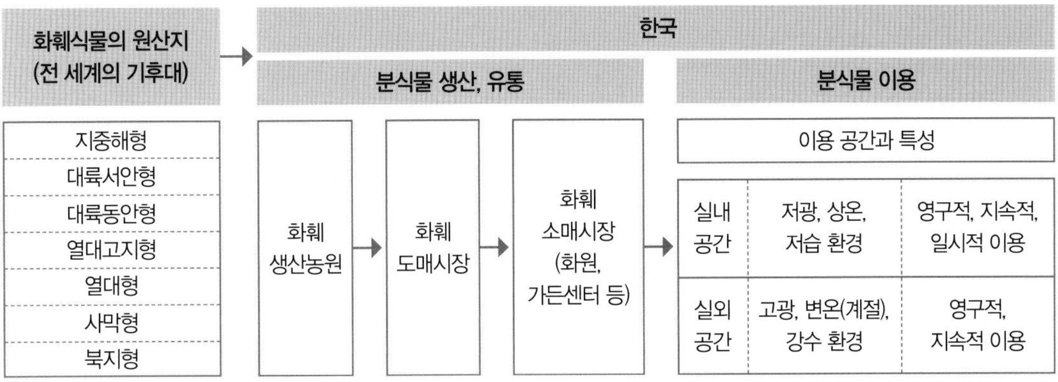

그림 4-1. 전 세계의 화훼식물이 실내외 공간에 이용되기까지 경로

경에 부합될 수 있는 특성을 가지고 있어야 하며, 며칠 또는 한 달 이내의 일시적 이용인 경우에는 어떤 식물도 이용할 수 있다. 몇 개월 이상 지속되어야 하는 경우에는 실내환경에 오래 견딜 수 있는 식물을 이용한다.

기능적이며 아름다운 분식물 디자인을 위해 초본식물과 목본식물, 한국의 자생식물과 외국 원산의 식물까지 종류가 방대한 화훼식물을 적절한 기준으로 분류하면 식물을 이해하기 쉽다.

4-1. 분식용 식물의 이름과 원산지

4-1-1 식물의 이름

식물의 이름은 학명(學名, scientific name)과 일반명으로 불린다. 일반명은 쉽고 편하게 통용되지만 지역마다 나라마다 달라 혼동을 일으킬 수 있다. 특히 최근 새롭게 육종되어 나오는 식물의 품종이 많아지면서 일반명으로만 식물을 인지하기에 정확하지 않은 경우가 많다. 학명은 식물학적 분류에 의해 전 세계의 학자들 또는 관련자들에게 통용되는 과학적 이름으로, 속명과 종명, 그리고 명명자로 표기하는 린네(Linneus)의 이명명법(二命名法, the binomial systems)에 따른다.

식물의 형태나 생리, 생태적 특성을 비교해보면 서로 유연관계(類緣關係)가 있다. 식물학적 분류는 유연관계가 있는 공통적인 특성을 가진 종(種)들을 같은 속(屬)으로 포함시키고, 유연관계가 가까운 속은 같은 과(科)에 통합시켜 식별하는 방법이다. 이러한 식물의 분류체계는 계(界), 문(門), 강(綱), 목(目), 과(科), 속(屬), 종(種), 변종(變種), 품종(品種), 개체(clone)이다. 식물의 분류는 과학의 발달로 점점 더 구체화되고 있는데, 형태학, 해부학, 발생학, 화분학, 세포학, 생리학, 화학분류학, 생물지리학, 고생식물학, 분자생물학 등 여러 방법에 의해 분류되고 있다(이정식과 윤평섭, 1997).

학명의 표기는 국제식물명명 규약에 따라 라틴어로 쓰여지고 읽게 되어 있으나 대부분 라틴어를 모르기 때문에 영어식 발음으로 읽는 경우가 많다. 표 4-1, 2에 학명 표기 방법이 설명되어 있다.

식물의 일반명은 각 나라 국민들이 자신들의 모국어로 지어서 부르고 있는 식물명으로서 속명(俗名), 향토명, 상업명을 통칭한다. 품종명은 명명자 마음대로 붙일 수 있으며 품종 등록회사에 등록하지만 법적 보호를 받을 필요가 없다면 안 해도 된다. 변종은 자연상태에서 스스로 종을 번식하며 보존해 나갈 수 있으나, 품종이나 재배(품)종은 사람에 의해 번식되어 재배되면서 자연상태에서는 소멸될 수 있다. 원예용으로 이용되는 원예종은 대부분 품종을 육성하여 이용하고 있으며 계속 새로

표 4-1. 학명 표기 방법

학명	표기	글씨체	설명
속명		이탤릭체	속명의 첫 글자는 대문자로 쓴다.
종명		이탤릭체	
명명자		인쇄체	첫 글자는 대문자로 쓰며 이름이 길 때는 음절을 줄여서 쓰고 약자 표시로 점을 찍는다.
변종	var. 또는 v.	이탤릭체	변종은 varietas를 줄여서 var. 또는 v.로 쓴다.
품종	for. 또는 f.	이탤릭체	품종은 forma의 약자로 for. 또는 f.로 쓴다.
재배품종	cv. 또는 ' '	인쇄체	재배(품)종은 cultivated variety 또는 cultivar의 약자로 cv.로 표시하거나 cv.를 쓰지 않고 ' '와 같이 쓰며, 재배(품)종의 이름은 영명으로 첫 글자는 대문자로 표기하는데 변종명이나 품종명을 그대로 명명하는 경우가 많다.

표 4-2. 학명 표기의 예

일반명	학명									
	속명	종명	명명자	변종	변종명	품종	품종명	재배품종	재배품종명	용도
플로리다 뷰티 드라세나	*Dracaena*	*godseffiana*	Baker	var.	*florida beauty*					Hort.(원예종)
흰진달래	*Rhododendron*	*mucronulatum*				for.	*alba*			
골든 프린세스 벤자민고무나무	*Ficus*	*benjamina*	L.						'Golden Princess'	
	Ficus	*benjamina*	L.					cv.	Golden Princess	

운 품종이 출현되고 있다.

4-1-2 원산지

전 세계의 기후는 학자에 따라 다르지만 온도와 강수량에 따라 지중해기후형, 대륙서안기후형, 대륙동안기후형, 열대고지기후형, 열대기후형, 사막기후형, 북지기후형의 7개로 나뉜다(표 4-3, 그림 4-2, 3, 4). 전 세계의 다양한 기후 환경에서 자생하는 식물 중 관상가치가 높은 식물은 그대로, 또는 새로운 품종으로 육종되어 화훼용으로 이용된다. 이러한 전 세계의 화훼식물들은 지속적으로 한국에 도입되어 농원에서 생산된다. 원산지의 기후 특성에 따라 생산시 재배조건을 맞추어 주는데 분식물 이용시에도 마찬가지이다. 즉, 분식물을 어떻게 디자인해야 하고 관리해야 하는지를 알려면 식물 선정시 원산지 기후 조건인 온도와 강수량 및 광 환경을 이해하면 된다.

화훼식물은 원산지에서 대부분 햇빛을 충분히 받으면서 자라는데 숲속의 그늘진 곳이나 열대우

표 4-3. 전 세계의 기후(이정식과 윤평섭, 1997)

원산지	기온	강수량	도시 사례	지역
지중해 기후형	겨울철은 8~11℃로서 따뜻하고, 여름철은 20℃와 25℃ 정도의 곳으로 구분되나 대체로 서늘하다.	연간 강수량은 850~900mm로서 여름철은 건조하고 겨울철은 약간 많아서 습하나 전체적으로는 적다.	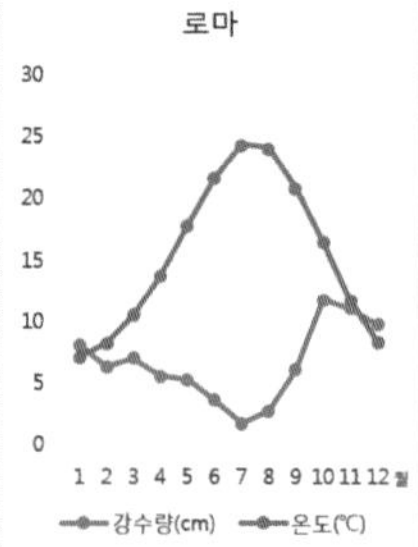	지중해 연안, 남아프리카, 북미 캘리포니아, 오스트레일리아 서남부, 중부 칠레 등
대륙서안 기후형	대륙의 서해안은 온도교차가 적고 겨울은 추위가 심하지 않다. 그러나 연안에서 내륙으로 들어감에 따라 온도교차가 커지고 겨울은 저온이 심하다.	강수량이 적다.	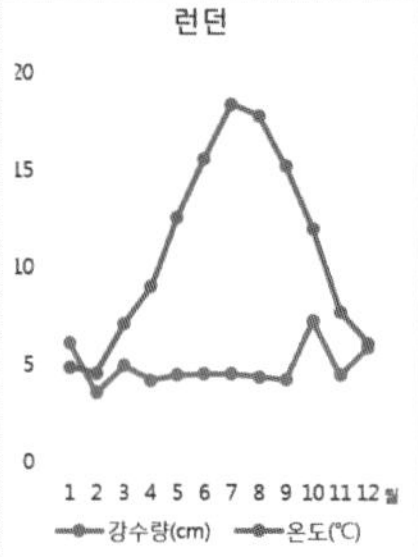	유럽 서해안, 북미 서북부, 남미 서남부, 뉴질랜드 남부 등
대륙동안 기후형	대륙의 동해안은 여름과 겨울의 온도교차가 크고, 난대의 온난형과 북부의 냉량형으로 나눈다. 위도가 높은 지방은 겨울에 온도가 매우 낮은데 낙엽수림을 이룬다. 위도가 낮은 지방은 겨울 온도가 약간 높은데 동백, 올동백, 가시나무(*Cyclobalnopsis*) 등으로 대표되는 조엽수림(照葉樹林)을 형성해 동백기후라고도 불린다.	몬순 기후의 영향으로 여름철에 강우량이 많다.	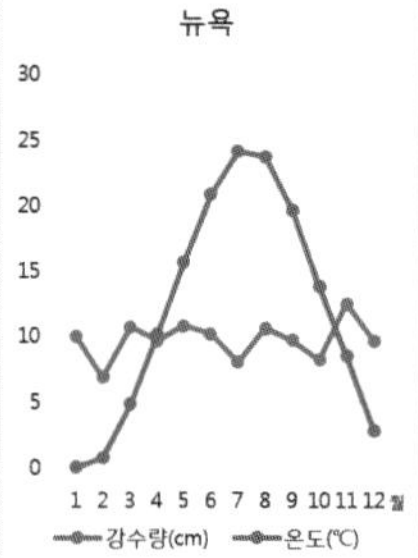 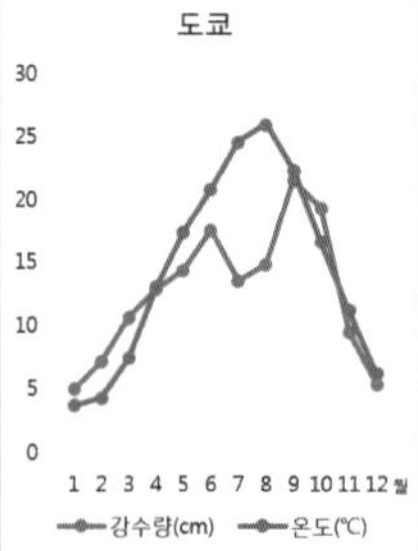	냉량형 : 일본 동북부 및 북해도, 한국 중북부, 북미 동북부 등 온난형 : 일본 서남부, 한국 남해안, 중국 양자강 이남, 북미 동남부, 브라질 남부, 호주 동남부, 뉴질랜드 북도, 남아프리카 나탈 지방
열대고지 기후형	열대, 아열대의 높은 산고지가 이에 속한다. 열대는 온도교차가 적고 고도가 높기 때문에 연중 14~17℃의 온도가 계속된다.	강수량은 연중 평균적으로 많은 경우와 여름에만 많은 경우가 있다.	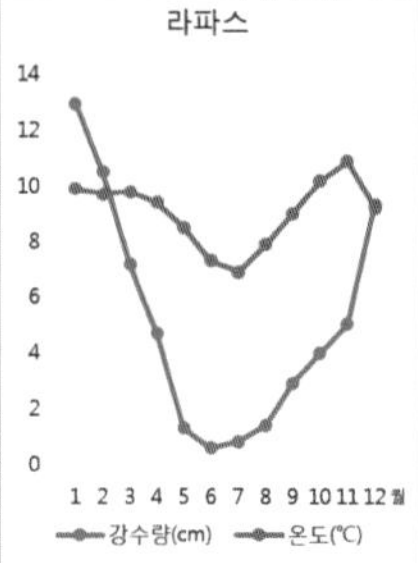	안데스 산지, 로키산지 및 히말라야 북부로부터 중국 서남부의 산악지대, 자바, 뉴기니, 아프리카, 멕시코 고원지대

원산지	기온	강수량	도시 사례	지역
열대 기후형	연중 온도교차가 거의 없고 높은 기온을 유지하는 지역이다. 그 차이가 1℃ 이내의 곳도 있는데 적도로부터 떨어짐에 따라 교차는 점점 커진다.	강수량은 차이가 있어 우계와 건계에 따라 다르다.	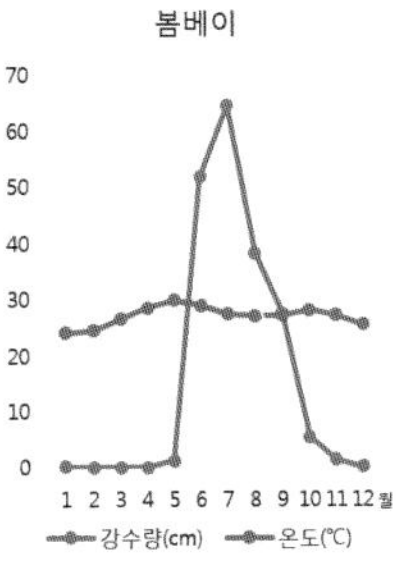	신 열대지역 : 멕시코로부터 브라질에 이르는 지역 구 열대지역 : 아프리카 동안, 마다가스카르섬으로부터 동남아시아, 호주 북부로부터 뉴칼레도니아에 이르는 지역
사막 기후형	기온의 일교차가 매우 크게 나타나 기계적 풍화가 활발하다.	연평균 강수량은 25mm 이하로 식생이 불량하게 나타나는 기후이다. 강수량보다 증발량이 더 많으며, 강수량은 적지만 집중률은 매우 높아 몇 년 동안의 강수량이 한 번에 내리는 경우도 있다.	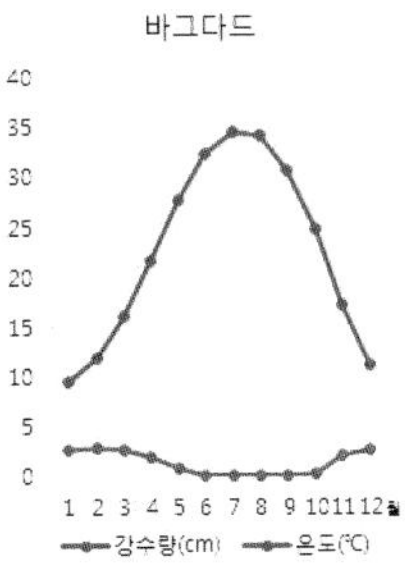	북아프리카의 사하라 · 리비아 · 누비아의 여러 사막, 아시아의 이란 · 아프가니스탄 · 파키스탄, 북아메리카의 콜로라도강 하류 · 대분지 일부, 남아프리카의 칼라하리 사막, 남아메리카의 페루에서 북부 칠레 해안, 파타고니아 일부
북지 기후형	한대(寒帶) 중에서도 냉대에 가까운 부분으로 동토기후라고도 한다. 북극해 연안을 중심으로 발달했다. 최난월의 평균기온이 0~10℃의 지역이다.	여름철 일시적으로 툰드라 표면이 녹아서 선태류와 지의류의 생육이 가능하다. 이 기후에서는 농경은 불가능하고 수렵에 의존한다.	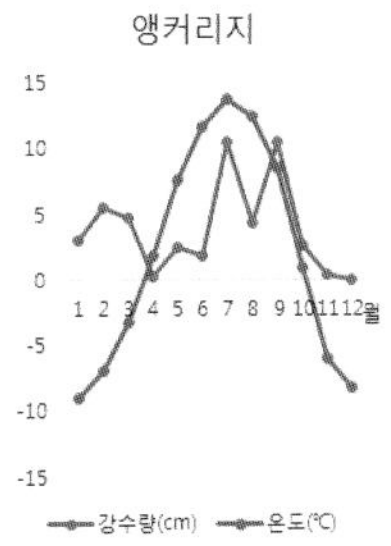	알래스카, 시베리아, 스칸디나비아를 포함하는 한대와 온대의 고산지대. 백두산의 툰드라지대

림의 어두운 곳에서 오랫동안 자라 그 환경에 적응된 식물도 있다. 그래서 화훼식물은 생육시 필요한 광도에 따라 양지식물, 반음지식물, 음지식물로 나눈다(표 4-4).

온대식물은 계절에 따라 달라지는 낮의 길이(일장)와 온도를 감지하여 계절의 변화를 대비한다. 즉, 온대식물은 일장의 길이에 따라 개화와 생육이 달라지는데 낮의 길이가 밤의 길이보다 길어질 때(봄에서 여름으로 갈 때) 꽃피는 장일성식물과 낮의 길이가 밤의 길이보다 짧아질 때(여름에서 가을, 겨울로 갈 때) 꽃피는 단일성식물로 나뉘며, 계절이 없거나 계절 변화

표 4-4. 원산지 환경 조건에 따른 화훼식물의 분류

구분	
온도	한대식물
	온대식물
	난대식물
	열대식물
수분	건생식물
	중생식물
	습생식물
	수생식물

구분		
광	광도	양지식물
		반음지식물
		음지식물
	일장	장일성식물
		단일성식물
		중일성식물

가 작은 열대식물처럼 밤낮의 길이에 관계없이 생육온도만 적당하면 꽃이 피는 중일성식물이 있다. 이러한 특성은 온대식물을 이용하는 실외용 분식물 이용시 고려되어야 할 요소이다. 주로 열대식물을 이용하는 실내용 분식물에서 일장의 반응은 실외용 분식물에 비해 중요하게 다루어지지 않는다.

식물은 원산지의 수분 환경 특성에 따라 건생식물, 중생식물, 습생식물, 수생식물로 나뉜다. 대부분 식물은 중생식물이지만 강수량과 지형, 서식처의 특성에 따라 물을 구할 수 있는 상황이 다른 환경에 적응한 다양한 식물들이 있다.

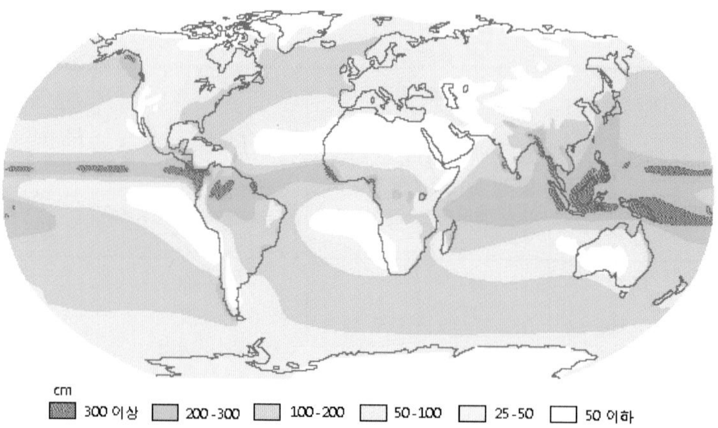

그림 4-2. 세계의 연평균 강우량 분포(Atlas, 2016)

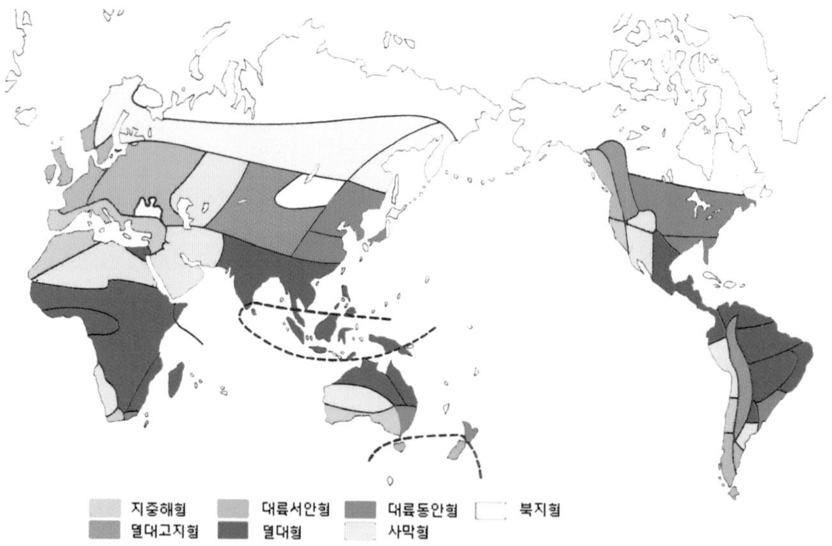

그림 4-3. 화훼식물의 생태적 자생지 기후형(이정식과 윤평섭, 1997)

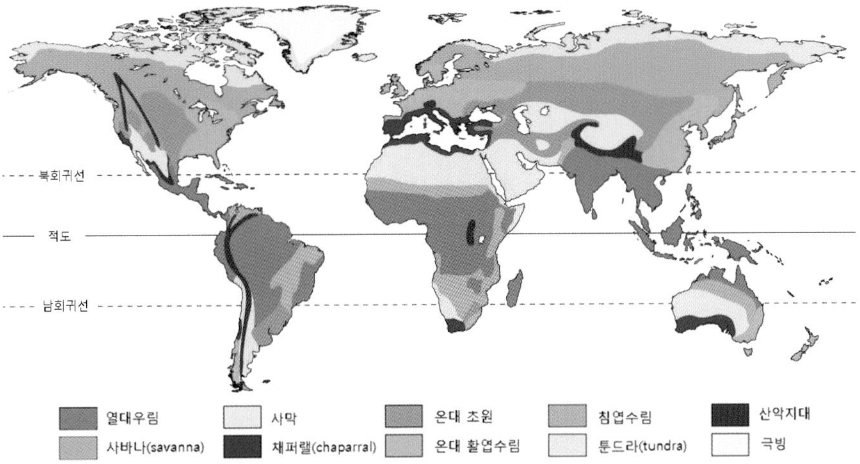

그림 4-4. 세계 식물 · 생물 군계(biome) 분포(Pearson Education, Inc, 2016)

4-2. 분식물의 이용 특성별 분류

분식용으로 이용되는 화훼식물은 종이 방대하기 때문에 적절한 방법으로 분류하지 않으면 알기 어렵다. 분식물 디자인을 위해 화훼식물을 실용적인 목적으로 분류하는데, 첫째는 생육 특성이 비슷한 식물끼리 군집화(grouping)하여 디자인시 식물 선정과 관리 방법을 이해하기 쉽도록 하고, 둘째는 형태적 특성이 유사한 식물끼리 군집화하여 시각적 배식(配植)시 식물 선정을 쉽게 하도록 한다. 이러한 실용적 분류는 절대적인 분류가 아니므로 분류된 식물군은 서로 중복되거나 다른 분류군에 속하기도 하며 새로운 분류군이 만들어지기도 하므로 이러한 관계를 잘 이해하는 것이 중요하다.

화훼식물은 이용 목적에 따라 절화, 분식물, 그리고 정원식물로 나뉘어져 생산되고 이용된다. 분식물로 이용되는 화훼식물의 원산지를 크게 온대와 열대 · 아열대, 난대의 세 가지로 나눌 수 있다. 생육 습성에 따라 목본식물과 초본식물로 나누고, 목본은 교목, 관목, 만경목으로, 초본은 일년초와 다년초로 나눈다. 온대성 다년초 중 특성이 뚜렷한 구근류, 암석원식물, 그래스류, 고사리, 수생식물을 분리하여 설명한다(표 4-5).

열대식물도 목본과 초본으로 나눌 수 있지만 이들은 주로 한국의 실내공간에 이용되면서 원산지에서처럼 목본과 초본식물의 특성이 뚜렷하지 않아 한국에서는 관엽식물을 기본으로 다육식물, 식충식물, 수생식물과 꽃이 중심인 난, 파인애플과 식물, 그리고 기타 열대 화목과 화초로 구분하면 편리하다. 대체로 열대성 식물은 실내용으로, 온대성 식물은 실외용으로 이용된다.

화훼식물은 용기나 플랜터에 단독으로 식재하기도 하지만 여러 식물을 같이 식재하는 경우가 많다. 여러 식물을 함께 식재할 경우 식물을 생육 특성이나 시각적 특성에 따라 상부식물(structural plants), 하부식물(midrange plants), 지피식물(ground cover plants), 초점식물(focal plants)로 나누어 그 역할에 맞는 식물을 선정한다. 각 식물의 역할에 대한 설명은 표 4-6을 참고한다.

표 4-5. 실내외 공간에 이용되는 분식용 화훼식물의 생육 특성별 분류

원산지	생육 습성		실외용[a]	실내용[b]		
				일시적	지속적	영구적
온대	목본식물	교목/관목/만경목	√	√		
	초본식물	일년초와 이년초(annuals and biennials)	√	√		
		다년초(perennials)	√	√		
		다년초(perennials)	√	√		
		구근류(bulbs)	√	√		
		암석원식물(rock plants)	√	√		
		그래스류(grasses)	√	√		
		고사리(ferns)	√	√		
		수생식물(water plants)	√	√		
난대	목본 + 초본 식물		√(남해안, 제주도)	√	√(일부 상록수)	
열대 · 아열대	목본 + 초본 식물	관엽식물(foliage plants)	√(봄~가을)	√	√	√
		다육식물(succulents)	√(봄~가을)	√	√	
		식충식물(carnivorous plants)	√(봄~가을)	√	√	
		수생식물(water plants)	√(봄~가을)	√	√	
		난(orchids)	√(봄~가을)	√	√	
		파인애플과 식물(bromeliads)	√(봄~가을)	√	√	
		열대 화목/화초(tropical flowering plants)	√(봄~가을)	√	√	

[a]한국의 온대 중부지방 기준.
[b]평균적인 주거용 건물의 실내환경 기준.

표 4-6. 분식용 식물의 시각적 특성에 따른 역할

역할	설명
상부식물 (Structural plants)	디자인의 구조를 형성해 주고 크기를 한정하여 다른 식물들이 한정된 공간 내에 자리잡도록 도와주는 역할을 한다. 분식물 구조를 형성하면서 높이, 깊이, 색, 질감을 부여하여 초점을 형성한다.
하부식물 (Midrange plants)	구조적 식물 사이의 공간을 채우는 식물로 꽃이나 잎으로 계절적인 흥미를 제공하고 분식물의 양식(style)을 만들어 준다.
지피식물 (Ground cover plants)	잎, 줄기, 꽃이 토양 표면을 낮고 촘촘하게 덮는 식물이다. 색, 질감, 형태 등의 요소로 다른 식물에 대한 배경을 제공하면서 장식적인 효과를 준다.
초점식물 (Focal plants)	사람들의 시선을 끄는 식물로 계절적으로 꽃이 피면서 시각적인 효과를 주는 식물을 포함해 강한 형태나 색, 질감을 가진 식물을 이용한다. 주로 상부 또는 하부식물을 초점식물로 이용한다.

4-3. 실내공간의 분식용 식물

사람들의 일상생활이 이루어지는 실내공간은 낮은 광선과 연중 일정하게 유지되는 온도 때문에 실외와 다른 환경 조건을 가지고 있다. 실내식물은 이러한 낮은 광도에서 생존할 수 있는 능력을 가진 식물이어야 하며, 연중 20~22℃의 상온(常溫)이 생활환경인 식물들이어야 한다. 이러한 조건에 맞는 식물은 열대나 아열대지방의 밀림에서 적응된 음지식물, 즉 관엽식물이다.

열대지방은 북위 23.5° 와 남위 23.5° 의 남북회귀선 사이의 지역이며 아열대지방은 남북회귀선의 바깥쪽으로 지역에 따라 남북위도 40° 까지의 지역이다(이영무, 1995). 남북 위도 7° 사이의 적도지역에는 연중 비가 내리는 열대우림(tropical rainforest)이 있는데 고온다습한 기후로 식물이 울창하여 낮에도 숲 아래는 어둡다. 이런 곳에서 자라는 내음성(耐陰性) 식물들이 실내공간의 식물로 이용된다. 실내용 열대식물 중에는 자생지에서 직사광선 하에서 자라는 종들도 있는데 비교적 낮은 조도에 적응하여 생존할 수 있는 능력을 가진 식물들이 많다. 열대지방은 연중 기온이 18℃ 이하로 내려가지 않고 열대우림을 제외하고는 건기와 우기의 두 계절로 나뉘어 우기에는 성장하고 건기에는 휴면을 취하는 식물들도 많다(이영무, 1995).

대부분 건물의 실내환경은 겨울철 난방기간 중에 습도가 30%까지 내려가므로 잎이 쉽게 마르는 식물은 실내공간에 적합하지는 않다. 실내장식용 식물은 이러한 실내환경에 잘 적응할 수 있는 조건 외에도 수형, 잎, 꽃, 열매 등이 아름다워야 하고 병충해에 강한 식물이어야 한다. 또한 대량생산되어 구입이 용이하며 가격이 저렴해야 한다.

실내식물은 실내공간의 저광, 상온, 저습의 환경 조건과 유사한 자생지에서 자라는 관엽식물을 중심으로 환경이 잘 맞지 않아도 오래 견디는 다육식물이나 그 외 식충식물, 수생식물이 이용된다. 또 개화시에 이용하는 난, 파인애플과 식물, 그리고 그 외 밝은 곳이면 열대성 화목이나 화초들도 이용되며, 일시적으로 이용할 경우에는 어떤 화훼식물도 가능하다.

열대식물은 실내공간을 대부분 열대 분위기로 만드는데 온대 분위기를 만들기 위해 한국의 남해안과 제주도에 자생하는 난대식물인 내음성 상록수를 실내에 도입하는 경우가 있다. 그러나 온실 외 일반적인 저광 상온의 실내공간에서 대부분 생육이 좋지 않아 수세가 나빠지거나 고사(枯死)하는 경우가 많은 편이다. 온대나 난대식물은 여름에 성장하고 겨울에 휴면하는 생장 주기를 가지는데 휴면은 겨울 저온에 의해 유발된다. 저광뿐 아니라 실내공간에서 자생지에서처럼 적절한 겨울 저온을 겪지 못할 경우에도 생육 이상 증세가 일어난다.

가시나무류, 감탕나무, 굴거리나무, 녹나무, 담팔수, 돈나무, 동백, 아왜나무, 오죽, 왕대, 태산목, 피라칸사, 후박나무 등과 같은 난대 교목들은 실내환경에서 가지가 도장(徒長)하고 낙엽이 발생하며 꽃이 피지 않는 등의 이상 증세를 보이다 서서히 노화하면서 수형을 상실한다. 그러나 식나무, 팔손이, 남천, 통탈목, 백량금, 자금우 등의 관목은 실내에 도입된 후 적응에 별문제가 없는 것으로 알려져 있다(이영무, 1995). 난대식물은 대체로 질감이 거칠어 열대식물과 다른 독특한 느낌을 줄 수 있으나, 열대 · 아열대식물 중 벤자민고무나무, 대만고무나무, 아라우카리아 등과 같이 온대식물과 비슷한 형태를 하고 있는 식물로 실내 분위기를 조정하는 것이 쉬울 것으로 보인다.

4-3-1 관엽식물

관엽식물(觀葉植物, foliage plants)은 아름다운 잎을 관상의 대상으로 하는 식물로서 대부분 열대 · 아열대의 밀림 속에서 자라 내음성이 강하기 때문에 저광 상온의 실내환경에 잘 적응될 수 있다. 특히 모양이 아름답고 독특한 형태의 식물들이 많으며 빨리 자라고 키우기 쉬운 좋은 점 때문에 실내 분식용으로 가장 많이 이용된다(그림 4-5). 그러나 관엽식물은 교목, 관목, 지피식물, 덩굴식물, 착생식물 등 종류가 많고 특성이 다양해 각 식물의 생장 습성이나 관리방법 등은 조금씩 차이가 있다(그림 4-6). 또 한국에 도입된 지 오래되지 않아 이름이 명확하지 않은 상태로 유통되는 경우가 많다. 대부분 학명(學名) 중 속명(屬名)이 일반명으로 통용되고, 같은 속에 여러 가지 종이 있으면 종명(種名)이나 품종명(品種名)으로 불리거나 일반명으로 불린다.

관엽식물을 과(科)별로 나누어 같은 과에 속하는 관엽식물들을 알고 있으면 그중 한 가지 식물의 생육 특성만 알아도 다른 식물의 생육 특성을 짐작할 수 있다(표 4-7). 또한 식물을 형태, 색, 질감의 시각적인 특성에 따라 구분할 수 있어야 디자인시 식물을 쉽게 선정할 수 있다. 형태에 따라 상부식물, 하부식물, 지피식물, 덩굴식물로 나누어 정리한 목록이 필요하다(표 4-8).

대부분의 관엽식물은 열대 아메리카 · 아프리카 · 아시아, 아열대 아시아, 호주와 남태평양을 중심으로 열대 혹은 아열대 원산이며 유럽, 북미 원산인 것들도 몇몇 포함되어 있다. 열대 · 아열대 지역도 해발, 해류, 강우량에 따라 다양한 기후를 나타내어 전 지역의 온도가 높지는 않으며 다양하고 광범위한 식물 유형을 제공해 준다.

이러한 열대식물은 식물탐사에 의해 유럽으로 도입되었고, 지난 200년간 미국의 식물학자와 식물탐사가들이 많은 식물을 수집하고 소개하였다. 그 외 관엽식물의 많은 품종은 돌연변이에 의해 만들어졌고 최근에는 육종에 의해 새로운 품종들이 만들어지고 있다. 사람들은 계속 새로운 식물을 원하고 선호 품종은 유행 시기가 있으므로 교배 육종은 중요한 일이다. 이러한 결과 관엽식물은 최근 무수히 많은 종과 품종이 만들어지고 있다.

국내에 유통되는 주요 관엽식물을 과별, 그리고 형태별로 모아 표 4-7, 8과 같이 정리하였다.

알로카시아

떡갈잎고무나무

쉐플레라

나무고사리

알로카시아, 팔손이 등

필로덴드론

카나리엔시스 아이비(Hedera canariensis)

그림 4-5. 관엽식물

상부식물(벤자민고무나무)

하부식물(디펜바키아)

지피식물(페페로미아)

덩굴식물(스킨답서스)

그림 4-6. 형태적 역할별 관엽식물

표 4-7. 과별 주요 관엽식물 분류

과명	학명(일반명)
고사리과	*Adiantum raddianum* (아디안텀)
	Asplenium antiquum (파초일엽)
	Asplenium nidus (아스플레니움 니두스)
	Cyrtomium falcatum (도깨비고비)
	Davallia mariesii (넉줄고사리)
	Nephrolepis exaltata 'Bostoniensis' (네프롤레피스 보스톤)
	Platycerium bifurcatum (박쥐란)
	Pteris cretica (프테리스)
국화과	*Gynura sarmentosa* (기누라)
꿀풀과	*Nepeta glechoma* (병꽃풀)
	Plectranthus australis (플렉트란서스)
나한송과	*Podocarpus macrophyllus* (나한송)
닭의장풀과	*Gibasis geniculata* (기바시스)
	Rhoeo discolor (로에오)
	Setcreasea purpurea (자주달개비)
	Tradescantia fluminensis (트라데스칸티아)
	Zebrina pendula (제브리나)
대극과	*Acalypha hispida* (아칼리파)
	Codiaeum variegatum (크로톤)
돈나무과	*Pittosporum tobira* (돈나무)
두릅나무과	*Dizygotheca elegantissima* (디지고데카)
	Fatsia japonica (팔손이)
	Hedera canariensis 'Variegata' (무늬카나리엔시스 아이비)
	Hedera helix (잉글리쉬 아이비)
	Polyscias balfouriana (둥근잎아랄리아)
	Polyscias fruticosa (대만아랄리아)
	Schefflera actinophylla (쉐플레라)
	Schefflera arboricola 'Hon Kong' (홍콩야자)
딕소니아과	*Dicksonia antarctica* (딕소니아)
마디풀과	*Muehlenbeckia complexa* (뮬렌베키아)
마란타과	*Calathea insignis* (칼라데아 인시그니스)
	Calathea makoyana (칼라데아 마코야나)
	Maranta leuconeura (마란타)
물밤나무과	*Pachira aquatica* (파키라)

과명	학명(일반명)
백합과	*Aspidistra elatior* (엽란)
	Chlorophytum comosum (조란)
	Cordyline fruticosa (코르딜리네)
	Dracaena deremensis (드라세나 데레멘시스)
	Dracaena fragrans (드라세나 프래그런스)
	Dracaena godseffiana (드라세나 고세피아나)
	Dracaena marginata (드라세나 마지나타)
	Dracaena reflexa (드라세나 레플렉사)
	Dracaena sanderiana (드라세나 산데리아나)
	Ophiopogon japonicus 'Kyoto Dwarf' (왜란)
범의귀과	*Saxifraga stolonifera* (바위취)
	Tolmiea menziesii (톨미에아)
베고니아과	*Begonia masoniana* (마소니아나 베고니아)
	Begonia rex (렉스 베고니아)
	Begonia spp. (베고니아)
부처손과	*Selaginella apoda* (셀라기넬라 아포다)
	Selaginella kraussiana (셀라기넬라 크라우시아나)
	Selaginella martensii (셀라기넬라 마텐시)
	Selaginella tamariscina (부처손)
뽕나무과	*Ficus benghalensis* (벵갈고무나무)
	Ficus benjamina (벤자민고무나무)
	Ficus benjamina 'Golen Princess' (벤자민 골든 프린세스)
	Ficus benjamina 'Variegata' (무늬벤자민)
	Ficus elastica (인도고무나무)
	Ficus elastica var. *apollo* (아폴로고무나무)
	Ficus elastica var. *decora* (데코라고무나무)
	Ficus lyrata (떡갈잎고무나무)
	Ficus pumila (푸밀라고무나무)
	Ficus religiosa (보리스고무나무)
	Ficus retusa (대만고무나무)
사초과	*Carex* spp. (사초)
	Cyperus alternifolius (시페루스)
	Cyperus papyrus (파피루스)

과명	학명(일반명)
소철과	*Cycas revoluta* (소철)
	Zamia furfuracea (멕시코소철)
쐐기풀과	*Pilea glauca* (타라)
	Pilea mollis 'Moon Valley' (문 밸리 필레아)
아라우카리아과	*Araucaria heterophylla* (아라우카리아)
아프리칸 바이올렛과	*Aeschynanthus radicans* (트리쵸스포름)
야자과	깃털모양 잎
	Caryota mitis (공작야자)
	Chamaedorea elegans (테이블야자)
	Chrysalidocarpus lutescens (아레카야자)
	Howea forsteriana (켄차야자)
	Phoenix roebelenii (휘닉스 로벨레니)
	부채모양 잎
	Licuala peltata (리큐알라야자)
	Livistona rotundifolia (리비스토나야자)
	Rhapis excelsa (관음죽)
	Rhapis humilis (종려죽)
자금우과	*Ardisia crenata* (백량금)
	Ardisia japonica (자금우)
쥐꼬리망초과	*Aphelandra squarrosa* (아펠란드라)
	Fittonia albivenis (피토니아)
	Hypoestes spp. (히포에스테스)
	Ruellia devosiana (루엘리아)
천남성과	*Acorus gramineus* (석창포)
	Acorus gramineus 'Variegatus' (노랑줄무늬석창포)
	Aglaonema 'Silver Queen' (아글라오네마 실버퀸)
	Alocasia amazonica (알로카시아 아마조니카)
	Alocasia macrorrhiza (알로카시아 매크로라이자)

과명	학명(일반명)
천남성과	*Anthurium* spp. (안스리움)
	Calladium spp. (칼라디움)
	Dieffenbachia amoena (디펜바키아 아모에나)
	Dieffenbachia 'Marianne' (디펜바키아 마리안느)
	Monstera deliciosa (몬스테라)
	Philodendron oxycardium (필로덴드론 옥시카르디움)
	Philodendron selloum (필로덴드론 셀럼)
	Philodendron spp. (필로덴드론)
	Scindapsus aureus (스킨답서스)
	Spathiphyllum spp. (스파티필름)
	Syngonium podophyllum (싱고니움)
	Zamioculcas zamiifolia (금전수)
측백나무과	*Cupressus macrocarpa* 'Goldcrest' (골드크레스트)
층층나무과	*Aucuba japonica* (식나무)
괭이밥과	*Oxalis deppei* (옥살리스 데피)
	Oxalis triangularis (옥살리스 트라이앵귤라리스)
파초과	*Musa x paradisiaca* (바나나)
	Strelitzia reginae (극락조화)
포도과	*Cissus antartica* (싯서스)
	Cissus discolor (렉스베고니아 바인)
	Cissus rhombifolia (포도아이비)
헤고과	*Cyathea fauriei* (헤고)
협죽도과	*Trachelospermum asiaticum* (마삭줄)
	Vinca major var. *variegata* (무늬빈카)
후추과	*Peperomia caperata* (페페로미아 카페라타)
	Peperomia sandersii (수박페페로미아)
	Peperomia serpens (서펜스 페페로미아)

표 4-8. 형태적 역할별 주요 관엽식물 분류

구분	학명(일반명)	구분	학명(일반명)
상부 식물	*Alocasia macrorrhiza* (알로카시아 매크로라이자)	지피 식물	*Acorus gramineus* (석창포)
	Araucaria heterophylla (아라우카리아)		*Acorus gramineus* 'Variegatus' (노랑줄무늬석창포)
	Caryota mitis (공작야자)		*Asplenium nidus* (아스플레니움 니두스)
	Chrysalidocarpus lutescens (아레카야자)		*Begonia* spp. (베고니아)
	Cupressus macrocarpa 'Goldcrest' (골드크레스트)		*Chlorophytum comosum* (조란)
	Cyperus papyrus (파피루스)		*Hypoestes* spp. (히포에스테스)
	Dracaena deremensis (드라세나 데레멘시스)		*Nephrolepis exaltata* 'Bostoniensis' (네프롤레피스 보스톤)
	Ficus benjamina (벤자민고무나무)		*Ophiopogon japonicus* 'Kyoto Dwarf' (왜란)
	Heteropanax fragrans (행복나무)		*Oxalis deppei* (옥살리스 데피)
	Howea forsteriana (켄자야자)		*Rhoeo discolor* (로에오)
	Livistona rotundifolia (리비스토나야자)		*Saxifraga stolonifera* (바위취)
	Musa x paradisiaca (바나나)		*Selaginella apoda* (셀라기넬라 아포다)
	Pachira aquatica (파키라)		*Selaginella kraussiana* (셀라기넬라 크라우시아나)
	Podocarpus macrophyllus (나한송)		*Selaginella martensii* (셀라기넬라 마텐시)
	Schefflera actinophylla (쉐플레라)	덩굴 식물	*Aeschynanthus radicans* (트리초스포름)
	Strelitzia reginae (극락조화)		*Cissus discolor* (렉스베고니아 바인)
하부 식물	*Aglaonema* 'Silver Queen' (아글라오네마 실버퀸)		*Cissus rhombifolia* (포도아이비)
	Alocasia amazonica (알로카시아 아마조니카)		*Gynura sarmentosa* (기누라)
	Anthurium spp. (안스리움)		*Hedera canariensis* 'Variegata' (무늬카나리엔시스 아이비)
	Aphelandra squarrosa (아펠란드라)		*Hedera helix* (잉글리쉬 아이비)
	Ardisia crenata (백량금)		*Muehlenbeckia complexa* (뮬렌베키아)
	Aspidistra elatior (엽란)		*Nepeta glechoma* (병꽃풀)
	Calathea insignis (칼라데아 인시그니스)		*Peperomia serpens* (서펜스 페페로미아)
	Calladium spp. (칼라디움)		*Philodendron oxycardium* (필로덴드론 옥시카르디움)
	Codiaeum variegatum (크로톤)		*Pilea glauca* (타라)
	Cordyline fruticosa (코르딜리네)		*Scindapsus aureus* (스킨답서스)
	Cyperus alternifolius (시페루스)		*Trachelospermum asiaticum* (마삭줄)
	Dieffenbachia 'Marianne' (디펜바키아 마리안느)		*Tradescantia fluminensis* (트라데스칸티아)
	Spathiphyllum spp. (스파티필름)		*Vinca major* var. *variegata* (무늬빈카)

4-3-2 다육식물

다육식물(多肉植物, succulents)은 전 세계의 건조지역이나 바람이 많은 고산지역, 바닷가나 짠물이 있는 호숫가, 또는 열대밀림의 나뭇가지 위에서 살면서 수분을 저장할 수 있도록 적응하여 몸이 비대해지고 잎의 모양이 변했다. 또 초식동물들에게 잡아먹히지 않도록 거칠고 사나운 가시나 털이나 있거나, 주위에 있는 돌이나 자갈과 비슷한 모양으로 바뀌는 등 다양한 모양과 특색을 가지고 있다(그림 4-7).

다육식물은 불량 환경에서의 강한 적응력과 진귀하고 독특한 모습 때문에 실내 분식물로 관엽식물 다음으로 많이 이용된다. 이 식물들은 실내 저광에서 몇 달 또는 1년 이상이나 견디어 내는 종류도 있지만 직사광선을 받지 못하면 대부분 정상적으로 자라지 못하거나 꽃을 피울 수 없으므로 가능한 한 창가의 약한 직사일광을 받도록 하고 건조하게 관리해주어야 한다.

다육식물은 종류가 너무 다양해 이름을 알기 어렵다. 과별로 정리해 이름을 파악하면 이해하기 쉬우며 돌나물과와 선인장과 식물이 많이 이용된다. 분식물로 유통되는 다육식물 대부분은 열대성이며 실외에서 월동되는 온대지방 원산의 다육식물과 구분하여 이용하도록 한다(표 4-9).

오픈티아 등 에키노칵투스 선인장 유카 호야

그림 4-7. 다육식물

4-3-3 식충식물

식충식물(食蟲植物, carnivorous plants)은 질소 성분이 부족한 축축한 산성토양에서 벌레를 잡아 영양을 섭취하는 식물을 말하며 벌레잡이 기관으로 인한 이색적인 모양 때문에 분식용으로 이용된다(그림 4-8, 표 4-10). 대부분 열대 원산으로 벌레잡이통풀, 사라세니아, 파리지옥 등이 이에 속하며 한국

표 4-9. 과별 주요 다육식물 분류

과명	학명(일반명)
국화과	*Senecio macroglossus* (아이비 세네시오)
	Senecio mikanioides (세네시오 미카니오이데스)
	Senecio rowleyanus (방울선인장)
대극과	*Euphorbia milii* (꽃기린)
	Euphorbia pulcherrima (포인세티아)
	Euphorbia spp. (유포르비아)
돌나물과	*Aeonium* spp. (에오니움)
	Cotyledon spp. (코틸레던)
	Crassula spp. (크라슐라)
	Echeveria spp. (에케베리아)
	Graptopetalum spp. (그렙토페탈럼)
	Kalanchoe spp. (칼랑코에)
	Pachyphytum spp. (파키파이텀)
	Sedum spp. (세덤)
	Sempervivum spp. (셈퍼바이범)
박주가리과	*Ceropegia woodii* (러브체인)
	Dischidia pectinoides (디스치디아)
	Hoya carnosa (호야)
	Huernia spp. (휴에르니아)
	Stapelia spp. (스타펠리아)
	Stephanotis floribunda (스테파노시스)
백합과	*Aloe* spp. (알로에)
	Beaucarnea recurvata (뷰우카네아)
	Gasteria spp. (가스테리아)
	Haworthia spp. (하월시아)
	Sansevieria trifasciata (산세비에리아)
	Yucca elephantipes (유카)
석류풀과	*Argyroderma testiculare* (아기로데르마)
	Dorotheanthus bellidiformis (리빙스톤 데이지)
	Lithops spp. (리돕스)

과명		학명(일반명)
수선화과		*Agave attenuata* (아가베 아테누아타)
		Agave victoriae-reginae (아가베 빅토리아 레지나에)
쇠비름과		*Portulacaria afra* (은행목)
협죽도과		*Adenium obesum* (사막의장미)
선인장과		
나뭇잎선인장아과		*Pereskia* spp. (페레스키아)
부채선인장아과		*Opuntia* spp. (부채선인장)
기둥선인장아과		
	Calymmantheae	*Calymmanthium* spp. (칼리만디움)
	Hylocereeae	*Aporocactus* spp. (아포로캑터스)
		Epiphyllum oxypetalum (월하미인)
		Hylocereus spp. (힐로세레우스)
	Cereeae	*Cereus* spp. (세레우스)
		Melocactus spp. (멜로캑터스)
	Trichocereeae	*Discocactus* spp. (디스코캑터스)
		Echinopsis spp. (에키놉시스)
		Gymnocalycium spp. (접목선인장)
	Pachycereeae	*Cephalocereus* spp. (세팔로세레우스)
		Echinocereus spp. (에키노세레우스)
	Cacteae	*Astrophytum* spp. (아스트로파이텀)
		Coryphantha spp. (코리판사)
		Echinocactus spp. (에키노캑터스)
		Mammillaria spp. (마밀라리아)
	Rhipsalideae	*Hatiora (=Rhipsalidopsis)* spp. (립살리돕시스)
		Rhipsalis spp. (립살리스)
		Schlumbergera truncata (게발선인장)

표 4-10. 과별 주요 식충식물

과명	학명(일반명)	과명	학명(일반명)
벌레잡이통풀과	*Nepenthes* spp. (벌레잡이통풀)	통발과	*Genlisea* spp. (겐리시아)
사라세니아과	*Dalingtonia californica* (코브라릴리)		*Pinguicula* spp. (벌레잡이제비꽃)
	Heliamphora spp. (헬리암포라)	끈끈이주걱과	*Dionaea* spp. (파리지옥)
	Sarracenia spp. (사라세니아)		*Drosera* spp. (끈끈이주걱)
세팔로투스과	*Cephalotus* spp. (세팔로투스)		*Drosophyllum* spp. (드로소필름)

에 야생하는 끈끈이주걱(*Drosera*)도 잘 알려져 있는 온대성 식충식물이다. 파리지옥(*Dionaea*)이나 드로세라(*Drosera*)속의 식물은 테라리움용으로 좋으며 벌레잡이통풀(*Nepenthes*)은 걸이분에 적합하다.

식충식물은 생각보다 까다로운 식물로 물리적인 스트레스에 약하고, 밝고 따뜻하고 촉촉하게 유지해야 하므로 저광 저습인 일반적인 실내환경에서 생육이 어려운 편이다.

사라세니아 벌레잡이통풀 헬리암포라, 드로세라, 벌레잡이제비꽃

그림 4-8. 식충식물

4-3-4 수생식물

수생식물(水生植物, water plants)은 물속에 잠겨서 생육하는 침수식물, 물 위에 부유하는 부유식물, 뿌리는 바닥에 있고 잎만 물 위에 뜨는 부엽식물, 뿌리만 물속에 잠기는 정수식물, 늪지에 뿌리를 박는 수변식물의 다섯 군으로 나눌 수 있으나 실내용으로는 대체로 부유식물이나 부엽식물, 정수식물이 이용된다. 수생식물은 잎자루와 뿌리에 통기조직이 발달되어 있어 육생식물과 달리 물속에 잠겨도 생육이 가능하다. 연, 수련, 살비니아(*Salvinia*), 워터레터스(water lettuce), 빅토리아(*Victoria*), 시페루스(*Cyperus*), 석창포 등이 이에 속한다(그림 4-9, 표 4-11).

시페루스나 파피루스와 같은 정수식물이나 수변식물은 일반 토양에 키워도 큰 문제가 없다. 실내

시페루스

워터레터스

서푸스(Scirpus)

살비니아(Aquasabi 제품)

그림 4-9. 수생식물

표 4-11. 과별 주요 수생식물

과명	학명(일반명)	구분
마란타과	*Thalia dealbata* (물칸나)	정수
물양귀비과	*Hydrocleys nymphoides* (물양귀비)	부엽
물옥잠과	*Eichhornia crassipes* (부레옥잠)	부유
사초과	*Cyperus alternifolius* (시페루스)	정수
	Cyperus papyrus (파피루스)	정수
	Scirpus cernuus (서푸스)	수변
살비니아과	*Salvinia auriculata* (살비니아)	부유
수련과	*Nelumbo nucifera* (연)	부엽
	Nymphaea spp. (열대수련)	부엽
	Victoria amazonica (빅토리아)	부엽
천남성과	*Acorus gramineus* 'Variegatus' (노랑줄무늬석창포)	수변
	Pistia stratiotes (워터레터스)	부유

용으로는 열대성 수생식물이 적합하므로 온대성 수생식물과 구분해야 한다.

4-3-5 난

열대에서부터 북반구 일대에 분포되어 있는 난과(Orchidaceae)에 속하는 난(蘭, orchids)은 약 3만여 종이 알려져 있다. 열대지방 원산의 난은 구미(歐美) 각국에서 많이 재배되고 육종되어 왔기 때문에 서양란이라고 하며, 이들 중에는 수피나 암석에 착생하여 자라는 착생란(着生蘭)이 많다. 중국, 한국, 일본에서 자생하며 국내에서 오래전부터 재배되어 온 동양란은 주로 온대성 지생란(地生蘭)이다.

꽃이 크고 화려한 색의 서양란은 분식용으로 매우 인기있으나 약한 직사일광을 받고 따뜻하며 습도가 높아야 꽃이 피므로 일반적인 실내환경에서 개화하기는 어렵다. 개화하고 있는 분식용 난을 실내에 배치하면 1~2개월 정도 꽃을 감상할 수 있다. 심비디움, 덴드로비움, 팔레놉시스가 가장 많이 이용되며 그 외 온시디움, 파피오페딜럼, 카틀레야, 헤마리아, 반다 등이 있다. 표 4-12에는 분식용으로 많이 이용되는 춘란, 한란, 석곡, 금새우난, 복주머니난 등 실내에서도 개화시 이용되는 온대성 난도 목록에 포함하였다(그림 4-10).

반다

팔레놉시스

온시디움

파피오페딜럼

덴드로비움

덴드로비움

풍란(온대성 난)

그림 4-10. 난과 식물

표 4-12. 주요 난과 식물

과명	학명(일반명)
서양란 (열대성 난)	*Cattleya* spp. (카틀레야)
	Cymbidium spp. (심비디움)
	Dendrobium spp. (덴드로비움)
	Hemaria discolor (헤마리아)
	Masdevallia coccinea (마스데발리아)
	Miltonia spp. (밀토니아)
	Odontoglossum spp. (오돈토글로섬)
	Oncidium spp. (온시디움)
	Paphiopedilum spp. (파피오페딜럼)
	Phajus tankerville (학정란)
	Phalaenopsis spp. (팔레놉시스)
	Vanda spp. (반다)
	Vuylstekeara spp. (부일스테키아라)

과명	학명(일반명)
동양란 (온대성 난)	*Angraecum falcatum* (풍란)
	Bletilla striata (자란)
	Bulbophyllum drymoglossum (콩짜개난)
	Calanthe discolor (새우난)
	Calanthe striata (금새우난)
	Cymbidium goeringii (춘란)
	Cymbidium kanran (한란)
	Cypripedium macranthum (복주머니난)
	Dendrobium monile (석곡)
	Goodyera schlechtendaliana (사철난)

4-3-6 파인애플과 식물

파인애플과(Bromeliaceae) 식물은 영어로 브로멜리아드(bromeliads)라고 하는데 스웨덴의 식물학자 올란스 브로멜(Olans Bromel)의 이름을 딴 것이다. 거의 대부분 열대 · 아열대 아메리카 원산이며, 일부 종은 미국 남부가 원산지이다. 이 식물들은 대부분 다른 식물에 부착해서 자라는 착생(着生)식물로, 대체로 길게 올라온 화려한 색의 아름다운 화서(花序) 때문에 실내 분식용으로 이용되고 있다. 식용 파인애플도 관상용으로 육종되어 있다(그림 4-11, 표 4-13).

표 4-13. 주요 파인애플과 식물

과명	학명(일반명)
파인애플과	*Aechmea* spp. (에크메아)
	Ananas comosus (파인애플)
	Cryptanthus spp. (크립탄서스)
	Guzmania spp. (구즈마니아)
	Neoregelia spp. (네오레겔리아)
	Tillandsia spp. (틸란드시아)
	Tillandsia usneoides (수염틸란드시아)
	Vriesea spp. (브리에시아)

관상용 파인애플 / 크립탄서스 / 구즈마니아

그림 4-11. 파인애플과 식물

크립탄서스와 파인애플은 지생식물이며 에크메아, 구즈마니아, 네오레겔리아, 브리에시아, 틸란드시아 등은 밝고 따뜻하고 습도가 높은 곳을 좋아하는 착생식물로서 잎이 모여 만들어진 원통에 물을 저장하여 잎의 기부(基部)에서 수분과 양분을 흡수한다. 대부분의 틸란드시아속 식물은 공기 중에서 수분과 양분을 흡수하기 때문에 에어 플랜트(air plants)라는 이름을 가지고 있는 종이 많다.

4-3-7 열대 화목과 화초

실내공간에 이용되는 열대 화목과 화초(tropical flowering plants)는 원산지에서처럼 크게 자라기 어렵기 때문에 외형상 목본과 초본으로 구분하기 어려운 경우가 많다. 관엽식물에 비해 개화기가 길거나 지속적으로 화려한 꽃을 피우지만 광도가 낮은 한국의 일반적인 실내공간에서는 계속 개화하기 어려워 개화시 일시적으로 장식된다. 고온 고광의 온실에서는 원산지에서처럼 아름다운 꽃을 피운다. 난과, 파인애플과 식물 외 한국에서 많이 이용되는 다양한 열대 화목과 화초를 과별로 나누어 보았다. 일부 식물은 관엽식물로 분류되기도 한다(그림 4-12, 표 4-14).

표 4-14. 과별 주요 열대 화목과 화초

과명	학명(일반명)
가지과	*Brunfelsia calycina* (브룬펠시아)
	Cestrum nocturnum (야래향)
	Datura suaveolens (천사의나팔꽃)
꼭두서니과	*Ixora chinensis* (익소라)
능소화과	*Jacaranda mimosifolia* (자카란다)
도금양과	*Leptospermum scoparium* (렙토스페르멈)
마편초과	*Clerodendrum thomsonae* (클레로덴드룸)
	Lantana camara (란타나)
물푸레나무과	*Jasminum officinale* (대만재스민)
	Jasminum polyanthum (재스민)
바늘꽃과	*Fuchsia hybrida* (후크샤)
백합과	*Agapanthus africanus* (아가판사스)
베고니아과	*Begonia x tuberhybrida* (구근베고니아)
	Begonia semperflorens (꽃베고니아)
범의귀과	*Nertera depressa* (너테라)
봉선화과	*Impatiens hybrid* 'New Guinea' (뉴기니아봉선화)
	Impatiens walleriana (아프리칸봉선화)
부처꽃과	*Cuphea hyssopifolia* (쿠페아)
분꽃과	*Bougainvillea* spp. (부겐베리아)
산석류과	*Medinilla magnifica* (메디닐라)
	Osbechkia spp. (오스베키아)
	Schizocentrom elegans (쉬조센트론)
	Tibouchina semidecandra (티보치나)
수선화과	*Clivia miniata* (군자란)
	Crinum asiaticum (문주란)
	Haemanthus hybridicum (아마릴리스)
아욱과	*Hibiscus rosa-sinensis* (하와이무궁화)
아프리칸 바이올렛과	*Saintpaulia ionantha* (아프리칸 바이올렛)
	Streptocarpus (스트렙토카푸스)
시계초과	*Passiflora caerulea* (시계초)
용담과	*Exacum affine* (엑사쿰)
쥐꼬리망초과	*Beloperone guttata* (새우풀)
	Crossandra infundibuliformis (크로산드라)
쥐손이풀과	*Geranium* spp. (제라늄)
천남성과	*Anthurium andraeanum* (안스리움)
	Spathiphyllum spp. (스파티필름)
파초과	*Strelitzia augusta* (극락조화아우거스타)
	Strelitzia reginae (극락조화레지나에)
협죽도과	*Adenium obesum* (아데니움)
	Allamanda cathartica (알라만다)
	Mandevilla amoena (만데빌라)
	Nerium oleander (협죽도)
	Plumeria acuminata (플루메리아)

펠라고니움

아프리칸봉선화

스트렙토카푸스

메디닐라 베고니아 후크샤 베고니아

그림 4-12. 열대 화목과 화초

4-4. 실외공간용 온대식물

실외공간 분식용 식물로는 햇빛을 충분히 받으며 추운 겨울을 보내는 온대지방 화훼식물 대부분을 이용할 수 있다. 그러나 실외 분식용으로는 목본식물보다 초본식물을 많이 이용하고 분식용에 흔히 이용되는 식물이 있다. 필요에 따라 열대식물을 실외에 배치했다 겨울에는 온실로 옮겨주기도 한다. 실외용 분식물로 이용되는 식물을 생육 습성에 따라 목본식물과 초본식물로 나누어 살펴보고, 이 중 방향성식물과 자생식물, 그리고 식용 및 약용식물을 따로 분리하여 설명한다. 시각적인 특성에 따른 분류는 '10. 실외용 분식물 디자인'에서 설명한다.

4-4-1 생육특성별 분류

(1) 목본식물

꽃, 잎, 열매의 관상가치가 높은 온대지역의 목본식물을 화목류(花木類, flowering trees and shrubs)라 하며 생육 습성에 따라 교목, 관목, 만경목으로 나눈다. 교목은 한 줄기로 높게 자라면서 위에서 가지를 뻗는 나무인데 분식용으로는 키 작은 주목이나 측백나무를 많이 이용한다. 관목은 줄기가 높이 자라지 않고 낮게 자라면서 밑에서 많은 가지가 나오는 나무로, 우리나라에서는 철쭉이나 회양목 등을 분식으로 많이 이용한다(그림 4-13). 만경목은 덩굴성 나무로 분식으로는 많이 이용되지 않으나 외국에서는 인동이나 글레마티스가 이용된다.

우리나라에서는 전통적으로 분식 목본식물을 분재, 분경으로 이용해 왔으나 오늘날에는 분재와

회양목 쿠프레수스 동백

그림 4-13. 실외공간용 온대성 화목

분경보다는 정상적인 크기의 목본식물이 많이 이용된다. 외국에서는 토피아리 형식으로 구형 또는 원추형으로 전정한 회양목이나 주목, 월계수, 올리브 등을 실외용 분식물로 많이 이용한다.

(2) 초본식물

실외용 초본식물, 즉 초화류는 일년초와 다년초로 나눌 수 있는데 다년초 중 특성이 있는 식물군을 따로 분리하여 구근류, 암석원식물, 그래스류, 고사리, 수생식물로 나누기도 한다.

① 일년초와 이년초

일년초(一年草, annuals)는 종자를 파종한 당년에 꽃을 피우며 열매를 맺고 고사하는 생활사를 가진 식물을 말한다. 일년초는 어떤 환경에서도 당해에 생육사를 마치는 식물이 있으며, 열대 원산인 다년초는 온대지방에서 일년초로 이용되기도 하고, 한국의 남부지방에서는 다년초지만 중부지방에서는 일년초로 이용되는 식물도 있으므로 이러한 특성을 잘 알고 식물을 이용해야 한다.

일년초는 봄에 파종하여 가을이나 그 이전에 꽃을 피우고 열매를 맺는 춘파일년초와 가을에 파종하여 이듬해 꽃을 피우는 추파일년초로 나눈다. 춘파일년초에는 맨드라미, 채송화, 과꽃, 색비름, 샐비어, 나팔꽃, 봉선화, 해바라기, 매리골드, 미모사, 백일홍 등이 있고, 추파일년초에는 데이지, 팬지,

피튜니아 제라늄, 로벨리아 밀리언벨

그림 4-14. 실외공간용 온대성 초화류

피튜니아, 프리뮬라, 시네라리아, 칼세올라리아 등이 있다. 이년초(二年草, biennials)란 종자를 파종한 후 싹이 터서 한해 겨울을 넘긴 이듬해 꽃을 피우고 열매를 맺는 식물을 말하는데 1년 이상의 생육 기간을 가진다. 석죽, 종꽃, 접시꽃, 디기탈리스 등 몇 가지 종류가 있다.

일년초 중 피튜니아와 제라늄은 봄부터 가을까지 지속적으로 꽃을 피우면서 전 세계적으로 분식용으로 가장 많이 이용되는 식물이다(그림 4-14).

② 다년초

다년초(多年草, perennials)는 종자가 발아되어 뿌리나 줄기가 여러 해 동안 살아남아 매년 꽃을 피우며 열매를 맺는 식물을 말하는데, 흔히 숙근초(宿根草)라 부른다. 분식용으로 이용하기 좋은 다년초는 구절초, 샤스타데이지, 아스틸베, 국화, 플록스, 옥잠화 등 수많은 원예 품종을 중심으로 한국의 자생 다년초도 이용된다(그림 4-15). 월동하여 매년 종자를 파종하거나 구매하지 않아도 되어 분식용으로 이용하기에 경제적이다. 특성에 따라 분리하여 구근류, 암석원식물, 그래스류, 고사리, 수생식물로 나누고 나머지를 좁은 의미의 다년초라 할 수 있다.

③ 구근류

구근류(球根類, bulbs)란 줄기 또는 뿌리의 일부분이나 배축(hypocotyle) 등이 비대해져서 알뿌리 모양으로 변형된 식물을 말한다. 구근류는 추위가 완전히 지나고 서리가 내릴 염려가 없는 봄철에 심는 글라디올러스, 칸나, 다알리아, 글로리오사, 아마릴리스 등의 춘식구근과 가을에 심어 겨울 동안 저온처리를 받은 후에 휴면이 타파되어 꽃을 피우는 추식구근인 튤립, 히야신스, 크로커스, 수선화, 무스카리, 스노우드롭 등이 있다.

델피늄 베로니카 샤스타데이지 호스타

그림 4-15. 온대성 다년초

구근은 형태에 따라 인경(鱗莖, bulb), 구경(球莖, corm), 근경(根莖, rhizome), 괴경(塊莖, tuber), 괴근(塊根, tuberous root)으로 나눈다. 인경은 줄기가 변형된 저장기관으로 여러 쪽의 인편이 모여 하나의 알뿌리를 형성하는데 튤립, 아마릴리스, 히야신스, 백합류, 수선화 등이 있다. 구경은 줄기가 변형되어 알뿌리를 형성하는데 글라디올러스, 프리지아, 크로커스, 익시아 등이 있다. 근경은 땅속에 있는 줄기가 비대해져서 양분과 수분이 저장되는 기관이 된 것으로 꽃창포, 칸나, 진저, 국화의 동지아(冬至芽) 등이 있다. 괴경은 땅속에 있는 줄기가 비대해져서 알뿌리 모양으로 된 것을 말하며 덩이줄기라고도 하는데 칼라, 칼라디움, 아네모네 등이 있다. 괴근은 뿌리가 비대해져서 알뿌리 모양을 하고 있는데 다알리아, 라넌큘러스, 글로리오사 등이 있다.

구근류는 모양과 색이 아름다우며 향기가 있는 식물이 많아 분식용으로 많이 이용된다. 이른 봄에는 화분에 담아 일찍 개화시켜 실내에서 많이 이용하고, 자연 개화시기에 실외용 분식물로 이용한다(그림 4-16).

④ 암석원식물

암석원식물(rock plants)은 바람이 많고 건조한 돌투성이의 고산지대에서 자라는 고산식물이나 다육식물이 중심인 식물이다. 건조에 강하고 키가 작은 식물이 대부분이라 분식에 좋은 식물이다. 베

튤립 수선화, 무스카리 히야신스

그림 4-16. 구근류

셈퍼바이범 등 셈퍼바이범 셈퍼바이범

그림 4-17. 암석원식물

사초류 페스큐 등 사초류

그림 4-18. 그래스류

로니카, 패랭이꽃, 셈퍼바이범, 세덤 등이 있다(그림 4-17). 실외용 암석원식물에 속하는 다육식물은 열대성 실내용 다육식물과 구분해서 이용해야 한다.

⑤ 그래스류

화본과 식물을 중심으로 사초과, 골풀과 식물을 포함한 억새, 수크령, 갈풀, 사초 등의 식물군을 그래스류(grasses)라 한다. 분식용으로는 키가 큰 종류보다는 낮은 사초류를 단독으로 이용하거나 꽃과 혼식하여 형태와 질감에 변화를 준다(그림 4-18).

⑥ 고사리

고사리(ferns)는 대체로 습한 곳에서 자라기 때문에 이러한 조건을 잘 맞추어 주면 고사리의 독특한 형태와 연녹색 색 때문에 분식물 디자인에 좋은 시각적 효과를 줄 수 있다. 고사리는 주로 이끼와 함께 작은 분경에 많이 이용되어 왔으나 관중이나 청나래고사리, 고비 등과 같이 크기가 큰 고사리도 분식물로 이용할 수 있다.

⑦ 수생식물

여러 가지 크기와 형태의 용기에 크기가 작은 연, 수련, 부레옥잠, 생이가래 등을 담아 연못 대용으로 이용할 수 있다. 생육 습성에 따라 정수식물, 부엽식물, 부유식물, 수변식물, 침수식물로 나누는데 석창포, 아이리스, 창포 등 다양한 수생식물(water plants)이 있다(표 4-15, 그림 4-19).

표 4-15. 실외용 온대성 수생식물

구분	학명(일반명)
정수식물	벗풀, 보풀, 부들, 애기부들 등
부엽식물	연, 수련, 노랑어리연꽃, 마름, 가래, 네가래, 가시연꽃(일년초) 등
부유식물	생이가래, 부레옥잠, 개구리밥, 자라풀 등
수변식물	노랑줄무늬석창포, 석창포, 아이리스 등
침수식물	붕어마름 등

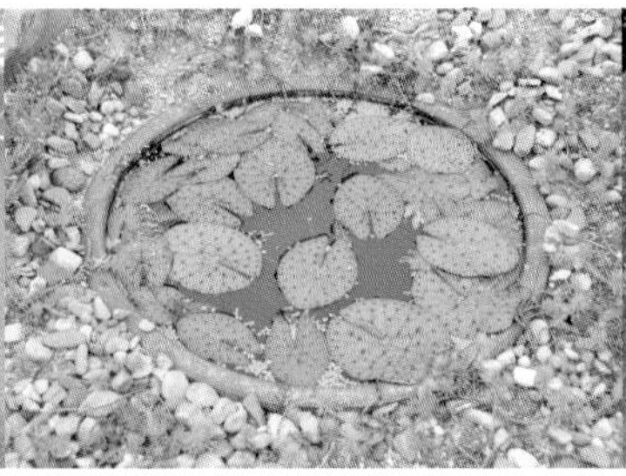
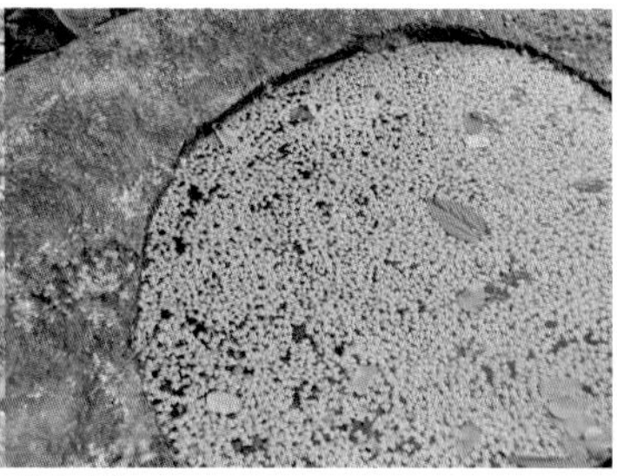

애기부들 가시연꽃(일년초) 개구리밥

그림 4-19. 수생식물

4-4-2 실외 분식물 이용을 위한 몇 가지 특성의 식물군

(1) 방향성식물

방향성식물(芳香性植物, aromatic plants)은 꽃, 잎, 줄기, 뿌리 또는 식물체 전체에서 향이 발산되는 식물로 방향성 때문에 식용, 약용, 향료용, 관상용 등으로 이용되는 식물이다. 목본식물에서 초본식물까지, 일년초에서 다년초까지 다양한 식물군이 포함되며 허브(herbs)라고 불리는 초본식물이 주축을 이룬다(그림 4-20). 국내에서 허브로 알려진 식물은 대부분 외국 원산의 식물이지만, 자생 방향성식물도 개발되고 있다.

방향성식물은 대부분 관상과 동시에 향을 즐길 수 있어 분식물 디자인에서의 위상은 매우 높다. 장미, 라일락, 매화, 라벤더, 로즈마리 등 중요한 방향성 화목이 있고, 페퍼민트, 카모마일, 베가못, 배질, 다임, 세이지, 차이브스, 딜, 센티드 제라늄 등이 인기있는 외국의 초본 허브(herbs)들이며, 자생 방향성식물로는 향유, 배초향, 쑥 등이 있다. 방향성식물은 충분한 햇빛을 받아야 제대로 생육하기 때문에 실내에서는 일시적으로 이용된다.

(2) 자생식물

한국의 자생식물(自生植物, native plants)은 한국의 지리적 환경에 의해 약 4,158종류의 다양한 식물종이 있으며 407종류의 특산식물(特産植物)이 있다. 이러한 자생식물이 화훼식물로 개발되기 시작한 것은 1990년대 이후로, 관상가치가 있는 것으로 조사된 식물은 대략 목본식물 373종, 초본식물, 즉 일년초 52종, 다년초 141종, 구근류 27종, 총 593종이었다. 자생식물은 한국의 연평균 온도에 따라 자생하는 식물의 종류가 달라져 한대식생군, 온대식생군, 난대식생군으로 나눌 수 있다. 한국의 중부지방을 중심으로 온대식생군이 자생하고 남해안, 제주도를 중심으로 난대식생군이 자생한다.

라벤더 배질 오팔배질

그림 4-20. 허브류

한국의 자생식물은 대부분 충분한 햇빛을 받아야 하고 겨울 저온을 겪어야 하기 때문에 일반적인 실내공간에는 잘 이용되지 않고 실외용으로 이용된다. 자생식물은 전통적인 양식의 분재나 분경으로 많이 이용되어 왔지만, 노루오줌, 구절초, 개미취, 마타리, 병풍쌈, 박새, 얼레지, 현호색 등 다양한 식물을 현대적 양식의 분식물로 디자인하여 현대적 건축 양식에 맞출 수 있다.

(3) 식용 · 약용식물

화훼식물 외 식용식물인 채소(vegetables)도 분식으로 많이 이용된다(그림 4-21). 정원이 없는 사람들은 채소뿐만 아니라 과수나 약용식물도 용기에 키우는데 식용, 약용의 실용적인 목적과 동시에 장식적 효과도 고려할 수 있으면 좋다. 상추, 깻잎뿐만 아니라 블루베리, 딸기, 당귀, 부추 등 많은 식물을 이용할 수 있다. 겨울이 따뜻한 유럽에는 시트러스(Citrus)속 식물을 화분에 심어 정원에 많이 배치한다.

토마토 상추류 파프리카

그림 4-21. 식용식물

5. 용기와 플랜터

토양과 식물을 담는 용기(容器, container)는 화분(花盆, pot)이라고 하며 배수구가 있다. 실내에서는 장식 목적과 효과에 따라 화분 외에도 배수구가 없어 관수가 어렵지만 다양한 용도의 용기를 이용한다. 식물의 형태, 크기와 수량에 따라 필요한 용기의 크기와 모양은 달라지는데 보통 이동이 가능한 중소형 용기(container)와 건축시 건물 바닥에 부착되어 만들어지는 대형의 플랜터(planter, 식수대)로 나누어 볼 수 있다(그림 5-1). 규모가 커지면 이동이 가능한 용기도 플랜터와 마찬가지로 무거워 움직일 수 없거나 바닥의 관수장치가 연결되어 고정되는 경우도 있다. 이동할 수 있어도 크기가 큰 용기는 플랜터라고 불리는 경우가 많다.

분식물 디자인에서 시각적 효과를 이끌어내는 가장 결정적인 재료는 용기와 플랜터이다. 디자이너는 아름다우면서 식물을 잘 생육시킬 수 있는 용기와 플랜터의 구비조건, 재료의 특성, 이용방법에 대해 잘 알고 있어야 한다. 이 장에서는 실내외 공간에서 기본적으로 이용되는 용기와 실내정원용 플랜터에 대해 살펴보고자 한다.

5-1. 용기의 구비조건

식물을 담는 용기는 생산시의 화분과 분식물 디자인을 위한 장식용 화분 또는 용기가 있다. 장식적 목적의 용기는 식물과 토양을 담아 식물의 생육을 원활하도록 하는 기능적인 역할과 동시에 장식적인 면을 가지고 있어야 한다. 특히 장식적인 측면에서 용기는 식물보다 훨씬 더 강한 시각적 효

그림 5-1. 용기(container)와 플랜터(planter)

과를 보이므로 용기의 선택은 매우 중요하다. 즉, 실내외 공간에 이용되는 용기는 형태와 크기, 재질 등이 식물 생육에 적합해야 할 뿐 아니라 식물과 그 식물이 배치될 주위환경과 잘 어울려 장식효과를 발휘할 수 있어야 한다. 또한 이러한 역할 외 가격, 구입 용이도, 강도, 무게, 배수구의 유무 등 선택시 고려할 사항이 많다. 용기의 구비조건에 대해 살펴보자.

5-1-1 식물의 생육에 적당한 것

분식물 디자인을 위한 용기는 기본적으로 식물의 생육에 적당해야 한다. 드넓은 대지에 뿌리박고 자라는 식물을 한정된 크기의 용기에 담아야 하는데 토양을 많이 담을 수 있는 큰 용기가 좋겠지만 실용성을 고려할 경우에는 작을수록 유리하므로 식물의 생육에 지장을 주지 않는 작은 크기로 적절하게 조정해야 한다.

용기는 식물의 뿌리를 충분하게 담을 수 있으며 식물을 잘 지지할 수 있어야 하고 경우에 따라 생산용 용기째 담을 수 있어야 한다. 식물은 지상부와 지하부의 생육이 서로 밀접하게 연관을 맺고 있어 용기는 식물의 높이와 너비에 비례해서 선택되는데, 일반적으로 키가 큰 식물은 큰 용기가 적절하고 퍼진 형이나 관목류들은 낮고 넓은 용기가 좋다. 전반적으로 용기의 높이가 높아 토양층이 깊을수록 배수성이 좋아 식물의 생육에 좋다.

최근의 현대적 분식물 디자인은 이런 지상부와 지하부의 비례적 크기와 상관없이 시각적으로 변화된 디자인을 선호하는 경향이 있어 식물의 지상부 크기에 비해 용기가 매우 크거나 또는 폭에 비해 높이가 높은 긴 용기를 선호하는 경향이 있다. 식물 생육에는 상대적으로 깊이가 깊은 용기가 좋으며, 햇빛 속에서 생육이 왕성한 실외식물을 위한 실외용 용기는 식물 크기와 비교해 큰 용기가 유리하다.

5-1-2 배수구 유무

생산용 용기, 즉 화분은 당연히 배수구가 있고 장식용 용기도 배수구가 있는 용기가 관수하기 가장 편리하다. 그러나 비를 맞는 실외공간 장식용 용기는 배수구가 꼭 있어야 되나, 실내용 용기는 관수 조절을 잘하면 다소 불편하지만 배수구가 없어도 이용할 수는 있다. 실외용 용기는 물받침이 없어도 되는 경우가 대부분이지만 실내용은 배수구가 있을 경우 물받침을 두어 마루와 카펫, 가구에 피해를 주지 않도록 해야 한다.

배수구가 없는 장식용 용기를 이용할 경우에 생산용 용기를 장식용 용기에 넣어 장식용 용기를 물받침으로도 사용하는 것이 가장 좋은데, 이때 생산용 용기가 장식용 용기 바닥에 닫지 않도록 해 배수된 잉여 수분이 다시 위로 스며들지 않는 것이 좋다. 그래서 생산용 용기를 바닥에서 분리시킬 수 있는 여러 가지 재료를 아래에 받쳐주는 것이 좋다(그림 5-2). 가끔 생산용 용기가 바닥에 닿지 않게 홈이 있는 장식용 용기도 시판된다.

생산용 용기가 장식용 용기에 들어가지 않거나 여러 개의 식물을 심어야 될 경우 또는 시각적 효과 때문에 생산용 용기째 심기 어려운 경우에는 생산용 용기를 제거하고 식물을 심는데 배수구가 없는 장식용 용기라면 바닥에 배수층을 만드는 것이 관수시 유리하고, 크기가 큰 용기일 경우는 한 쪽으로 적절한 직경의 파이프를 넣어 필요시 과잉수분을 펌프로 퍼 올릴 수 있도록 한다(그림 5-3). 관수 후 배수구로 빠져나오는 물은 토양의 불순물과 함께 배수되기 때문에 배수층에 고여 있는 잉여 수분이 모세관현상에 의해 다시 토양으로 올라가지 않는 것이 좋다. 배수가 되지 않는 용기는 관수 조절이 어렵고 관수 후 염분의 용탈이 되지 않아 염분의 해를 받을 수 있어 장기적으로 볼 경우에는 좋지 않다.

배수구 있는 용기가 가장 좋으나 물받침과 세트로 생산되는 용기는 한정되어 있고 물받침이 얕을 경우 물이 넘쳐 바닥을 더럽히는 문제가 빈번하며, 또 화분으로 생산되는 용기는 디자인이 다양하지 않기 때문에 생활용기를 화분으로 이용해야 하는 경우가 많아 실내에서는 배수구 없는 용기를 많이 이용한다. 관수 요령을 터득하면 배수구 없는 용기에 식물을 키울 수 있지만, 배수구 있는 용기가 관수하기 편리하고 장기적으로 식물 생육에 유리하다. 저면관수용기는 '18. 수분'에서 설명하기

(1) 배수구 있는 장식용 화분에 식물을 옮겨 심고 세트로 제작된 물받침을 받쳐 준다.

(2) 생산용 분째로 장식용 용기에 넣어 준다. 배수된 물이 다시 올라가지 않도록 바닥과 약간 띄어 준다.

(3) 배수구 없는 장식용 용기에 직접 심는다. 과다관수의 위험을 줄이기 위해 배수층을 만들어 주고 PVC 관을 묻어 관찰과 배수시 이용한다.

그림 5-2. 용기의 배수구에 따른 배수방법(실외용은 배수구 있는 (3)만 가능)

그림 5-3. 배수구 없는 장식용 용기의 관찰 및 배수관 묻어주기

로 한다.

5-1-3 식물과 주위환경과의 조화

실내외 공간에서 이용되는 용기는 크기, 형태, 재료, 색, 질감 등에 있어서 식물의 생육에 적합해야 할 뿐만 아니라 식물과 시각적으로 잘 어울려야 한다. 또 그 식물이 배치될 주위환경과 조화로워 장식적인 효과가 잘 발휘되어야 한다. 특히 실외공간에 비해 실내공간에서는 벽, 바닥, 천장, 가구 등과의 조화가 잘 이루어져야 하기 때문에 고려해야 할 점들이 많다.

5-1-4 가격과 이용도

용기의 가격은 소량으로 구입할 때보다 대량 구입시에는 상당히 큰 투자로 나타나므로 가격이 저렴해야 하며, 경우에 따라 디자이너는 특정한 형태로 주문하기도 하고 원하는 날짜에 식물을 이식해야 되는 경우가 많으므로 구입용이도도 상당히 문제가 될 수 있다.

국내 유통 화분 또는 용기는 대부분 수입품으로서 가격이 비싸고 같은 용기를 다시 구입하고자 할 때 구입이 어렵고 다양하지 못해 선택의 폭이 작다. 국내에서 구입할 수 없는 형태와 크기의 용기는 여러 가지 방법으로 제작되는데, 대형 용기 제작을 의뢰받은 도자기 공장에서도 기술적인 문제나 비용상의 문제로 제작이 쉽지 않은 편이다. 대형 용기는 목재나 철재로 제작되는 경우가 많은데 디자인이 비슷해지는 문제점이 있다.

5-1-5 강도와 내구성

용기는 식물과 토양을 잘 지지하고 깨지거나 금이 가지 않아야 한다. 또 운반시 마모(磨耗)와 찢겨짐을 견딜 수 있도록 내구성이 있고 충분히 강해야 하며 색이 바래지 않아야 한다. 토기나 세라믹, 유리 등 대부분 용기는 깨어지기 쉽고 가벼운 걸이용 플라스틱 용기도 토양 무게가 무거워지면 찌그러지기도 한다.

5-1-6 무게

용기 자체의 무게뿐만 아니라 식물과 토양으로 가득 찬 용기는 상당한 무게가 나간다. 용기는 상품 제작을 위해 그리고 판매 후 이동할 가능성이 많으므로 가벼울수록 편리하지만 식물과 토양의 무게를 견딜 수 있어야 한다. 특히 실내용일 경우 바닥에 영향을 미칠 정도의 무게는 곤란하다. 바닥에 소형 바퀴를 달 때 장식효과가 경감되지 않도록 주의한다(그림 5-4). 무게가 너무 무거워 이동하기 어려운 경우에는 오히려 건축물에 부착된 플랜터로 제작하는 것이 편리할 수 있다.

그림 5-4. 화분 이동 받침

5-2. 용기의 재료

5-2-1 점토

점토로 만든 용기는 오랜 옛날부터 이용되어 왔으며 가장 기본적인 화분이라 할 수 있다. 점토 용기는 통칭 도자기라고 하지만 제작시 점토의 종류, 성형과정, 소성과정과 온도, 유약의 종류 또는 장식기법, 산지 명칭, 용도 등에 따라 다양하게 분류되는데, 일반적으로는 소성온도와 유약의 유무에 따라 토기, 도기, 석기, 자기의 4가지로 구분한다.

(1) 토기(土器, clayware)

토기는 점토를 빚어 700~800℃에서 구운 것으로 유약을 씌우지 않아 표면색은 적갈색이다. 점토 내의 불순물이나 모래 등이 타서 생긴 기포의 영향과 저온소성의 결과로 다공성이며 물을 흡수한다.

토기는 우리말로 질그릇이라 하고 외국에서는 테라코타(terracota)라 하는데, 다공성이기 때문에 토양의 통기성을 증진시키고 용기 표면으로부터 수분 증발이 되므로 과잉관수로 인한 뿌리의 손상을 감소시켜 식물 생육에 좋은 용기 재료이다(그림 5-5). 용기의 디자인은 현대적인 것부터 고전적인 것까지 다양하며 크기와 모양도 실내외 장식용 분식물의 감각에 맞게 선택할 수 있다. 그러나 색상이 한정되어 있고 어두운 편이며 투박한 느낌이라 공간이 넓은 실외에 더 많이 이용된다. 또한 무겁고 깨지기 쉬우며, 습기가 많은 조건에서는 용기 표면에 이끼가 끼고 염분이 나와 표면이 뿌옇게 변색된다. 최근에는 염분과 이끼가 낀 토분을 자연스러운 느낌 때문에 더 선호하기도 한다.

(2) 도기(陶器, earthenware or pottery)

도기는 연질도기, 경질도기로 나눌 수 있으며 연질도기는 석회석이나 백운석을 첨가하여 1,000~1,200℃에서 중온소성을 한다. 흡수성이 있고 가벼운 것이 특징이며, 유약을 다양하게 사용하여 원색의 색상을 낼 수 있다. 경질도기는 장석을 많이 첨가하여 1,200℃ 전후에서 소성하기 때문에 입자가 치밀해지고 흡수성이 거의 없다.

(3) 석기(石器, stoneware)

석기는 1,250~1,300℃에서 소성하여 강도가 돌처럼 강하며 흡수성이 없다. 우리나라의 옹기가 석기에 해당된다. 특히 옹기는 점토 내에 함유되어 있는 사질과 불순물이 타서 생겨난 기포의 영향으로 유약 표면에 조그마한 구멍이 생긴다. 화분용으로 생산되는 석기는 한정된 색상과 형태 때문에 주의한다.

그림 5-5. 토기

(4) 자기(磁器, porcelain)

자기는 고령토(Kaolin)를 사용하여 고온소성한 고급 도자기이다. 자기는 색상과 질감이 좋고 강도가 높지만 통기성이 없고 수분 증발이 이루어지지 않으며 값이 비싸 식물 용기로는 대중적으로 이용되지 않는다.

5-2-2 세라믹(ceramic)

세라믹은 고온에서 구워 만든 비금속 무기질 고체 재료, 즉 유리, 도자기, 시멘트, 내화물 따위를 통틀어 말한다. 세라믹은 24,000여 년 전 구석기시대부터 만들어진 가장 역사가 오래된 재료이나 도자기로 한정하기에 현대의 세라믹은 광범위하다. 1970년대부터 나오기 시작한 현대의 세라믹은 원료를 정제해 보다 작은 크기의 입자로 만든 고강도의 재료이다. 최근 입자 크기가 나노미터(10억분의 1m) 단위로까지 줄어들 정도로 정밀해지고 입자가 작아질수록 재료의 강도는 더욱 강해진다. 세라믹의 강점은 도자기에서 알 수 있듯이 열에 강해 섭씨 1,000도가 넘는 온도에서도 끄떡없고 마찰에도 강하다.

세라믹은 시멘트 · 유리 · 벽돌 · 타일 등의 건축 구조 세라믹, 가정용 생활 세라믹, TV나 휴대전화 등에 쓰이는 가전 세라믹, 자동차나 스포츠 등 레저 분야, 항균 · 세정 등 환경 분야, 연료전지 등 에너지 분야, 의료 · 생체 분야 등 차세대 융합기술의 핵심 소재로도 각광받고 있다. 앞으로는 환경정화용, 연료전지용, 핵융합로용, 전자정보용, 인공뼈 · 인공관절 · 인공치아 같은 바이오용 세라믹 등 더욱 다양한 세라믹 제품이 선보일 것으로 보인다.

이러한 세라믹으로 용기의 크기와 모양, 색을 다양하게 만들 수 있는데 질감이 매우 좋아 실내용 용기로 효과적이다. 그러나 세라믹은 점토 재료보다 가볍지만 플라스틱 재료보다 무겁고 통풍과 수분 증발이 잘 되지 않는다. 또 파손되기 쉬운 단점이 있으며 가격이 비싼 편이다(그림 5-6).

그림 5-6. 세라믹 용기

5-2-3 플라스틱(plastic)

플라스틱 용기는 가볍고 깨어지지 않으며 모양과 크기, 색깔, 디자인이 다양하다(그림 5-7). 플라스틱 재료는 용기 표면에 시비에 의한 염류(鹽類)의 축적이 이루어지지 않고 이끼가 끼지 않는 장점이 있다. 그러나 자외선이나 고열에 노출되면 쉽게 탈색되거나 수명이 오래가지 못하며 용기의 표면으로 수분이 증발되지 못하므로 과습하기 쉽다. 최근 자외선에 탈색되지 않는 실외용 플라스틱 용기가 생산되고 있으며 토기 또는 돌과 흡사한 재질을 가진 플라스틱 용기도 출품되고 있을 정도로 플라스틱의 재질과 품질의 차이는 크다.

그림 5-7. 플라스틱 용기

5-2-4 유리(glass)

가정에서 사용하는 다양한 유리 용기에서부터 접착제로 붙여 형태를 만든 유리 용기, 벽면 전체를 테라리움으로 만든 거대한 유리 정원까지 유리를 이용한 용기의 형태와 크기는 다양하다(그림 5-8). 유리는 쉽게 부서지는 단점이 있으나 손쉽게 제작할 수도 있고 유리를 통해 보이는 식물은 실제 식물과는 다른 시각적인 효과를 내기 때문에 장식적인 가치가 높다. 고급 주방용 유리 용기는 단단하

그림 5-8. 유리 용기

고 깨끗한 재질을 가지고 있으나 가격이 비싸고, 식물 식재용으로 나온 재생유리는 약간 녹색을 띠고 있는데 깨지기 쉽지만 가격이 저렴하다.

5-2-5 유리섬유(fiberglass)

유리섬유는 용융한 유리를 잡아 늘이거나, 공기나 수증기로 날리거나, 원심력으로 주위로 날려 붙이는 등의 방법으로 만든 광물섬유이다.

유리섬유의 성질은 ① 고온에 견디며 불에 타지 않는다. ② 흡수성이 없고 흡습성이 적다. ③ 화학적 내구성이 있기 때문에 부식하지 않는다. ④ 강도, 특히 인장 강도가 강하다. ⑤ 신장률이 적다. ⑥ 전기 절연성이 크다. ⑦ 내마모성이 적고 부서지기 쉬우며 부러진다. ⑧ 비중은 나일론의 2.2배, 무명의 1.7배이다. ⑨ 매트로 만든 것은 단열 · 방음성이 좋다.

이러한 특성을 가진 유리섬유로 만든 용기는 가볍고 아름다우며, 금속이나 돌과 같은 다른 재료의 외형을 복사하여 만들 수도 있어 장식효과를 높일 수 있다.

5-2-6 FRP(fiber reinforced plastic, 유리섬유강화플라스틱)

FRP는 유리섬유, 탄소섬유, 케블라 등의 방향족 나일론 섬유와 불포화 폴리에스터, 에폭시수지 등의 열경화성 수지를 결합한 물질인데, 철보다 강하고 알루미늄보다 가벼우며 녹슬지 않고 가공하기 쉽다는 것이 장점이다. 이 중 불포화 폴리에스터에 지름 0.1mm 이하로 가공한 유리섬유를 보강하는 방법이 가장 많이 사용된다. 외부 충격에 강하고 장력 강도가 매우 크기 때문이다. 보통 유리섬유강화플라스틱을 FRP라고 하지만 탄소섬유강화플라스틱(CFRP, carbon fiber reinforced plastic)과 구별할 때는 GFRP(glass fiber reinforced plastic)라고도 한다.

그림 5-9. FRP 용기

유리섬유강화플라스틱은 1940년대 초부터 사용되기 시작하여 1960년대 이후 유리섬유보다 우수한 탄소섬유가 출현해 플라스틱과 결합함으로써 기존에 사용되던 금속, 세라믹 재료 등을 대체하고 있다. 장점은 가볍고, 내구성, 내충격성, 내마모성 등이 우수하며, 녹슬지 않고, 열에 변형되지 않으며, 다양한 형태와 크기, 색깔로 가공하기 쉬운 점이다. 단점은 고온에서 사용할 수 없으며 유리성분이 많이 포함되어 있어 파쇄하거나 소각처리가 어려워 환경오염의 주범 가운데 하나로 인식되기도 한다.

국내에서 이용되는 대형 용기는 대부분 FRP로 만든 것이 많으며 디자이너가 제작하기도 하는데 냄새가 강해 제작이 쉬운 편은 아니다(그림 5-9).

5-2-7 금속

알루미늄이나 스테인리스 스틸(stainless steel)과 같은 금속제품은 표면이 매끈하고 깨끗하며 두께가 가늘어 섬세한 느낌을 준다. 또 모양과 크기를 다양하게 제작할 수 있기 때문에 실내공간의 규모와 성격에 따라 선택을 달리 할 수 있다(그림 5-10). 특히 다른 재료로 제작할 수 없는 크기까지 만들 수 있으며 가볍기 때문에 취급이 간단한 장점이 있다.

그러나 충격에 흠집이 나거나 찌그러지기 쉬운 단점이 있다. 또 금속과 토양 수분과의 반응으로 금속 성분이 토양으로 스며 나오기 때문에 금속에 따라 간접식재로는 이용할 수 있으나 바로 금속 용기에 심기는 좋지 않다. 양철 또는 주석으로 만든 소형 금속 용기가 많이 이용된다.

5-2-8 목재

(1) 판재 혹은 각재

여러 규격으로 잘려진 판재나 각재는 다른 재료로 제작할 수 없는 다양한 크기와 형태의 용기를 제작할 수 있고 색을 칠할 수 있다. 특히 대형 용기나 플랜터로 필요한 장소에서 제작할 수 있으며 운반도 쉬운 편이다. 돌이나 금속에 비해 가볍고 부드러운 느낌을 주며 자연 재료이기 때문에 자연미를 줄 수 있다(그림 5-11).

그러나 실외에서는 비나 관수로 인한 수분 때문에 썩기 때문에 방부목을 사용하는데 방부제에 따라 독성으로 인하여 식물의 잎 가장자리와 생장점 부분에 황화현상을 일으키는 경우도 있다. 실내

그림 5-10. 금속 용기

그림 5-11. 목재 용기

에서는 방부처리하지 않은 나무상자 안에 플라스틱이나 금속 용기를 넣어 이중으로 만들거나 내부만 FRP 용액을 칠해 얇은 막을 형성하도록 해서 이용하기도 한다. 바닥에 통풍이 될 수 있도록 받침을 넣어 약간 높여주면 효과적이다. 자연적으로 동공이 있는 통나무를 잘라 그대로 이용하거나 그 내부를 파낸 후 식재용기로 사용하는 경우도 있다.

(2) 나무줄기

등나무나 대나무 등의 나무줄기를 엮어 만든 용기는 식물과 잘 어울려 장식적인 효과가 뛰어나다(그림 5-11). 물에 직접 닿아 썩지 않도록 내부에는 비닐처리를 해서 생산되는 것이 일반적인데 실내용으로 많이 이용된다. 굵은 덩굴성 줄기로 만든 용기는 실외용으로 이용되기도 한다.

5-2-9 석재

물확(石槽)과 같이 자연석을 깎아 만든 용기는 다른 재료에 비해 색과 질감이 독특하며 무엇보다 무게감을 보여준다. 그러나 무게 때문에 이동이 어렵고 건물 내부에서는 하중을 고려해야 하므로 실외용으로 이용하기에 좋다(그림 5-12). 석재를 잘게 갈아 다양한 재료와 혼합하여 필요한 형태로 만든 용기도 생산되는데 혼합 재료에 따라 차이가 있지만 비교적 가볍고 다양한 형태와 색, 질감을 가진다.

실내공간의 마루는 재질에 따라 다르지만 일반적으로 30cm²당 15kg 정도의 무게를 지탱할 수 있다. 석재의 무게와 더불어 토양이 물에 젖어 있을 때 무게를 더한다면 30cm²당 40kg 이상이 될 가능성이 있다.

그림 5-12. 석재 용기

5-2-10 시멘트(cement)

시멘트를 혼합하여 제작한 용기는 이동할 수 있는 용기로도 제작되지만 무겁기 때문에 주로 건물 내부나 정원용 고정 플랜터를 제작할 때 이용되는 재료이다. 그대로 노출하여 식재하기도 하고 외부에 벽돌이나 대리석, 타일, 목재 등을 접착시켜 이용하기도 한다. 시멘트 용기는 식물과 잘 어울리는 연회색을 띠고 있어 크기가 크고 단순한 형태의 용기가 필요할 때 주문 제작되거나 완제품이 수입되어 이용되고 있다(그림 5-13). 토양수분이 용기 밖으로 스며나가고 무겁기 때문에 실내용보다는 실외용에 적합하다고 할 수 있다.

그림 5-13. 시멘트 용기

5-2-11 기타

일시적 용도로 이용되는 종이로 만든 용기나 비닐로 만든 용기 등 다양한 용기들이 있다(그림

그림 5-14. 종이나 비닐로 만든 용기

5-14).

5-3. 플랜터(planter)의 이용방법

플랜터는 실내 건물바닥에 영구적으로 건조된 식수대로 대형 식물의 식재나 실내정원을 조성하는데 적합한 구조물이다. 플랜터는 규모가 커지면서 대형 용기를 이용하기보단 건축시 제작하는 것이 유리한 실내에서 용기 대용으로 이용되는 것으로 용기를 이용한 분식물과 이용 방식은 비슷하다. 플랜터는 바닥 위로 돌출한 돌출형과 바닥에 묻힌 매몰형이 있다(그림 5-15).

그림 5-15. 돌출형 플랜터와 매몰형 플랜터

5-3-1 돌출형 플랜터(aboveground planter)

돌출형 플랜터는 토양의 하중을 견딜 수 있는 견고한 자재로 벽을 쌓아 올리는데 콘크리트나 벽돌이 주로 쓰이고 외벽이 노출되므로 타일이나 석재, 목재 등으로 표면을 처리한다. 벽의 높이를 45cm 정도로 하여 벤치로 겸용할 때는 너비를 맞추어 주고 앉는 부분을 목재나 합성수지로 덮는다(이영무, 1995). 플랜터의 내부는 방수처리를 해서 외벽으로 물이 새지 않도록 해야 한다. 작은 플랜터는 예산이 충분하면 스테인리스 스틸이나 동판을 내벽에 맞도록 용접하여 밀봉형으로 처리할 수 있으나 보통 대형 플랜터는 내벽의 표면에 방수액을 2회 정도 바른 후 방수막을 깔아 마감한다.

돌출형 플랜터가 건물 완공 후 조성되는 경우 플랜터 밑에서 건물의 배수로로 연결되는 배수관이 없는 경우가 많다. 식물에 관수할 때 남는 물이 밑에 고이는 것을 처리하기 위하여 바닥에 배수판을 깔고 적절한 직경의 관찰 혹은 배수관을 꽂아 물높이를 관측하고, 잉여수분이 과도하면 소형 펌프 혹은 수동 플라스틱 펌프로 뽑아낸다. 관 직경이 크면 수면을 육안으로 확인할 수 있으나 좁은 관이면 관측 막대를 넣어 물높이를 확인한다.

플랜터의 높이는 식물 크기에 따라 토심의 확보를 위하여 높아지는데 50cm 정도이면 대부분의 대형 식물을 수용하기에 충분하고 소형 식물은 30cm 정도면 된다. 건물의 내부공간에 식재되는 대형 식물은 야자수나 벤자민고무나무가 대부분이고 이러한 열대식물들은 뿌리 부위가 작기 때문에 토심이 너무 깊지 않아도 된다. 플랜터의 지나친 하중은 건물 구조에 부담을 주며 또한 높이가 높아져 토심이 깊을수록 배수 측면에서 식물에는 유리하나 토양 비용을 높이게 된다. 대형 플랜터를 설치할 때는 아래층에 기둥이나 보가 있는 곳이 좋다.

돌출형 플랜터는 크기나 수가 많아지면 동선을 방해하므로 주 동선에서 벗어난 곳이 적절하고 돌출형 플랜터를 건물의 내벽에 붙여 설치하면 공간 구성에 유리하다. 돌출형 플랜터의 벽 높이가 높으면 벽면의 표면마감처리에 비용과 노력이 필요하고 식재된 식물보다 시각적 비중을 많이 차지하므로 주의한다. 높은 플랜터가 과다하게 설치된 실내정원은 동선을 방해하고 미로같이 복잡하며 답답한 느낌을 준다.

높이가 적당한 선형으로 배치된 플랜터는 동선을 유도하고 방향성을 제시하는 기능을 가지며 기능별 공간들을 분할해 주고 필요에 따라 통행을 조절할 수 있다. 플랜터를 ㄴ이나 ㄷ자형으로 디자인하면 위요공간을 형성할 수 있고, 45cm 정도 높이로 벤치를 설치하면 나머지 높이를 등받이로 사용할 수 있다. 이러한 공간은 호텔이나 사무빌딩에 녹색으로 둘러싸인 휴식공간을 제공해 준다(이영무, 1995).

5-3-2 매몰형 플랜터(in-ground planter)

매몰형 플랜터는 토양 표면의 높이가 바닥과 같아 식물이 식재되면 실내공간에서도 마치 자연 속에 있는 것 같은 느낌을 준다(이영무, 1995). 구조는 건물바닥 아래에 상자가 있는 것처럼 철근 콘크리트로 돌출되게 건조하는데 매몰형 플랜터는 건물 설계시부터 계획하여 콘크리트를 형태에 맞게 부어 만든다. 그래서 건축시 플랜터 아래 배수관이 설치되어 관수시 잉여수분을 용이하게 배출할 수 있다(그림 5-16).

지하공간을 만들지 않는 건물에는 실내정원이 조성되는 바닥 아래에 지하층이 없어 토양과 연결되어 있는 경우가 있다. 이럴 경우에는 플랜터를 그대로 자연의 토양과 닿게 하여 관수시 잉여수분은 아래로 배수시킨다. 배수가 불량한 자연토양이라면 배수가 잘 되도록 객토하거나 배수층을 만들어주거나 또는 배수관을 설치해주어야 한다. 실내정원이 통행, 관상, 휴식만을 위한 것일 때에는 통로를 제외한 모든 공간에 대규모 식재를 하여 도시림을 형성하는데 뉴욕의 포드재단 실내정원이나 IBM 건물의 실내 대나무정원이 이러한 방식으로 이루어졌다(이영무, 1995).

매몰형 플랜터의 장점은 자연에서와 같이 사람과 식물이 같은 바닥 높이에 존재함으로써 일체감을 느끼게 해 준다(이영무, 1995). 이 점은 돌출형 플랜터나 화분이 가질 수 없는 심리적 · 미학적 장점이다. 기능적으로도 매몰형 플랜터는 단식형일 경우에는 동선을 개방하는 특성이 있어 통행이 빈번한 공간에 적합하며 공간을 넓게 만들어 준다. 주의할 점은 통행인이 나무 밑을 방해받지 않고 지나갈 수 있도록 해야 한다.

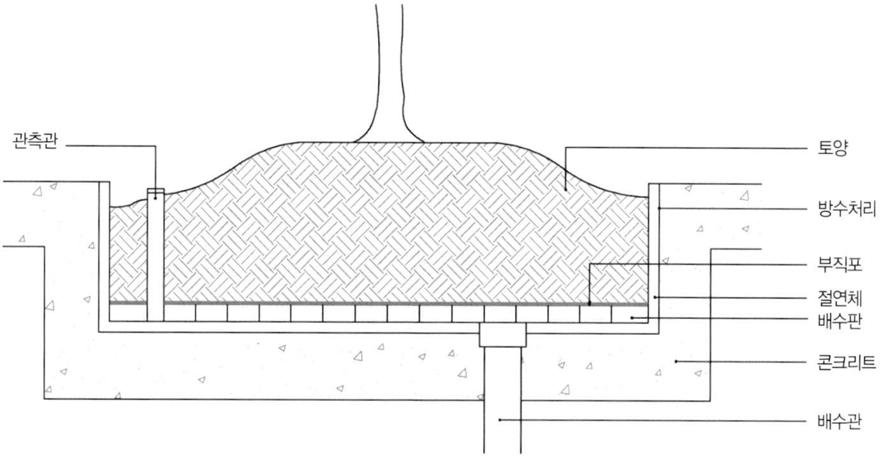

그림 5-16. 매몰형 플랜터의 내부 구조

5-3-3 기타 플랜터

돌출형 플랜터나 매몰형 플랜터에서 플랜터의 일부만 돌출하게 하고 나머지 부분은 매몰하게 하는 방식으로 만들어지는 것들도 있는데, 이것은 플랜터 주위를 낮은 벽으로 형성하는 동시에 상자형 구조물이 아래층 천장에 너무 돌출하지 않게 하여 아래층 공간 천장이 너무 낮아지지 않게 한다

(이영무, 1995).

그 외 영구적으로 건축하지 않고 임시로 플랜터를 만드는 방법도 많이 이용된다. 흙이 흘러내리지 않게 가장자리를 여러 가지 재료로 나즈막히 둘러 싸고 토양 표면을 경사지게 조성하여 토양층이 깊은 곳에 크기가 큰 식물을 식재한다. 이러한 방식은 토양을 절약해주기도 하고 언덕을 만들어 입체감을 줌과 동시에 자연스러운 느낌을 만들어 준다. 또 경사진 곳에 식재된 식물이 돋보일 수 있다. 토양 표면의 경사가 너무 급하면 토양이 흘러내리므로 주의한다.

6. 토양

분식물을 위한 토양(土壤, growing medium)은 식물 생육을 위한 자연토양(field soil)의 4가지 특성, 즉 식물의 뿌리가 자라고 줄기가 똑바로 서게 되는 기반이 되며, 수분을 공급하고, 식물에 필요한 양분을 제공해주며, 식물의 뿌리에 필요한 공기를 공급해 주는 역할을 그대로 필요로 한다. 그러나 분식물용 토양은 드넓은 대지의 자연토와는 달리 용기 속에 한정되어 용량이 작고 깊이가 얕으며 상부와 하부(배수구)를 통해 공기에 노출되어 있는 특성을 가지고 있다. 이러한 특징 때문에 자연토를 그대로 용기에 담아 식물을 키울 경우 대지의 자연토와는 달리 배수성과 통기성이 매우 떨어진다(Briggs와 Calvin, 1987). 그래서 분식용 토양에는 배수성과 통기성을 높여주기 위한 토양개선 재료들을 첨가하거나 실내용 분식용 토양은 인공토양만을 이용하는 경우가 대부분이다(그림 6-1).

실내공간 분식물에는 수분과 산소와 양분이 공급되고 식물이 똑바로 설 수 있다면 뿌리에 토양이 반드시 필요한 것은 아니다. 식물을 고정시켜 뿌리를 영양액에 담그는 것만으로도 생육이 가능한데 이것을 양액재배(養液栽培, hydroponics), 또는 수경재배(水耕栽培, water culture)라 한다. 특히 실내용 분식물을 수경으로 생산해서 장식에 이용하거나 실내정원을 수경으로 시공하기도 한다. 그러나 토양에 뿌리박고 자라는 건강한 식물은 심리적으로도 원초적인 쾌감을 주고 실내공기정화의 주요인은 식물 자체보다 토양 내 미생물의 역할이 더 크다는 연구 결과(손기철, 2007)도 있으며 토양을 이용하는 경우가 일반적이다.

용기는 용량이 작고 깊이가 얕으며 상부와 하부(배수구)로 공기에 노출됨

용기에 자연토를 넣으면 배수성과 통기성 낮아짐

토양개선 재료 첨가 필요

그림 6-1. 용기에 자연토양을 넣을 때 문제점과 해결방법(Simple kitchen tables 토분)

분식물 디자이너는 적절한 용기용 토양을 준비하기 위해 토양의 특성에 대한 이해가 필요하다. 먼저 토양의 물리적인 성질과 용기에 담겨진 토양의 특성을 살펴보고 토양개선을 위한 토양 재료와 토양 재료의 혼합, 그리고 토양 관리에 대해 살펴보기로 한다.

6-1. 토양의 물리적인 성질

토양은 유기물질이 20% 이상인 유기질 토양과 그 이하인 광물질 토양으로 나눌 수 있다. 지구 표면의 토양은 유기물 함량이 높지만 대부분 광물질 토양이고 부분적으로 유기질로 이루어진 유기질 토양이 있는 경우도 있다. 드로세라(*Drosera*)나 디오나에아(*Dionaea*)와 같은 식충식물을 포함한 어떤 식물들은 전적으로 유기질 토양에서 잘 자라기도 한다.

광물질 토양은 고체인 광물질과 유기물, 액체인 물과 기체인 공기로 구성되어 있다. 광물질과 유기질은 고체 성분으로 약 50%를 차지하며 그중 광물질은 45%, 유기질은 5% 정도를 차지하고 있는데, 두 성분이 합쳐진 특성이 토양비옥도를 결정한다. 고체 입자 사이엔 공극(pore space)이 있는데 토양 입자들 사이의 빈 공극은 공기 20~30%, 수분 20~30%로 구성되어 있다(표 6-1). 토양에 물을 주면 공극은 물로 차게 되고 식물이 흡수하거나, 증발 또는 배수가 됨에 따라 다시 공기로 들어차게 된다. 공기와 물 사이의 적절한 균형을 유지하는 것이 토양의 적합성을 결정하게 된다.

6-1-1 토양 질감(soil texture)

토양의 광물질 조각은 다양한 크기와 형태의 입자로 구성되어 있는데 입자의 크기에 따라 모래(sand), 니토(silt), 점토(clay)로 나뉜다. 모든 토양은 모래, 니토, 점토의 혼합물이다. 토양 내 입자의

표 6-1. 식물 생육에 좋은 토양의 구성

구분	구성비		참고		
광물질 토양	유기질	5%	고체		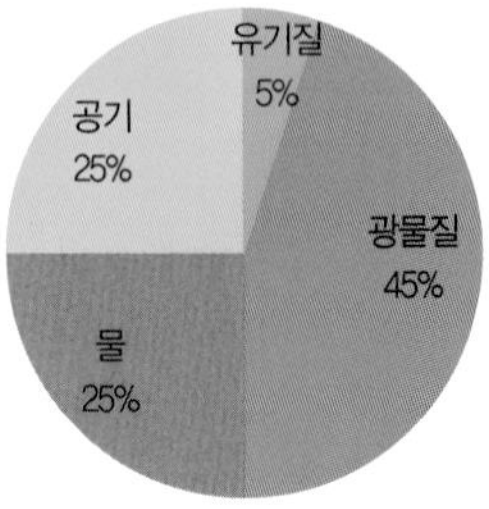
	광물질	45%			
	물	20~30%	액체	공극	
	공기	20~30%	기체		

크기는 토양 질감을 결정하는데 수분 침투, 수분 보유, 통기, 배수, 양분 공급, 토양 강도에 큰 영향을 미친다. 모래, 니토, 점토 성분이 적절하게 혼합되어 있을 때의 토양을 양토(loam)라고 하고, 모래 성분이 많으면 사질 양토, 점토 성분이 많으면 점질 양토, 니토 성분이 많으면 니토질(미사질) 양토(silt loam)라 한다.

토양 입자의 크기가 작으면 전체 토양의 표면적이 많아진다. 물이나 유용한 양분은 토양 표면에 흡수되기 때문에 입자의 크기는 토양 성질에 큰 영향을 미친다. 점토는 니토에 비해 수천배, 굵은 모래에 비해 수백만배 표면적이 많고, 더구나 전기적 성격을 띠어 식물에 필요한 양분을 흡수하고 보유할 수 있는 능력을 가져 토양 내에서 물리적 · 화학적 반응에 연관되기 쉽다. 모래와 니토는 토양의 주요한 역할을 함에도 불구하고 점토에 비해 반응성이 약하다.

모래 입자는 크기가 직경 2.0~0.05mm이다. 표면적이 작고 화학적으로 작용하지 않아 양분과 수분을 잘 보유하지 않고 배수가 잘 되지만 비옥하지 않은 토양을 만들어 낸다. 일반적으로 사질토는 질감이 고운 토양보다 물을 빨리 침투시키고 통기성이 좋으나 보수성과 보비성이 낮다. 또한 입단을 형성하는 힘이 약하다. 니토(silt) 입자는 직경 0.05~0.002mm로 사토와 점토의 중간이며 배수력이 좋지 않다.

점토는 토양의 성질을 결정하는 중요한 구성분으로 수분 저장과 양분 보유에 중요한 역할을 한다. 점토 입자는 0.002mm 이하로 작은 공극이 많은 토양을 구성하므로 통기성을 감소시켜 식물 생육에 나쁜 결과를 미친다. 점토는 또한 음전하를 띠어 양전하와 반응한다. 많은 필수영양분이 포함된 Ca^{2+}, Mg^{2+}, H^{+}, Na^{+}, K^{+}, Al^{3+} 그리고 NH_4^{+} 이온과 같은 양이온은 점토 표면에 부착되고, 토양 용액 내 또는 뿌리의 다른 이온과 교환되면서 식물체에 유용하게 사용된다. 토양 내에서 이온의 비율은 끊임없이 변하는데 이는 수용성 무기염류, 식물의 흡수, 부가된 석회와 비료, 그리고 용탈 때문이다. 점질토양은 건조해지면 단단해지면서 수축되어 갈라지는데 용기에 담으면 용기의 가장자리로부터 수축되어 토양과 용기 사이의 공간을 형성해 관수하면 토양을 적시지 않고 이 공간을 통해 물이 아래로 내려가 버린다.

양토(loam)는 모래, 니토, 점토의 조합이며, 세 가지 중 어떤 것의 물리적 특성도 나타내지 않는다. 동일한 크기의 세 용기에 질감이 다른 토양을 같은 높이로 담았을 때 공극 내 수분과 공기의 양은 크게 차이난다(Briggs와 Calvin, 1987).

6-1-2 토양 구조(soil structure)

토양 구조는 입자들의 배열을 말하는데 질감만큼 토양의 성질을 결정하는데 중요하다. 자연토양을 살펴보면 작은 알갱이만 있는 것이 아니라 작은 알갱이들이 모인 덩어리, 즉 입단(aggregates)을 형성하고 있는 것을 볼 수 있다. 입단이란 많은 토양 입자들이 유기물, 식물이나 동물과 같은 생명체의 활동, 그리고 산화철, 탄산염, 점토 콜로이드 또는 규산염에 의해 서로 묶여진 2차적인 입자이다. 입단이 형성되어 알갱이가 커진 토양은 상대적으로 큰 공극이 많이 형성되어 배수가 잘 된다. 유기물의 부패산물은 입자를 결합시켜 입단 형성을 증가시킨다. Ca^{2+} 이온은 입단을 형성시키고 Na^{+}이온은 입단을 부수어 토양 구조를 파괴한다. 연수는 Na^{+}가 많아 토양 구조에 나쁜 영향을 준다.

토양 구조는 질감과 마찬가지로 수분의 이동, 통기성, 밀도, 다공성과 같은 토양 성질에 영향을 미친다. 그러나 토양 질감과는 달리 토양 구조는 쉽게 변경될 수 있다. 점토와 니토는 서로 집단을 형성하는 반면, 모래는 각각의 입자로서 기능하면서 입단을 형성하지 않는다. 점토를 너무 젖어있을 때 사용하면 토양 구조가 부서져 질퍽해진다. 질퍽해진 토양은 밀도가 높고 압축되어 통기성이 낮아 관수하면 물이 침투되지 않고 옆으로 흘러버려 식물 생육에 불리하게 작용한다. 토양 구조를 개선하기 위해선 유기물이나 입자가 굵은 재료를 첨가해 주어야 한다(Briggs와 Calvin, 1987).

6-1-3 유기물(organic matter)

광물질 토양에는 유기물이 소량 함유되어 있으나 작은 양에도 불구하고 토양 성질과 식물 생육에 큰 영향을 미친다. 유기물은 토양 구조에 좋은 영향을 주는데 입단을 형성시켜 통기성을 높여준다. 그리고 유기물은 중요한 토양 반응을 하는 토양 미생물의 주요 에너지원이며 식물의 중요한 영양공급원이다. 유기물은 전체 인산의 5~60%, 황의 10~80%, 질소 전량, 그리고 기타 소량으로 필요한 여러 영양분들을 함유하고 있다. 또한 유기물은 토양이 함유할 수 있는 수분량과 식물에 유용한 수분량에 영향을 미친다. 유기물의 양이 다른 두 토양에 동일한 양의 물을 주면 유기물 함량이 높은 토양은 물을 덜 통과하게 되어 수분 보유량이 많아진다.

토양 속의 유기물은 새롭게 부가된 아직 썩지 않은 물질과 부분적으로 썩은 물질, 그리고 잘 썩은 부식(humus)이 있다. 짙은 색의 부식은 여러 가지 성분의 콜로이드 물질이며, 유기질이 다소 안정적으로 부서진 산물이다. 부가된 유기물은 몇 주 혹은 몇 달만에 빠르게 부식으로 부서지고, 부식은 기초 물질을 형성하기 위해 다시 천천히 썩는다.

유기물질이 토양에 첨가되면 미생물이 빠르게 분해해 부식으로 만든다. 분해 초기 단계에 미생물 수가 급격히 증가하면서 토양 내 유용한 질소를 사용해버린다. 분해가 끝날 때쯤 미생물 집단은 식물에 유용한 질소를 방출하면서 감소한다. 토양에 유기물을 첨가할 때 종종 식물 생장을 위한 질소 결핍증이 일어나는 경우가 있는데 미생물이 사용하기 때문이다. 탄소 성분이 많은 유기물일 경우 질소를 첨가해주면 결핍증을 막아준다.

분식용 토양, 특히 실외 분식물을 위한 토양의 유기물은 비료 공급원으로 이용되므로 잘 썩힌 유기물의 혼합은 필수적이다. 실내용 분식물의 토양에서 유기물은 비료 공급원보다는 토양의 물리성을 보완해주는 재료로서 이용되는데 잘 썩지 않는 피트모스와 같은 유기물이 혼합된다.

6-1-4 토양 공기

토양 입자 사이의 공간을 공극(孔隙, pore space)이라 하며 공극은 토양 부피의 40~60% 정도를 차지하는데 입자 크기에 따라 공극의 크기가 다르다. 공극은 물과 공기로 차 있는데 수분 함량에 따라 공기의 함량이 달라진다(그림 6-2). 크기가 큰 공극은 대공극(macropores)이라 하고 대공극은 삼투(percolation), 즉 공기와 물이 빠르게 움직이도록 한다. 사질토양은 입자가 작은 질감의 토양보다 전체 공극량은 작으나 개별 공극의 크기가 커 삼투가 빠르다.

토양 공기는 단순히 대기 공기가 연장되어 있는 것이 아니라 토양 내에서 미로같이 엮어진 여러 가지 크기의 공극을 차지하고 있다. 대기와 토양 내부의 공기 구성은 다르며 공극간의 공기 구성도 다르다. 토양 공기는 대기 공기보다 몇백 배 이산화탄소가 더 많고 산소가 더 적다. 토양 공기는 확산에 의해 비교적 느린 속도로 대기 공기와 교환된다. 토양 공기의 상대습도는 토양 미생물의 생장

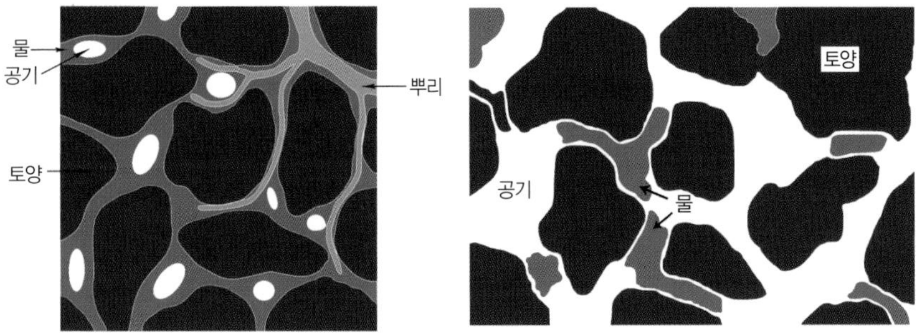

그림 6-2. 토양 공극

에 좋은 100% 정도가 된다(Briggs와 Calvin, 1987).

산소와 이산화탄소량은 토양 내 미생물, 동물, 그리고 식물의 뿌리와 생물학적 활동으로 연관되어 있다. 식물의 뿌리는 24시간 호흡을 하므로 토양 공기에서 직접 흡수한 산소는 호흡에 필수적이다. 산소가 없으면 뿌리의 세포들이 질식해서 부분적으로 혹은 뿌리 전체 조직이 죽는다. 뿌리에 대한 산소 결핍은 상당히 짧은 시간이라 하더라도 식물 생육을 심하게 지연시킨다.

토양의 산소 수준은 토양 구조와 밀접하게 연결되어 있다. 큰 입단을 가진 토양은 대공극이 많아 비나 관수에 의해 대공극에 물이 흐르고 공기를 토양 내부로 들어가도록 한다.

6-1-5 토양 수분(soil water)

식물에 필요한 광물질 양분의 대부분은 토양 수분에 용해되어 있다. 양분은 토양 수분에 녹아 식물 내부로 흡수된다. 토양 내 많은 화학반응은 물속에서 일어난다. 물은 토양 온도를 조절하는데 중요한 역할을 하며 토양 공기와도 밀접한 관계를 가지고 있다. 물이 범람한 토양을 상상해보자. 이때 크고 작은 모든 공극은 물로 가득 차 토양은 완전히 젖어 있다. 중력에 의해 토양으로부터 물이 흐르기 시작하면서 대공극에 있는 물은 공기에 의해 교체된다. 중력수가 제거된 상태의 토양을 포장용수량(field capacity) 상태에 있다고 한다.

식물은 토양에서 수분을 흡수하고 또 수분은 토양 표면에서 증발에 의해 소실된다. 그러나 토양 입자에 강하게 결합된 수분은 식물이 증산에 의해 소실되는 수분량을 대체할 수 있을 정도로 빠르게 얻을 수 없다. 그 결과 식물은 시들게 된다. 시든 식물을 포화습도의 공기 중에 24시간 방치해도 회복되지 못하는 토양수분 상태를 영구위조점이라고 하고, 이때의 토양수분량을 위조계수(wilting

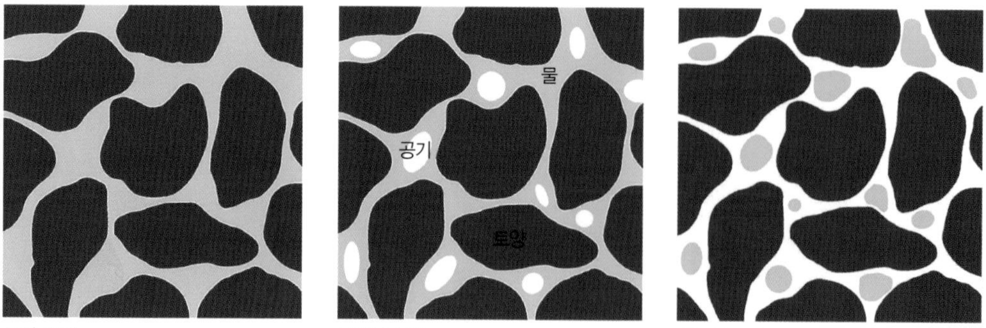

그림 6-3. 토양 공극이 물로 포화되어 있을 때와 포장용수량, 그리고 식물의 영구위조점

coefficient)라고 한다. 포장용수량과 위조계수 사이의 물은 식물에 의해 유용하게 이용되는데 이러한 토양 수분을 유용수분(available water)이라 한다(그림 6-3). 유용수분은 중력과 상관없이 토양 내 젖어 있는 곳에서 건조한 곳으로 이동한다. 이러한 이동은 소공극인 미세한 공간을 통해 위로, 아래로, 옆으로 일어난다(Briggs와 Calvin, 1987).

이 물을 모세관수(capillary water)라 하는데, 이 용어는 소공극의 직경이 머리털의 직경과 비슷하다 하여 라틴명으로 머리털을 뜻하는 캐필라(capilla)를 이용한 단어이다.

6-2. 용기 토양의 특성

용기의 토양은 자연토양에 비해 부피가 작고 깊이가 얕다. 작은 양의 토양은 식물 생육을 위해 한정된 물과 양분을 공급한다. 그래서 이러한 한계를 극복하기 위해 양분과 물을 좀 더 자주 공급하는데 빈번한 관수는 나름대로 또 다른 문제를 야기시킨다. 이러한 점을 이해하기 위하여 물의 독특한 성질에 대해 이해해야 한다.

물 분자는 화학식이 H_2O인데 각 분자는 수소 원자 2개와 산소 원자 1개가 결합되어 있다. 물 분자의 원자들은 분자가 극성을 띠게 배열되어 있어 분자의 한 쪽 끝이 양전하를 띠고 다른 쪽 끝은 음전하를 띤다. 이러한 물의 극성은 두 가지 중요한 물의 성질인 부착(adhesion)과 응집(cohesion)의 특성을 만들어낸다. 부착은 물 분자가 다른 표면에 끌리는 것을 말하고, 응집은 분자 서로간의 끌어당김을 말한다. 부착력은 응집력보다 훨씬 더 크고 둘 다 토양 내 물의 이동에 중요한 성질이다(Briggs와 Calvin, 1987).

이러한 힘을 이해하기 쉽게 예시하면 다음과 같다. 내부 직경이 각각 다른 30cm 길이의 유리관 4개를 색이 있는 얇은 층의 물에 담구면 물은 유리관 내부의 어떤 높이까지 올라간다. 각 관에서 이 높이는 관의 내부 직경에 반비례한다. 물은 관 벽에 대한 끌림으로 올라가면서 응집력에 의해 중앙 부분의 물을 끌어 올리게 되며, 이러한 끌림은 아래로 끄는 중력의 끌림과 균형을 이루는 점에서 멈춘다. 가는 유리관에 있는 물은 부착력이 중력에 비해 상대적으로 강해 더 높이 올라간다. 이러한 현상을 모세관현상(capillary action)이라 한다(그림 6-4).

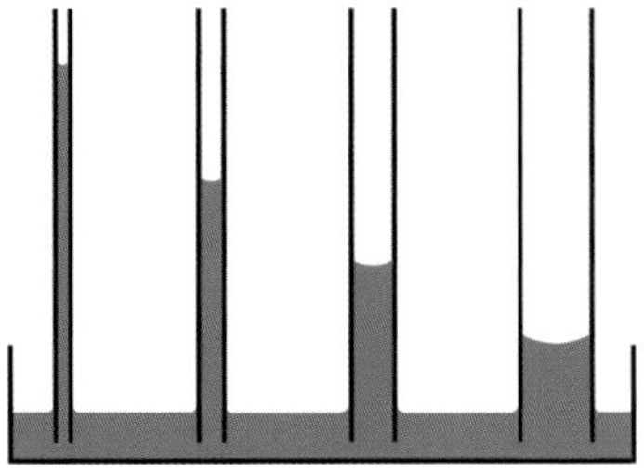
그림 6-4. 모세관현상

토양 내 공극은 물의 부착력과 응집력에 의해 토양이 젖어있는 부분에서 건조한 부분으로 이동하도록 하는 모세관의 망을 형성한다. 토양에 물을 공급하면 중력과 모세관현상의 복합적인 효과에 의해 공극으로 물이 들어간다. 공급된 물은 공극 내 오래된 공기를 교체시키면서 아래로, 그리고 옆으로 이동한다(Briggs와 Calvin, 1987). 물을 계속 공급하면 물이 가득 찬 모세관의 길이는 토양이 물로 포화될 때까지 계속 증가한다. 용기 내 과다공급된 물은 바닥의 배수구를 통해 배수된다. 자연토에서는 지하수(water table)까지 아래로 계속 이동한다.

용기 내에서와 노지 자연토양에서의 모세관수의 이동에는 큰 차이가 있다. 노지 자연토양에서는 물이 가득 찬 모세관이 매우 긴데 공극 내 물을 유지하려고 하는 모세관력보다는 중력의 당기는 힘이 매우 크다. 그 결과 물은 표면에서 공기를 공극으로 끌면서 아래로 이동한다(Briggs와 Calvin, 1987). 24시간 후 정도면 토양 내 물은 포장용수량(field capacity, 용기에서는 container capacity가 더 적절한 용어임) 수준이 된다. 점토는 작은 공극 때문에 큰 공극을 가진 사질토보다 물을 훨씬 더 끈기있게 보유한다.

자연토를 용기에 넣게 되면 모세관의 수직적인 길이가 줄게 된다. 모세관이 위에서 아래까지 물로 가득 차 있다고 하더라도 중력은 공극의 모세관을 거스르기에 충분하지 않다. 그 결과 공극은 물로 채워져 위로부터 공극에 신선한 공기가 들어오지 않는 상태로 남아 있다. 배수는 중력에 의해서가 아니라 식물 뿌리의 흡수와 증발에 의해 이루어진다. 그래서 용기 내 일반적인 지하수면(water table)보다 높아진 지하수면(perched water table)이 형성됨을 알 수 있다. 용기의 높이가 낮을수록 지하수면은 높아진다. 즉, 용기 토양 내 관수와 배수 후 공극 내 물과 공기의 양은 용기 토양의 깊이에 의해 달라진다(Briggs와 Calvin, 1987).

용기 토양의 깊이가 얕아질수록 토양 공극 내 물의 관에 미치는 중력의 당기는 힘도 줄어든다. 그래서 용기 아래 부위의 공극은 물로 채워진 채 남아 있고 얕은 용기에서는 물이 채워진 부분이 표면에 더 가깝게 있다(그림 6-5). 그래서 뿌리에 해를 입힐 수 있다. 이러한 상황을 줄이기 위해 토양의 배수성을 높여주는 재료를 혼합하거나 토양의 깊이를 증가시키기 위해 깊은 용기를 이용하는 것이 배수에 유리하다.

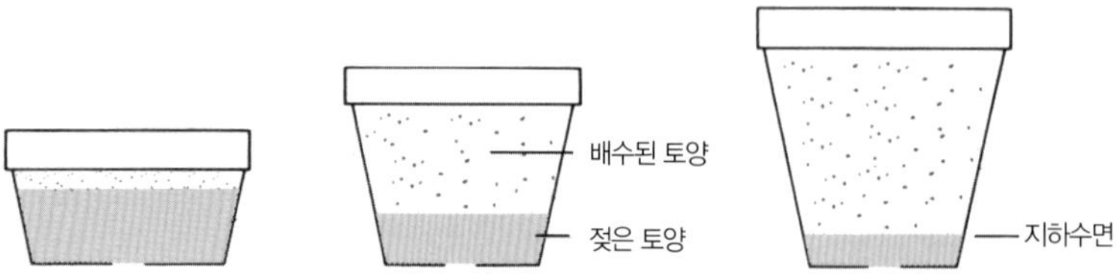

그림 6-5. 토양의 배수와 관련해 용기의 깊이에 따른 지하수면의 형성 높이(Briggs와 Calvin, 1987)

배수에 미치는 용기 깊이의 영향을 물로 채워진 가정용 스펀지를 이용해 증명할 수 있다. 스펀지를 가장 짧은 길이의 면이 바닥과 수직이 되게 놓는다. 그러면 약간의 물이 바닥에서 빠져나온다. 스펀지를 두 번째로 긴 면이 바닥과 수직이 되게 세운다. 그러면 약간의 물이 더 빠져나온다. 마지막으로 가장 긴 면이 바닥과 수직이 되게 세운다. 물의 관의 길이가 더 길어졌기 때문에 여전히 더 많은 물이 빠져나온다(Briggs와 Calvin, 1987).

6-3. 질감과 구조를 개선하기 위한 토양개선 재료

용기의 토양은 사질토양이라도 자연토만 이용할 경우 적합하지 않다. 용기는 작고 높이가 낮기 때문에 관수를 자주 하는데, 지하수면이 낮아지지 않아 배수 후에도 토양이 젖어있을 가능성이 높기 때문이다. 이것은 종종 통기성을 나쁘게 만들면서 물과 양분의 흡수에 부정적인 영향을 미친다. 용기 토양에 적절한 통기성과 배수성을 주기 위해 유기물이나 입자가 굵은 재료들을 토양에 혼합해 준다.

6-3-1 토양개선 유기물 재료

용기용 토양 재료로서 유기물을 선택할 때는 질감이 거칠고 잘 썩지 않는 물질을 사용하는 것이 이상적이다. 유기물은 시간이 지나면 분해됨으로써 질소, 인산, 황산과 같은 어떤 필수 광물질이 방출되는데, 유기물이 빠르게 분해될 때 미생물이 질소를 이용하면서 질소결핍증이 일어날 수도 있다.

용기용 토양에 혼합할 수 있는 유기물은 가장 경제적으로 역할을 수행하는 물질을 택해야 한다. 용기용 토양개선 재료로 이용되는 유기물은 스패거넘 피트모스가 많이 이용된다.

(1) 스패거넘 피트모스

스패거넘 피트모스(sphagnum peat moss)는 보통 피트모스라고 불리는데 용기용 토양 재료로 가장 많이 이용되는 유기물이다(그림 6-6). 피트모스는 습지의 물이끼(sphagnum moss)가 물 아래로 쌓여 부분적으로 분해된 것으로 갈색의 섬유질이다. 피트모스는 캐나다, 폴란드, 독일, 미국 북부의 습지에서 많이 생성되는데 생성된 장소에 따라 성분과 산도가 다르다.

피트모스는 건조시 가벼워 수송과 저장이 쉽다. 또 수분을 자기 무게의 20배까지 흡수하는데 낮은 장력하에서 유지되기 때문에 식물에 유용하며 토양의 수분보유력을 증가시킨다. 피트모스는 젖었다 말랐다를 반복해도 보수성을 잃지 않는다. 그러나 완전히 건조한 피트모스는 젖기 어려운 성질이 있으니 주의한다. 그래서 토양 조제시 수분 흡수가 잘 되도록 습윤제(wetting agent)를 혼합한다.

피트모스는 잘 썩지 않고 일반적으로 잡초 종자, 해충, 병원균이 없다. 피트모스는 생산지에 따라 수용성 염분 함량이 다르다. 그러나 토양 구성분으로서 양이온치환용량(cataion exchange capacity, C.E.C.)을 높여주어 토양 내 식물에 필요한 양분 요소를 보유하게 한다. 피트모스는 보통 산도가 5.0 이하이기 때문에 산도를 높이기 위해 가루 석회를 추가한다(예, 4ft^3 압축 용량 피트모스에 석회 3kg 추가).

피트모스는 입자 크기가 다양하므로 용기용 토양 재료로 사용하기 위해 설명서를 잘 살펴보아야 한다. 피트모스는 0.2ft^3 포장에서 6ft^{3}의 압축된 포장까지 다양한 상품으로 유통되는데, 압축된 피트모스는 펼치면 부피가 많아지니 미리 계산해야 한다(예, 5ft^3 크기는 140L인데 펼치면 250L로 많아진다). 피트모스는 산도를 교정한 제품들이 비싼 가격에 유통되고 있으니 일반 피트모스와 구분할 필요가 있다. 구입시 가격을 고려해서 선택한다.

(2) 물이끼

건조된 물이끼(수태, sphagnum moss)를 분쇄하거나 분쇄하지 않은 거친 그대로 토양 재료로 이용할 수 있는데, 피트모스처럼 적절한 굵기로 생산되지 않으며 난, 파인애플과 식물 등 일부 착생식물에 주로 단용으로 이용된다(그림 6-6). 물이끼는 싹의 모잘록병을 방해하는 천연 항균물질을 가지고 있는 점에서 특이한데 열소독을 하면 이런 효과는 없어진다. 물이끼는 가볍고 산성이며 통기성이 좋고 자기 무게의 20배나 되는 물을 보유할 수 있다. 양분함유량이 적기 때문에 시비가 필요하다.

(3) 목재 부산물(wood residues)

목재 부산물은 톱밥과 나무껍질, 목재 부스러기로 나눌 수 있는데, 토양 재료로 사용할 수 있으나 잘 사용하지는 않는다. 목재에 따라 처음 몇 주 동안 빠르게 분해되면서 질소결핍을 초래하므로 주의한다.

톱밥(sawdust)은 토양의 물리적 상태를 개선하기 위해 토양에 첨가할 수도 있다. 톱밥은 상당히 오래 이용할 수 있는데 경재(오크, 단풍)에서 생성된 톱밥이 연재(소나무, 가문비나무)의 톱밥보다 셀룰

피트모스 4가지 입도의 피트모스 건조된 물이끼(백태) 나무껍질(bark)

그림 6-6. 유기물 토양 재료

로오스가 많고 더 빨리 썩는다. 향이 나는 히말라야삼목(cedar)과 호두나무 톱밥 또는 미국삼나무(redwood)는 독성이 있으므로 피해야 한다.

톱밥은 탄수화물과 질소 비율(C/N율)이 높은데, 실내의 따뜻하고 수분이 있는 토양에선 이러한 C/N율이 미생물의 생장을 도와준다. 토양미생물은 생육을 위해 질소를 요구하는 생물체이므로 식물과 질소 이용 경합이 일어나 식물에 질소 결핍이 일어날 수 있다. 질소를 추가함으로써 처음 몇 달간은 이러한 문제점을 해결할 수 있지만 토양 구성분으로 톱밥을 검토할 때 추가비용을 고려해야 한다. 또한 톱밥의 부패시 곰팡이 그 자체는 해롭지 않으나 그들의 성장이 수분침투에 방해가 될 수 있고 용기에 드러나면 보기가 좋지 않다. 톱밥은 병원균을 제거하기 위해 저온살균해야 한다.

나무껍질(bark)은 단용으로 난의 토양으로 이용되거나 여러 식물들의 토양 재료로 이용되고 또 멀칭(mulching) 재료로 사용된다(그림 6-6). 소나무껍질이 가장 많이 이용되는데 적당한 크기로 맞추어 다른 혼합물질과 적당한 비율로 섞어주면 좋은 재료가 된다. 토양 재료로서의 입자의 크기는 0.32~0.64cm나 그 이하의 크기가 적당하고 더 큰 입자는 멀칭을 위해 사용된다. 분쇄한 소나무껍질은 보통 열풍건조하는데 젖기 어려울 수 있어 토양으로 사용 전에 충분히 젖어 있어야 하는데 썩거나 수분보유도가 증가하면 잘 젖는다. 톱밥처럼 연재가 경재보다 더 오래 견딘다. 질소결핍증은 톱밥보다 심하지 않다.

목재 부스러기(wood chips)는 토양 재료로 사용되기엔 입자가 너무 크다. 정원의 멀칭에 사용된다.

6-3-2 입자가 굵은 토양개선 재료

용기 토양의 배수성과 통기성을 높여주기 위해 첨가되는 입자가 굵은 재료는 펄라이트, 버미큘라이트가 가장 많이 이용되고 경우에 따라 모래, 하이드로볼, 마사토도 이용된다.

(1) 펄라이트(perlite)

진주암을 1,000~1,300℃로 가열하면 결합수가 증발하면서 팽창되어 본래 크기보다 10~20배 더 커지면서 백색의 입자가 만들어진다. 이 입자는 수많은 기공이 있고 불규칙한 표면을 가지고 있기 때문에 수분을 많이 보유하게 된다. 그 무게의 3~4배의 수분을 보유하며 밀도가 0.1g/㎤로 낮아 젖어있을 때도 물에 뜨게 된다(그림 6-7).

펄라이트의 산도는 6.5~7.5 정도로 중성이다. 양이온치환용량을 가지지 않아 양분을 보유하지 않으나 생산업체에 따라 양이온치환용량이 없는 단점을 보안하여 양분을 흡착시켜 단용으로 사용할 수 있는 것도 있으니 구입시 주의한다. 냄새가 없고 살균되어 있으며 토양의 구성 성분으로 이용하면 부스러질 수는 있지만 질이 달라지진 않는데 건조시에 먼지가 많이 날리는 단점이 있어 사용시 불편하나 수분을 흡수하면 깨끗하며 다루기 쉽다.

펄라이트는 100L 단위로 제품이 생산되는데 국내에서는 입자의 굵기가 주로 배수용(대)과 육성용(소) 두 가지로 생산된다. 백색이라 토양색과 달라 자연스럽지 못한 점 때문에 표면에 바크나 버미큘라이트, 피트모스 등의 갈색 재료로 멀칭을 해준다.

(2) 버미큘라이트(vermiculite)

토양 재료뿐만 아니라 절연체로도 잘 알려져 있는 버미큘라이트는 우리말로 보통 질석이라 불린다. 운모계의 광석을 약 1,000℃에서 가열하면 포함되어 있던 결정수가 발포되면서 층상구조로 이루어져 있던 편들이 벌어지면서 팽창한다. 무수한 층간 모세공극에 의해 보수성이 높다. 입자의 층

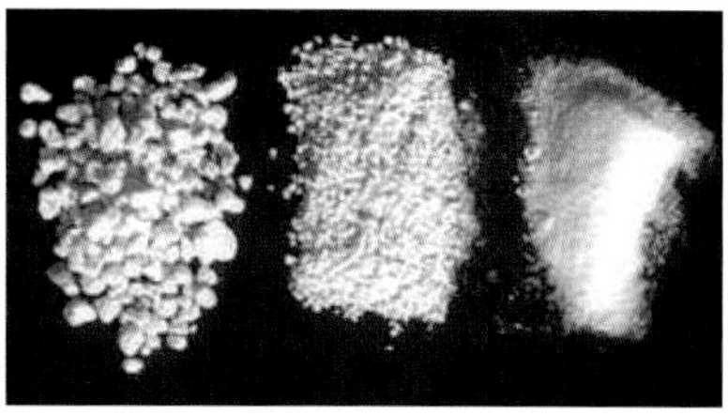
펄라이트(Carolina perlite company 제품)

버미큘라이트

모래

하이드로볼

마사토

그림 6-7. 입자가 굵은 토양 재료

사이와 표면에 광물질을 함유하면서 양이온치환용량이 높아 양분 보유력이 좋다. 약 6%의 K와 20%의 Mg을 함유하고 있다. 산도는 보통 7 정도인데 생산지에 따라 차이가 있다. 가열로 인해 살균되어 있다.

버미큘라이트는 가볍고 보수성과 통기성이 좋으나 다른 토양과 혼합시 밀도는 감소된다. 또한 모래나 펄라이트처럼 단단하지 않고 스펀지 같은 질감으로 쉽게 압축되는데 젖으면 입자가 잘 부서지는 단점이 있다. 보통 30L 또는 100L 포대로 판매된다. 입자의 굵기가 국내에서는 대, 소 2단계로 나오고 색은 갈색과 연갈색으로 생산된다(그림 6-7).

(3) 모래(sand)

건축재료상에서 쉽게 구할 수 있는 모래는 좋은 토양 개량제이고 가격이 저렴하나 무거운 편이다. 미장용 굵은 모래가 사용하기 좋은 입도로 0.5~2.0mm 크기가 적당하다. 토양 혼합시 충분한 양의 모래를 넣지 않으면 배수와 통기가 개선되지 않을 수도 있다.

모래는 배수가 잘 되나 보수성이 없어 자주 관수해야 하고 또 모래는 식물에 어떠한 무기물도 공급할 수 없고 양이온치환용량이 없어 양분보유력이 낮은 단점이 있다. 모래는 무거운 토양 재료라는 것 외에도 병원체에 오염되어 있으므로 자연토처럼 저온살균하는 것이 안전하다. 해변의 모래를 사용해선 안 되는데 수용성 염류가 많아 식물에 해를 준다.

(4) 하이드로볼(calcined clay)

하이드로볼은 점토를 작은 알갱이로 빚어 700℃에서 구워낸 것이다. 입자는 공극이 많아 수분을 보유하고 적절한 양이온치환용량을 가지고 있으며, 매우 안정적이고 영구적으로 이용할 수 있다(그림 6-7). 그러나 피트모스나 질석의 5~6배 정도, 모래의 60% 정도로 무겁고 비싸다. 하이드로볼은 굵기가 다양하게 나오기 때문에 용도에 따라 선택할 수 있다. 난의 토양으로 이용하거나 수경재배시 배지로 가장 많이 이용된다.

(5) 마사토

마사토(磨沙土)는 각종 암석의 풍화작용에 의해 생성된 돌과 흙의 중간 단계의 돌 부스러기이다(그림 6-7). 산에서 채취되는데 백마사와 질마사로 구분되고, 식물재배용 토양으로는 보통 세 가지 굵기로 제품화된다. 마사토는 황토가 많이 섞여 있기 때문에 관수하면 황토 때문에 알갱이들이 서로 달라붙거나 배수가 되지 않으니 물에 잘 씻어 사용해야 한다. 국내에서 구하기 쉽고 저렴해 많이 이용하지만 무거워 실내용 용기 토양보다는 실외용 용기 토양으로 이용하기 좋다. 분재나 다육식물용 토양 재료 또는 멀칭 재료로 많이 이용된다.

(6) 수경용 젤(hydro gel)

배양토를 혼합할 때 토양개선을 위해 첨가할 수 있는 또 다른 물질은 수경용 젤인데, 이것은 수분 보유력을 증가시키며 동시에 배수성과 통기성을 좋게 한다. 여러 가지 품명으로 생산되는데 건조된 알갱이 또는 수분을 함유시킨 젤 상태로 생산된다(그림 6-8).

제품에 따라 수분을 그 무게의 130배까지 흡수한다. 수경용 젤을 첨가한 토양에서 자란 관엽식물은 수경용 젤 없이 자란 식물보다 관수 기간을 15~30% 더 오래 견디는 것으로 보고된 적이 있다. 관수 노력을 줄이기 위해 이 재료를 이용하더라도 가격을 고려할 필요가 있다. 국내에는 토양에 넣어주는 경우는 별로 없고 소형 수경 용기용 젤을 물 대용으로 이용한다.

그림 6-8. 수경용 젤

6-4. 분식용 토양 배합

6-4-1 분식용 토양의 조건

분식물을 위한 토양은 정원의 토양과 달리 다공성이어서 배수가 잘 되고 통기성(通氣性)이 좋아야 하며 또한 식물이 요구하는 충분한 수분을 보유해야 한다. 일반적으로 원예학자들은, 토양은 50%의 공극으로 구성되어야 하며 관수와 배수에 따라 50%의 공극은 수분과 공기로 각각 50%씩 채워져야 한다고 한다.

토양은 염분이 적어야 한다. 그러나 비료분을 보유하고 공급할 수 있는 충분한 양이온치환용량을 가져야 하는데, 100g 건조토양을 기준으로 2~4milliequivalents 정도면 식물 뿌리에 해를 주지 않고 적당한 비료 성분을 보유하게 된다. 양이온치환용량이 적합한 토양은 완충능력이 커서 pH가 잘 변하지 않는다. 특히 햇빛 속에서 빠르게 생육하고 꽃을 피우는 실외 정원의 분식물용 토양은 실내용 식물과는 달리 비료 성분이 충분해야 한다.

토양은 표준화되어 있어 쉽게 다시 만들 수 있어야 관수, 시비 등의 작업도 같은 방식으로 이루어질 수 있다. 토양의 무게나 밀도는 작업의 용이도에 영향을 미치고 식재시 식물을 똑바로 서게 하는 데 영향을 미친다. 밀도는 0.15~0.75g/cm^3이 바람직하다. 토양은 젖었을 때나 말랐을 때 부피가 일정해야 하는데 10% 이상 수축되면 안 된다. 토양은 균일화되어 있고 병과 해충, 잡초 씨, 유해한 화학물질이 없어야 한다. 또 생물학적, 화학적으로 안정되어 빨리 썩지 않아야 하며 시간이 지남에 따라 변하지 않아야 한다. 무엇보다 토양은 가격이 저렴해야 한다.

토양 재료마다 이러한 좋은 특성을 전부 가지고 있지 않기 때문에 용기용 토양은 여러 토양 재료를 혼합하여 단점을 보완하여 사용한다.

6-4-2 토양 배합 사례

식물에게 이상적인 토양이란 각 식물 종류의 특성에 맞게 배합된 토양이다. 그러나 농원에서 단일 식물을 대량으로 생산할 때와 달리 다양한 공간에서 다양한 종의 식물을 이용하는 이용자들이 식물마다 적합한 토양을 맞추는 것은 어렵다(송천영 외, 2007). 특히 여러 식물을 혼식하는 용기나 플랜터에는 여러 식물에 평균적인 토양을 넣을 수밖에 없다. 그래서 이용자들을 위한 토양을 크게 실외용 분식물 토양과 실내용 분식물 토양으로 나누고, 실내용은 관엽식물, 다육식물, 난, 파인애플과 식물, 식충식물 등으로 나누어 분류군 식물에 평균적으로 토양을 배합해 비슷한 식물은 같은 토양을 이용한다(표 6-2).

관엽식물 관엽식물 다육식물 난 분재

그림 6-9. 식물의 특성에 따라 배합된 실내용과 실외용 분식물의 혼합토

외국에는 식물 특성별 혼합토가 상용화되어 있으며 국내에도 어느 정도 혼합토가 시판되고 혼합비 지침이 있지만 이용자가 여러 가지 방법으로 토양 재료를 배합할 수 있다(그림 6-9). 주의할 점은 국내 유통되는 토양 재료의 설명서가 정확하지 않은 것이 많으므로 각 토양 재료가 인공토양만으로 구성되었는지, 자연토양이 혼합되었는지, 비료 성분이나 습윤제가 포함되었는지, 산도가 교정되었는지를 잘 살펴보아야 한다. 그런 다음 가능한 한 실험적으로 미리 사용해보는 것이 좋다.

토양 재료 혼합시 골고루 잘 섞어야 하는데 소량일 경우에는 손이나 삽으로 혼합할 수 있으나 대량의 토양을 배합할 때는 토양혼합기를 이용한다(그림 6-10).

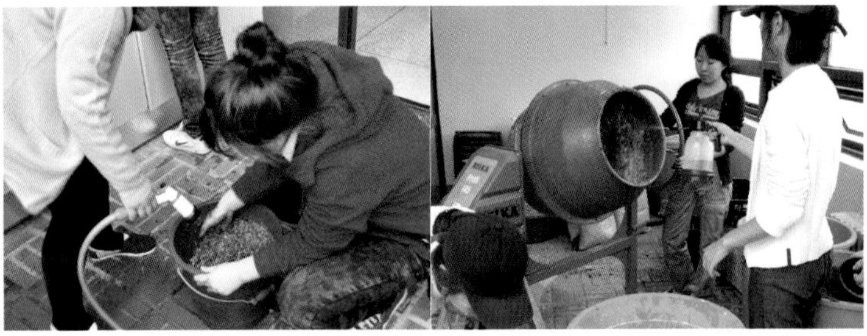

그림 6-10. 소량의 토양 혼합과 소형 전동 토양혼합기

(1) 자연토를 이용한 실외용 토양 혼합

자연토를 이용해 용기용 토양을 배합하면 저렴하고 필요한 양분을 함유하고 있으며, 큰 식물을 지탱하기 위한 무게가 있어 좋다. 그러나 배수성과 통기성이 부족하므로 피트모스와 같은 유기물이나 펄라이트, 버미큘라이트, 모래 등의 입자가 굵은 재료를 혼합해 주어야 한다.

자연토는 특히 병충해의 위험이 있는데 실외에서는 이용할 수 있지만 실내에서 이용하려면 소독을 해야 하니 번거롭다. 또 자연토를 혼합재료로 이용하면 토양을 표준화하기 어려운데 그 이유는 토양이 근원지에 따라 다르기 때문이다. 자연토 중 사질양토를 이용할 경우 표 6-2를 참고로 다양

표 6-2. 외국에서 시판되는 용기용 토양의 혼합 사례(Briggs와 Calvin, 1987)

토양 재료	실외용		실내용								
	정원 분식물		관엽식물	다육식물	난		파인애플과 식물	식충식물		고사리	구근[a]
자연토(사질양토)	1/3	1/4		1/4						1/4	1/3
피트모스	1/3	1/4	1/3	1/4	1/3		1/3	2/5		1/2	1/3
수태								2/5	1		
소나무잎								1/5			
바크					1/3	1	1/3				
버미큘라이트			1/3								1/3
펄라이트	1/3		1/3		1/3					1/4	
모래		1/4[b]		1/2[b]			1/3				
퇴비		1/4									

[a]실내 이용시.
[b]펄라이트 대체 가능.

한 재료와 비율로 혼합할 수 있다.

실외용 식물을 위한 용기용 토양은 자연토 외에도 퇴비나 부엽토를 부가해주어야 양분결핍증을 막을 수 있다.

(2) 인공토양 혼합

인공토양은 가벼워 식재작업이 용이해 실내공간이나 옥상정원, 그리고 버티컬정원과 같이 하중을 덜어주어야 하는 곳에서 이용하기 좋은 토양이다. 또 실내에 식재된 식물은 외부에서 자란 것보다 뿌리조직이 적기 때문에 자연토양의 밀도와 무게를 지탱하지 못하므로 뿌리의 원활한 성장과 호흡을 위해 통기성이 좋은 인공토양이 바람직하다.

인공토양은 대부분 스패거넘 피트모스와 버미큘라이트 또는 펄라이트를 적정비로 혼합하여 사용하는데, 이들은 구성분이 표준화되고 규격화되어 있어 언제든지 이용할 수 있다. 가볍고 소독되어 있고 화학적으로나 물리적으로 적절하게 구성되어 있어 용기용 토양으로 이용하기 편리하다. 비료가 필요하다면 토양 혼합시 또는 식재 후 추가로 공급한다.

이 혼합물은 부피 밀도가 낮기 때문에 식물체가 쉽게 쓰러질 수 있는 단점이 있어 키가 큰 교목의 식재에는 불리하다. 피트모스는 처음에 수분을 흡수하기 어려우므로 혼합하기 전이나 사용시 젖게 해주는 것이 좋다.

① 실외공간의 분식물에 좋은 토양 배합비

햇빛이 비치는 실외공간에서 꽃을 피우며 자라는 초화류와 화목류, 그리고 채소류를 위한 용기용 토양은 정원의 자연토를 포함하는 것이 좋다. 하지만 적절한 사질양토를 구하기 어렵거나 토양이 가벼워야 한다면 인공토양만으로 식재하는 것이 편할 수 있다. 대사활동이 높은 실외용 식물을 위한 토양은 통기성, 배수성, 보수성은 물론 실내용 식물에 비해 보비성이 중요하다. 미리 비료가 포함되어 있는 혼합토를 구입하거나 표 6-3의 혼합토 A와 같이 피트모스와 펄라이트를 1 : 1 정도 혼합할 때 미리 비료를 혼합해 줄 수 있다.

② 실내용 분식물에 좋은 토양 배합비

표 6-3의 혼합토 B는 보수성이 높은 토양을 좋아하는 실내식물을 위한 혼합토로 대체로 베고니아, 칼라디움, 고사리류, 헬시네(Helxine), 마란타, 옥살리스, 필레아, 톨미아 등의 뿌리조직이 가는 관엽식물들이 해당된다. 광도가 충분한 실내공간이 아니면 토양에 미리 비료를 혼합해 줄 필요는 없다.

혼합토 C는 배수성과 통기성이 좋은 토양을 좋아하는 식물을 위한 토양 배합으로 아프리칸 바이올렛, 에피시아, 싱고니움, 페페로미아, 필로덴드론, 디펜바키아, 아글라오네마, 몬스테라, 스킨답서스 등의 뿌리가 굵은 관엽식물과 파인애플과 식물, 그리고 선인장, 크라슐라, 알로에, 호야 등의 다육식물, 착생식물과 같은 식물에 적합한 혼합 토양이다. 이 혼합토에도 광도가 충분한 실내공간이 아니면 미리 토양에 비료를 혼합해 줄 필요는 없다.

표 6-3. 식물 특성별 혼합 토양(100L) 배합 사례(Manaker, 1987)

혼합 토양 및 비료		실외용	실내용	
		A : 실외 분식물용	B : 보수성 높은 토양	C : 배수성과 통기성 높은 토양
토양	스패거님 피트모스(1.3cm mesh)	50L	50L	33L
	버미큘라이트(0.5~3mm 가는 입자)	50L	25L	–
	펄라이트(1~5mm 중간 입자)	–	25L	33L
	바크(더글라스전나무, 3~6mm)	–	–	33L
비료	고토 석회가루	14ts (211mL)		
	20% 과인산석회 가루	6ts (85mL)		
	복합비료(10 : 10 : 10)	9ts (127mL)		
	미량요소(극소량)			

6-5. 토양 관리

6-5-1 토양 선택과 비용

용기용 토양을 선택할 때는 몇 가지 조건을 고려해야 한다. 구입처의 접근성, 재료 가격, 재료 운반, 혼합을 위한 노동과 장비, 저장 및 작업공간, 저온살균 여부, 비료와 다른 첨가물, 그리고 저장에 소요되는 비용 등 모든 요인을 고려해야 한다.

또한 재료의 구입 가능 여부, 반복해서 똑같이 만들 수 있는지 여부, 그리고 그 토양 재료를 잘 다룰 수 있는지도 고려해야 한다. 모든 요인들을 고려해 보면 혼합을 위한 각각의 토양 재료를 구입하는 것이 나은지, 혼합된 토양을 구입하는 것이 나은지, 그리고 자연토나 인공토양 중 어느 것을 구입하는 것이 나은지 선택할 수 있다.

6-5-2 토양 저장

인공토양은 가볍고 포장되어 있어 저장하기 쉬운데 개봉된 상태로 오래 보관하면 토양이 건조해지니 밀폐된 상태에서 보관한다. 실외에서 보관할 때 햇빛은 플라스틱 포장지를 상하게 해 수분을 통과시키면서 질병을 일으키는 병원체가 들어갈 수 있으므로 바닥에 닿지 않게 보관한다. 토양은 작물보호제가 보관된 곳에 저장하면 작물보호제의 종류에 따라 휘발되어 토양에 흡수되어 해를 일으킬 수 있다.

6-5-3 토양 소독

펄라이트나 버미큘라이트와 같은 인공토양은 이미 무균상태지만 자연토나 퇴비와 같은 유기질 성분은 소독이 필요하다. 자연토를 이용할 경우 소요되는 노동력과 비용 때문에 소독을 생략하는 경우가 많으므로 주의해야 한다. 특히 실내용 용기토양은 살균된 토양을 이용하는 것이 안전하다. 살균 대상은 해충, 병원균, 잡초의 씨 등이다.

소독은 열소독과 약품소독이 있다. 토양이 너무 많거나 증기소독할 수 없는 경우가 아니면 화학약품 소독은 하지 않는다. 토양 소독은 전문시설이나 기구가 갖추어져야 하므로 분식물 디자이너나 이용자에겐 어려운 일이다. 그래도 디자이너는 토양을 많이 다루게 되므로 소독에 대한 내용을 충분히 숙지하고 있어야 하며, 소량의 토양을 가정에서 소독할 수 있는 방법을 제시해주면 이용자들에게 신뢰를 얻을 수 있다.

보통 병원균은 60℃에서 30분이면 살균되고, 잡초의 씨는 80℃에서 30분이면 박멸된다. 그러나 토양을 100℃ 이상의 고온으로 처리하면 식물에게 이로운 미생물까지 모두 죽이게 되므로 우유의 살균과정처럼 저온살균으로 처리한다. 그러므로 전체적으로 80℃에서 30분 열을 가하고 100℃ 이상 넘지 않도록 주의한다. 건식 열이나 공기를 포함한 증기는 80℃로 공급할 수 있는데 생증기는 100℃까지 올라간다. 소량의 토양을 살균할 때는 전기소독이 효율적이고 대규모의 토양을 처리할 때는 증기소독이 경제적이다.

전열기나 부엌용 오븐에서 생성되는 건열로 토양을 소독하면 열은 토양을 통해 전달되거나 대류된다. 건조된 토양은 열을 바깥 가장자리까지 도달시키기 위해 원하는 온도보다 좀 더 높은 온도를 가해야 한다. 열에 접촉된 토양은 뜨거워져 유기물이 파괴될 수 있다. 젖은 토양은 증기가 생성되어 과도하게 가열될 수 있다.

증기소독은 토양을 젖은 상태로 소독하는데 너무 긴 시간 소독하면 토양 구조를 파괴하고 식물에 유해한 독성 화합물을 방출시킬 수도 있다. 생증기는 100℃까지 가열될 수 있는데 인산, 칼륨, 망간, 아연, 철, 구리, 붕소와 같은 성분들의 용해성을 높여 수용성 염분을 증가시켜 해를 줄 수 있다. 그래서 증기소독시에는 비료 성분이 적은 토양을 사용하거나 소독 전에는 비료를 넣지 않는다.

7. 장식물과 첨경재료

생활공간의 분식물 이용과 장식성에 초점을 맞춘 상업공간의 분식물 디자인이 많아지면서 분식물 디자인은 장식용 용기에 아름다운 식물을 심어 공간에 배치하는 단순한 이용을 넘어 다양한 재료의 장식물이나 첨경재료(添景材料)를 이용해 시각적 효과를 증대시키는 방향으로 흐르고 있다. 규모가 큰 실내외 분정원이나 실내정원의 조성에도 새로운 디자인을 위한 첨경재료들이 이용되고 있다. 이러한 장식물이나 첨경재료들은 분식물 디자인시 시각적 효과를 높여 경제적 가치를 창출하는 역할이 매우 크므로 디자이너는 이러한 재료들에 대해 충분히 숙지하여야 한다.

이 장에서는 이러한 재료들을 네 가지, 즉 소형 분식물의 용기에 첨가하는 장식 재료, 분식물을 이용한 조형물 제작시 이용되는 다양한 구조물 재료, 살아있는 식물의 대용으로 이용되는 인조식물, 그리고 분식물이 있는 공간 디자인시 이용되는 첨경재료로 나누어 살펴보기로 한다.

7-1. 용기에 첨가하는 장식 재료

장식용 용기에 아름다운 식물을 심어 디자인을 마무리할 수도 있으나 용기에 여러 가지 방식으로 다양한 장식물을 첨가해 주면 용기와 식물만으로 표현할 수 없는 시각적 효과를 연출하여 부가가치를 높일 수 있다. 이러한 목적으로 이용할 수 있는 재료는 많은데 이들을 크게 나누어 보면 용기에 첨가해주는 장식물이나 나뭇가지, 토양 표면을 덮어주는 멀칭(mulching) 재료, 분식물을 포장하는 재료와 리본, 그리고 분식물과 같이 배치해주는 장식물이다(표 7-1). 이러한 재료들은 생활 주변에서도 쉽게 발견해 낼 수 있다.

소형 용기에 첨가되는 다양한 조형물은 분식물의 용도에 따라 주제에 맞추어 선정하는데 밸런타인데이라면 하트를, 크리스마스 기념용이라면 지팡이나 양말을, 부활절 장식이나 선물용으로는 토끼, 병아리, 달걀을, 핼러윈 축제용으로는 마녀, 호박, 유령 등의 조형물을 이용한다. 이렇게 주제가 뚜렷한 분식물에서뿐만 아니라 시각적 효과를 높이기 위해 다양한 재료들이 이용된다. 특히 자연적인 느낌을 주기 위해 나뭇가지를 많이 이용하는데, 용기 내 꽂아주거나 용기 가장자리를 둘러주거나 때로는 장식을 겸한 식물의 지지물로도 이용한다(그림 7-1).

조형물을 첨가해주는 것보다 더 손쉽게 이용하는 장식방법은 염색한 코코넛 섬유나 비단이끼 등을 토양 표면에 덮어 멀칭하는 것이다(그림 7-2). 토양에 멀칭할 때 주의할 점은 관수와 관련해 토양 수분 상태를 관찰할 수 있도록 토양을 전부 가리는 것보다는 부분적으로 가리는 것이다. 분식물 멀

표 7-1. 용기에 첨가하는 장식 재료

구분	장식방법	재료
장식물 첨가	용기 내 장식물 첨가	각종 조형물, 장식돌, 고목, 금속막대, 덤불, 깃발, 리스(wreath), 하트(heart), 메추리알, 조개, 계피막대, 표주박, 수세미, 철사, 그물, 망사, 솜, 구슬, 실, 천, 깃털 등
	나뭇가지를 꽂거나, 두르거나, 지지물로 이용	용버들 · 흰말채 · 노랑말채 · 다래덩굴 · 오동추 · 코릴러스 등의 나뭇가지, 팅팅 등의 건조된 나뭇가지 등
	장식적인 지주 이용	오벨리스크, 철재 · 목재 등의 지지대 등
멀칭	토양 표면 멀칭	이끼, 코코넛 섬유, 황마 섬유, 마사, 잔자갈, 하이드로볼, 조개, 모래 등
포장	용기 또는 분식물 전체 포장	포장지, 포장 가방 등
	리본이나 라피아(raffia) 장식	리본, 라피아 등
	용기에 여러 재료로 접착하거나 둘러줌	나뭇잎, 건조재료, 깃털, 섬유 등
장식물 배치	분식물을 여러 장식물과 같이 배치	조형물, 레이스, 메추리알 등
	같은 용기 내에 여러 분식물과 장식물 같이 배치	조형물, 장식용 병 등

그림 7-1. 장식물 첨가

칭용으로 돌은 무거워 토양을 압착시키므로 꼭 필요한 경우 아니면 사용하지 않는 것이 좋다.

분식물은 상품 이동을 위한 포장뿐만 아니라 장식 목적으로 포장을 한다(허북구 외, 2004). 종이나 비닐 포장에서부터 녹색잎이나 건조화, 나뭇가지를 접착하거나 둘러주는 방법, 물받침 겸용 포장지, 장식용 가방 등이 많이 이용된다(그림 7-3). 이러한 방식 외 분식물에 변화감과 다양성을 주어 부가가치를 높이기 위한 새로운 재료와 방법을 개발하기 위한 부단한 노력이 필요하다. 최근에는 분식물 옆에 장식물을 배치하여 분식물의 시각적 효과를 높이는 방법도 이용된다(그림 7-4).

그림 7-2. 멀칭

그림 7-3. 포장

그림 7-4. 장식물과 같이 배치

7-2. 구조물 재료

환봉, 철근, 파이프, 금속판, 철망, 목재, 아크릴, 유리, 돌 등의 다양한 재료로 다수의 분식물을 지지할 수 있는 구조물을 만들어 여러 방식으로 분식물을 걸거나 끼우거나 배치하여 일반적인 분식물로는 이룰 수 없는 새로운 조형물을 만들 수 있다(그림 7-5).

이러한 조형물은 주로 규모가 큰 호텔이나 백화점의 디스플레이 공간이나 박람회, 전시장에서 일상적이지 않은 독특한 방식의 분식물을 이용할 경우에 만드는 것으로 구조물의 형태와 재료, 색에 따라 원하는 효과를 낼 수 있다. 구조물 재료들은 구조물로서 내부에 감추어지기도 하고 표면에 드러남으로써 장식물로서의 역할로도 이용된다. 구조물과 함께 철사, 철망, 그물, 천, 구슬, 실, 솜, 깃털, 조개, 망사, 나뭇가지 등의 다양한 재료들이 이용된다.

7-3. 인조식물

조화(造花)나 인조목(人造木)과 같은 인조식물(artificial flowers and plants)은 지속성과 제작과정의 용이성, 관리의 편리성으로 디스플레이 공간, 모델하우스, 쇼윈도 등의 실내공간에서 많이 이용된다(그림 7-6). 특히 장식물이나 첨경재료의 역할과 함께 광선이 부족한 공간에서 살아있는 식물 대용으로 이용된다. 살아있는 식물의 기능적인 역할을 수행할 수 없지만 식물이 가질 수 없는 색상과 형태로 제작할 수 있어 용도에 따라 장식 효과가 높다.

그림 7-5. 분식물과 구조물을 이용하여 만든 조형물

그림 7-6. 인조식물

7-4. 실내외 공간의 분식물 디자인의 첨경재료

주어진 공간에 맞는 분식물 디자인을 의뢰받을 경우 공간의 용도와 목적에 따라 분식물 디자인의 규모와 양식, 예산 등 일의 규모와 범위는 크게 달라질 수 있다. 이러한 공간을 분식물만으로 가득 채울 수도 있으나 다양한 첨경재료를 잘 이용하면 식물로는 이루어낼 수 없는 분위기를 연출해 낼 수 있다. 첨경재료는 조형물과 같은 점적인 요소인 점경물(點景物)을 말하기도 하지만 넓은 의미로 식물과 조화를 이루는 모든 재료를 통틀어 말하면서 공간의 바닥이나 벽, 천장을 구성하는 요소들과 공간 내 배치되는 요소들을 포함한다(표 7-2).

첨경재료는 조화롭게 이용할 경우 분식물이 있는 공간을 보다 더 시각적이며 기능적인 효과를 가질 수 있도록 만든다. 첨경재료는 종류에 따라 특색있는 이미지를 연출하므로 사람들의 정서를 안정시키며 좋은 감정을 자아내도록 한다. 그리고 시선을 유도하고 방향성과 공간의 흐름, 그리고 시야를 조절하는 역할을 해준다. 또한 광선 · 온도 · 습도 조절을 해주며 식물을 보호하고 인간척도(人間尺度)로서의 역할과 함께 차폐, 은폐의 기능도 가진다(정미숙, 1992). 아울러 경제적 효과로는 식물에 비해 하자가 적으므로 식물의 생육환경에 부적합한 공간의 경우 식물의 양을 줄이고 첨경재료를 이용하면 저렴하고 효과적인 비용으로 공간을 연출할 수 있다.

이러한 첨경재료는 무엇보다 공간의 성격과 분위기에 어울리는 재료가 도입되어져야 하며 재료의 형태나 크기, 색, 질감 등 서로 다른 여러 요소들이 공존하여 조화의 묘미를 낼 수 있어야 한다(정미숙, 1992). 성공적인 분식물 디자인을 계획하려면 식물뿐만 아니라, 식물 외적인 첨경재료들의 종류와 특성에 대해 알고 있어야 하며 공간 디자인, 정원 디자인과 관련된 디자인 요소와 원리들을 충분히 이용할 수 있어야 한다.

실내외 공간 분식물 디자인의 첨경재료를 표 7-2와 같이 공간 구성 요소와 공간 내 요소의 두 가지로 대별하여 필요한 재료를 살펴보자. 공간은 바닥, 벽, 천장에 의해 형성되고 공간 내부는 분식물을 제외하면 가구나 조형물 등으로 채워지며 조명과 음향기기, 동물로 변화감을 줄 수 있다.

7-4-1 바닥

바닥(surfaces)은 공간이 형성되는 가장 기본적인 요소로 분식물이 배치되는 배경이 된다. 실내정원일 경우 바닥은 식재공간과 비식재공간으로 구분되면서 비식재공간의 바닥 재료에 따라 분위기

표 7-2. 공간을 구성하는 첨경재료의 종류

<table>
<tr><th colspan="2">구분</th><th>종류</th><th>재료 및 특성</th></tr>
<tr><td rowspan="9">공간 구성 요소</td><td rowspan="4">바닥</td><td>포장</td><td>각종 돌, 벽돌, 디딤돌 등</td></tr>
<tr><td>잔돌깔기</td><td>자갈, 조약돌, 마사, 바크, 슬레이트 칩 등</td></tr>
<tr><td>데킹(decking)</td><td>각종 목재, 철도침목 등</td></tr>
<tr><td>물</td><td>연못, 풀(pool), 수로, 분수, 폭포, 다리 등</td></tr>
<tr><td rowspan="3">벽</td><td>벽</td><td>목재, 철재, 벽돌, 시멘트 블록, 자연석 등</td></tr>
<tr><td>출입문</td><td>출입문 등</td></tr>
<tr><td>울타리</td><td>울타리, 트렐리스(trellis), 가리개(screens) 등</td></tr>
<tr><td rowspan="2">천장</td><td>시설물</td><td>정자, 가제보(gazebo), 폴리(folly), 가든룸, 온실 등</td></tr>
<tr><td>구조물</td><td>아치, 퍼골라 등</td></tr>
<tr><td rowspan="9">공간 내 요소</td><td rowspan="3">가구</td><td>의자</td><td>의자, 벤치, 선베드, 아버 시트(arbour seat), 그네 등</td></tr>
<tr><td>테이블</td><td>테이블 등</td></tr>
<tr><td>천</td><td>파라솔, 천막, 방석, 쿠션 등</td></tr>
<tr><td rowspan="3">조형물</td><td>조각</td><td>사람, 동물 모양 등</td></tr>
<tr><td>오브제(objects)</td><td>오벨리스크, 토수구, 화분, 깃발, 배너(banner), 소여물통, 가마솥, 고목 등</td></tr>
<tr><td>석물</td><td>석탑, 물확, 맷돌, 돌절구, 자연석 등</td></tr>
<tr><td colspan="2">조명</td><td>정원등, 태양광등, LED 조명, 레이저 등</td></tr>
<tr><td colspan="2">음향기기</td><td>정원용 음악, 새 · 개구리 · 벌레소리 등</td></tr>
<tr><td colspan="2">동물</td><td>잉꼬, 앵무새, 이구아나, 청거북, 청개구리, 금붕어, 여치 등</td></tr>
</table>

를 크게 바꿀 수 있다.

바닥은 공간이 주어질 때부터 건축되어 있을 수도 있고 새롭게 변경해야 하는 경우도 있다. 공간의 용도나 목적에 따라 바닥을 새롭게 조성할 경우 석재나 목재 등의 재료로 영구적으로 포장하거나 크고 작은 자갈이나 바크 등을 깔아주어 손쉽게 변경하기도 한다. 또 바닥은 풀(pool)이나 연못 등 물의 요소로 조성되어 분식물과 조화될 수 있다(그림 7-7).

그림 7-7. 바닥(포장, 잔돌깔기, 데킹)

(1) 포장, 잔돌깔기, 데킹

① 포장(pavings)

벽돌, 사고석, 대리석, 점판암, 투수블럭 등 석재로 포장한 바닥은 단단하고 재료에 따라 아름다우며 반영구적이다. 동선을 따라 바닥에 깐 한 발마다 디디는 일족용 디딤돌은 지름 약 30cm의 돌을 쓰고, 잠시 머무는 이족용은 50~60cm의 디딤돌을 쓴다. 한 디딤돌의 중심에서 다른 디딤돌의 중심까지의 거리는 45cm 내외로, 사람의 보폭을 기준으로 설치한다.

② 잔돌깔기(soft surfacing)

크고 작은 자갈을 비롯한 조약돌, 마사, 바크, 슬레이트 칩(slate chips) 등의 재료는 바닥에 깔아도 쉽게 바꿀 수 있어 시각적인 변화를 주기 쉬운 재료들이다. 경우에 따라 흐트러지기도 하고 오염되기도 해 불편한 경우도 있으나 이용하기에 따라 충분한 효과를 볼 수 있다. 광선이 미치지 않는 큰 식물의 하부에 지피식물을 대신하여 지표면을 장식하는데도 사용되고, 광선이 있어도 지피식재에 악센트를 주기 위해 표면에 포설하기도 한다. 또 흰색의 자갈을 깔아 물이 흐르지 않는 개울을 상징하는 건천(乾川)을 조성하기도 하고, 검정색 자갈을 연못바닥에 깔아 깊이를 알 수 없게 만드는 데도 쓰인다.

③ 데킹(decking)

데크(deck)는 건물과 연결되어 있는 천장이 없는 바닥을 말하며 보통 정원과 연결되어 있는 마루이다. 데크에서 가족간의 식사나 손님을 위한 바비큐 파티도 열린다. 데크는 실외뿐만 아니라 실내 공간에도 도입되어 마치 실내가 야외 같은 착각을 일으키는 효과를 준다. 데크의 재목은 미송(美松), 라왕(lauan), 아피톤(apiton), 티크(teak) 등의 견고한 목재를 주로 쓰는데 실내는 야외와 같이 부식, 마모가 심하지 않다.

(2) 물(water)의 요소

바닥을 구성할 때 연못, 풀(pool), 수로를 포함하느냐에 따라 다리와 분수(fountain), 폭포를 비롯한 물과 관련된 조형물과 수중등, 수생동물이 도입되면서 공간에 변화감을 줄 수 있다(그림 7-8). 여러 가지 형태로 표현되는 수경(水景, waterscape)은 미적 가치와 가습효과, 시각효과 및 청각효과 등의 기능적 효과에 중요한 시설로서 분식물 디자인에서 중요하다. 규모에 따라 공사비가 많이 드는 시

그림 7-8. 바닥(연못, 토수구, 폭포 및 수로)

설물이므로 디자인시 주의해야 한다.

수경이 가지는 중요한 기능적 역할은 가습효과이다. 또 잔잔한 수면은 심리적 안정감을 주며 건너편에 있는 대상을 물에 비치게 하는 반사효과가 있다. 움직이는 물은 청량한 음향효과를 내며 주변의 소음을 물소리로 흡수하는 역할을 한다. 규모가 큰 수경시설은 조각적 가치 때문에 시각적 초점이 되고, 소광장과 같은 집합공간이나 통로의 결절점에 배치하여 관상의 대상뿐만 아니라 휴식과 만남의 공간을 제공한다(이영무, 1995).

① 연못과 풀

연못과 풀(pool)은 움직이지 않는 수면을 유지하는 수평의 요소로 안정된 공간을 형성하며 수면 위의 반영미는 극적인 경관을 표현해준다. 연못과 풀은 원하는 모양의 용기를 배치할 수도 있고 원하는 모양으로 제작할 수도 있다. 물을 담는 수조(水槽)는 콘크리트로 틀을 만들며 내부를 방수처리하고 외벽은 자연석, 판석 등의 석재나 타일로 마감하거나, 실외에서는 토양을 파서 연못 전용 방수시트를 깔거나 연못형태로 제작된 플라스틱을 파묻는다. 연못과 풀은 계속 물을 유동시키지 않으면 부패하므로 순환 · 여과장치를 갖추어 수질을 깨끗하게 유지한다.

연못과 풀은 시각적으로 두드러지기 때문에 공간의 초점을 이루며, 특히 잔잔히 고여 있는 물은 명상과 휴식의 분위기를 마련해 준다. 고요한 수면은 휴식이나 투영효과 외에 어류를 키우기에도 적합하고 실외일 경우 먹이와 집을 마련해주면 조류도 서식이 가능하다(이영무, 1995).

② 수로

수로(水路)는 바닥에 물이 흐르는 통로이다. 공간에 잘 배치된 수로는 조용한 물소리로 정숙한 분위기를 자아내며 건조한 공기에 습기를 제공한다. 수로는 급수구에서 물이 나와 통로를 흐른 후 배수구를 거쳐 여과장치가 달린 펌프에 의해 다시 급수구로 되돌려지도록 만들어진다. 수로는 선형 요소이므로 공간의 주 동선을 방해하지 않고 방향감을 제시해주도록 배치한다. 다른 기능을 가진 두 공간 사이에 설치하면 두 공간을 구분해 주는 공간분할 역할도 수행한다.

③ 분수와 폭포

분수는 물을 담는 수조에 펌프와 여러 형태로 물을 내뿜는 분사기구(nozzle)를 이용하여 물을 솟구치게 한 것이다. 분수의 노즐에 따라 물의 솟구침의 세기와 모양을 조절할 수 있다. 노즐을 통해 분사된 물이 여과장치와 펌프를 거쳐 다시 분사되면서 증발하는 물은 수위 감지장치와 급수관을 통해 공급되고 넘치는 물은 수위유지 배수관을 통해 흘러나가게 함으로써 일정한 높이를 유지한다.

폭포는 높은 곳의 물이 아래로 떨어지면서 이루는 수경을 말한다. 수직적인 구조를 가지므로 시각적으로 매우 두드러지며 청각효과가 가장 높다. 폭포는 낙차를 이루는 수직벽이 있고 수직벽 위의 수조에서 월류보(越流堡)를 넘어 물을 떨어뜨리고 아래 수조에서 물을 받아 여과장치를 거쳐 펌프로 다시 위로 올려 보내는 구조로 만들어진다. 폭포는 위에서 아래로 바로 떨어지는 것을 일반적으로 폭포(waterfall)라 하고, 여러 단계를 거쳐 계단식으로 떨어지면 작은 폭포라는 의미인 캐스케이드(cascade)로 표현하며 벽면에 부착된 폭포를 벽천(壁泉)이라 한다.

분수와 폭포의 역동성과 소리는 시각적, 청각적 효과가 커 사람들의 마음을 시원하게 해주고 주위의 소음을 차단시키며 높은 가습효과를 발휘한다. 분수나 폭포는 동적 공간을 조성하므로 공간 내 시각적 초점에 배치하면 효과적이다.

7-4-2 벽

공간 디자인에서 가장 기본적인 바닥이 정해지면 디자인 계획에 맞추어 벽의 역할을 하는 재료로 공간을 나누거나 가려주거나 또는 둘러싸준다. 이들 재료는 실질적인 목적으로 이용되기도 하고 시각적인 효과 때문에 이용되기도 한다(그림 7-9).

(1) 벽, 출입문

벽(wall)과 출입문은 공간이 주어졌을 때 벌써 만들어진 요소일 수도 있고 디자인에서 새롭게 포

그림 7-9. 벽(울타리, 트렐리스, 스크린)

함되어야 하는 요소일 수 있다. 그리고 어떤 형태와 크기, 색, 재질이냐에 따라 바닥 요소보다 더 뚜렷하게 시각적인 영향을 미치는 요소이다. 출입문(gates)은 실제 이용하는 것일 수도 있고, 장식적이고 형식적인 문일 수도 있다.

(2) 울타리, 트렐리스, 스크린

울타리(fence)는 경계를 나눔과 동시에 장식적 효과를 주기 위한 목적으로 목재, 철재 등으로 제작된다. 트렐리스(trellis)는 공간을 느슨하게 나누거나 덩굴식물을 올려주는 지주물로서 식물과 상관없이 부분적인 차폐를 위해 이용되기도 한다. 스크린(screens) 또한 여러 양식으로 만들 수 있는데 벽이나 울타리에 비해 반고정식으로 이용할 수 있다.

7-4-3 천장

실외에서 천장을 형성하여 공간을 구획하거나 천장이 있는 실내에서 공간 속 새로운 공간을 연출할 수 있는 역할을 하는 구조물들이 있다(그림 7-10). 이들은 복잡다양한 요소들을 통일시키는 역할을 하면서 사람을 휴식할 수 있게 만든다.

(1) 정자, 가제보, 폴리, 아버 시트, 가든룸, 온실

한국식 정자나 외국의 가제보(gazebo), 아버 시트(arbour seat), 장식용 건물인 폴리(folly)는 실내외 공간에서 쉽게 이용할 수 있는 천장이 있는 구조물이다. 규모가 매우 큰 실외공간, 즉 정원이라면 가든룸(garden room)이나 온실(greenhouse)을 만들어 내부에 분식물을 배치할 수 있다.

그림 7-10. 천장(가제보, 아버 시트, 아치)

(2) 아치, 퍼골라

아치(arch)는 문을 달기 위한 외곽 골격으로 윗부분이 반원으로 되어 있는 것을 말한다. 문을 달지 않고 외곽만 이용하는 경우가 많다. 퍼골라(pergola)는 덩굴식물이 타고 올라갈 수 있도록 만든 시설물로서 천장이 반개방되어 있어 식물의 무성함에 따라 실외에서는 내부에 빛과 빗물의 투입이 달라질 수 있다.

7-4-4 공간 내 요소

바닥, 벽, 천장으로 한정되는 공간의 실내외 분정원이나 실내정원에는 의자, 벤치, 테이블 등의 가구와 한 걸음 더 나아가 조각, 오브제, 석물 등의 조형물로 멋진 공간이 조성된다. 필요에 따라 조명과 음향기기까지 포함되거나 규모가 커지면 새, 물고기 등의 동물로 경관을 변화시키고 청각을 즐겁게 하며 공간을 생동감있게 바꿀 수 있다.

(1) 가구

분식물 디자인을 위한 가구(furnishings)는 의자, 벤치, 선베드(sunbeds), 그네 등의 앉기 위한 가구와 테이블이 있고, 파라솔을 비롯하여 방석, 쿠션 등은 가구를 편리하게 만드는 부속품이며 그 외 다양한 스타일의 천막이 있다(그림 7-11).

분식물 디자인과 관련된 공간의 첨경재료로서 의자(chairs and seats)나 벤치(benches), 테이블만큼 많이 이용되는 가구는 없다. 벤치는 배치 모양에 따라 사적 공간이나 대화 공간 또는 모임의 공간을 형성하며 실내 돌출형 플랜터의 외벽을 벤치의 좌면과 배판으로 만들 수 있다. 파라솔(parasol)은 실

그림 7-11. 공간 내 요소(가구)

외공간에서 테이블과 함께 이용되는데 햇빛과 상관없이 파라솔의 아름다움을 이용하기 위해 실내 공간에서도 이용된다. 테라스나 파티오의 선베드, 그네 또한 주요한 가구이다.

천막은 햇빛을 가리는 실용적인 목적 외에 색을 부여하고 천장을 형성하는 등 여러 목적으로 실내외 공간에서 이용된다.

(2) 조형물

공간은 분식물과 가구 외 어떤 조형물이 포함되느냐에 따라 전혀 다른 구성이 이루어진다. 조형물을 조각, 오브제, 석물로 나누어 볼 수 있다.

① 조각

조각은 사람, 동물, 식물 등의 형태를 그대로 만든 구상(具象)과 생각에 의한 추상(抽象) 등 여러 유형이 있으며, 분식물 디자인의 초점이 되는 주요한 첨경재료이다(그림 7-12). 조각의 재질은 화강암, 대리석, 청동, 철, 구리, 알루미늄 등의 다양한 재료가 사용되나 실내공간용은 석고, 목재, 플라스틱, 섬유 등의 비교적 연약한 재료의 선택도 가능한데 식물과 어우러지게 되면 수분에 약한 재료는 피

그림 7-12. 공간 내 요소(조형물)

해야 한다.

조각의 크기를 결정할 때는 공간의 규모를 감안하는 것이 중요하며 보통 조각품을 편안히 감상하기 위해 관람자의 눈높이와의 관계를 고려하는데, 보통 사람이 전면을 바라볼 때 고개를 젖히지 않고 볼 수 있는 상한각이 30°이므로 조각의 크기는 거리의 1/2을 넘지 않게 한다(이영무, 1995).

② 오브제

오브제(object)는 원래의 용도와 다른 목적으로 이용되면서 그동안 느끼지 못했던 새로운 이미지를 주는 물체를 말하는데 분식물 디자인의 효과를 조절하기 위해 오벨리스크, 토수구(吐水口), 화분, 깃발, 배너(banner), 소여물통, 가마솥, 고목 등의 다양한 오브제들이 이용된다(그림 7-13).

오벨리스크(obelisk)는 철물이나 목재 등으로 만들어져 단순한 장식물로도 이용되고 덩굴식물을 올리기 위한 지주로 이용된다. 토수구는 오리, 물레방아, 도마뱀, 오줌싸개 동상, 펌프 등으로 만들어지면서 분식물 디자인에 빠질 수 없는 첨경재료이다.

이러한 오브제들 중 한국적인 분위기를 연출하기 위해 이용되는 돌절구, 맷돌, 소여물통, 수레, 가마솥, 화로, 옹기류, 시루, 물허벅지게, 초가집, 원두막 등의 민속생활용품 재료들과 고목 등의 재료는 고향을 생각하게 하는 서정적인 재료로 아늑하고 마음을 편안하게 해준다.

그림 7-13. 공간 내 요소(오브제)

③ 석물(石物)

돌은 자연 그대로의 모습인 자연석으로 이용하거나 다듬어 다른 형태로 만들어 첨경재료로 이용한다. 이러한 석물은 다양한 명칭이 있는데 이용되는 산수의 경치를 연상케 하는 돌인 산수경석(山水景石), 동물이나 특수한 물체를 연상케 하는 형상석(形象石), 모양이나 질감이 아름답거나 기이한 돌인 괴석(怪石)이 있다. 또 돌을 쌓아 능선과 계곡을 만들고 작은 나무와 돌을 보태서 축경식(縮景式)으로 실제 자연경관을 재현한 석가산(石假山)이 있다. 연못으로 이용하는 석연지(石蓮池)와 돌절

그림 7-14. 공간 내 요소(석물)

구만한 크기로 돌을 쪼아 만든 물그릇인 수조(水槽) 또는 물확, 화분으로 만든 석분(石盆), 괴석(怪石)을 담아 받치는 대석(臺石)인 석함(石函), 석제평상(石製平床)인 석상(石床), 그 외 석탑, 석등 등이 있다. 오브제로 분류한 맷돌, 돌절구 등의 생활용 석물도 있다(그림 7-14).

(3) 조명, 음향기기

① 조명

실내외 공간의 분식물과 잘 배치된 조명은 강력한 시각적 변화감을 제공한다. 실내공간에서의 조명은 시각적 효과뿐 아니라 사람과 분식물의 필요를 동시에 만족시킬 수 있어야 한다. 실외공간에서는 일반적인 정원등과 태양광 조명, 그리고 수중등을 이용한다(그림 7-15).

수중등은 풀(pool), 분수, 수로 등의 수경시설에 다양한 색채효과를 가미하여 물의 미적 가치를 높여준다. 물은 색이 없으나 물을 담고 있는 수조의 바닥색에 의하여 색조를 띤다. 물의 청량함을 강조하기 위하여 수경시설 바닥을 푸른색 계통으로 마감처리하거나 깊게 보이기 위하여 검은색으로 처리하는데 수중등은 훨씬 다양한 색감을 표현할 수 있으며 어두워진 후 더욱 효과를 발휘한다.

그림 7-15. 조명

② 음향기기

분식물이 있는 공간에 효율적으로 설치될 수 있는 음향기기들을 이용할 수 있다. 일반적인 음악뿐만 아니라 사람이 지나가면 그림자를 감지하여 개구리, 새, 오리, 벌레 등의 소리를 내는 조형물들이 있으니 적절히 어우러지게 이용하면 효과적이다.

⑷ 동물

정적인 식물 속에 생명력을 가진 동물 재료는 청각을 즐겁게 하고, 시각적으로 흥미거리를 제공하며 자연을 접할 수 없는 현대인에게 청량제 역할을 한다. 또한 아동들에게는 자연을 관찰할 수 있는 훌륭한 학습재료이다. 동물들은 온도 및 습도 등의 환경조건과 먹이 등의 습성을 정확히 알아야 하며 식물과의 공생과 관련하여 세심한 관리를 필요로 한다.

① 조류

소형의 새들을 새장에 넣어 실내공간에 배치하고 그 모습을 관상하거나 울음소리를 들음으로써 생동적이고 자연과 유사한 경관을 연출할 수 있다. 특히 실내는 외부기후로부터 단절되어 단순한 식물 위주의 디자인으로는 생동감을 주기 어렵다. 여기에 생명력과 음향을 넣어주는 요소 중의 하나가 조류의 도입이며, 실내에 사육하는 새는 잉꼬, 앵무새, 십자매, 카나리아, 문조, 구관조 등이 있다. 실외공간에는 사육하는 새장을 배치하는 것 외에 새집과 새모이통을 걸어 두면 새들이 날아오도록 유인할 수 있다.

② 수생동물

물의 요소를 돋보이게 만들고 생동감을 주기 위해 분수나 폭포같이 움직이는 요소 외에 잔잔한 수면이 있으면 비단잉어, 금붕어, 자라, 남생이, 원앙새 등과 같은 수생동물의 사육이 가능하다. 분수와 폭포는 수중에 공기를 공급하여 이상적인 생육환경을 조성한다.

③ 파충류와 양서류

청거북, 자라, 남생이, 이구아나, 도마뱀 등의 파충류나 청개구리와 같은 양서류를 테라리움 용기 내에 넣어 사막과 같은 분위기, 또는 열대림과 같은 분위기를 만들 수 있다.

④ 곤충류

실외공간이라면 자연스럽게 나비, 벌, 귀뚜라미, 방울벌레, 여치 등의 곤충류가 생기면서 벌레소리, 즉 자연의 소리를 제공할 수 있다.

8. 작업시설과 기기 및 분식물 재료 관리

분식물 디자인을 위한 적절한 작업시설과 기기의 구비는 작업과정을 매우 효율적으로 진행할 수 있도록 해준다. 이러한 작업시설이 구비되는 공간은 분식물 디자이너의 작업실일 수도 있고, 화원이나 가든센터의 일부일 수도 있다. 작업 내용에 따라 디자인실과 식물을 보관할 수 있는 온실, 그리고 토양 준비와 식재 및 장식 작업을 위한 작업실이 필요한데 이러한 공간에는 작업시설과 재료 보관을 위한 선반, 기기와 기구 등이 구비된다. 실외공간용 작업 물품과 기기를 보관하는 실외 창고까지 갖추어져 있으면 분식물 디자이너는 실내외 공간용 분식물 디자인을 편리하고 효율적으로 진행할 수 있다(표 8-1). 경제적 여건에 따라 모든 작업시설을 구비할 수 없다면 일의 범위와 규모에 따라 최소한의 작업시설과 기기 등을 체크하여 준비한다.

살아있는 식물을 이용하는 디자인인 만큼 생산 농원이나 화훼도매시장에서 구입한 분식물의 보관과 관리, 그리고 디자인 및 제작 후 분식물의 취급과 관리는 디자인의 질과 지속성에 큰 영향을 미친다. 이번 장에서는 작업시설과 기기 및 분식물 재료 관리에 대해 살펴보고자 한다.

표 8-1. 분식물 디자인을 위한 공간별 작업시설과 기기 및 도구

공간	작업 및 용도	작업시설, 기기, 도구
디자인실	디자인	제도판, 컴퓨터, 프린터 등
온실	분식물 재료 보관, 전시	전시테이블, 관수장치, 온도조절장치, 차광장치 등
작업실	작업가구	작업대, 싱크대, 선반 등
	식재	꽃삽, 삽, 토양스푼, 꽃가위, 전정가위, 이동카트 등
	장식 및 첨경물 제작	칼, 가위, 글루건, 톱, 각도절단기, 드릴, 타카, 에어컴프레샤, 그라인더, 용접기 등
	토양 준비와 관리	토양보관상자, 토양혼합기, 토양소독기, 토양수분표시기, 산도측정기, 염분측정기 등
	환경 조절	온도계, 습도계, 조도계 등
	관수	호스, 호스릴, 살수기, 물조리, 분무기, 자동분사기, 점적식관수장치, 관수타이머, 물통카트 등
	시비 및 방제	계량스푼과 컵, 실린더, 전자저울, 액비혼입기, 압축분무기, 냉장고 등
실외 창고	관수	관수타이머, 호스, 호스릴, 살수기, 스프링클러, 점적식관수장치, 관수펌프 등
	이동	운반 수레, 잡초바구니 등
	식재 및 제초	꽃삽, 삽, 반달괭이, 호미, 포크 등
	퇴비 제조	갈퀴, 퇴비상자 등

8-1. 작업시설과 기기

8-1-1 디자인실

디자인을 도면화하기 위한 작업시 필요한 제도판은 이동식 탁자용 제도판에서부터 고정식 제도판까지 크기와 이용방식이 다양해 선택할 수 있다. 규모가 크지 않은 분식물 디자인을 위한 제도판은 A2 크기이면 손쉽게 이용할 수 있다. 디자인 소프트웨어를 이용한 컴퓨터 디자인이 가능하면 편리하다. 디자인실에 A2 크기의 용지를 프린트할 수 있는 프린터를 구비하거나 그렇지 않으면 전문업체에서 출력하도록 한다(그림 8-1).

그림 8-1. 디자인실

8-1-2 온실

분식물 디자인을 위해 농원이나 화훼도매시장에서 구입한 분식물을 보관하거나 장식용 용기에 식물을 옮겨 심은 후 생육이 안정될 때까지 또는 판매될 때까지 전시할 수 있는 적절한 환경을 가진 보관실이나 온실이 필요하다. 온실의 환경은 장식 후 수명에 큰 영향을 미치므로 식물의 특성에 따라 적절한 광도와 온도, 습도를 유지해 줄 수 있어야 한다.

실내공간에서 많이 이용되는 열대식물을 위해 적절한 광선이 유입되고 겨울에 따뜻하게 유지되는 소형 유리온실이 있으면 가장 좋으며, 겨울에 가온될 수 있는 비닐하우스나 창문이 커 밝은 실내도 좋다. 온실은 필요시 직사일광을 줄여주는 차광시설이 가능해야 하고, 온도조절을 위한 냉난방, 그리고 관수가 가능해야 한다. 경우에 따라 온실은 식물 재료와 디자인된 식물, 그리고 판매용 식물을 위한 디스플레이 공간이 될 수 있으므로 적절한 디스플레이 테이블이나 선반이 구비되면 효과적이다(그림 8-2). 실외용 온대식물을 온실 내 보관하게 될 경우에는 충분한 광선이 유입되어야 하는데 이러한 식물은 계절에 따라 실외에 두어도 되므로 온실은 열대식물을 중심으로 이용한다.

그림 8-2. 유리온실 또는 비닐하우스

8-1-3 작업실

(1) 작업가구

작업실에는 물을 사용할 수 있는 싱크대가 부착되어 있으면서 편리하게 일을 할 수 있는 작업대와 여러 가지 물품을 보관할 수 있는 선반이 있어야 한다. 또 온도조절을 위한 에어컨이나 난방시설이 되어 있어야 한다. 작업대에서 식재와 장식작업을 하면서 필요한 여러 가지 기기와 도구들이 준비되어 있으면 매우 편리하다(그림 8-3).

(2) 식재

분식물 디자인을 위한 식재작업시 적절한 도구의 이용은 디자인 작업을 보다 쉽고 효율적으로 진행할 수 있도록 한다. 품질이 좋은 도구를 구입하여 기능에 맞게 이용하는 것이 중요하다. 작업의 편리성을 도모하고 오랜 기간 사용하려면 도구들을 항상 날카롭고 깨끗하게 유지해야 한다.

그림 8-3. 작업대와 싱크대, 이동카트
(Esschert Design, Kitchen Contraptions, Content injection, Offex, Sumin One Member 제품)

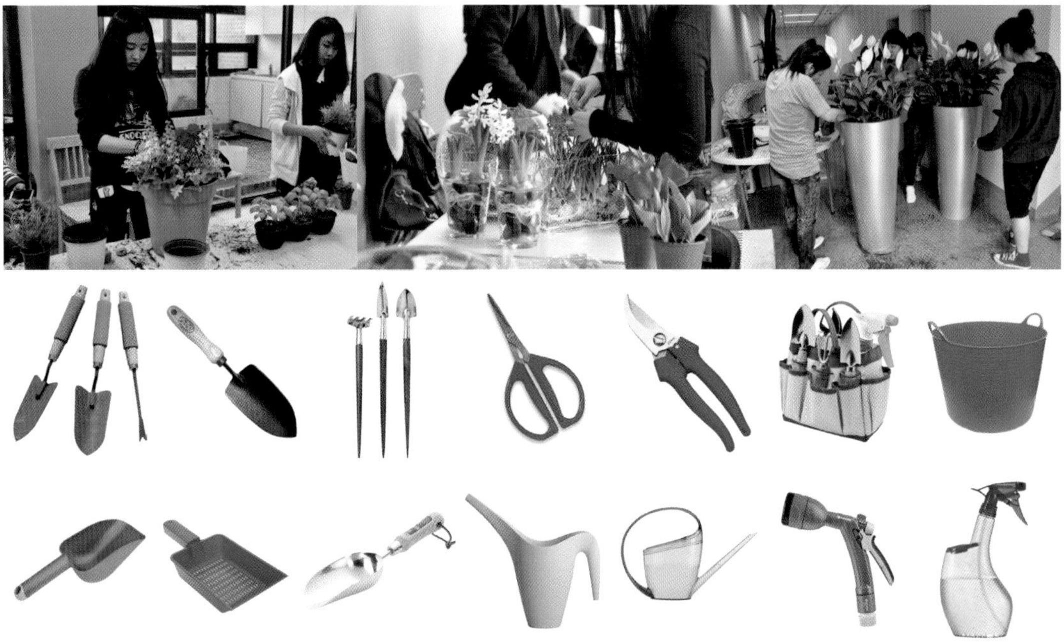

그림 8-4. 식재작업에 필요한 도구와 물품(One stop gardens, Dewit, Terrarium tools, Promo industrial, Alterra, Aliexpress, Spear & Jackson, Ikea, Scheurich, Gardena 등 제품)

식재작업시에는 꽃삽과 토양스푼이 많이 이용되고, 마른 잎이나 가지를 잘라내고 다듬기 위해 꽃가위나 전정가위도 필요하다. 규모가 큰 공간 디자인이나 실내정원일 경우 토양을 퍼내는 삽 등이 필요하다(그림 8-4).

(3) 장식 및 첨경물 제작

식재와 함께 장식물이나 첨경재료를 첨가 또는 설치하기 위해 칼, 가위, 글루건, 톱, 각도절단기, 드릴, 타카, 에어 컴프레샤, 그라인더, 용접기 등 다양한 도구들이 필요하다.

작업에 이용할 수 있는 칼은 크기와 형태, 용도가 다양하므로 손에 가장 편안하게 맞는 것을 선택하는 것이 좋다. 가위는 그 용도에 따라 꽃가위, 전정가위 외에도 철사가위, 리본가위 등이 있다. 다양한 장식물을 부착하거나 연결하기 위해 글루건(glue gun)도 필요하다.

가위로 자를 수 없는 굵은 나뭇가지는 톱으로 잘라야 된다. 다듬어진 목재를 자르기 위해서는 각도절단기와 직소가 구비되어 있으면 매우 편리하다. 목재 작업을 위한 드라이버와 드릴, 샌더, 에어 컴프레샤와 연결된 타카 등도 작업 규모가 클 때 편리하다. 철물을 많이 이용한다면 그라인더와 용접기가 구비되어 있으면 비용을 절약할 수 있고 손쉬운 작업은 직접 할 수 있다(그림 8-5).

그림 8-5. 분식물 디자인 작업에 필요한 여러 가지 기기와 도구
(Fiskars, Draper, Stihl, Apexon, Aimsack, Bosch, Makita, 제일, 계양 등 제품)

(4) 토양 준비와 관리

각각의 토양 재료와 혼합토양을 담아 두는 토양상자가 있으면 토양 혼합이나 식재작업시 매우 편리하다. 외국에는 분식물의 특성에 맞는 배양토가 시판되고 있으나 국내에는 이러한 배양토가 상품화된 것이 많지 않기 때문에 분식물 디자이너는 여러 가지 토양 재료를 식물의 특성에 맞추어 혼합할 경우가 많으며, 많은 용량의 토양 혼합시 토양혼합기는 편리한 기기이다. 외국에서 많이 이용하는 소형 토양혼합기는 토양 재료를 넣어 전동으로 돌려 혼합한다. 실내에서 자연토나 퇴비를 이용

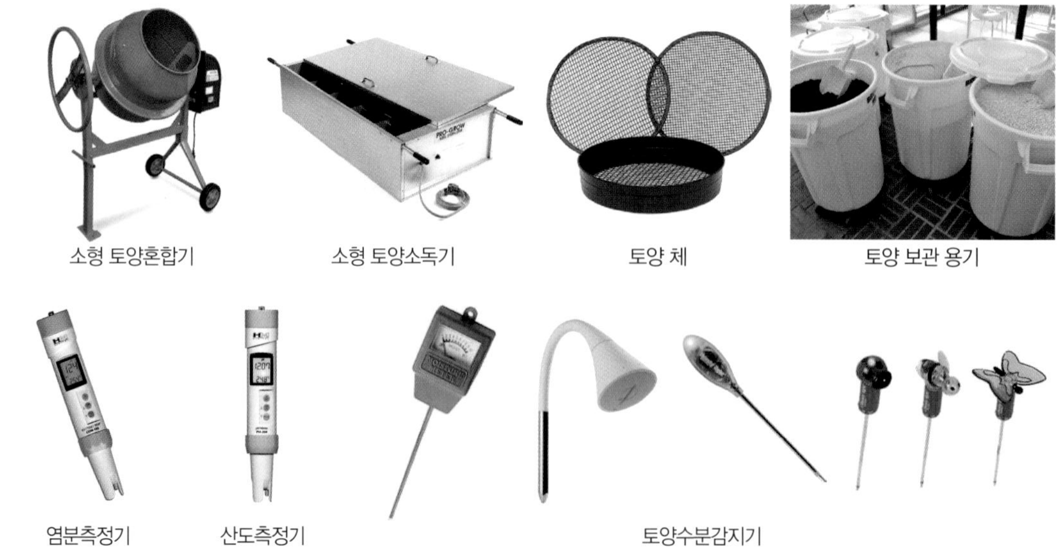

그림 8-6. 토양 준비와 관리를 위한 기구
(Atika, Pro-Grow, Parasene, HM digital, New Resources Group, 모뉴엘, Thirsty light 제품)

할 경우 직접 소독해야 하는데, 국내에 소형 토양소독기는 생산되지 않으므로 대체방법을 찾아야 한다('6. 토양' 참고).

분식물의 토양수분 상태를 알기 쉽게 표시해주는 토양수분감지기는 식물 관리요령을 잘 모르는 이용자들이 관수시기를 쉽게 알 수 있게 해주는 기기이며 다양한 유형으로 생산되고 있다. 토양산도가 적절하지 않을 경우 공급된 비료의 흡수가 원활하지 않아 식물의 생육이 나빠질 경우가 있다. 토양산도측정기로 토양산도를 측정하여 산도를 적절하게 유지해줄 수 있도록 한다. 염분측정기로 토양의 염분 상태를 알 수 있어 염분 과다일 경우의 문제를 진단할 수 있다(그림 8-6).

(5) 환경 조절

작업공간뿐만 아니라 분식물이 보관되어 있는 온실은 여름 온도와 특히 겨울 온도를 조절해주어야 하므로 온도계가 필요하며, 조도계(lux meter)는 광도를 체크할 수 있는 기기로서 식물이 배치될 적절한 광조건을 가진 장소를 찾을 수 있도록 해준다. 그 외 습도계도 구비되어 있으면 편리하다(그림 8-7).

그림 8-7. 환경 조절용 조도계와 온습도계(Guangzhou Landtek Instruments, (주)신세계코리아 제품)

(6) 관수 관련 기기 및 도구

분식물을 위한 관수는 정기적이며 지속적으로 이루어지는 작업이다. 그래서 편리한 관수 기기 및 도구는 작업 효율을 높이는데 매우 중요하다. 적절한 살수기가 부착되어 있는 호스와 호스를 감는

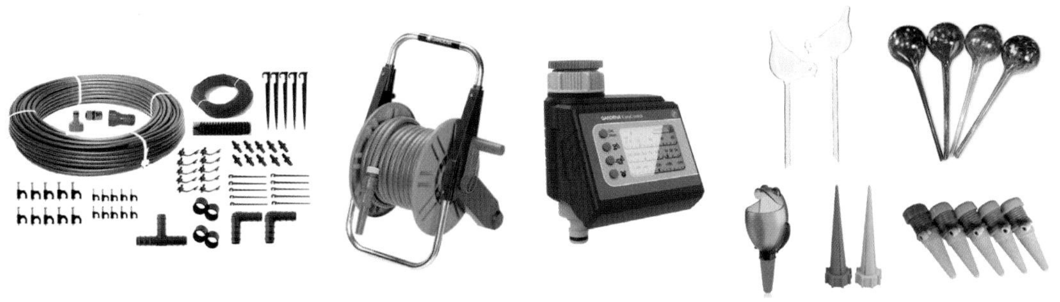

점적식 관수장치 관수호스와 살수기 관수타이머 여러 가지 관수용품

그림 8-8. 관수 관련 기기 및 도구(Gardena, Goodman & wife, As seen on TV, Scheurich, ebay, Water sense 제품)

호스릴이 구비되어 있어야 하며 가볍게 사용할 수 있는 물조리와 분무기, 자동관수를 위한 다양한 유형의 점적식 관수장치와 관수시간을 자동으로 조절해주는 관수타이머가 있으면 편리하다. 호스를 연결할 수 없는 곳은 물통을 끌고 갈 수 있는 카트와 적절한 물통이 있어야 한다(그림 8-8).

⑺ 시비 및 방제 관련 기기 및 도구

시비와 병충해 방제를 위해 비료와 농약을 혼합하기 위한 계량스푼과 컵, 실린더, 전자저울이 필요하며 농약을 살포할 수 있는 자동분사기가 필요하다(그림 8-9). 다량의 분식물이나 분정원, 실내정원을 위해 수도꼭지와 연결해 손쉽게 사용할 수 있는 액비혼입기, 그리고 호스를 연결할 수 없는 곳에서 이용할 수 있는 압축분무기 등도 중요한 도구이다('20. 비료' 참고).

압축분무기 전자저울 계량 실린더 계량컵과 스푼 계량 비커 계량용 주사기

그림 8-9. 시비 및 방제 관련 기기 및 도구
((주)리빙엔젤, Growell Instruments, (주)흥진정밀, BHG shop, The container store, Candle party 제품)

⑻ 기타

분식물 디자인을 위한 작업실에는 위의 기기나 도구 외에도 기본적으로 많은 재료들이 구비되어 있어야 한다. 이러한 기기나 소도구와 함께 항상 이용되는 재료로서 작업바구니, 철사, 철망, 각종 테이프, 고무줄, 핀, 접착제, 실, 알루미늄 포일, 비닐, 피스 등이 준비되어 있어야 한다.

8-1-4 실외 창고

실외용 분정원 조성 및 관리를 위한 크기가 큰 작업 기기나 도구를 위한 실외 창고가 구비되어 있으면 편리하다. 관수, 이동, 식재 및 제초, 퇴비 제조를 위한 여러 가지 기구를 창고에 정리할 수 있다. 관수를 위해 관수타이머, 호스, 호스릴, 각종 스프링클러 살수기, 화분용 점적식 관수장치 등과 이동을 위한 운반 수레, 다용도 바구니, 식재 및 제초를 위한 꽃삽, 삽, 반달괭이, 호미, 포크, 다용도

그림 8-10. 실외 창고와 이동카트, 그리고 퇴비통과 상자

바구니, 퇴비 제조를 위한 퇴비상자와 갈퀴, 체 등이 있으면 편리하다(그림 8-10).

8-2. 분식물 재료 관리

농원에서 생산자에 의해 재배된 분식물은 수확 후 관리과정을 거쳐 운송되어 도매상과 소매상, 또는 분식물 디자이너의 작업을 거쳐 소비자에게 이르게 된다. 이러한 일련의 과정은 분식물의 품질과 수명에 중요한 영향을 주어 상품가치와 장식효과에 큰 영향을 미친다. 각 유통단계에서 분식물의 적절한 취급과 손질은 분식물 생산자, 유통자, 분식물 디자이너와 이용자와의 긴밀한 협조로 이루어진다.

분식물의 품질과 수명에 가장 큰 영향을 미치는 것은 환경조건으로 광선, 온도, 수분, 습도, 바람 등이다. 분식물 디자이너는 이러한 환경조건을 잘 조절할 수 있는 지식과 기술을 갖추어 도매상과 소매 화원과 가든센터, 그리고 분식물 디자인 공간에서 분식물의 취급에 능숙해야 한다. 이 장에서는 소매 화원이나 가든센터에서 분식물 디자이너의 업무 수행시 필요한 디자인 재료로서 분식물의 관리요령을 살펴보자.

8-2-1 농원에서 출하된 분식물의 특성

분식물은 종과 품종의 수가 많고 새로운 식물이 빈번이 도입되며 더구나 같은 종 내에서도 다양한 크기의 식물이 함께 팔리는 경우가 흔하기 때문에 품질에 대한 평가 기준을 마련하는 것이 어렵다. 일반적으로 분식물의 품질은 잎과 꽃의 색, 상해 여부, 꽃의 노화 증상 등을 포함한 전체적인 식물 형태에 의해 평가되는데, 이용자에게 장식 후 생육 지속기간은 품질의 중요한 요소이므로 판매 전 적절한 관리는 매우 중요하다.

분식물은 알맞은 광선, 온도, 수분과 습도, 영양 조건하에서 상업적으로 재배된다. 그 후 운송되어 도매상이나 소매 화원, 가든센터, 또는 장식공간에 배치되면 급격한 환경조건의 변화로 생육상태가 달라져 관상가치가 떨어지는 경우가 많다. 특히 실내공간에 배치되면 곧 잎의 황화와 낙엽, 줄기의 지나친 신장, 낙화 및 개화 지연 등이 생기기 때문이다. 이러한 문제를 해결하기 위하여 생산자는 판매 이전에 적절한 순화과정을 거쳐야 하며, 분식물 디자이너는 적절한 운송조건과 도매상과 소매상에서의 관리방법을 인식하여 장식공간에서 이용자의 분식물 관리에 대한 책임감을 가져야 한다.

국내에는 대부분 실외용 분식물을 온실이나 비닐하우스에서 생육시켜 출하한다. 이들을 용기에 식재하여 실외 직사광선을 쪼이게 되면 처음에 적응이 잘 안 되는 식물이 있다. 또한 초봄에 따뜻한 온실에서 재배되어 시기보다 빨리 출하된 분식물을 실외공간에 둘 경우 온도 변화로 인해 식물의 상태가 나빠지는 경우가 있다. 시간이 지나면 적응하지만 적응할 때까지 관상가치가 손상되는 경우가 있으니 분식물 디자이너는 이러한 점을 세심하게 신경 써야 한다.

8-2-2 운송

분식물은 생산지에서 도매상이나 소매 화원과 가든센터로, 또는 이용공간으로 트럭이나 소형차를 이용해 운송된다(그림 8-11). 운송조건은 장식 후 품질에 매우 중요한 영향을 미친다. 겨울의 저온, 여름에는 유리를 통해 들어오는 직사광선으로 인한 열, 특히 밀폐시키지 않은 상태의 운송시 바람에 의한 심한 증산과 취급시의 물리적인 상해는 장식 공간에서 큰 문제점으로 나타나고 있다. 국내에서는 대부분 단기 운송이므로 광선 부족의 문제는 일어나지 않는 편이다. 외국에서는 적절하지

트롤리 랩 포장기계 　 트럭에 선적되는 트롤리 　 랩 포장 후 선적된 트롤리 　 가든센터에 진열된 트롤리

그림 8-11. 외국 도매시장의 분식물 선적

못한 장기 운송으로 꽃봉오리, 꽃 또는 잎이 떨어지고 줄기의 지나친 신장이나 잎과 꽃의 탈색, 회색곰팡이의 감염 및 냉해 등이 유발되어 품질을 떨어뜨린다고 한다.

실내용 관엽식물은 소비자의 기호에 따라 여러 단계의 발육시기에 판매될 수 있지만, 꽃피는 분식물은 늦어도 봉오리가 1/3~1/2 열개되기 이전에 선적되어야 한다. 발육이 더 진전된 꽃일수록 운송 도중에 물리적 상해를 더 많이 받으며, 에틸렌에 더 감수성이고 노화가 더 빠르게 일어난다. 구근식물은 봉오리가 색을 나타내기 시작할 때 선적되어야 한다. 일부 분식물, 즉 관엽식물은 어두운 운송 조건에서 오랫동안 견딜 수 있지만 기타 식물은 이러한 조건에서 빠르게 품질을 상실한다. 회색곰팡이에 감수성인 식물은 알맞은 살균제를 분무해야 하며, 특히 에틸렌에 감수성인 식물은 운송 준비시 STS 용액을 분무하면 운송 도중 봉오리, 꽃 및 잎이 떨어지는 것을 방지하는데 한국에서 필요한 상황은 아니다.

포장은 물리적 상해, 수분 손실 및 온도 변화에 견딜 수 있어야 한다. 식물이 작으면 종이나 플라스틱으로 된 슬리브(sleeve)로 포장한 다음 상자나 분에 맞는 플라스틱이나 폴리스티렌(polystyrene) 틀에 넣는다. 다음 단계로 외국에서는 운반용 특수 트롤리(trolley)의 선반에 올리고 온도조절이 되는 트럭에 싣는다. 한국에서는 작은 분식물은 박스에 담고, 큰 분식물은 비닐 또는 종이로 둘둘 말아 싸 트럭에 싣는다.

운송에 알맞은 온도는 식물의 종에 따라 다르나 대부분 순화된 관엽식물에 대하여 최저 16~19℃, 저온에 강한 관엽식물은 약 13℃의 저온에도 선적될 수 있다(최상진, 1993). 튤립, 백합, 나팔수선 혹은 크로커스와 같은 구근류는 약 4~5℃의 온도에서 운송될 수 있다. 여름에 높은 광도와 높은 온도에서 재배된 식물은 겨울에 재배되었을 때보다 더 높은 온도에서 운송되어야 한다. 실외용 온대식물은 시기와 다르게 개화한 식물이 아니면 실외 온도와 비슷하면 된다. 운송에 적절한 온도는 운송 기간의 길이에 따라 조절될 수 있으나 국내에서는 운송이 하루 이상 걸리는 경우가 없어 여름 고온과 겨울 저온시에 주의한다.

운송되는 동안 수분공급이 되지 않으므로 선적 전 물을 충분히 공급해 주어야 하는데 관수하면 운송 무게가 많아지므로 운송 전 관수시간을 조절한다. 관엽식물은 상대습도를 80~90%로 유지하면 좋다. 식물에 따라 품질에 영향을 미치는 암흑기간에 차이가 있는데 운송시 암흑상태가 오래 지속되면 새 잎이 황변하고 잎과 꽃이 떨어지며 싹이 지나치게 신장한다. 국내에서 운송시간은 길지 않으나 화훼도매시장에 배달된 후 상자에서 풀지 못한 채 빛을 받지 못한 상태로 대기하고 있는 식물도 있다.

운송 중 관엽식물이 병이나 해충으로 감염되지 않으면 에틸렌의 발생은 많지 않으므로 별로 문제가 되지 않는다. 꽃피는 분식물은 관엽식물보다 에틸렌에 감수성이 높은 편이며, 과숙한 꽃은 꽃봉오리와 어린 꽃보다 에틸렌 발생량이 많으므로 식물의 운송은 꽃의 발육이 미숙한 상태일 때 운송하는 것이 좋다.

8-2-3 소매 화원 또는 가든센터에서의 취급방법

(1) 광선

분식물의 광선 요구도는 종에 따라 다르므로 화원이나 가든센터의 광 조건을 구비된 식물에 맞추어 주어야 한다(그림 8-12). 어떤 분식물은 암흑상태로 장기간 운송 후 6,000~12,000lux의 높은 광도로 조명할 경우 운송기간에 받은 나쁜 영향을 쉽게 회복한다(최상진, 1993). 직사광선이 들어오지 않는 화원이나 가든센터의 전시실은 2,000~3,000lux로 매일 12시간 정도 조명해 준다. 이러한 조건하에서는 꽃피는 분식물도 상품가치를 잃지 않고 1주일 정도는 유지될 수 있다.

그러나 조명이 불충분한 화원에서 장기간 식물을 보관하면 품질이 떨어지며 이것은 판매 후 식물의 품질에 큰 영향을 미친다. 특히 관엽식물보다는 꽃피는 분식물의 품질은 빠르게 떨어진다. 조명은 적색과 청색광을 혼합하여 조명할 때 가장 좋은 효과를 보이므로 형광등과 백열등을 혼합하거나 적색광을 많이 내는 형광등을 사용한다. 실외용 식물은 광선이 부족하면 빠르게 상태가 나빠지므로 실외에 두어야 한다('16. 광' 참고).

소매 화원 소매 화원 가든센터

그림 8-12. 소매 화원 또는 가든센터의 식물 전시

(2) 온도

분식물의 원산지를 온대, 난대, 열대로 구분하여 이들 식물에 맞추어 온도조절을 해 주어야 한다. 사람들이 많이 이용하는 실내용 분식물 대부분은 열대와 아열대 원산인 관엽식물이므로 화원이나 가든센터에서 18~24℃의 온도를 유지해야 한다. 18℃ 이하의 온도에서는 이들 대부분이 성장을 정지하고 10℃ 이하에서는 저온에 약한 식물은 장해를 받을 수 있다. 특히 겨울 야간 온도에 주의해야 한다.

그러나 튤립, 히야신스, 크로커스, 무스카리, 수선화, 백합, 시클라멘과 같은 추식구근식물은 온대식물로서 5~12℃의 상당히 낮은 온도가 알맞으며, 그 외 팬지, 피튜니아, 칼세올라리아, 시네라리아 등의 추파 일년초도 비교적 낮은 온도에 견딜 수 있다. 오히려 높은 온도에서는 꽃봉오리가 빨리 발육하고 노화가 촉진되어 장식적 가치를 빨리 잃게 된다. 온대식물은 보통 실외에 전시하는데 개화조절로 비개화기에 개화시킨 온대식물은 온도를 자연의 개화기 온도에 맞추어 준다. 전시실의 식물 가까이에 온도계를 설치해 수시로 체크한다('17. 온도' 참고).

(3) 습도

높은 습도를 요구하는 실내용 열대성 분식물의 대부분은 50~60%의 습도에서도 유지된다. 그러나 겨울 30% 이하의 저습시에는 가습기를 사용하거나 물받침에 물을 부어주어 습도를 높인다. 일정 면적에서 공기습도는 식물의 수에 비례해서 올라가므로 가까이 배치한다('19. 공기' 참고).

(4) 관수

운송된 식물은 토양을 살펴본 후 필요시 관수한다. 특히 도매시장에서 종이상자에 담긴 분식물은 관수가 번거로워 관수하지 않는 경우가 있으니 잘 살펴본다. 지나친 관수도 식물에 해롭다. 판매하기 전 분식물을 포장 혹은 장식한 대로 두면 관수하기 어려운 경우가 있으니 주의한다('18. 수분' 참고).

열대성 분식물의 관수에 사용하는 물은 최저 12℃ 이상이어야 한다. 겨울에 낮은 수온의 물을 잎에 뿌리게 되면 잎에 백색 반점과 같은 상해를 유발할 수 있다. 찬물에 감수성인 식물은 아글라오네마, 디펜바키아, 피토니아, 글록시니아, 필로덴드론, 아프리칸 바이올렛, 산세비에리아, 스킨답서스, 싱고니움 등의 관엽식물이다.

(5) 시비

화원이나 가든센터에서는 분식물에 시비하지 않는 것이 좋다. 오히려 실내용 분식물은 분토의 지나친 염분을 피하기 위하여 농원에서 뿌린 지효성 비료 알갱이를 토양 표면에서 제거해주는 것이 좋을 수도 있다. 농원에서 식물에 준 비료는 구매자의 가정에서 2~3개월 동안 자라는 데 충분하다. 분식물 디자이너나 판매자는 고객에게 시비에 대한 설명을 해 주어야 한다('20. 비료' 참고).

(6) 에틸렌

관엽식물은 에틸렌에 비교적 감수성이 적으므로 소매 화원이나 가든센터에서는 이에 대하여 크게 고려하지 않아도 된다. 그러나 꽃피는 분식물은 에틸렌에 의해 꽃봉오리, 꽃 및 꽃잎의 탈락과 노화가 촉진되므로 꽃피는 분식물을 비롯해 에틸렌 감수성인 식물은 운송 즉시 포장을 풀어 에틸렌에 감염되지 않도록 환기가 잘 되는 공간에 두어야 한다. 소매 화원이나 가든센터에서 에틸렌의 피해를 막기 위해 STS 용액을 살포할 수 있지만 만약 재배자가 식물에 이 용액을 살포하였다면 재처리해서 안 된다('19. 공기' 참고).

8-2-4 가정에서의 관리방법

구매한 분식물을 필요한 공간에 배치한 후 이용자가 직접 관리하거나 전문가의 관리를 받을 수 있다. 분식물이 배치된 공간은 식물에 좋은 환경조건일 수도 있고 그렇지 않을 수도 있다. 일시적이거나 지속적, 영구적 이용 목적에 따라 분식물 디자이너는 이용자에게 충분한 관리방법을 이해시켜야 한다. 광선, 온도, 수분 조절이 가장 중요한 관리이다.

분식물은 자라면서 모양이 변하고 계속 잘 자라거나, 관리 부족으로 생육 상태가 나빠질 수 있으며, 수명이 다해 죽을 수 있다. 상세한 관리방법은 '6부 실내공간의 식물 생육환경과 분식물 관리', '7부 실외환경과 분식물 관리'에서 설명한다.

03

분식물 디자인의 기본 기술

분식물 디자인을 위한 주요한 4가지 재료인 식물, 토양, 용기, 그리고 장식물과 첨경재료에 대한 기본 이해를 바탕으로 용기에 토양을 담고 식물을 배치해 심는 기본 기술을 알아보자. 아울러 장식물과 첨경재료를 식물과 용기, 그리고 주위환경과 조합하는 방법을 살펴보자. 실내와 실외공간용 분식물 디자인의 기본 기술은 비슷하지만 배치되는 공간의 광, 온도, 수분 조건에 차이가 있는 만큼 이용되는 식물과 토양이 달라지고, 또 용도와 목적에 따라 일시적, 지속적, 또는 영구적으로 유지될 것인지에 따라 식물의 종류에 따른 식재양식과 관리방법이 달라진다.
3부에서는 장식용 용기에 식물을 배치하여 심는 기본 기술에 대해 실내용과 실외용으로 나누어 살펴본다.

9. 실내용 분식물 디자인

실내 분식물 디자인은 생산용 화분에 담긴 식물을 장식용 용기에 옮겨 심고 장식물 또는 첨경재료를 조화롭게 첨가해 아름다움을 부가해주고 식물을 관리하는 가벼운 작업에서부터 대형 장식용 용기나 플랜터에 용도와 목적에 맞는 대형 분식물들을 옮겨 심고 공간에 배치하는 일까지 일의 규모가 다양하다.

실내용 분식물 디자인은 용기의 종류와 형태 · 크기, 식물의 종류 · 크기 · 수량, 식물 외 장식물이나 첨경재료의 이용에 따라 규모와 양식을 다르게 표현할 수 있다. 실내공간의 미적, 기능적 효과를 목적으로 다수의 분식물을 배치하는 분정원이나 대규모 수림을 형성하는 규모가 큰 실내정원 조성은 체계적인 디자인 과정을 거쳐야 하지만 식물을 식재하는 기본 기술은 소규모 분식물과 크게 다르지 않다.

실내공간용 분식물은 수생식물이나 물속에서도 뿌리를 잘 내리는 식물을 이용하여 수경용 용기로 디자인할 수 있다. 수경은 토양 대신 하이드로볼을 지지물로 이용하는 경우가 많은데 유럽에서 많이 이용된다. 뿌리의 역할이 수분이나 양분의 흡수라기보다 부착의 역할인 착생식물은 토양 없이 실내공간장식에 이용될 수 있다. 최근 분식물을 다양한 방법으로 벽면에 식재하는 버티컬가든(vertical garden)도 발전하고 있으며, 전기료가 저렴한 LED 조명과 결합된 분식물 디자인이 제시되고 있다.

다양한 용기에 아름답게 식재된 실내 분식물은 장식효과와 함께 실내환경문제를 해결해 주는 인간생활의 필수물로 인식되고 있다. 이러한 실내용 분식물은 역사적으로 유행했던 형태에 따라 특별한 명칭을 가지고 있는 것도 있는데, 기본적으로는 용기에 관엽식물을 비롯한 실내식물을 심어 공간에 배치하여 지속적, 혹은 영구적으로 키운다. 난이나 일년초, 다년초, 구근류 등의 초화류처럼 꽃이 관상의 주 대상인 식물은 개화기에 일시적으로 이용하거나, 베란다와 같은 밝은 공간에는 열대성 화초나 화목류를 계속 키우기도 한다.

이 장에서는 일반적인 용기를 이용한 분식물 디자인의 기본 기술과 많이 이용되는 몇 가지 유형의 분식물 디자인에 대해 설명하고자 한다.

9-1. 실내용 식물의 선정

실내공간은 실외와 비교하여 어둡고 계절의 변화에 따른 온도 변화가 작으며 비가 오지 않는 환경이므로 실외에서 이용되는 온대식물과 달리 실내환경에 적응할 수 있는 열대와 아열대 관엽식물이 이용된다. 개화기에 잠시 이용할 경우에는 모든 식물을 이용할 수 있지만, 지속적이거나 영구적으로 식물을 이용할 경우에는 광, 온도, 수분 등의 식물 생육환경 특성을 고려하여 식물을 선정한다.

농원에서 생산된 분식물은 화훼도매시장으로 출하되는데, 분식물 디자이너는 여기에서 식물을 구매한다. 화훼도매시장에는 다양한 특성의 분식물이 혼재하고 외국에서 계속 새로운 식물이 도입되고 있어 분식물 디자이너는 실내공간에 필요한 식물을 잘 선택할 수 있어야 한다. 식물 생산시 학명이 있는 라벨을 부착해야 하는데 한국에는 아직 학명이나 일반명조차 명확하지 않은 채 유통되어 일반인은 물론 전문가도 식물을 선정하기 어렵다. 화훼도매시장에는 농원에서 당일 배달된 식물도 있고, 배달된 지 며칠이 지났지만 상자에서 풀지 못한 채 관수도 하지 못한 상태로 있는 식물도 있으니 구입시 주의한다.

식물은 용도에 따라 선정한다. 평균적인 실내공간에서 오래 유지할 목적이면 관엽식물을 선정하고, 6개월에서 1년 정도 유지해야 한다면 다육식물도 가능하며, 1~2개월 정도면 난, 파인애플과 식물도 가능하다. 1개월 이내 잠시라면 어떤 식물이든 가능하다. 최근 화훼도매시장에 온대와 열대 원산의 꽃피는 식물이 많이 출하되어 혼재되어 있는데, 생육 특성을 고려하지 않은 채 시각적인 면만을 보고 식물을 구입해 실내에 배치할 경우 식물이 약해지고 죽어버리는 경험을 하게 된다.

실내공간은 창가나 발코니가 아니면 대부분 광도가 떨어져 관엽식물도 견디기 힘들고, 또 계속 관수해야 하는 실내공간 분식물 배치에 부정적인 생각을 가진 사람들이 있으므로 주의한다.

9-2. 장식용 용기에 식물을 옮겨 심는 방법

9-2-1 간접식재

구입한 분식물의 생산용 화분을 제거하지 않은 채 식물을 장식용 용기에 넣어주면 배수구 없는 장식용 용기는 물받침의 역할을 겸할 수 있다(그림 9-1). 생산용 화분이 보이지 않도록 윗부분을 코코넛 섬유 등의 멀칭 재료로 가려 깔끔하게 해준다. 생육조건이 열악하여 자주 식물을 교체해야 하

그림 9-1. 생산용 화분째 배수구 없는 장식용 용기에 넣어준다

는 대형 플랜터에 생산용 분을 제거하지 않고 식재하면 식물 교체가 편리하다.

그러나 장식용 용기에 화분째 넣을 경우 용기의 크기와 맞지 않거나 원하는 간격으로 식재할 수 없을 경우, 또 생육조건이 좋아 오래 키울 생각이면 충분한 토양이 있는 용기에서 뿌리를 뻗으며 자라도록 생산용 분을 제거해 준다.

9-2-2 배수층

실내공간용 분식물 디자인시 용기를 선택할 때 고려해야 할 사항 중 하나는 배수구(排水口)의 유무이다. 식물 관수시 잉여 수분의 배출을 위해 배수구 있는 용기와 물받침은 기본이다.

그러나 물받침이 세트로 구비되어 있는 장식용 배수구 있는 용기는 시중에 충분히 생산되지 않으므로 화분 대용으로 다양한 생활용기를 이용하게 된다. 이러한 생활용기에 배수구를 뚫을 수는 있지만 실내공간에서는 물받침이 필수적인데 장식효과가 있는 물받침을 맞추어 주기 어렵다. 또 물받침이 얕을 경우 배수구로 빠져나온 물이 넘쳐 바닥을 버리는 경우가 많아 실내에서는 배수구 없는 용기를 이용하는 경우가 많다. 배수구 있는 화분이 관수하기 편리해 식물 생육에 유리하나 관수요령과 배수층(排水層) 만드는 요령을 터득하면 배수구 없는 용기로도 분식물 디자인은 가능하다.

(1) 배수구 있는 용기

배수구 위에 부직포를 깔아 물은 빠져나가고 흙은 빠져나가지 않도록 한다. 부직포 위에 알갱이가 굵은 배수용 펄라이트나 하이드로볼을 1/5 정도 채워 배수층을 만든다. 크기가 작은 용기이고 배수성이 좋은 토양이면 배수층을 만들 필요가 없다. 용기에 뿌리가 자랄 수 있을 정도로 충분한 토양을 담을 수 있다면 배수층은 깊을수록 유리하다. 그래서 배수층을 충분히 만들 수 있는 깊이가 깊은 용기가 배수에 유리하다.

배수층은 입자가 굵은 배수용 펄라이트나 하이드로볼, 마사토, 잔자갈, 모래, 바크, 스티로폼 조각 등을 이용할 수 있다. 분식물의 이동이 쉽도록 실내에서는 가능한 가벼운 펄라이트나 하이드로볼을 배수층으로 사용하는 것이 좋다(그림 9-2).

(2) 배수구 없는 용기

배수구 없는 용기도 같은 요령으로 배수층을 만들고 토양을 넣어 식물을 심는다(그림 9-2). 배수층은 잔돌 알갱이 사이의 공극이 커 모세관현상이 일어나지 않으므로 과다관수된 물이 배수층에 고이게 되어 토양으로 다시 올라오지 않아 토양이 과습할 염려를 줄이기 위한 것이다. 그러나 물을 너무 많이 주게 되어 배수층 위 토양까지 물이 차면 배수층의 효과는 없어진다. 배수구 없는 용기는 깊이가 깊어 충분한 배수층을 만들 수 있는 것이 관수에 유리하다. 대형 용기는 용기 한쪽에 PVC관을 바닥에 닿도록 세워 묻는데 이 관을 통해 배수층에 고인 물을 확인할 수 있고 필요시 수동 펌프로 물을 뽑아낼 수 있다. 배수구 없는 용기는 항상 물을 많이 주지 않도록 조심해야 한다.

배수구 없는 작은 용기의 분식물은 관수시 물이 골고루 스며들도록 분무기를 이용해 과다관수의 위험을 줄인다. 과다관수한 것 같으면 작은 용기는 옆으로 기울여 물을 따라낼 수 있다.

그림 9-2. 배수구 없는 용기의 배수층

9-2-3 토양 준비와 식재

생산용 용기에서 뿌리가 상하지 않고 토양이 떨어지지 않도록 식물을 조심스럽게 뽑아낸다. 식물들의 토양 표면 높이가 같도록 배수층 위에 토양을 채우고 토양 위에 식물의 뿌리부분을 배치한다. 식물을 전후좌우로 돌리거나 기울여 보면서 방향을 정한다. 뿌리 사이의 빈 공간을 토양으로 채운다. 토양을 채울 때는 용기 높이보다 약간 낮게 채워야 관수시 토양이 흘러내리지 않는다. 토양 표면을 중심부가 약간 볼록하고 가장자리는 약간 낮도록 유지하면 입체적인 느낌을 주고 관수에도 편리하다(그림 9-3).

토양은 단용으로 이용하거나 여러 토양 재료를 혼합하여도 되고, 또 혼합된 토양을 이용할 수 있다('6. 토양' 참고). 토양 혼합시 토양혼합기를 이용하거나 소량인 경우에는 통에 담아 손으로 혼합한다. 혼합시 펄라이트는 먼지가 날리고 특히 건조한 피트모스는 물에 잘 젖지 않으므로 물을 약간 넣어 약간 촉촉한 상태로 혼합한다.

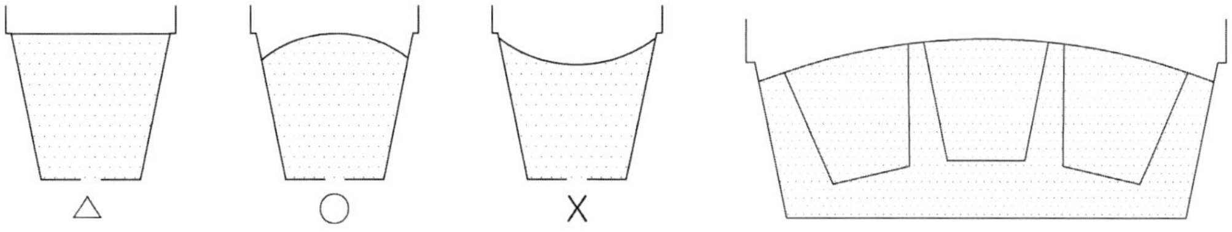

그림 9-3. 용기에 식물을 식재하는 방법과 용기 내 토양 표면의 높이

9-3. 식물의 배치와 구성방법

용기에 식물을 배치할 때는 자연에서 식물이 자라는 모습으로 연출하거나 상상력을 발휘하여 자연과 다른 모습으로 표현할 수 있다.

9-3-1 식물 배치방법

한 개 용기에 한 개 식물을 심으면 식재작업뿐 아니라 관리가 쉽다. 한 개 식물만으로 시각적 효과를 얻을 수 없거나 단조로울 경우에는 여러 개 또는 여러 종류의 식물을 심어 변화감을 주거나 독특한 멋을 자아낼 수 있다. 같은 종류의 식물을 여러 개 심을 경우에는 같은 크기를 심는 것이 모양은 단순해도 용기나 주변환경과 조화를 이루기 쉽고 관리하기 편하다. 좀 더 변화를 주기 위해 한 개 용기에 다른 종류의 식물을 여러 개 심을 수 있는데 생육 습성이 비슷한 것끼리 심어야 관수와 광, 온도, 습도 등의 환경조건을 맞출 수 있어 시간이 지난 후에도 모양이 많이 흐트러지지 않는다. 관엽식물, 다육식물, 식충식물, 수생식물 등의 특성별로, 또 그 분류군 내에서는 과(科)별로 생육 습성이 비슷하면서 동시에 모양, 크기, 색, 질감 등이 시각적으로 어울리는 식물을 배치한다(표 9-1, 그림 9-4).

한 개 용기 한 개 식물

한 개 용기 여러 개 같은 종류 식물

한 개 용기 여러 개 같은 종류 식물

한 개 용기 여러 개 다른 종류 식물

2개 용기 세트 배치

9개 용기 세트 배치

그림 9-4. 소형 용기용 식물 선정방법

표 9-1. 용기에 심기 위한 식물 선정방법

용기 수	식물 수	식물 종류	식물 크기	참고
한 개 용기	한 개 식물			관리시 편리
	여러 개 식물	같은 종류	같은 크기	관리시 편리
			다른 크기	
		다른 종류	같은 형태/크기	비슷한 생육 특성(광, 온도, 수분)의 식물 선정
			다른 형태/크기	비슷한 생육 특성(광, 온도, 수분)의 식물 선정 상부식물 + 하부식물 + 지피식물
여러 개 용기	2, 3, 4, 5개 용기 세트 배치(같은 종류의 식물 혹은 여러 종류의 식물로 식재한 같은 용기)			

9-3-2 식물의 생육 습성에 따른 배치방법

자연에서 식물이 자라는 모습과 비슷하게 식물을 모아 배치할 때는 식물을 생육 습성에 따라 크게 상부식물, 하부식물, 지피식물로 나누어 이러한 유형에 맞는 식물을 선정한다(표 9-2). 세 유형의 식물을 모두 식재해야 하는 것은 아니며 필요한 효과에 따라 상부식물과 지피식물 또는 하부식물과 지피식물처럼 두 가지 유형의 식물만으로 식재할 수도 있고 상부식물, 하부식물 또는 지피식물만으로 식재해도 된다('14. 실내정원' 참고).

키가 큰 식물을 이용하는 상부식물은 보통 디자인의 중심부에 배치하여 높이와 규모를 결정하고 디자인의 골격을 형성하는 구조적 식물이다. 한 방향에서 바라보는 디자인일 경우에는 가장 키가 큰 식물을 중심에서 약간 뒷부분에 배치하고, 사방에서 바라보는 디자인일 경우에는 가장 키가 큰 식물을 중앙부에 배치한다(그림 9-5). 크고 넓은 용기나 플랜터에는 여러 개의 상부식물이 있을

표 9-2. 입면적 식재 유형

구분	역할		실내식물 예
상부식물	규모	구조	벤자민고무나무, 드라세나, 아라우카리아, 골드크레스트 등
하부식물	부피	변화	아글라오네미, 필로덴드론, 스파티필름, 안스리움 등
지피식물	배경	마무리	스킨답서스, 조란, 필레아, 셀라기넬라 등
초점식물	차이	강조	상부식물 또는 하부식물 중 시선을 끄는 식물

그림 9-5. 용기에 식물을 배치하는 순서

수 있다. 같은 크기의 상부식물을 등간격으로 배치할 수도 있고, 크기가 다른 상부식물을 비대칭 균형으로 배치할 수도 있다. 초점식물이 꼭 필요한 것은 아니지만 상부식물을 선정할 때 시선을 끌 수 있는 식물을 정하거나 시선을 끌도록 식재할 수 있다.

상부식물이 배치되면 디자인에 따라 차이를 보이지만 시선이 가장 집중되는 부분에 장식물이나 첨경재료를 배치하는데 식재가 끝난 후 첨가해야 하는 경우도 있다. 그 다음 단계로 상부식물 주변에 하부식물을 배치하는데 하부식물이나 지피식물은 개별적으로는 크기가 작아 상부식물과 균형을 이루기 위해 모아서 군식한다. 하부식물을 꽃피는 화려한 식물이나 모양과 색이 돋보이는 식물로 선정해 장식물이나 첨경재료와 함께 시선을 끄는 초점식물로 이용하기도 한다. 하부식물을 배치하는 방법은 여러 가지가 있는데 상부식물 주변부에 배치할 수도 있고, 상부식물과 분리하여 상부식물과 하부식물이 균형을 이룰 수 있도록 배치할 수도 있다.

마지막으로 키가 작아 바닥에 깔리거나 포복하는 식물, 덩굴식물 등의 지피식물을 식재하여 상부와 하부식물의 배경을 만들어 준다. 지피식물로 토양 전체를 가려줄 필요는 없다(그림 9-6, 7).

그림 9-6. 상부식물, 하부식물, 지피식물

그림 9-7. 용기에서의 식물 배치 사례

9-3-3 양식에 따른 구성방법

('11. 디자인 과정' 참고)

9-3-4 장식물과 첨경재료

('7. 장식물과 첨경재료' 참고)

9-3-5 멀칭(mulching)

지피식물 식재 후 노출되어 남아있는 토양 표면을 장식적 목적으로 멀칭하기 위해 비단이끼, 마사토, 코코넛 섬유, 바크, 잔돌 등 여러 가지 재료로 피복한다. 노출된 토양 전체를 멀칭 재료로 가려주는 것보다는 부분적으로 멀칭하는 것이 좋은데, 이렇게 함으로써 시각적인 변화감도 주고 토양의 통기성을 높이며 수분 상태를 관찰할 수 있도록 한다(그림 9-8).

실내공간에서 용기 내 멀칭은 장식 목적이 가장 크나 관수시 토양 표면에서 물이 튀는 것을 막아주기도 한다. 돌과 같은 무거운 재료로 멀칭을 하면 토양을 눌러 통기성을 감소시킨다. 수태나 비단이끼와 같은 유기물질은 토양과 멀칭 사이에 습한 환경을 만들어 미생물의 생육을 촉진시키며 미생물들이 천천히 유기물질을 분해시킨다. 또 유기물질 내 존재했던 해충이 따라올 수 있으니 주의한다.

그림 9-8. 용기 토양 표면의 장식적 멀칭

9-4. 식물 식재시 주의사항

실내용 관엽식물은 어느 정도 자라기 때문에 작은 용기에 가득 심어 얼마 되지 않아 용기나 식물을 교체하지 않도록 간격을 조절해야 한다. 그러나 나중에 자랄 것을 생각해 미리 간격을 넓게 하면 완성 후 시각적인 효과가 적어 판매에 문제가 되거나 특히 공간디자인시 시각적 효과를 줄일 수 있다. 제작 후 바로 완성형이 될 수 있도록 하되 약간 여유가 있어 식물이 자랄 공간을 줄 수 있는 간격으로 식물을 심는다.

식물을 심을 때는 가능한 물리적 스트레스를 줄여야 한다. 농원에서 화훼도매시장으로 운반된 분식물을 디자이너가 구매하여 다시 화원이나 가든센터로 이동하는데 분식물은 운반과 달라지는 환경으로 스트레스 상태에 놓이게 된다. 가능한 한 조심스럽게 식물을 다루어야 공간에 배치 후 환경에 빨리 적응하여 생육한다. 식물 식재나 장식시 잎에 토양이 떨어지지 않도록 주의한다. 잎 사이 구석구석 토양이 들어가면 털어내기 어렵고 배수구 없는 용기인 경우 물로 씻어 내릴 수 없다. 식재 후 관수하고 공간에 배치한 뒤 빛을 향하여 잎의 방향이 잡힐 때까지 움직이지 않도록 해야 빨리 적응한다.

9-5. 실내 대형 플랜터에 식물을 식재하는 방법

('14. 실내정원' 참고)

9-6. 분식물 디자인의 유형에 따른 제작 기술

분식물은 외형적인 특성에 따라 또는 역사적으로 유행했던 모양에 따라 특정한 명칭이 있는 것도 있지만 식물을 심는 기본적인 요령은 비슷하며 용기와 식물, 그리고 장식물의 선택에 따라 헤아릴 수 없는 다양한 표현이 가능하다.

9-6-1 다양한 분식물 디자인

실내공간에서 지속적으로 유지할 수 있는 분식물은 용기의 수와 크기 · 형태 · 재질 · 색, 배수구의 유무에 따라, 그리고 한 식물 심기, 여러 식물 심기에 따라 무수히 많은 디자인이 가능하며 대부분 특정한 명칭없이 실생활에 이용되고 있다.

9-6-2 디쉬가든

디쉬가든(dish garden)은 다른 분식물과 기본 식재방법은 비슷하지만 깊이가 얕은 용기에 어울리는 키가 작고 자라는 속도가 느린 식물이나 토양층이 얕아 건조에 강한 식물을 심는 것이 관리하기 편리하다. 특히 배수구가 없는 용기라면 토양층이 얕으므로 관수의 기술은 중요하다.

오늘날의 디쉬가든은 매우 다양한 방식으로 발전하고 있는데 다육식물이나 파인애플과 식물을 고목, 돌, 나뭇가지 등과 어우러지게 배치하여 사막이나 열대림 같은 정원을 연출하거나, 수직으로 뻗은 석창포나 노랑무늬석창포와 같은 식물로 연못을 연출한 디쉬가든도 재미있는 표현이다. 같은 종류의 식물로 식재하여 단순함을 보이는 디자인이 많은 편이다(그림 9-9).

깊이가 얕은 용기에 식물을 옮겨 심으면 토양부위가 큰 식물은 뿌리를 자를 수밖에 없는 경우가 생기는데, 뿌리를 잘라도 쉽게 회복하는 식물이 아니라면 용기 중심 부위의 토양을 위로 불룩 올라오게 담아 가능한 토양층을 높여주어야 한다. 대부분 디쉬가든은 용기 중심 부위가 가장 높고 가장자리로 갈수록 높이가 낮아지도록 배치하는 방식이 많다.

그림 9-9. 현대적 양식의 디쉬가든

9-6-3 테라리움, 비바리움, 아쿠아리움

테라리움(terrarium)은 미국에서 실용화된 워디안 케이스인데 한국에는 1970년 중반에 소개되어 새롭고 다양한 용기들이 개발되면서 1980년대에 큰 인기를 끌었다. 테라리움은 밀폐된 유리용기 속에 식물이 자라도록 만들어 유리의 반짝거림으로 내부의 식물이 훨씬 더 아름답고 신비스러워 보인다. 밀폐 전에 수분상태를 잘 맞추어 주면 한번 관수해도 오래 유지할 수 있으나, 처음에 정확한 수분상태를 맞추어 주기 어려워 관수와 환기를 할 수 있는 뚜껑이나 구멍이 있는 용기를 많이 이용한다(그림 9-10).

내부의 식물 구성은 열대의 밀림, 사막, 연못가 등의 자연 풍경을 모방하거나 전혀 다른 새로운 모습을 구성하기도 한다. 장식적인 효과를 높이기 위해 가장 중요한 점은 아름다운 용기와 적절한 식물의 선정, 그리고 독특한 첨경물이 배치되는 것이다. 유리용기 내 식물을 가득 채우는 구성보다는 유리용기 내부 빈 공간의 비를 잘 설정하여 식물이 돋보이도록 하는 것이 중요하다. 테라리움은 테이블 위에 올려놓는 소형에서부터 실내 벽면 전체를 테라리움으로 조성할 수도 있다.

테라리움에 식물을 심는 요령은 배수구가 없는 용기에 식물을 심는 요령과 비슷하다. 배수층 위에 숯을 약간 깔아주면 토양 내 발생한 유해물질을 흡수해 주어 조금 더 오래 유지할 수 있다. 테라리움에는 다습한 상태를 좋아하거나 잘 자라지 않는 소형식물이 좋다. 사라세니아, 파리지옥, 끈끈이주걱 등의 식충식물이나 아디안텀, 프테리스와 같은 고사리류, 틸란드시아, 크립탄서스와 같은 파인애플과 식물, 셀라기넬라와 같은 소형 관엽식물이 이용된다. 생육이 빠른 식물은 생장억제제를 처리해 이용할 수도 있으나 바람직하지는 않다.

테라리움 내부는 관수 후 습도가 높지만, 건조한 환경을 좋아하는 선인장이나 다육식물도 관수를 조심하면 테라리움으로 만들 수 있다. 테라리움 유지에 가장 중요한 것은 관수이며 배수구가 없는 용기에 물을 주는 것과 똑같은 방법으로 조심스럽게 물을 주는데 뚜껑을 닫았을 때 김이 서리지 않을 정도의 습도를 유지한다. 토양을 건조한 상태로 유지해 주면 식물의 생장속도를 늦추고 건강하게 유지할 수 있다. 주의할 점은 직사일광을 받으면 온실효과로 내부 온도가 급격히 올라가므로 직사일광이 비치지 않는 밝은 장소에 두어야 한다.

사막 분위기의 비바리움(vivarium)은 도마뱀, 뱀, 이구아나 등의 동물에 적합한데 분위기 연출을 위해 모래나 돌, 고목, 다육식물을 이용한다. 주의할 점은 습하지 않게 하고 20℃ 이상으로 유지해야

그림 9-10. 테라리움

하는데 동물들이 충분한 햇빛을 쪼일 수 없을 경우에는 하루 10시간 60W의 백열전구로 따뜻하게 해준다. 동물이 숨을 수 있는 바위나 동굴, 그리고 파고들 모래가 있어야 한다. 삼림 스타일은 카멜레온, 개구리, 도마뱀, 뱀 등이 적합한데 숨막히지 않을 정도의 습기가 필요하다. 반그늘이나 인공광선, 50%의 습도가 필요하고 열대정글 원산의 관엽식물이 적합하다. 비바리움 제작은 동물과 식물의 생육조건이 비슷해야 하므로 원산지를 잘 살펴보아야 한다.

아쿠아리움(aquarium)은 시페루스, 워터레터스(water lettuce), 살비니아(*Salvinia*)와 같은 물 위에 올라오거나 부유하는 열대성 수생식물이나 물속에 잠기는 수생식물을 넣어준다. 물속에는 거북이나 물고기를 넣어준다. 동물과 식물의 생육조건이 비슷한 것을 골라야 한다.

9-6-4 걸이분

걸이분(hanging pot)은 용기에 아래로 늘어지는 덩굴식물이나, 줄기나 잎이 늘어지는 식물을 심어 공중에 거는 분식물이다. 다양한 형태의 걸이분이 생산되고 있으나 실내공간의 걸이분에서 가장 중요한 점은 물받침이 세트로 되어 있거나 배수구에 마개가 있는 걸이분이어야 한다는 것이다. 적합한 걸이분을 구하기 어려울 경우에는 관수하기 불편해도 배수구가 없는 분을 이용한다.

사람들은 잎이 무성한 나뭇가지가 머리 위로 드리워진 숲속을 걸을 때 편안하고 행복한 느낌을 갖는다. 실내공간에서 사람들 머리 위로 가지와 잎이 드리워지는 대형 분식물을 배치할 수 없을 경우에 걸이분에 심은 식물을 머리 위로 드리우면 비슷한 분위기를 조성할 수 있다(그림 9-11).

스킨답서스, 싱고니움, 필로덴드론 옥시카르디움, 페페로미아 서펜스, 트라데스칸티아, 아이비, 트리쵸스포럼과 같은 덩굴성 관엽식물, 러브체인, 방울선인장, 립살리스, 힐로세레우스와 같은 줄기가 늘어지는 다육식물, 그리고 리코포디움이 걸이분에 적합하며, 덩굴식물만큼 길게 늘어지지는 않지만 조란, 바위취 등과 같이 포복줄기에 어린 포기가 달리는 식물, 그리고 네프롤레피스, 박쥐란 등과

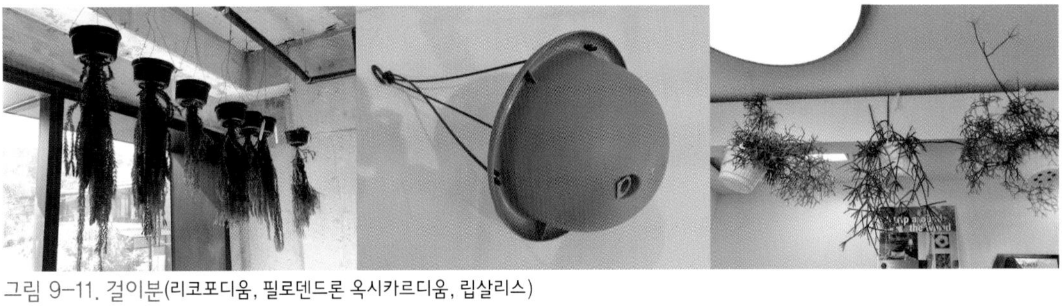

그림 9-11. 걸이분(리코포디움, 필로덴드론 옥시카르디움, 립살리스)

같이 잎이 늘어지는 식물을 걸이분에 이용한다.

난 중에서 특히 착생식물인 반다(Vanda)를 토양이 없는 엉성한 걸이분에 매달면 아래로 뻗어 내려오는 긴 공기뿌리의 아름다움을 감상할 수 있는데, 실내에서 관수 후 흐르는 물을 받을 수 있는 물받침을 세트로 만들어 주는 것이 중요하다. 벌레잡이통풀이나 틸란드시아(*Tillandsia usneoides*) 등을 이용한 걸이분은 독특한 모양으로 이국적인 분위기를 연출한다. 주의할 점은 이들 식물은 습도가 높아야 한다는 것이다.

9-6-5 토피아리

용기에서 자라고 있는 골드크레스트와 같은 식물을 전정하여 구형과 원추형을 비롯하여 동물 모양으로 만드는 토피아리도 있지만 관엽식물이나 다육식물을 이용한 실내용 토피아리는 전정하는 것보다는 철사나 철망, 나뭇가지 등으로 원하는 형태의 틀을 만들어 덩굴식물이 자라고 있는 용기에 꽂거나, 틀 내부 가장자리를 망으로 씌우거나 수태로 가린 후 그 속에 가벼운 인공토양을 채워 식물을 심어 형태를 잡는 경우가 많다. 푸밀라고무나무, 아이비, 러브체인, 뮬렌베키아 등과 같은 덩굴식물이 많이 이용되며 식물이 자라면서 틀 외부를 덮어 틀의 형태가 나타나도록 유인한다. 실내에서는 화분 내 틀을 조성한 경우가 아닐 경우 관수시 배수되는 물이 흐르지 않도록 토피아리를 담을 수 있는 적절한 물받침과 세트가 되도록 용기를 준비하는 것이 중요하다. 평면적으로는 하트 모양이, 입체적으로는 구형, 원추형이 많이 이용되는 토피아리의 형태이며 각종 동물 모양은 강한 흥미를 유발시킨다(그림 9-12).

그림 9-12. 토피아리

9-6-6 착생식물 붙이기

틸란드시아, 크립탄서스 등의 파인애플과 식물이나 반다, 풍란, 콩짜개난 등의 난과에 속하는 착생식물(epiphyte)을 나뭇가지나 바위에 붙여 자연에서 자라고 있는 모습과 비슷한 모양으로 만들어 공간 장식용으로 이용한다(그림 9-13).

그림 9-13. 착생식물 붙이기

특히 파인애플과 식물 중에서 소형이며 은녹색의 잎이 아름다운 틸란드시아속의 식물은 종에 따라 다양한 모양을 가지고 있으며 나뭇가지, 돌, 장식물 등에 붙여 멋진 풍경을 연출할 수 있다. 착생식물을 처음 붙일 때는 부착 부위를 수태로 싸 실을 감아 고정시키지만 시간이 지나면 식물이 지지물에 붙게 되고 실은 썩는다.

열대성 착생식물은 습도가 높고 따뜻하며 밝은 장소에서 잘 생육하므로 습도가 낮은 대부분의 실내에서 생육이 잘 안 될 수 있다. 국내에서는 돌이나 다양한 모양의 토기에 붙인 온대성 풍란이 많이 이용된다.

9-6-7 수경

토양 없이 물에 비료를 공급함으로써 채소나 화훼식물을 키우는 생산방식을 양액재배(hydroponics)라 한다. 다양한 방식으로 발전한 양액재배 중 실내에서 장식적 목적으로 아름다운 용기에 관엽식물을 비롯한 열대식물을 심어 키우는 방법을 흔히 수경(hydroculture, water culture)이라 한다. 특히 네덜란드, 독일, 스위스에는 실내공간 장식용 분식물의 1/3 이상을 수경재배 용기로 이용하고 있다. 식물도 잘 자라고 자주 관수하지 않아도 되어 관리하기 쉽기 때문이다(그림 9-14, 15).

장식용 수경재배 용기에는 대부분 하이드로볼이 채워져 있고 수량 지시기가 꽂혀 있으며 지시기는 물 또는 양액 공급통과 결합되어 있다. 물은 용기 아래 몇 센티 정도만 담겨 있어 식물 뿌리 대부

그림 9-14. 수경재배용 부표기와 내부 용기

분은 용액 위 축축한 하이드로볼 속에 있다. 그래서 대부분 뿌리 조직에 산소가 충분히 공급되기 때문에 식물의 생장이 빠른 편이다.

실내공간에서 수경으로 식물을 키우면 토양재배에 비해 ① 식물 관리를 줄이고 단순화시킨다. ② 부적절한 관수, 부적절한 시비, 토양 관련 질병, 염분 축적에 의해 식물이 죽는 것을 줄인다는 몇 가지 장점이 있다. 그러나 수경도 단점이 있는데, 생산농원의 좋은 환경에서 잘 자란 수경식물이 화원이나 가든센터를 거쳐 생활공간에 배치되면 환경 변화와 이용자의 관리 경험 부족으로 인해 물이 담긴 부분이 썩게 되거나 식물 생육이 나빠져 이용자들이 혼란에 빠지게 된다. 수경은 쉬울 것 같지만 오히려 문제가 되는 경우도 있기 때문에 주의를 요한다.

그림 9-15. 수경재배 관엽식물

(1) 수경 재료와 방법

수경에 이용되는 용기는 양액과의 화학작용에 의해 부식되지 않는 플라스틱이나 유약을 바른 세라믹 용기가 좋다. 식물을 지지하는 배지(media)는 소독되어 있고 화학작용을 일으키지 않아야 하며 재료가 양분을 공급하거나 양분 용액을 바꾸면 안 된다. 배지는 입자의 직경이 약 0.32~0.96cm가 되어 적절한 통기성을 가져야 하고, 뿌리를 잘 고정하고 있어야 한다. 또 전체 식물째 뿌리를 당길 때 어려움이 없어야 하며 재사용할 수 있어야 한다. 하이드로볼, 돌, 유리구슬, 펄라이트 등을 사용할 수 있다.

생산농원에서 수경으로 잘 증식시켰다면 다육식물까지 대부분의 관상식물을 실내에서 수경으로 이용할 수 있다. 그러나 토양에서 키워 온 식물을 양액시스템으로 옮기는 것은 좋지 않다. 왜냐하면 토양에서 식물의 뿌리를 꺼낼 때 조심하지 않으면 뿌리에 해를 입히게 되고, 토양에서 자란 식물의 뿌리는 토양에 잘 적응되어 있어 물속에서 자라던 식물의 뿌리보다 직경이 작고 덜 다육질이다. 그래서 토양에서 자라던 식물을 수경으로 잘 옮긴다 하더라도 뿌리 조직이 잘 적응하지 않을 수 있다(백정애 외, 2003). 수경으로 옮길 경우 6~8주 정도 되어야 적응한다. 또 토양에서 자란 식물을 옮기면 병균을 전파할 수도 있다(Briggs와 Calvin, 1987).

(2) 양분

분식물 디자이너는 수경시 처음에는 물만으로 시작하는 경우가 많다. 그러나 식물에 필요한 양분은 물속에 정확한 형태와 비율로 있어야 하고 용액은 정확한 산도를 가지고 있어야 한다. 그러기 위해서는 전문지식이 필요하고 측정기구가 있어야 하므로, 분식물 디자이너는 보통 상업적으로 준비되어진 비료 혼합물을 구입한다. 표 9-3은 양액재배에서 이용되는 일반적인 비료 공식이다.

대부분 많이 이용되는 비료의 질소, 인산, 칼륨의 비는 약 3 : 1 : 2이다. 그 외 다른 영양분들은 작은 양으로 공급되고, 미량요소는 양분이나 물속의 불순물에 의해 적당한 양으로 공급될 수 있다. 일반 가정에서는 광도, 그리고 다른 많은 생육 요인에 의해 질소를 포함한 필수 양분을 생산시의 1/10~1/20 범위로 줄여 공급한다(Briggs와 Calvin, 1987).

양액의 함량과 용액의 균형, 그리고 산도는 시간이 지나면 바뀌게 된다. 산도는 리트머스 용지나 산도측정기로 체크해서 수정할 수 있다. 그러나 양분은 염분측정기로 측정해서 부족한 성분을 공급해야 하는데 계산하기 쉽지 않다. 그래서 가정에서는 적절한 양분의 균형을 위해 2~3주에 한번 정기적으로 교체하는 것이 편리하다. 일본에서는 대규모 실내정원을 수경으로 조성하는 경우가 많은데 양액의 적절한 양분 조성을 위해 양액 급수기와 배수 시설까지 조성하기도 한다.

표 9-3. 양액의 성분 예(Briggs와 Calvin, 1987)

쉬브(Shive) 용액	농도(mg/L)	호글랜드(Hoagland) 용액	농도(mg/L)	미량요소[a]	농도(mg/L)
질산칼슘	1,060	질산칼슘	1,180	붕산	600
인산칼륨	310	질산칼륨	510	염화망간	400
황산마그네슘	550	인산칼륨	140	황산아연	50
황산암모늄	90	황산마그네슘	490	황산구리	50
황화철	5	타르타르산철	5	몰리브덴산	20

[a]쉬브(Shive) 용액이나 호글랜드(Hoagland) 용액 1L에 1cc 미량요소 첨가.

(3) 가정용 양액시스템

실내공간에서 고광도에서 키울 수 있는 채소와 꽃을 위한 양액재배시스템이 많이 개발되어 시판되고 있다. 대부분 LED 등을 부착하여 보광하도록 되어 있는데 조명 없이 직사일광이 들어오는 공간에서 키울 수 있도록 제작된 것도 있다. 미리 만들어진 양액을 물에 희석하여 2~3주에 교체해주는 방식으로 되어 있고 조명, 양액 순환 등을 자동으로 조절할 수 있도록 한다(그림 9-16).

그림 9-16. 가정용 양액재배시스템

(4) 수생식물, 관엽식물, 구근류, 채소류의 수경

특별히 양액이나 배지를 준비하지 않고 장식성이 있는 용기에 물을 채우고 가볍게 식물을 담구어 공간을 장식할 수 있다. 뿌리가 담기는 용기는 빛이 들어오지 않게 어두운 색이 좋지만 장식효과를 높이기 위해 유리용기를 이용하고 유리용기에 색돌이나 색이 있는 전분물질을 넣어 식물을 담을 수도 있다. 물속에 활성탄을 넣어주면 유해물질을 흡수해 물이 잘 썩지 않는다고 하지만 시간이 지나면 생장을 저해하는 것으로 알려져 있어 처리시간과 농도에 대한 검증이 필요하다(김강철과 주진희, 2013).

싱고니움, 스킨답서스와 같은 천남성과 식물, 자주달개비, 트라데스칸티아 등의 닭의장풀과 식물, 조란 등의 관엽식물은 토양 대신에 물속에 뿌리를 넣어도 잘 자라고 줄기를 잘라 물에 담구어도 줄기 마디에서 쉽게 뿌리가 발생된다. 조란의 경우 포복줄기에 달린 어린 식물체의 공기뿌리 부분을 물에 담구면 곧 뿌리가 자라기 시작한다(그림 9-17).

초봄에 히야신스나 수선화, 아마릴리스와 같은 구근류의 알뿌리 밑부분을 물속에 담구어 햇빛이 비치는 곳에 두면 뿌리를 내리고 싹이 터 향기로운 꽃이 핀다. 수경재배한 토란, 미나리, 고구마 등의 채소류도 실내공간 장식용으로 이용되며, 특히 시페루스, 파피루스와 같은 열대 수생식물은 수경용 용기에 잘 어울리고 수경에 적합한 식물이다. 그 외 워터레터스나 살비니아 등의 열대 부유 수생식물은 넓은 용기에 담아 즐길 수 있다.

그림 9-17. 여러 가지 수경재배 방식

10. 실외용 분식물 디자인

실외용(室外用) 분식물은 실외공간의 환경조건에서 생육할 수 있는 식물로 이루어진다. 광선, 온도, 수분 등의 환경조건이 정원에 심은 식물과 비슷하므로 관상가치가 있는 온대식물은 대부분 이용될 수 있으며, 봄부터 가을까지 이용할 경우에는 열대식물도 가능하다. 그러나 실외라 해도 건물과 관련하여 다양한 공간에 배치되므로 광선과 온도, 수분, 그리고 바람 등의 조건이 달라질 수 있다.

분식물이 많이 배치되는 실외공간은 건물과 관련된 창가, 발코니(balcony) 또는 베란다(veranda), 테라스(terrace)나 파티오(patio), 현관 또는 대문 앞, 옥상, 벽면(wall garden)을 비롯하여 다양한 목적의 정원과 도심의 거리 등이다(그림 10-1).

실외 분식물은 실내에서 이용되는 유리용기나 배수구 없는 용기를 이용할 수 없는 점을 제외하면 실내용과 비슷한 방식으로 제작되지만 대부분 큰 용기를 이용하고 실내에서 이용되는 열대 관엽식물과는 다른 온대용 식물, 특히 꽃피는 식물이 많이 이용된다.

기본적으로는 용기에 어떤 식물을 심어도 되지만 실외에서 많이 이용되는 분식물 디자인은 나라와 시대에 따라 많이 이용되는 양식이 있다. 한국에서 전통적으로 이용되어 왔던 목본식물 중심의 분재(盆栽)와 초본식물 중심으로 경관을 표현하는 분경(盆景)은 오늘날에도 이용되고 있다. 그러나 요즘 많이 이용되는 실외용 분식물은 일년초나 다년초와 같은 초화류를 이용한 분화(盆花)를 중심으로 자생 초본식물, 외국에서 도입된 분식 토피아리, 외국의 방향성 식물인 허브, 주목이나 회양목과 같은 목본식물을 식재한 분 등이며, 그 외 채소나 약용식물 등 많은 식물들이 다양한 크기와 형태의 용기에 심겨져 각양각색의 모양으로 표현되어 이용된다.

그림 10-1. 실외용 분식물 디자인

10-1. 실외용 분식물의 용기

실외용 분식물의 용기는 배수구가 있어야 한다. 실내와 달리 물받침이 없어도 되지만 테라스나 파티오처럼 장소에 따라 배수된 물이 바닥을 더럽히면 물받침이 필요할 수 있다.

실외용 용기의 크기는 클수록 유리하다. 실내 열대식물과 달리 온대성 초화류는 뿌리가 가늘고 길게 뻗기 때문에 충분한 토양층을 조성해주어 정원의 토양에 직접 심은 것처럼 자랄 수 있도록 해준다. 또 토양이 많을수록 수분 함유량이 많아 자주 관수하지 않아도 된다. 특히 여름의 뜨거운 햇살 아래 자주 관수해야 한다면 분식물은 번거로운 일거리가 될 수 있다. 용기의 무게는 가벼울수록 유리하다. 무게가 무거울수록 구매, 식재작업, 이동 등의 작업이 힘들어진다. 그러나 오랜 옛날부터 가장 많이 사용해 왔던 토분(terracota)이나 석재 화분과 같이 용도나 디자인 목적에 따라 무거운 것을 이용할 수밖에 없는 경우도 있다.

용기의 형태는 가장 기본적인 화분 모양을 비롯하여 윈도박스, 걸이분 등이 많이 이용되며 그 외 다양한 용기를 이용할 수 있다. 크기가 클수록 비싸지므로 저렴하면서 아름다운 용기를 준비하는 것이 중요하다(그림 10-2).

10-2. 배수층과 토양 준비

실외용 분식물의 기본적인 식재방법은 실내용과 크게 다르지 않다. 배치될 공간의 용도에 적합한 용기와 식물이 선정되면 토양을 준비한다. 자연적인 강우를 받는 실외공간에는 배수구 있는 용기를 이용해야 하는데 배수구 위에 부직포를 깔아 물은 빠져나가고 흙이 빠져나가지 않도록 한다.

크기가 큰 실외용 용기에는 배수층을 만들어 주어야 배수가 잘 되는데 알갱이가 굵은 배수용 펄라이트를 용기 깊이의 1/5 정도 채운다. 용기에 뿌리가 자랄 수 있는 충분한 토양을 담을 수 있다면 배수층이 깊을수록 배수와 통기에 유리하다. 특히 부피가 큰 실외용 용기에 배수층을 깊게 만들면 배수와 통기뿐 아니라 배수층 재료보다 비싼 토양 비용을 줄일 수 있다. 배수층은 잔돌, 굵은 마사토, 하이드로볼, 입자가 굵은 배수용 펄라이트, 모래, 굵은 바크 등을 이용할 수 있다(그림 10-3). 이동할 필요가 있으면 가벼운 펄라이트나 하이드로볼을 배수층으로 사용하는 것이 좋으며, 이동할 필요가 없다면 저렴한 모래나 마사토를 이용하는 것이 경제적이다. 배수층을 만든 뒤 토양을 담는다.

토양은 정원토를 그대로 이용할 수 있으나 용기에 담으면 배수성이 떨어지므로 배수가 잘 되도록

그림 10-2. 실외용 분식물의 용기

그림 10-3. 배수층 만들고 토양 채우기

개선해야 하며, 생육이 왕성한 꽃피는 식물을 위해 충분한 양분을 함유하는 토양을 만들어야 한다. 정원토의 배수성을 개선하려면 입자가 굵은 재료를 혼합해주는데 정원토에 알갱이가 굵은 배수용 펄라이트나 모래 또는 마사토를 혼합한다. 보비성을 위해서는 잘 숙성된 퇴비를 혼합해 준다. 인공토양을 이용한다면 입자가 굵은 배수용 펄라이트에 퇴비를 혼합하거나 가벼워야 되면 비료 성분을 첨가한 혼합인공토양을 이용할 수 있다. 혼합비는 정원토의 성분이나 입자가 굵은 재료, 퇴비의 성분에 따라 토양 분석을 하지 않는다면 정확하게 배합하기 어려우므로 경험적으로 정해야 하는데 재료를 조금씩 첨가해 관수해보면 어느 정도 알 수 있다('6. 토양' 참고). 배수성과 보비성을 위해 여러 가지 방식으로 토양을 배합할 수 있다(표 10-1).

표 10-1. 실외용 분식물의 토양 재료

구분	토양[a]	배수층	배수구 처리
가벼운 토양	비료 첨가된 혼합인공토 배수용 펄라이트 + 퇴비	배수용 펄라이트	부직포
무겁지만 저렴한 토양	정원토 + 가는 마사토 + 퇴비	굵은 마사토	부직포 또는 잔돌

[a]토양혼합비는 정원 토양의 성분에 따라 경험적으로 정하거나 토양 분석 결과에 따라 정한다.

분식물을 정원의 토양 바로 위에 배치할 경우 강우나 관수의 영향으로 시간이 지나면서 배수구가 막히기 쉬우므로 바닥에 토양과 배수구가 분리될 수 있도록 판석을 깐다거나 배수구를 막을 때 부직포 위 입자가 매우 굵은 재료를 넣어주는 것도 좋은 방법이다.

10-3. 실외용 분식물 식재방법

용기에 식물을 식재하는 방법은 실내용 분식물과 비슷하다. 실외용으로 왕성하게 자라는 온대식물은 실내용 열대식물에 비해 뿌리 부위가 크기 때문에 상부식물로 목본식물을 이용한다면 뿌리의 부피가 커서 목본식물 아래에 하부식물이나 지피식물을 식재할 공간이 충분하지 않은 편이다. 그래서 상부, 하부, 지피식물로 나누어 식물을 심는 경우보다 목본식물을 단독으로 심고 디자인이 단조롭거나 토양 표면이 너무 썰렁하면 뿌리가 없는 가장자리에 지피식물을 심는다. 뿌리 위 부분에 토양을 조금 더 채워 작은 지피식물을 심을 수 있으나 뿌리가 토양에 깊이 묻히면 통기성이 나빠지므로 바람직하지 않다.

목본식물은 크기가 작은 용기에서 충분히 뿌리를 뻗고 잘 자랄 수 없기 때문에 크게 자라는 교목보다는 작은 교목이나 관목을 용기에 심는다. 전 세계적으로 주목과 회양목이 많이 이용되는 분식목본식물이고 측백나무, 코니카가문비나무, 토피아리 장미 등도 이용된다.

실외용 분식물로는 초화류를 가장 많이 이용한다. 한 포기를 심는 경우도 있지만 대부분 한 용기에 여러 포기, 여러 종류를 심는데 다년초나 구근류, 일년초를 종류별로 혹은 서로 어우러지게 심어 화려한 꽃을 감상한다. 봄부터 가을까지 지속적으로 꽃피는 식물도 몇 종류 있지만 대부분 계절별, 혹은 월별로 개화기가 정해져 있어 초화류는 용도와 목적에 따라 여러 식물을 동시에 식재할 경우 개화기, 화색, 초장 등을 고려해 식물을 선정해야 한다.

용기에 배수층을 만들고 토양을 약간 담아 생산용 용기에서 뽑아낸 식물들의 토양 표면 높이가

그림 10-4. 용기에 식물 심는 방법

갈도록 배치한다. 초화류는 빨리 자라 크기가 커지므로 적당한 간격이 필요한데 어린 묘를 심을 경우와 어느 정도 자란 초화류, 또는 충분히 자라 지금 꽃이 피고 있는 식물이냐에 따라 간격을 조절한다(그림 10-4). 식물들의 자리가 잡히면 뿌리 사이의 빈 공간에 토양을 채워 마무리한다. 분식물의 토양 높이를 평평하게 할 수도 있지만 중심을 약간 불룩하게 만들면 입체감이 형성된다. 토양 표면의 높이는 용기 높이보다 약간 아래로 내려와 있어야 물을 줄 때 흙이 흘러넘치지 않으니 주의한다.

10-4. 다양한 유형 혹은 양식의 실외용 분식물 디자인

용기에 식물을 심는 방식은 비슷하지만 용기와 식물, 그리고 장식물이나 첨경재료를 어떻게 조합하느냐에 따라 다양한 분식물 디자인이 가능하다. 이러한 분식물 디자인 방법 중 나라와 시대에 따라 많이 이용되는 특정 양식이 있다. 우리나라에서는 역사적으로 분재와 분경이 많이 이용되었으나 최근에는 초화류를 이용한 실용적인 분식물이 많이 이용되는데, 외국의 전통적 양식과 새로운 현대적인 양식이 국내에 도입되면서 새로운 한국적 양식이 만들어지고 있다.

이러한 실외용 분식물을 유형과 양식, 또는 특성에 따라 몇 가지로 나누어 살펴본다.

10-4-1 목본식물 중심의 분식물 디자인

오래전에는 목본식물을 분재나 분경으로 만들어 실외에 배치하여 감상하는 것이 일반적이었다. 그러나 요즘은 정상적인 크기로 생육하는 상록수나 낙엽수, 또는 활엽수나 침엽수의 교목이나 관목을 크기가 큰 용기에 식재하여 실외 여러 공간에 배치한다. 특별한 식재 기술이 필요한 것은 아니지만 대형 식물이기 때문에 큰 용기가 필요하고 적절한 토양을 준비해야 하며 특히 교목은 이식 시기를 맞추어 주어야 한다. 용기 재배한 교목이라면 뿌리를 상하지 않고 이식할 수 있으니 문제가 없으나 대부분 농원의 토양에 식재되어 있는 교목을 파내어 이식하는데 가장자리 뿌리가 끊기게 되어 식물이 몸살을 한다. 3, 4월에 식재하는 것이 가장 좋으나 잘 대처해 주면 필요한 시기에 이식할 수도 있다.

실외공간의 생육환경과 시각적 환경에 맞추어 적절한 용기와 식물을 선정하는 것이 가장 중요하다. 식물을 선정할 때는 목본식물의 크기와 형태, 색, 질감, 꽃, 향기를 고려해야 하는데 식물은 계속 자라 크기와 형태가 달라진다. 실외에 한번 배치하면 몇 년씩 오래 이용하는 목본 분식물의 경우에는 식물이 자라 변화하는 모습보다 빨리 자라지 않고 형태가 잘 변하지 않는 식물을 심는 것이 유리하다.

분식용 목본식물로는 빨리 자라지 않고 전정에 잘 적응되는 회양목과 주목이 대표적이고 황금측백, 코니카가문비나무 등의 식물도 많이 이용된다. 특히 주목은 내음성이 커 그늘진 실외공간에 잘 적응된다. 덩굴장미나 클레마티스와 같은 덩굴식물도 용기에 심어 현관 양옆에 배치한다. 회양목은 보통 구형으로, 주목은 원추형으로 수형을 만든다. 외국에는 장미, 라벤더, 로즈마리도 구형 토피아리로 만든다. 목본식물 하부의 토양에 공간이 허용된다면 다년초, 그래스류, 허브류 등을 곁들여 식재하면 단조로움을 줄이고 변화감을 준다(그림 10-5).

그림 10-5. 분식 목본식물

10-4-2 초본식물을 이용한 분식물 디자인

초본식물, 즉 초화류를 이용한 분식물 디자인은 꽃이 관상의 주 대상이기 때문에 화색, 개화기, 초장이 중요한 요소이며 대부분 개화기에 의해 이용되는 기간이 결정된다(그림 10-6). 호스타(Hosta)류나 콜레우스, 글레코마, 아이비, 그리고 그래스류처럼 비개화기에도 관상가치가 있는 초화류를 선정하면 관상기간을 늘릴 수 있다.

초화류는 다년초와 일년초로 구분하여 선정하는데 다년초 중에서 특징적인 식물군을 따로 분리하여 구근류, 그래스류, 암석원식물, 고사리류, 수생식물로 구분하므로 용도와 목적에 맞는 식물을 선정한다. 광, 온도, 수분과 용기 내 토양과 같은 생육환경을 고려해야 할 뿐 아니라 형태, 크기(초장과 초폭), 질감, 화색과 개화기의 시각적 특성과 향기를 고려하여 식물을 선정한다.

시각적 특성에 따라 식물을 선정하는 요령을 설명하면 다음과 같다.

그림 10-6. 초본식물을 이용한 분식물 디자인

(1) 크기와 형태

초화류의 크기는 초장과 초폭으로 나타낸다. 초폭으로 식재 간격을 결정할 수 있으므로 용기에 필요한 초화류의 수량을 계산한다.

초화류의 형태를 분류하는 기준은 자료마다 큰 차이가 있으며 생육환경에 따라 달라져 정확하게 형태를 분류하기 어려우나 생육 습성에 따라 형태가 만들어지기 때문에 표 10-2와 같이 나누어 볼 수 있다. 분식용 초화류는 정원에 식재하는 초화류와 달리 용기에 식재하므로 개별적인 식재가 될 수도 있고 군식할 수도 있는데, 대체로 가까이서 관상하기 때문에 형태에 따라 시각적 느낌을 다르게 받을 수 있다.

(2) 초화류의 색과 개화기

초화류의 색은 화색을 중심으로 잎의 색까지 포함하는데 흰색, 분홍, 빨강, 보라, 파랑, 은색, 녹색, 노랑, 주황의 9개 색으로 나눈다(손관화, 2012; 2013). 은색은 잎의 색이며 보라, 녹색, 노랑은 꽃뿐만 아니라 잎의 색이다. 디자인을 위한 개화기는 월별로 체크해 식물을 선정한다. 초화류는 종류에 따라 개화시기와 개화기간이 다른데 한 달 이내의 짧은 기간 동안 꽃피는 것도 있고, 적어도 한 달 이상 한 계절 동안 꽃이 피는 식물도 있으며 연중 지속적으로 꽃피는 식물도 몇몇 있다.

연중 지속적으로 개화하는 초화류는 많지 않은데 이 중 피튜니아와 제라늄이 세계적으로 가장 많이 이용되는 분식용 초화류이다. 한국에서는 무더운 여름에 생육이 좋지 않아 꽃이 잘 피지 않는다.

표 10-2. 초화류의 생육 습성에 따른 형태 분류

형태		종류
직립형(Erect)	줄기가 똑바로 서고 잎과 꽃을 지지	리아트리스, 해바라기, 에키나세아, 속새 등
덩어리형(Clump-forming)	꽃과 잎의 줄기가 바닥에서 올라와 치밀한 덩어리를 형성	디기탈리스, 루피너스, 니포피아, 수크령 등
쿠션형 (Cushion-or mound-forming)	빽빽이 채워진 줄기가 낮은 덩어리를 형성하고 꽃은 잎 가까이 있음	휴케라, 큰꿩의비름, 기린초, 은쑥 등
매트형(Mat-forming)	줄기가 촘촘하게 토양 표면을 덮고 꽃은 그 위로 올라옴	백리향, 패랭이꽃, 꽃잔디, 셈퍼바이범 등
퍼진형(Spreading)	줄기가 수평으로 뻗으면서 위로 올라가 빽빽하게 채워진 덩어리를 형성함	모나르다, 램스이어, 라벤더(반관목), 센톨리나, 페퍼민트 등
포복형(Prostrate and trailing)	줄기가 토양 표면으로 뻗어가고 꽃은 잎 가까이 만들어짐	리시마키아, 좀씀바귀 등
무경형(Stemless)	꽃과 잎의 줄기가 바닥에서 올라옴	팬지, 민들레 등
덩굴형(Climbing or scandent)	길고 구부릴 수 있는 줄기는 다른 식물이나 구조물에 의해 지지	피튜니아, 한련화, 긴병꽃풀, 다이콘드라 등
착생형(Epiphytic)	뿌리가 토양보다는 나무나 돌 등에 붙어 자람	풍란, 구실사리, 일엽고사리 등
부엽형(Floating)	물 위에 뜨는 식물	부레옥잠, 생이가래, 개구리밥 등

표 10-3. 몇 가지 다년생 초화류(구근류, 그래스류, 암석원식물, 수생식물 포함)의 초장, 화색, 개화기

초장	화색	학명	월별 색 변화											
			1	2	3	4	5	6	7	8	9	10	11	12
소 (0~ 60cm)	흰색	*Astilbe chinensis* 'Finale' (노루오줌 피날레)						6	7					
		Chrysanthemum zawadskii var. *latilobum* (구절초)									9	10		
	분홍	*Armeria pseudarmeria* 'Mardi Gras' (큰너도부추)				4	5							
		Origanum vulgare (오레가노)					5	6	7	8	9			
	빨강	*Astilbe chinensis* 'Vision in Red' (아스틸베 비전)						6	7	8				
		Lychnis coronaria (우단동자꽃)							7	8				
	보라	*Aster novi-belgii* 'Purple Dome' (아스타 퍼플돔)						6	7	8	9	10		
		Astilbe arendsii 'Etna' (아스틸베 에트나)						6	7	8				
	파랑	*Salvia nemorosa* 'Blauhugel' (숙근사루비아 블루)					5	6						
		Veronica spicata 'Ulster Blue Dwarf' (베로니카 울스터 블루 드워프)						6	7	8	9	10		
	은색	*Stachys byzantina* (람스이어)[a]					5	6						
		Artemisia stelleriana 'Silver Brocade' (은쑥)[a]												
	녹색	*Equisetum hyemale* (속새)[a]												
		Hosta yingeri (흑산비비추)[a]						6	7					

초장	화색	학명	월별 색 변화											
			1	2	3	4	5	6	7	8	9	10	11	12
	노랑	*Inula britannica* var. *japonica* (금불초)							7	8	9			
		Narcissus tazetta var. *chinensis* (수선화)			3	4								
	주황	*Achillea* 'Walther Funcke' (톱풀오렌지)						6	7	8	9	10		
		Echinacea 'Sunset' (에키나 선셋)						6	7	8				
중 (60~120cm)	흰색	*Chrysanthemum maximum* (샤스타데이지)					5	6	7					
		Cimicifuga heracleifolia (승마)								8	9			
	분홍	*Lythrum salicaria* (털부처꽃)							7	8				
		Chelone obliqua (오블리쿠아 켈로네)							7	8	9			
	빨강	*Achillea millefolium* 'Paprika' (톱풀파프리카)						6						
		Phlox paniculata 'Red Riding Hood' (후록스 레드후드)						6	7	8	9	10		
	보라	*Agastache rugosa* (배초향)							7	8	9			
		Serratula coronata var. *insularis* f. *insularis* (산비장이)							7	8	9	10		
	파랑	*Delphinium grandiflorum* (델피니움)							7	8				
		Phlox paniculata 'Blue Paradise' (후록스 파라다이스)						6	7	8	9	10		
	은색	중간 크기의 은색 다년초는 거의 없음												
	녹색	*Asparagus schoberioides* (비짜루)[a]					5	6						
		Arisaema heterophyllum (두루미천남성)[a]					5	6						
	노랑	*Solidago virgaurea* ssp. *asiatica* (미역취)							7	8	9	10		
		Ligularia taquetii (갯취)						6	7					
	주황	*Phlox paniculata* 'Dohong' (후록스 도홍황)						6	7	8	9	10		
		Helenium 'Indiansummer' (헬레니움 인디어너섬머)							7	8				

[a]엽색.

여름에는 피튜니아 대신 내서성이 강한 사피니아를 이용한다. 외국에서 많이 이용하는 초화류라 할지라도 한국의 기후조건에 잘 맞는 식물을 선택한다. 열대성 화초들은 한국의 더운 여름에도 계속 꽃피울 수 있으니 겨울을 제외한 3계절을 이용할 경우에 좋은 식물이다. 표 10-3을 참고로 초장, 화색, 개화기를 맞추어보자.

(3) 식재방법

초화류 분식물 디자인에서 가장 중요한 요소는 용도와 이용기간에 맞추어 개화기와 화색이 다른 식물을 어떻게 선택하고 여러 종류의 식물을 어떻게 혼합해서 식재할 것인지를 결정하는 것이다.

거주자들에 의해 디자인되는 주거용 건물의 분식물과 달리 업무용 건물이나 상업용 건물 주변, 도심의 거리를 장식하는 분식물은 일년초나 다년초 여부와 상관없이 대체로 한 계절에 한 번씩 식물을 교체한다. 예산이 충분하면 자주 보식하거나 교체해 연중 개화하는 꽃을 보는 것이 효과적이다.

디자이너는 개화기가 비슷한 여러 식물을 혼식할 경우에 개화기간이 달라 개화 후 관상가치가 떨어지는 식물을 어떻게 교체해야 할지 결정해야 한다. 예를 들어 여름이라면 에키나세아, 모나르다, 센톨리나, 서양톱풀과 같은 꽃을 램스이어, 속새, 사초, 병꽃풀과 같은 잎과 딜, 펜넬 등의 허브류와 혼식하면 단일식물을 식재했을 때보다 다채롭다.

10-4-3 허브류를 이용한 분식물 디자인

방향성 식물 중 허브류는 초본식물을 중심으로 저관목을 포함하고 있다. 꽃이 중심인 초화류에 비해 잎이 관상의 대상인 식물이 많아 개화기와 상관없이 이용할 수 있으며, 특히 향기가 발산되는데다 병충해가 적고 대부분 식용도 가능해 분식물로 이용하기 좋은 식물이다.

실외에서 충분한 광선을 받으면 잘 자라고 다년초는 이듬해 봄에 다시 싹이 올라오지만 로즈마리, 센티드 제라늄과 같이 내한성이 약한 식물은 겨울에 광선이 충분한 실내공간에 들여놓아야 월동할 수 있다. 민트나, 세이지, 램스이어와 같은 다년초는 이듬해 봄에 다시 싹이 올라오지만 겨울에 온실에 배치하면 계속 자란다. 외국에서 도입된 허브류는 대중적인 인기를 가지면서 많이 알려져 있으나 배초향, 향유, 참당귀, 산부추 등의 자생식물도 향기와 관상가치가 좋은 식물들이다.

허브류는 소형 용기에 한 개 또는 여러 포기를 심어 창가에 배치하기도 하고, 대형 용기에 같은 종류 또는 여러 종류를 혼식해도 좋으며 꽃피는 식물과 혼합해서 심어도 좋다. 허브류는 토분과 잘 어

그림 10-7. 허브류

울리며 특정한 양식 없이 다양한 용기에 각양각색으로 심을 수 있다(그림 10-7).

10-4-4 분재와 분경

분재(盆栽, bonsai)는 깊이가 매우 얕은 분에 목본식물을 심어 생장을 억제시켜 자연에서 자라는 거목(巨木)이나 노목(老木), 또는 수형이 아름다운 수목에서 느낄 수 있는 정취와 풍경을 한정된 크기의 작은 분에 축소하여 묘사한 것으로, 고려 중엽부터 이용되어 왔던 전통적인 분식물 디자인이다. 이러한 수목의 경관은 단기간에 형성되지 않기 때문에 실용적인 공간장식용이라기보다는 하나의 예술작품처럼 애호가들에 의해 이용되는 분식물이다.

분재는 크게 소나무류와 향나무류 등의 상록수를 소재로 만든 송백(松柏) 분재, 소사나무, 느릅나무, 팽나무, 느티나무 등의 낙엽성 수목으로 이루어진 잡목(雜木) 분재, 꽃복숭아, 꽃아그배나무, 왜철쭉, 명자나무 등의 꽃이 아름다운 수목을 소재로 한 꽃나무 분재, 그 외 과실 분재, 초본식물을 주소재로 한 초물(草物) 분재 또는 분경으로 나뉘어진다. 줄기의 형태에 따라 직간, 사간, 반간, 곡간, 현애, 문인목으로 나뉘며, 줄기의 수에 따라 단간, 쌍간, 삼간, 포기세우기, 뿌리이음 등으로 나뉜다. 또 재배 유형에 따라 모아심기, 돌붙임, 뿌리솟음 방법이 있다(그림 10-8).

분재는 한국의 자생 목본식물이 많이 이용되므로 광선이 풍부하고 겨울의 저온을 겪을 수 있는 실외에 배치되지만, 자연에서 크게 자라는 목본식물을 얕은 화분에 심어 생육을 억제시켜 형태를 만드는 만큼 형태를 만드는 기술뿐만 아니라 관리요령을 잘 알아야 한다. 또 계절의 변화에 따라 생장기와 휴면기를 반복하게 되므로 관수를 비롯한 관리가 쉬운 편은 아니다. 광선, 온도, 토양, 비료 등의 환경관리를 잘 해주어야 한다.

분경(盆景)은 얇은 분에다 목본식물뿐만 아니라 초본식물과 돌, 고목 등을 이용하여 자연의 아름다운 경관을 연출한 분식물 디자인으로, 조선시대 이전부터 이용되어 왔던 전통적인 양식이며 분재의 한 분야로 초물 분재로 표현되기도 한다. 서양의 디쉬가든(dish garden)과 비슷한 의미이지만 선정된 식물의 종류와 그 표현양식에 큰 차이를 보인다. 한국의 전통적인 분경은 온대지방의 목본과 초본식물을 이용하여 자연의 아름다운 경관을 표현하나, 디쉬가든은 열대나 아열대식물을 위주로 열대 밀림이나 사막의 분위기를 연출하는 경우가 많다.

분경에는 석창포, 돌나물, 범의귀, 바위떡풀, 돌단풍, 공작고사리, 세뿔석위, 사철난, 바위취, 풍란, 왜란 등의 식물이 많이 이용된다. 이용되는 주 식물이 일년초와 다년초 등의 한국의 초본 자생식물

그림 10-8. 분재와 분경

이므로 계절에 대한 식물의 생장기와 휴면기의 변화에 주의해야 한다. 산, 숲, 들판, 연못가, 계곡, 골짜기 등의 자연 경관에 대한 표현이 일반적인데 돌, 고목 등과 목본식물과 초본식물, 이끼 등으로 자연 풍경을 만드는 분경도 규모에 따라 섬세한 기술이 필요하다(그림 10-8).

경관의 연출보다는 자생식물 자체의 아름다움을 위해 식물을 중심으로 가볍게 구성되는 분경도 많다. 용기는 주로 도자기, 토기, 돌용기, 기와 등이 많이 이용되며, 분식물을 배치하는 테이블이나 첨경재료들이 같이 제작되기도 한다.

10-4-5 분식 토피아리

정원의 상록수나 활엽수를 전정하여 모양을 만든 토피아리(topiary)는 1세기에 정원사인 플라이니(Pliny)에 의해 만들어진 이래 분식용으로도 많이 이용된다. 실내용 토피아리는 철사로 형상을 만든 틀에 열대 덩굴식물을 자라게 해서 만드는 경우가 많으나, 실외용은 전정하여 형태를 만드는데 구형과 원추형 토피아리가 가장 흔한 형태이며 여러 가지 동물 모양으로도 만들어진다. 그리고 긴 줄기 끝에 구형이 되도록 만들거나 수양버들과 같이 가지가 늘어지는 나무의 줄기 끝을 잘라 줄기 끝에서 아래로 가지가 늘어지도록 형태를 만들기도 한다. 좌우 대칭인 나무는 전정을 정확하게 하기 위해 마분지나 판자에 나무의 반쪽 형태를 파내어 판자의 형태에 맞추어 가위로 가지를 잘라준다. 식물의 크기에 비해 지나치게 가지를 잘라내면 식물 생육이 나빠질 수 있으니 주의한다. 분식 토피아리는 외국에서는 매우 선호되는 분식물이지만 국내에는 많이 이용되지 않는 편이다(그림 10-9).

최근의 토피아리는 모자이크 컬쳐(mosaic culture)라는 이름으로 정원용 또는 꽃박람회 전시용으로 많이 제작되는데 소형 분식용으로 제작될 수도 있다. 원하는 형태로 틀을 만들어 망사로 틀 주변을 씌우고 내부를 가벼운 인공토양으로 채워 전체 표면에 어떤 식물로 어떤 효과를 낼 것인지 디자인해 망사에 구멍을 뚫어 식물을 빈틈없이 식재한다. 규모가 클수록 원하는 기간 동안 식물이 잘 견딜 수 있게 자동급수장치를 해야 하고, 오랜 기간 이용할 목적이면 관수를 골고루 잘할 수 있도록 조절하는 것이 중요하다.

그림 10-9. 분식 토피아리

04

분식물 디자인

분식물을 이용한 디자인은 소형 장식물의 제작에서부터 크기가 큰 분식물의 실내외 공간 배치, 분정원 조성, 또는 실내정원 조성을 위한 디자인까지 다양한 특성과 규모를 보이고 있다. 또한 다른 디자인과 달리 분식물 디자인은 지속적 혹은 영구적으로 공간을 점유하는 식물을 중심으로 이루어지는 디자인이므로, 공간의 용도에 맞는 시각적이고 기능적인 조건뿐만 아니라 식물 생육에 적합한 환경조건까지 고려해야 하는 복잡한 내용을 가지고 있다.
4부에서는 규모가 커질수록 복잡해지는 분식물 디자인을 잘 이행하기 위한 도구인 디자인 과정과 좋은 디자인을 위해 이해해야 하는 디자인 요소와 원리에 대해 살펴보기로 한다.

11. 분식물 디자인 과정

분식물을 재료로 공간의 장식물을 제작하거나 분정원이나 실내정원과 같은 공간을 조성할 경우, 단순하게 재료를 배열하거나 분식물을 배치하는 것만으로는 아름답고 기능적인 분식물 디자인을 이루어 낼 수 없다. 특히 분식물을 이용한 공간 디자인은 복잡한 공간문제를 해결할 수 있는 전개 순서인 디자인 과정(design process)을 거쳐야 의뢰인(client)이나 사용자 또는 디자이너(designer) 모두 만족스러운 결과를 얻을 수 있다(Austin, 1985). 디자인 과정은 의뢰인 또는 사용자와 디자이너 간의 협력에 의해 디자이너가 계획안을 계획하고 개발하는데 이용되는 논리적이고 체계적인 접근방법이며, 디자인의 문제점을 기능적이고 미적으로 해결하는 길을 의뢰인이 이해하도록 하는 디자이너의 안내 과정이다.

디자인 과정은 디자인의 특성에 따라 다양한 전개 순서가 있으며, 어떤 과정이 적용되어져야 하는지는 일의 내용과 디자이너의 경험과 감각에 의해 다양한 방식으로 이끌어진다. 분식물 디자인은 이용 목적, 규모, 제작 및 시공방법 등에 따라 디자인 과정을 다르게 적용할 수 있지만, 대부분 '디자인 목적의 설정 → 조사 → 분석 → 구상 → 디자인'의 순서로 디자인되며, 완성된 디자인 안에 따라 분식물을 제작하거나 분정원 또는 실내정원을 시공한다. 시공 후 제작된 분식물이나 시공된 공간에 대한 평가가 있어야 하며 식물 관리에 대한 지침도 제공해야 한다. 분식물 디자인은 식물을 주 재료로 이루어지는 만큼 관리에 관련된 부분이 디자인에 큰 영향을 미친다.

디자인 과정은 체계적인 계획이지만 일사분란하게 순서대로만 진행되는 것은 아니다. 디자인 과정은 여러 단계를 동시에 진행하거나 필요시 다시 전 단계를 반복할 수 있다. 즉, 디자인 과정은 순환적(cyclic)이고 반복적(alternative)이다. 그러나 디자인 과정 어느 단계에서나 시작할 수 있거나 한 단계에서 다른 단계로 마음대로 갈 수 있는 것은 아니다. 디자인 과정의 또 하나의 특징은 도해적(graphic), 즉 과정 대부분을 그림으로 표현하는 것이다. 디자인 과정을 프로그램이나 목록으로 표현하는 부분도 있지만 그림으로 표현하면 의사전달이 더 쉽기 때문이다.

디자이너는 디자인 과정 계획의 초기 단계부터 나쁜 영향을 미치는 요인을 최소화하고 바람직한 점을 최대화하도록 노력하면서 정확한 판단을 해야 하는데 디자이너의 능력, 경험, 지식, 통찰력, 심미안, 판단력, 창조력 등은 디자인에 큰 영향을 미친다. 디자인 과정에 익숙해지면 많은 단계를 직관적으로 이해하게 되어 처리 속도가 빨라진다.

이 장에서는 소규모 장식용 분식물 제작을 위한 디자인 과정과 대규모 공간의 분식물 배치나 실내정원 조성과 같은 규모가 큰 디자인 과정 두 가지로 나누어 살펴본다.

11-1. 소규모 분식물 제작을 위한 디자인 과정

소규모 장식용 분식물 디자인은 일시적인 용도이거나 이용 공간을 크게 고려하지 않아도 되는 경우가 많아 규모가 큰 공간의 대형 분식물이나 실내정원 디자인과 달리 복잡한 디자인 과정을 거치지 않고 간단하게 일을 진행해 나갈 수 있다. 소규모 분식물 디자인을 위한 한 가지 디자인 과정을 소개하면 다음과 같다(그림 11-1).

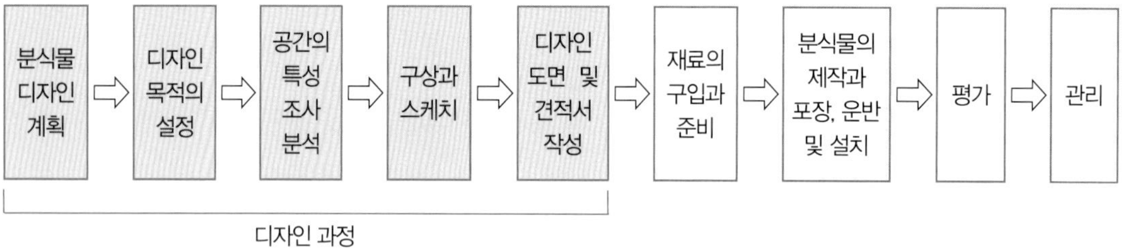

그림 11-1. 소규모 분식물 제작을 위한 디자인 과정

11-1-1 분식물 디자인

(1) 분식물 디자인 계획과 디자인 목적의 설정

첫 번째 단계는 의뢰인 또는 사용자와의 토의를 통하여 분식물이나 분식물이 배치될 공간의 용도나 목적을 파악하고 주제와 개념(consept)을 정하는 것이다. 생활공간 장식용, 축하용, 행사용, 디스플레이용, 전시회용 등의 용도와 목적에 맞추어 메시지를 전달할 수 있는 주제와 개념(consept)을 정하고 의뢰인이 원하는 양식과 예산에 따라 다음 단계인 공간 조사 분석을 한다. 의뢰인과의 대화시 포트폴리오(portfolio)를 이용하면 여러 가지 결정을 쉽게 할 수 있다.

(2) 공간의 특성 조사 분석

의뢰인과의 토의에서 분식물 디자인의 주제가 결정되면 분식물이 배치될 공간의 환경조사를 한다. 필요한 분식물의 크기, 유형, 수량, 색상 등을 결정하기 위해 공간의 용도, 크기, 환경조건(광도, 온도), 가구, 조명 등을 조사하고, 분식물이 배치될 위치를 결정하기 위해 공간 이용자의 특성과 공간의 시각적 특성을 조사한다. 조사된 내용에 대한 문제점과 이점(利點)을 파악하여 해결책과 방안을 만든다.

(3) 구상과 스케치

수집된 자료의 조사 분석 결과에 의해 디자인 목적에 맞는 계획, 즉 디자인 공간의 규모 · 형태 · 양식 · 배색에 맞추어 배치되는 분식물의 크기 · 형태 · 수량 · 색상 · 질감 등을 구상한다. 개별적인 분식물 디자인을 위한 구상에서는 분식물을 바라보는 방향이 일방형인지 사방형인지 정하고, 그 다음 정형적인 구성(추상적 구성)인지 비정형적인 구성(자연적 구성)인지, 그리고 대칭형인지 비대칭형인지, 마지막으로 식물의 선과 윤곽을 뚜렷하게 나타내는 라인 디자인(line design)으로 할 것인지, 식물을 가득 채워 전체가 어우러지는 매스 디자인(mass design)으로 할 것인지를 정한다(그림 11-2).

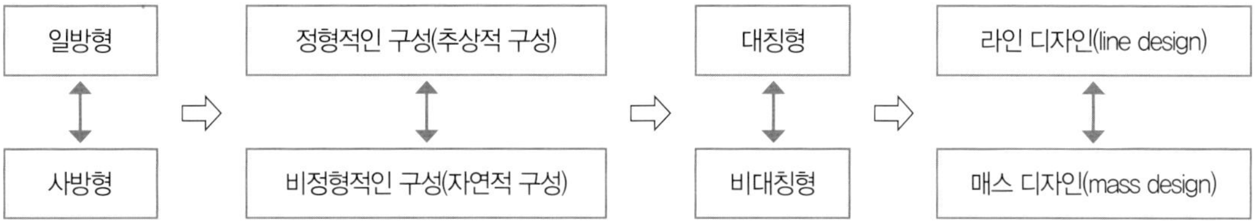

그림 11-2. 개별적인 분식물 디자인의 구상 내용

그 다음으로 주제의 메시지를 전달하기 위한 구체적인 안들을 찾아 정하기 시작한다. 예를 들면 호텔 현관을 장식할 분식물을 위해 주제에 맞는 용기와 식물의 크기, 형태, 그리고 색과 질감을 정한다. 이사를 축하하기 위한 선물용일 경우에도 주제에 맞추어 디자인을 구상한다. 구상된 분식물의 아이디어는 방안지를 이용하여 치수에 맞게 스케치한다.

디자이너는 좋은 구상을 위해 끊임없는 노력이 필요하다. 분식물 디자인에 대한 경험이 풍부하더라도 다른 디자이너의 작업이나 디자인을 잘 관찰하여 새로운 아이디어를 얻거나 문제점에 대한 해결책을 찾는다. 역사적으로 다른 시기와 다른 나라의 분식물 디자인을 연구하거나 관련 서적 조사, 화원 방문, 데몬스트레이션 쇼와 전시회 참석에서도 영감(靈感)을 받을 수 있다. 자신이 보는 모든 분식물이나 분식물이 배치된 공간을 자세히 관찰함으로써 디자인 안목을 높이도록 한다.

(4) 디자인 도면 및 견적서 작성

소형 분식물 디자인일 경우에는 가벼운 스케치로도 의뢰인과 의사소통이 가능하나 공간의 연출일 경우에는 분식물의 배치를 나타내는 평면도와 높이를 볼 수 있는 입면도를 기본으로 3차원적 모습을 볼 수 있는 투시도 등의 도면을 준비하거나 포토샵을 이용한 실물과 거의 흡사한 도면을 작성해야 의뢰인이 디자인을 쉽게 이해할 수 있다. 그러나 소규모 분식물 디자인일 경우 예산이 적으므로 디자인 도면 작성을 위한 시간과 비용을 조절해야 한다.

디자인이 완성되면 디자인과 예산에 맞추어 사용될 재료에 대한 견적서를 작성한다. 견적서는 주요 재료를 식물, 토양, 용기, 장식물 및 첨경재료로 나누고 그 외 인건비, 시공잡비, 디자인비 등으로 구분하여 정리하면 이해하기 쉽다. 재료는 재료명과 수량, 규격, 단가 등 필요한 내용을 표기한다. 디자인비는 15% 정도로 하지만 견적서의 재료비보다 저렴하게 재료를 구입하여 재료비에서 이익을 얻는 경우가 대부분이다.

11-1-2 제작 및 시공

(1) 재료의 구입과 준비

작성된 견적서의 재료를 구입한다. 구입된 식물 재료는 스트레스를 받지 않도록 좋은 환경에 두어 유지한다. 특히 분식물에 관수하는 것을 잊지 않는다. 깨끗이 정돈된 작업대에 필요한 도구들과 재료들을 바른 위치에 놓아 작업이 용이하도록 한다. 경우에 따라 분식물이 배치될 공간에서 작업해야 되는 경우도 있다.

(2) 분식물의 제작과 포장, 운반 및 설치

디자인 도면대로 분식물을 용기에 심고 장식물 또는 첨경재료를 배치한다. 많은 경우 소형 분식물은 작업실에서 제작하여 그대로 판매하거나 배치될 공간으로 운반 혹은 배달한다. 운송시에 손상을 입지 않도록 적합한 포장재와 포장법을 적용하여 제작된 분식물이 원형 그대로 유지될 수 있도록 한다. 분식물의 규모가 커서 운반이나 설치에 어려움이 예상되는 경우에는 배치할 장소로 이동하여 작업한다. 운반시 분식물은 차량 내부에 넣어 바람 때문에 손상되지 않도록 한다. 분식물 디자인이 완성되면 사진을 촬영하고 여러 가지 사항을 함께 기록한다.

(3) 평가

계획에서 디자인, 제작, 운송, 공간 배치까지 디자인의 모든 과정을 평가하여 기록으로 남긴다. 흡족했거나 미흡했던 점들, 그리고 문제점에 대한 개선안을 생각하여 기록해 놓으면 다음 작업에 좋은 자료로 참고할 수 있다. 또한 이러한 자료는 시간이 경과한 후에 자신의 발전과정을 확인할 수 있는 자료가 될 수 있으므로 보관한다. 작업명, 날짜, 주제, 여러 가지 도면, 견적서, 설치 장소의 기록과 함께 분식물 디자인의 사진을 첨가하여 포트폴리오(portfolio)로 정리한다.

(4) 관리

분식물을 용기에 심은 후 관수해야 하며 판매시 또는 필요한 공간에 배치 후 담당자에게 관리방법을 알려준다. 많은 경우 관리요령을 몰라 식물의 상태가 급격히 나빠진다. 상세한 관리요령은 '22. 실내 분식물 관리'와 '23. 실외환경과 분식물 관리'를 참고한다.

11-2. 대규모 공간의 분식물 배치 또는 실내정원 조성을 위한 디자인 과정

소형 장식용 분식물 제작에 비해 대규모 공간의 분식물 배치나 실내정원 조성은 일의 내용이 많고 복잡하다. 규모가 커질수록 일은 더욱 복잡해지므로 디자이너가 성공적으로 일을 수행해 나가기 위해 복잡한 공간문제를 해결할 수 있는 디자인 과정을 적용하면 일을 쉽게 풀어 나갈 수 있다. 여기에서는 실내정원을 중심으로 디자인 과정(Austin, 1985)을 설명하기로 한다.

실내정원 디자인 과정은 실내정원 조성을 위한 디자인 목적을 설정한 후 의뢰인의 요구를 수용하

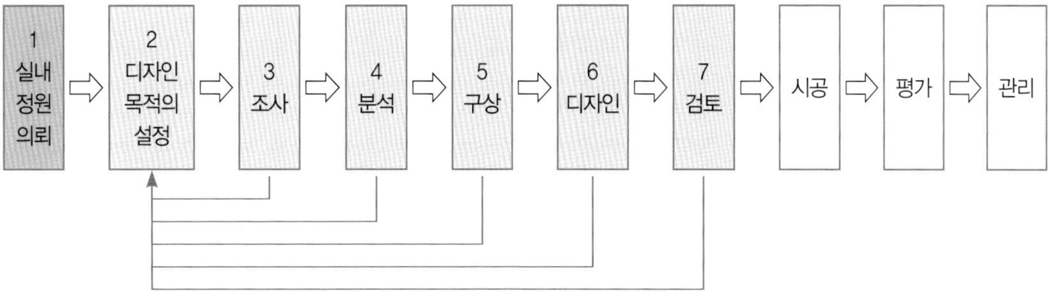

그림 11-3. 실내정원 조성을 위한 디자인 과정

여 공간의 환경 조사 과정을 거쳐 조사된 내용의 문제점과 이점(利點)을 분석하고, 이러한 분석 결과를 종합하여 구상 과정을 거쳐 디자인 안을 도출하는 과정이다. 도출된 디자인 안에 따라 실내정원을 시공하고 그 후 관리한다.

이 장에서는 디자인 및 실내정원이 완성될 때까지 과정을 '실내정원 의뢰 → 디자인 목적의 설정 → 조사 → 분석 → 구상 → 디자인 → 검토 → 시공 → 평가 → 관리'의 단계로 나누어 살펴보기로 한다(그림 11-3).

11-2-1 실내정원 의뢰

의뢰인들은 실내정원 관련 업체에 여러 가지 목적으로 실내정원 조성을 의뢰한다. 실내정원 조성 의뢰를 받으면 디자이너는 의뢰인과의 충분한 대화로 원하는 디자인 안을 만들어야 하고 이 디자인 안에 의해 시공한다. 실내정원은 규모가 작아 대부분 디자인과 시공이 같이 이루어지고 관리까지 계약하는 경우가 많다.

의뢰받은 실내정원은 신축 건물의 완공과 동시에 새롭게 조성되는 실내정원일 수도 있고, 기존 건물에 새로운 실내정원을 조성하거나 분식물을 배치하여 정원을 조성할 수도 있으며, 기존 플랜터나 용기의 식물을 교체하는 내용일 수도 있다. 또는 단순히 식물을 임대하는 것일 수도 있다.

11-2-2 디자인 목적의 설정

실내정원 의뢰를 받은 후 일을 진행해나가기 위한 디자인 과정의 첫 단계는 해결해야 할 과제나 상황을 디자인 과정의 초점으로 설정하는 것이다. 즉, 계획의 마지막 결과인 디자인 목적을 설정한다.

의뢰인이 실내정원을 만들기로 했을 때는 머릿속에 어떤 특정한 생각을 가지고 있다. 쇼핑센터에 아름다운 정원을 만들어 고객을 유인하여 구매충동을 일으키도록 원할지도 모른다. 사무실의 딱딱한 분위기를 줄이고 인간관계를 부드럽게 만들기 위한 공간 개선이 목적일 수도 있으며, 주거환경을 개선하고 가족간의 분위기를 화목하게 하기 위해 아파트의 실내정원을 원할 수도 있다. 또 박람회를 돋보이게 하기 위한 일시적인 전시일 수도 있다. 디자이너는 의뢰인이 실내정원을 만들기 위한 목적을 잘 파악하여 디자인 목적과 의도에 맞는 디자인이 되도록 이끌어야 한다(Austin, 1985).

11-2-3 조사(research)

디자인 목적이 설정되면 디자이너는 디자인 안에 필요한 모든 내용을 조사 검토하기 위한 프로그램(program) 혹은 목록(checklist)을 작성한다. 디자이너는 의뢰인과의 대화와 공간의 현장조사로 앞으로 풀어나갈 문제에 대한 인식과 규명을 위해 모든 것을 검토한다. 조사 단계에서 수집된 정보의 질과 정도는 분석과 디자인의 결정에 직접적인 영향을 미친다.

표 11-1. 조사 목록

조사 항목		세부 조사 항목	조사 내용 및 부가 설명
의뢰인의 요구사항		실내공간의 용도	주거용(단독주택, 아파트 등), 업무용(관공서, 회사, 은행 등), 상업용 건물(쇼핑센터, 호텔, 카페, 식당 등)
		실내정원 목적	휴식공간 제공, 건물의 이미지 상승, 상업용 건물 내부로 사람들 유인, 실내환경 개선 등
		의뢰인의 선호 양식	의뢰인이나 사용자의 기호, 취미, 생활습관, 인생관, 선호 양식(한식, 일식, 양식, 자연적, 도시적 등)과 특정 식물 선호 여부 등
		예산	
		관리방식	직접 관리 또는 외부업체 계약 관리 등
물리적 환경	건축	건물의 크기, 형태, 방향, 면적	기본 도면과 공간 조사
		천장고	실내정원 식물의 높이와 관련
		창문의 크기와 위치, 채광방식(측창, 천창)	기본 도면과 공간 조사
		출입구, 건축구조	동선과 관련
		플랜터의 위치와 크기, 형태, 깊이, 배수구 유무	플랜터가 조성되어 있을 경우
	전기	전기 용량, 전원 위치, 전기 인입방식	전선 연결 가능성
		조명방식	조명기구의 목적, 종류, 위치, 방식
	설비	냉난방	실내 온도, 습도, 바람
		급배기(구조, 위치, 용량)	창을 이용한 환기 혹은 급배기 기구 이용
		급수방식과 위치	관수방식 결정
		하수도 구조	플랜터 신축시 배수구와 관련
		방수	플랜터의 방수 여부
		습도조절장치	
	실내 건축	바닥 마감재	실내정원 플랜터나 첨경재료와의 조화 여부
		벽 마감재	〃
		천장 마감재	걸이용 식물 부착 가능성
		가구	
		장식물	액자, 조형물 등

조사 항목	세부 조사 항목	조사 내용 및 부가 설명
식물 생육 환경	광	광도 조사, 플랜터의 위치 설정과 관련
	온도(주야, 계절별, 휴일)	특히 겨울 야간 온도와 휴일 주야간 온도
	공기(습도)	다습성 식물 선정과 관련
	토양	조성된 플랜터에 토양이 있는 경우
	수분	관수를 위한 급수구와 연결 가능성
이용자 특성	건물의 용도	
	이용 예상자의 수	
	연령	어린이, 학생, 성인, 노인
	성별	남, 여
	직업	
	이용시간	주야간 시간대
	이용 행태	이용 특성
	동선	동선(통행지도) 조사
시각적 특성	긍정적 시각구조	
	부정적 시각구조	화장실, 쓰레기통, 화재알림상자, 전기단자상자 등
	상부층의 조감 위치	

조사에 필요한 내용을 크게 의뢰인의 요구사항, 물리적 환경, 식물 생육환경, 이용자 특성, 시각적 특성의 5가지로 나눌 수 있다(이종석 외, 1993). 조사시 항상 고려해야 할 점은 건축과 관련된 내용뿐만 아니라 이미지, 기능, 미, 식물 생육의 다섯 가지 측면이다(표 11-1).

의뢰인을 만나면 조사를 위해 먼저 건물의 기본도(base map)를 구해야 일을 쉽게 풀어나갈 수 있다. 기본도는 눈에 보이는 모든 물리적 요소를 기록한 도면으로, 외부공간과 내부공간과의 연계 관계를 파악하기 위한 건축 배치도와 자연환경을 알 수 있는 주변환경도, 그리고 실내건축 마감도 등이다(이종석 외, 1993). 최근의 건물은 건축도면이 컴퓨터 파일로 보관되어 있으나 오래된 건물은 청사진으로 보관되어 있다. 기본도가 있으면 공간을 효율적으로 조사 분석할 수 있으나 기본도를 구하지 못하면 측량을 해야 하므로 일이 번거롭고 소요시간이 길어진다.

기본도는 건축과 관련된 모든 요소를 표현한 복잡한 도면이다. 실내정원을 위해 필요한 요소만 남기고 나머지 요소들을 정리하여 원도(原圖, base sheet)를 만든다. 의뢰인과의 대화와 공간 조사에 의해 수집된 모든 자료를 조사 목록으로 작성할 수도 있고, 원도에 표현하여 조사 도면을 만들면 이해하기 쉽다.

(1) 의뢰인의 요구사항 파악

디자이너는 의뢰인과의 면담시 실내공간의 용도, 실내정원 목적, 의뢰인이 선호하는 실내정원 양식(style), 예산, 관리방식을 중심으로 의뢰인의 생활습관, 인생관 등을 파악하여 디자인 목적의 설정뿐만 아니라 디자인에 적용할 수 있는 정보를 잘 체크한다. 이러한 자료는 조사 목록을 이용하여 정리해서 빠트리는 항목이 없도록 한다. 의뢰인과의 대화시 과거의 디자인 도면이나 사진이 잘 정리된 포트폴리오(portfolio)를 준비하면 의사소통이 쉬워진다.

예산은 의뢰인에 의해 언급되는 가장 중요한 부분이다. 예산으로 인해 식물을 비롯한 재료 선정에 대한 디자인 안이 결정될 수 있으며, 식물을 구입할 것인지 임대할 것인지 등을 결정할 수 있다. 관리방식은 디자인에 중요한 영향을 미치는데 관리방식에 따라 식물 선정이 달라지기 때문이다. 자동관수시설의 설치 여부와 자주 교체해야 하는 계절 식물을 이용할 것인지에 대해서도 잘 파악해야 한다.

(2) 물리적 환경 조사

공간의 물리적 환경 조사는 디자인 의도를 만족시켜 줄 수 있는 공간의 능력을 조사하는 것으로 건축과 관련된 내용의 조사이다. 크게 건축, 전기, 설비, 실내건축의 네 분야로 나누어 조사한다. 실제 공간 조사에 의한 자료를 목록으로 정리할 수 있지만 기본도나 원도에 그림으로 정리하면 알아보기 쉽고 다른 디자이너뿐 아니라 의뢰인과의 대화를 쉽게 이끌어낼 수 있다.

(3) 식물 생육환경 조사

공간 내 식물 생육과 관련된 환경을 조사하여 식물의 식재 위치나 식물의 종류를 결정한다. 식물 생육에 가장 중요한 환경은 광, 온도, 수분과 토양으로 온도와 수분, 그리고 토양은 인위적으로 조절할 수 있으나 광은 건축물의 창에 의해 결정되므로 인공조명을 보완하지 않으면 광을 조절할 수 없다. 실내공간에서 광도는 실내식물의 생육에 결정적 요소이다. 즉, 광조건에 따라 식물의 위치가 결정되므로 광에 대한 충분한 조사가 필요하다. 공간의 광도에 대한 지도를 만들면 공간 내 유용한 광의 위치를 알 수 있다(Austin, 1985).

광이 부족해 식물이 생육할 수 없는 위치에 여러 가지 이유로 식물을 배치해야 한다면 다음 단계인 분석 과정에서 해결점을 모색해야 한다.

(4) 이용자 특성 조사

건물 이용자의 특성은 건물의 용도와 직결된다. 그러므로 건물의 용도에 따라 이용 예상자의 수, 연령, 성별, 직업, 취미, 이용시간, 이용 행태를 조사한다.

예를 들면 사무빌딩과 관공서 및 은행 등은 이용자가 대부분 성인들이며 출퇴근시간이 일정하고 이용시간이 비교적 짧다. 이 같은 업무빌딩의 실내정원은 점심시간에 주로 이용되며 식사 · 휴식 · 만남의 공간이 된다. 병원 이용자는 환자와 의사 및 의료 직원 등으로 연령층이 다양하고, 병원은 치유를 위한 녹색의 식물이 필수적인 건물로 실내정원은 환자와 직원의 휴식공간 및 외래환자와 방문객을 위한 대기와 만남의 공간이 된다(이영무, 1995). 건물은 용도에 따라 이용객의 행태가 크게 차이나므로 이러한 조사 결과를 잘 분석하여 적절한 실내정원을 구상해야 한다(김수연과 방광자, 2002; 이애경, 2007).

건물 내부에 조성되는 실내정원은 공간을 이용하는 사람에게 방해가 되는지 이로운지를 조사해 적절한 장소에 만들어야 한다. 그러기 위해서는 건물 내부의 통행지도인 동선을 조사해야 하는데 보통 동선은 건물의 구조에 의해 형성된다. 동선을 조사할 때는 이용되는 실내공간에서 사람들이 움직이는 모습을 관찰하는데 사람들이 어떤 경로로 내부공간을 다니는지 알 수 있다. 미완성 공간은 기본 도면과 용도로 동선을 예측하는데 사람들이 공간을 걸어 다닐 때는 공통적인 특징이 있으므로 이러한 자료를 참고하고 건축가와의 대화에 의해 적절한 동선을 정립한다. 동선에 의해 시각적 특성이 결정되므로 동선 조사는 정확해야 한다.

(5) 시각적 특성 조사

실내정원은 실외정원과 달리 내부로 향하는 구심적(求心的) 시각구조를 가지는 것이 대부분이다. 이는 건물 내부에 조성되는 실내정원의 구조적 속성 때문이다(이종석 외, 1993). 실내정원은 규모와 구성에 따라 한 방향 또는 여러 방향에서 바라보는 관상의 대상으로 조성될 수 있고, 사람이 실내정원 내부로 들어갈 수도 있다. 그래서 정원이 바라보이는 각 지점, 그리고 상부층에서 바라보는 조감위치를 파악하고, 건물의 공간별 용도에 따른 긍정적 또는 부정적 시각구조를 조사하여 실내정원을 전망 또는 강조, 차폐, 차단의 기능적인 역할을 겸할 수 있도록 한다.

11-2-4 분석(analysis)

분석 단계에서는 조사 단계에서 정리된 조사 내용의 가치와 중요성을 디자인 목적과 관련하여 평가한다. 디자인 목적이 공간의 현 상황에 적절하게 결합될 수 있도록 조사한 자료를 제한점(문제점)과 자원(잠재력, 이점)으로 분류하고, 제한점에 대한 해결책을 제시하고 자원에 대한 이용방안을 마련해 분석안을 만든다(그림 11-4).

분석을 하는 동안 디자이너는 실내정원 조성을 위한 공간의 기능적, 시각적 의미를 더 잘 이해하기 위해 의뢰인, 사용자, 관리자의 역할이 되어 조사된 자료의 여러 가지 문제에 대해 생각해본다.

표 11-2. 분석 목록

<table>
<tr><th colspan="2">조사 항목</th><th>세부 조사 항목</th><th>제한점의 예</th><th>자원의 예</th><th>분석안</th></tr>
<tr><td colspan="2" rowspan="5">의뢰인의 요구사항</td><td>실내공간의 용도</td><td rowspan="5">• 건물은 현대적인데 의뢰인은 전통적인 양식의 실내정원 희망→ (해결책 : 퓨전 디자인)</td><td rowspan="5">• 식물을 잘 관리하는 전문가가 상주→ (이용안 : 식물을 다양하게 이용, 교체용 화초 이용 가능)</td><td rowspan="23">(실내정원의 목적에 부합되는 5가지 조사 항목의 문제점에 대한 해결책과 자원에 대한 이용안을 통합 정리해 디자인을 위한 지침 요약 정리)</td></tr>
<tr><td>실내정원 목적</td></tr>
<tr><td>의뢰인의 선호 양식</td></tr>
<tr><td>예산</td></tr>
<tr><td>관리방식</td></tr>
<tr><td rowspan="18">물리적 환경</td><td rowspan="5">건축</td><td>건물의 크기, 형태, 방향, 면적</td><td rowspan="18">• 겨울 공휴일에 난방을 안함→ (해결책 : 겨울 철거)
• 바닥은 대리석인데 벽이 벽돌로 되어 있어 질감이 거침→ (해결책 : 플랜터를 고운 질감으로 만들고 벽을 식물로 가려줌)
• 전기콘센트가 멀리 있음→ (해결책 : 분수나 조명을 설치하려면 전선을 끌어오거나 전기를 이용하지 않는 디자인 구상)
• 플랜터가 깊음→ (해결책 : 저렴한 토양 이용하거나 바닥에 스티로폼판을 깔아 토양비 줄임)</td><td rowspan="18">• 배수구가 있는 플랜터가 조성되어 있음 → (이용안 : 까다로운 식물 이용 가능)
• 플랜터 깊이가 깊음 → (이용안 : 토양층 깊어 다양한 식물이 잘 자랄 수 있음)</td></tr>
<tr><td>천장고</td></tr>
<tr><td>창문의 크기와 위치, 채광방식(측창, 천창)</td></tr>
<tr><td>출입구, 건축구조</td></tr>
<tr><td>플랜터의 위치와 크기, 형태, 깊이, 배수구 유무</td></tr>
<tr><td rowspan="2">전기</td><td>전기 용량, 전원 위치, 전기 인입방식</td></tr>
<tr><td>조명방식</td></tr>
<tr><td rowspan="6">설비</td><td>냉난방</td></tr>
<tr><td>급배기(구조, 위치, 용량)</td></tr>
<tr><td>급수방식과 위치</td></tr>
<tr><td>하수도 구조</td></tr>
<tr><td>방수</td></tr>
<tr><td>습도조절장치</td></tr>
<tr><td rowspan="5">실내 건축</td><td>바닥 마감재</td></tr>
<tr><td>벽 마감재</td></tr>
<tr><td>천장 마감재</td></tr>
<tr><td>가구</td></tr>
<tr><td>장식물</td></tr>
</table>

조사 항목	세부 조사 항목	제한점의 예	자원의 예	분석안
식물 생육 환경	광 온도(주야, 계절별, 휴일) 공기(습도) 토양 수분	• 천장이 매우 높음→ (해결책 : 높이가 높은 상부식물 준비)	• 벽면 전체가 창으로 되어 있어 매우 밝음→ (이용안 : 식물을 왕성하게 키우기에 좋음)	
이용자 특성	건물의 용도 이용 예상자의 수 연령 성별 직업 이용시간 이용 행태 동선	• 사람들이 한꺼번에 몰려 혼잡할 때와 이용자가 없을 경우가 있음→ (해결책 : 동선을 넓게 잡아야 함) • 주말 어린이들이 많음→ (해결책 : 어른과 어린이의 시각을 동시에 맞추어야 함)	• 혼잡할 때가 많음→ (이용안 : 플랜터를 작게 만들면 예산이 적게 들고 그 대신 높이가 높은 식물을 이용해 규모를 조절함)	
시각적 특성	긍정적 시각구조 부정적 시각구조 상부층의 조감 위치	• 벽의 전기선, 전화선 박스가 보임→ (해결책 : 식물로 가려줌)	• 상층에서 실내정원을 내려다 봄→ (이용안 : 재미있는 평면적 배식 구성)	

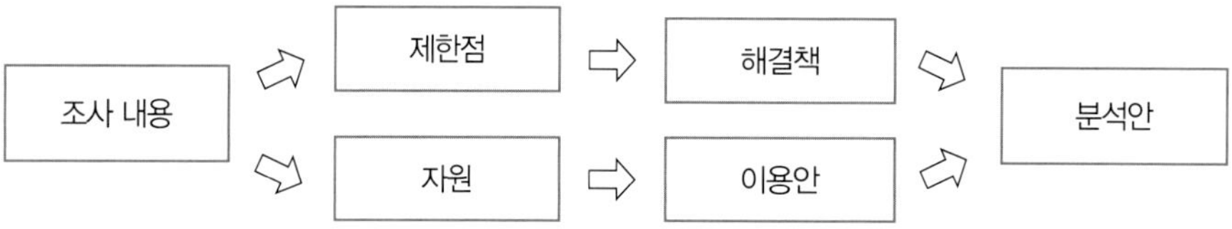

그림 11-4. 분석 과정

이 자료는 중요한가? 중요하다면 제한점인지, 자원을 제공할 것인지? 제한점이면 어떻게 해결해야 하는가? 자원이라면 어떻게 이들을 이용할 것인가?

이러한 분석 과정을 통한 결과에 의해 다음 단계인 구상을 위해 필요한 기준을 정할 수 있다. 분석 결과는 목록으로 작성하거나 원도에 기록하거나 추상적 기호를 그려 분석 도면을 만든다(표 11-2).

11-2-5 구상

디자이너는 분석 단계에서 나온 자료를 종합하여 디자인 목적에 필요한 여러 가지 디자인 안을 구상하기 시작한다. 구상 단계에서 실내정원의 주제와 개념, 양식을 정해 디자인 방향을 설정하고,

주어진 실내공간을 기능별로 나누어 여러 공간을 연결하는 동선을 개략적으로 수립하여, 실내정원을 조성할 공간을 정한다. 그리고 위치가 정해진 실내정원을 어떻게 구성할 것인지 개략적인 평면적 형태와 입체적 공간을 구상한다. 구상된 생각들은 스케치를 통하여 개략적인 형태의 그림으로 표현되며 가장 적합한 안을 찾아가는 과정에서 계속 수정된다.

이렇게 하여 구상 단계에서 만들어지는 개략적인 도면을 구상도(schematic plan) 또는 개념도(conceptual plan)라 한다. 개념도는 개략적이고 자유롭게 표현하는 도면으로, 그림이나 기호를 사용하는 시각적 전달방식인 다이어그램(diagram) 기법을 사용하여 나타낸다. 공간을 용도에 따라 분할할 때 기포형으로 둥글둥글하게 그리기 때문에 이렇게 표현된 도면을 기포형 도면(氣泡形圖面, bubble diagram)이라고도 한다. 구상 단계에서는 어느 정도 치수를 맞추지만 정확한 치수(scale) 없이 그림을 그리고 마지막 디자인 단계에서 정확한 치수(scale)로 크기와 형태를 결정한다.

구상 단계는 가장 도전적인 단계로서 디자이너와 의뢰인은 개념적인 구상을 통해 몇 개의 대안을 만들어 비교하면서 최종안을 결정한다.

(1) 구상 내용

① 디자인 주제와 개념

구상 단계에서 분석 결과와 디자인 목적에 부합되는 디자인 안을 구상해내기 위한 디자인 방향을 정해야 한다. 디자인 방향은 주제와 주제의 의미를 개략적으로 설명하는 개념(concept)으로 표현된다. 주제와 개념은 의뢰인이 원하는 디자인 목적을 만족시킬 수 있는 방향이 된다. 주제와 개념은 다양한 방법으로 표현할 수 있으나 의뢰인이 쉽게 이해하고 공감할 수 있어야 한다.

② 양식(style)

실내정원은 건물과 실외정원의 양식과 조화되는 양식을 선정하는 것이 일반적이지만, 의뢰인이 요구하는 양식과 상충될 수 있으며 디자이너가 선호하는 양식도 있다. 조사 분석된 자료를 참고로 실내정원의 양식을 결정한다(표 11-3). 특히 의뢰인의 선호 양식은 디자인의 방향에 결정적 영향을 미칠 수 있다.

③ 공간 분할

실내는 다양한 용도의 공간으로 분할되어 이용된다. 주거용 건물일 경우 출입구의 진입공간, 거실

표 11-3. 실내정원 양식(style)

기준	양식	사례
시대	전통식(traditional)	 중국  미국  스페인  한국
	현대식(contemporary)	
국가	한국식(Korean)	
	일본식(Japanese)	
	중국식(Chinese)	
	미국식(American)	
	유럽식(European)	
형태	정형적(formal)	
	비정형적(informal)	
식물	열대(tropical)	
	온대(temperate)	
	지중해(mediterranean)	
	사막(desert)	
공간	선적 디자인(line design)	
	양감적 디자인(mass design)	

의 가족공간, 부엌의 식사공간, 발코니나 베란다의 휴식공간이나 식재공간 또는 작업공간 등으로 나뉜다. 베란다에 식재공간이 마련되어 있는 경우도 있고 거실에 새로이 소규모 식재공간을 만들기도 한다. 사무용 건물은 출입구의 진입공간, 안내공간, 대기공간, 이동공간, 휴식공간, 사무공간 등으로 나뉜다. 많은 경우 휴식공간에 실내정원이 조성되고 사무공간 내 작은 실내정원이 조성되기도 한다.

이와 같이 실내공간을 용도 또는 기능별로 나누어 동선과 연계해 적절한 식재공간을 정한다. 식재공간은 의뢰인의 요구사항을 충족시키면서 식물 생육환경에 적합한 밝은 장소임과 동시에 시각적 효과와 기능적인 효과를 얻을 수 있는 장소이어야 한다. 건축시 플랜터가 조성되어 있다면 이미 식재공간은 정해져 있으므로 구상 내용이 간단해진다.

④ 동선

실내공간을 용도별로 분할한 뒤 사람들이 이러한 공간을 어떻게 이용하며 다니는지 조사 분석한 내용으로 용도별 공간과 연계된 동선을 정한다. 동선에 따라 사람들의 시각적 구조가 형성되므로 식재공간을 어떤 형태와 공간으로 구성해야 할지 알 수 있으며 또 동선을 조절하기 위해 식재공간의 위치를 정할 수도 있다.

⑤ 식재공간의 형태와 공간 구상

실내에서 식물을 심을 장소는 디자이너가 직면한 가장 중요한 문제 중의 하나이다. 잘못 놓여진 식물은 빨리 상태가 나빠지기 때문이다. 의뢰인은 이러한 요인 때문에 실내정원을 쉽게 포기하게 되므로 식재공간을 정할 때는 여러 조건들을 주의 깊게 살펴야 한다. 또 실내정원에서 식물을 심는 플랜터는 설치비에 큰 부분을 차지한다. 종종 플랜터에 맞추어 식물이 선정되는데 이것은 디자인에 있어서 바람직하지 않다. 플랜터는 그 공간에 필요한 식물에 맞추기 위해 디자인되거나 골라져야 한다.

식재공간, 즉 실내정원의 위치를 정하거나 구상할 때 고려해야 하는 요소 중 한 가지는 실내정원의 위치와 구성에 따라 사람의 시각적 경험을 세 가지로 다르게 만들 수 있다는 것이다. 첫 번째는 실내정원을 멀리서 그림처럼 바라보는 것이고, 두 번째는 실내정원을 여러 방향에서 바라볼 수 있어 방향에 따라 실내정원의 모습과 느낌이 달라지는 것이며, 세 번째는 비교적 규모가 큰 공간에 조성된 실내정원 내부로 사람들이 걸어 들어갈 수 있어 마치 숲속에 있는 것 같은 느낌을 받으며 잠시나마 다른 곳으로 여행을 떠난 것 같은 경험을 하는 것이다('13. 분식물의 실내공간 배치' 참고). 디자이너는 식재공간을 정할 때 이러한 세 가지 측면을 고려해서 정해야 하는데, 세 번째 방식을 원한다고 해도 공간의 특성상 불가능할 수 있다.

식재공간이 선정되면 식재공간의 형태(2차원적)와 공간(3차원적)에 대한 구상이 이루어져야 한다. 플랜터가 조성되어 있지 않은 공간이라면 플랜터에 대한 구상이 동시에 이루어져야 한다. 사람들의 시각적 구조를 고려한 식재공간의 평면적인 형태를 개략적으로 스케치하고, 식재공간의 높이를 고려한 3차원적 공간 구성에 대한 입면 윤곽도 스케치한다. 이 단계에서는 아직 세부적이고 구체적인 식재 구성이나 형태를 정하지는 않는다. 디자이너가 이러한 내용들을 도면에 표현한 것이 식재 개

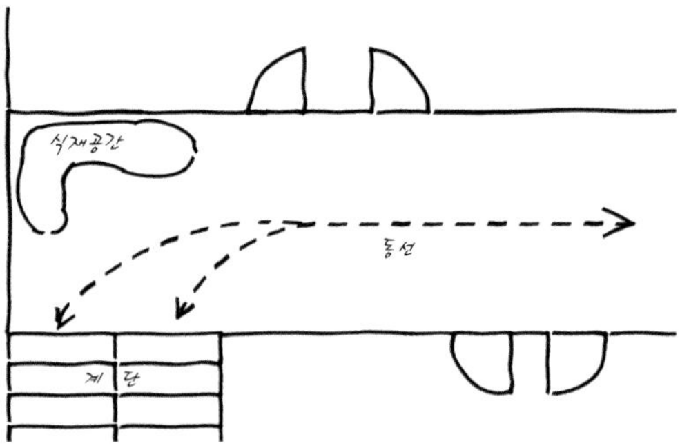

식재공간 형태 및 배치 구성(평면)

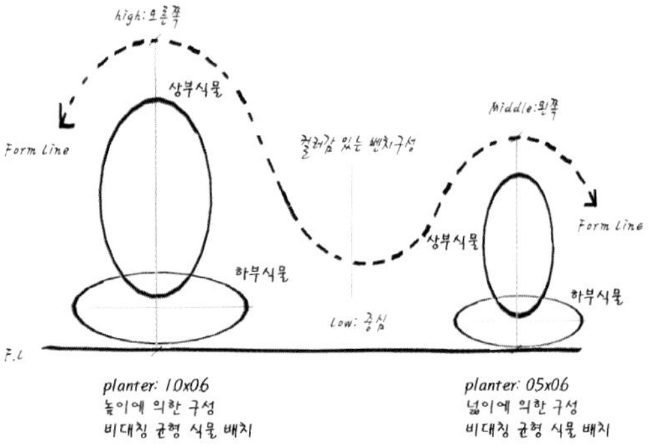

식재공간 형태 구성(입면)

그림 11-5. 식재 개념 사례

념이다(그림 11-5).

(2) 대안

구상 단계에서 몇 가지 대안을 만들 수 있다. ① 의뢰인이 원하는 모든 디자인 목적이 만족되거나, ② 의뢰인의 요구사항이나 식재공간의 모양을 부분적으로 바꾸거나, ③ 의뢰인의 요구사항이나 식재공간의 모양을 전체적으로 바꾸는 등의 대안이다. 이 단계에서 의뢰인이나 디자이너는 한 가지 대안을 선정하거나 계획안을 계속할지, 그만둬야 할지 결정한다.

11-2-6 디자인

구상의 결과로 그려진 구상도 또는 개념도(conceptual plan)를 바탕으로 구체적인 안이 결정되면서 디자인은 도면으로 완성된다. 디자인 도면은 실내정원의 규모에 따라 다르지만 평면으로 전체 디자인을 보여주는 기본계획도(master plan)와 입면도(elevation)가 있고, 실제처럼 보이는 3차원 도면인 투시도나 조감도 또는 엑소노메트릭 도면(axonometric drawing)이 제시되면 디자인을 이해하기 쉽다. 시공을 위한 세부상세도면인 단면도(section), 식재계획도(planting plan), 공사에 대한 설명서인 시방내역서, 공사일정, 견적내역서가 같이 준비된다. 실내정원에서 식재 계획은 매우 중요한 부분이므로 식재계획도와 함께 구체적인 식물 사진과 특성을 준비해 제시할 필요가 있다(표 11-4).

의뢰인의 요구사항이 확실하면 여러 대안을 제시할 필요없이 기본계획도, 입면도, 단면도 등 도면 2~3장만으로 디자인을 제시할 수 있다. 또 실내정원의 규모가 작을 땐 식재계획 평면도와 입면도, 그리고 견적내역서만으로 디자인을 제시할 수 있다.

규모가 큰 실내정원을 수주하기 위해 디자인을 발표해야 할 경우에는 디자인된 도면과 관련 서류를 파워포인트와 같은 컴퓨터 프로그램으로 발표하거나 자료를 프린트하고 또 모형을 만들어 제출한다. 디자인을 전시 또는 제시해야 할 경우에는 포토샵 등의 컴퓨터 프로그램으로 작업해 디자인을 프린트한 뒤 보드로 만들어 전시하거나 제시한다.

(1) 디자인 도면 작성방법

① 핸드 드로잉(hand drawing)

전문 디자이너는 A1 크기의 제도판을 많이 이용하지만 실내정원과 같은 작은 정원은 A2 크기이

표 11-4. 디자인 도면과 서류

구분	도면 및 서류명	상세 설명
2차원 도면	기본계획도(master plan)	디자인 전체의 그림으로 평면도로 나타냄
	평면도(plan)	상부에서 바라본 평면의 그림
	입면도(elevation)	세워서 그려진 그림
	단면도(section)	필요한 공간을 잘라 내부의 한 단면을 볼 수 있게 그린 그림
	식재계획도(planting plan)	디자인된 식재 도면과 식물의 사진, 일반명, 학명과 특징을 요약한 자료
3차원 도면	투시도(perspective)	물체를 원근법에 따라 눈에 비친 그대로 그린 그림
	조감도(bird's eye view)	하늘을 나는 새의 위치인 높은 곳에서 내려다 보이는 형태의 그림
	엑소노메트릭 드로잉 (axonometric drawing)	물체를 45도 등으로 경사지게 두고 평행한 투영선으로 원근법 없이 그리는 도법
	사진	포토샵과 같은 컴퓨터 프로그램으로 디자인하기 전 공간의 사진에 디자인 후 결과와 같이 물체를 채우거나 조합한 사진
서류	시방서(specification)	도면으로 나타낼 수 없는 내용을 문서로 적어 정리한 서류
	공사일정	날짜에 따라 정해진 일이 진행되는 과정
	견적서(estimate)	필요한 비용을 계산하여 구체적으로 적은 서류
제출, 발표 및 전시	도면	규모가 큰 실내정원일 경우 A1 또는 A2 크기의 큰 도면을 제본하여 제출 또는 시공에 이용
	제본	파워포인트나 한글 컴퓨터 프로그램으로 모든 도면과 서류를 정리하여 발표하거나 A4 크기로 프린트 후 제본하여 제출
	보드 제작	포토샵이나 파워포인트 컴퓨터 프로그램으로 가장 핵심적인 디자인 내용을 정리하여 A1 또는 A2 크기로 프린트 후 보드로 제작하여 전시

면 충분하다. 제도판 위에 방안지나 트레이싱지를 올려놓고 삼각자를 이용해 드로잉펜이나 샤프펜으로 그려 색연필이나 마커 등으로 채색한다. 직선이나 원 등 컴퓨터로 그리는 것이 나은 도면은 프린터로 출력해서 그 위에 식물이나 자유곡선 등을 손으로 그린다. 손으로 잘 그린 그림은 의뢰인을 사로잡기 충분하다. 평면도, 입면도, 투시도, 엑소노메트릭 드로잉(axonometric drawing)을 그릴 수 있다(그림 11-6).

② CAD(computer aided design)

컴퓨터를 이용해 도면을 작성할 경우 2차원 도면(2D)은 오토캐드(Auto CAD) 프로그램을 많이 이용한다. 3차원(3D)으로도 그릴 수 있으나 평면도에 비해 어려워 숙달되어야 한다.

의뢰인은 평면도나 입면도만으로 완성된 정원을 알아보기 어렵다. 최근에는 3차원 도면을 제시하는데 몇 가지 프로그램이 있다. 3D MAX는 정교하지만 프로그램이 비싸고 숙련된 디자이너 아니면 작업할 수 없기 때문에 공사비용이 크지 않을 경우 비용이 많이 든다. 스케치업(Sketch up)은 쉽게

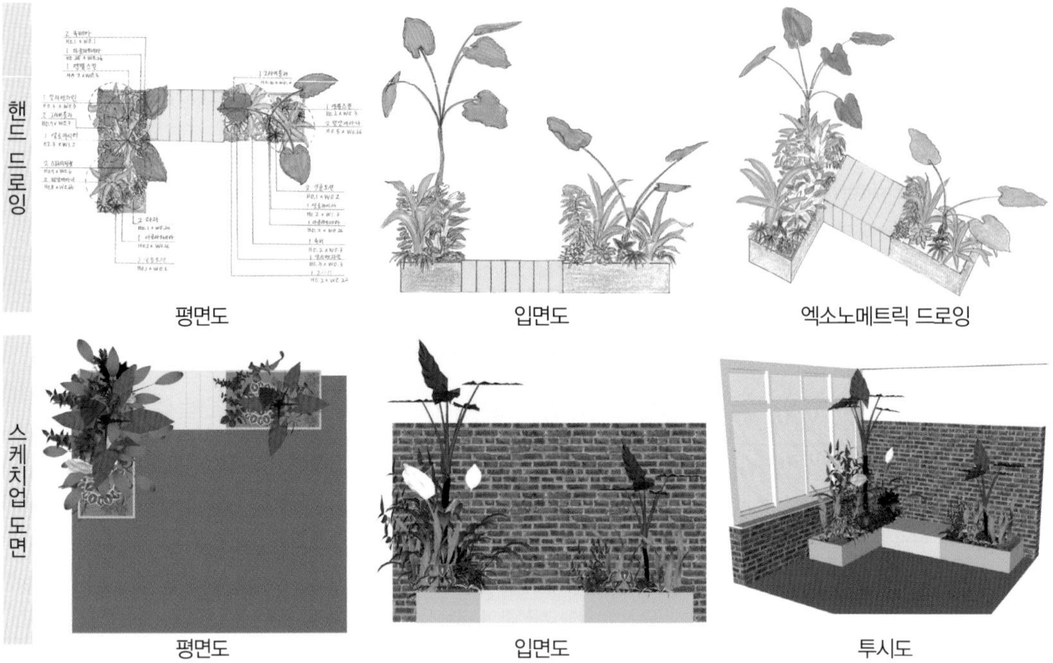

그림 11-6. 핸드 드로잉과 스케치업 도면

배울 수 있어 작은 규모의 디자인에는 많이 이용하는데 식물 표현이 그림이라는 느낌이 강하다(그림 11-6). 3차원 도면의 프로그램은 컴퓨터 용량이 커야 한다.

실내공간의 분식물 디자인이나 실내정원 도면 제작시 포토샵(photoshop) 프로그램을 많이 이용한다. 시공 전 공간의 사진을 찍어 포토샵으로 필요없는 부분을 지운 뒤, 배치할 식물이나 플랜터, 화분, 가구 등의 사진을 잘라 공간에 채워 넣는다. 실물 사진을 이용하니 실제와 비슷하지만 바라보는 방향마다 작업을 하려면 일이 많고 적절한 재료의 사진이 없을 경우 작업하기 어렵다. 공간과 식물 등의 요소의 크기를 잘 맞추어야 시공 후의 결과와 똑같은 디자인을 제시할 수 있다.

(2) 디자인 구성 내용

디자인을 구성하는 내용은 규모에 따라 달라지지만 디자인 주제와 개념, 기능별 공간과 동선, 시각구조의 설립, 실내정원의 식재공간 형태와 공간, 첨경재료, 식재 계획 등이다. 이들을 종합해 의뢰인이 디자인을 잘 이해할 수 있도록 도면을 작성한다.

기능적이면서 미적인 실내정원을 위해 기능적인 요소는 실제 현황에 따라 객관적인 기준치를 응용할 수 있으나 미적인 요소는 디자이너의 주관에 좌우되는 경우가 크다. 예를 들면 식재 면적이 결정되어도 식물의 배식, 식물의 크기, 형태, 질감, 색채의 선택은 미적이고 주관적 영역에 속해 디자이너에 따라 달라질 수 있다(이영무, 1995). 그러므로 디자이너는 사람들이 공통적으로 느끼는 디자인 요소와 원리를 잘 이용하여 결정한다.

① 디자인 주제와 개념

구상 과정에서 방향을 잡은 디자인 주제와 개념은 디자인 단계에서 결정되어 주제와 개념에 따라 구체적으로 디자인을 해 나간다. 구상 과정에서 선정된 양식은 디자인 안을 결정할 때마다 디자인 전체에 적용된다. 실내정원의 규모가 작을 경우 라인 디자인과 매스 디자인의 차이는 뚜렷하며, 규모가 클 경우에는 정형적 구성인지 비정형적 구성인지에 따라 디자인에 큰 차이를 보인다.

실내정원은 대부분 열대와 아열대 원산의 관엽식물을 이용하므로 열대 분위기로 표현되는 경우가 대부분이다. 그러나 같은 열대식물이라도 벤자민고무나무나 고사리류를 이용한다면 이러한 식물의 형태적 특성으로 온대지방의 숲처럼 표현할 수도 있다.

② 공간과 동선의 구체화

구상 과정에서 기포(氣泡, bubble)와 선(線)으로 표시된 개념적 분할공간은 디자인 단계에서 구체적인 형태로 그려지는데, 그 위치와 형태 및 방향은 개념도와 크게 다르지 않다. 동선을 고려하여 공간이 확정되면 구상도에 화살표로 표시된 동선을 디자인 도면에는 생략한다. 식재공간, 즉 실내정원은 바닥, 벽, 천장으로 형성되며 선정되는 재료를 통하여 구체적으로 형태와 공간이 정해진다. 플랜터를 디자인해야 할 경우 플랜터는 크기와 형태, 색, 재질 등을 주변 공간환경에 맞추어야 한다. 대리석 바닥에 원목이나 벽돌로 된 플랜터는 잘 어울리지 않는다.

③ 시각적 구조 정립

시선이 내부로 집중되는 구심적 시각구조를 가진 실내공간의 특성을 잘 이용하면 미적 효과를 높일 수 있다. 식재공간의 크기와 위치, 그리고 이용자가 바라보는 장소에 따라 실내정원은 다양한 시각적 구조가 만들어진다.

또 물체가 사람의 시각을 통해 인지되는 방식을 적용해 실내정원의 시각적 요소를 조절할 수 있다. 실내공간에서는 시각적 구조를 조절하기 위해 세 가지 방식의 시각 조작 기법을 이용할 수 있다. 조망(vista), 틀짜기(frame), 여과(filter) 등과 같이 시각적 통로를 열어놓는 방법과, 차폐(screen), 은폐

표 11-5. 실내정원 시각 조작 기법

구분			세부 내용
시각적 통로 조성	조망 (vista)		시각적으로 부각시키고자 하는 대상물을 향해 좁고 긴 통로를 조성한 다음 그 끝에 초점이 되는 물체를 배치한다. 예를 들면 열식된 식물 사이의 통로 끝에 출입구를 설치함으로써 출입구의 시각적 효과를 극대화한다.
	틀짜기 (frame)		대상 경관이 그림처럼 보이도록 대상 경관 주위에 식물이나 첨경재료를 배치하여 액자처럼 시각의 틀을 짜는 방식이다. 예를 들면 양쪽에 식물을 배치하여 그 사이를 통하여 바라보도록 한다.
	여과 (filter)		관람자와 대상물 사이에 나뭇잎같이 시선이 통과할 수 있는 물체를 배치하여 보이는 대상을 의도적으로 불명료하게 만드는 기법이다. 이것은 주의를 내부로 유인하거나 신비감을 조장하기 위한 것이다.
시선 가림	차폐 (screen)		실내공간에서 식물로 보기 싫은 부분을 가려주는 기법이다. 예를 들면 화장실과 노출된 벽면 등을 식물이나 첨경재료로 가린다.
	은폐 (camouflage)		환기통과 기계설비 같은 것을 다른 물건처럼 보이게 하는 기법이다. 예를 들면 덩굴식물로 그 표면을 장식하는 방법이다.
착시 현상 이용			실제와 달리 좁은 것을 넓게, 얕은 것은 깊게, 짧은 것을 길게 보이게 할 수 있다. 얕은 연못은 바닥을 검은색으로 마감하면 깊어보이게 한다. 양쪽에 키가 점차 작아지는 식물을 열식하면 실제 거리보다 멀어 보이게 한다.

(camouflage) 등으로 시선을 가리는 방식이 있다. 그리고 착시현상(illusion)을 이용해 눈에 보이는 상(image)을 조절하는 기법도 이용된다(표 11-5).

④ 첨경재료 디자인

실내정원이 조성될 경우 도입되는 첨경재료는 바닥, 벽, 천장으로 구분하여 공간을 형성하는 대형이며 면적인 것과 공간 내 배치되는 소형이며 점적인 재료가 있다. 이러한 첨경재료는 이미 구상 과정에서 윤곽이 드러나 디자인 단계에서 구체화된다.

실내정원의 첨경재료는 풀(pool), 분수, 폭포, 수로와 같은 수경요소가 가장 많이 이용된다. 수경요소는 규모를 다양하게 조절할 수 있고, 시각적 혹은 청각적으로도 두드러지며 식물과 인간의 환경을 개선해주는 역할을 하기 때문에 실내정원에서 가장 중요한 디자인 요소가 된다. 또 바닥을 이루는 데크(deck)와 의자나 벤치가 많이 이용된다('7. 장식물과 첨경재료' 참고).

⑤ 식재 디자인

실내정원의 식물은 공간 분할, 동선 유도, 시선 차단과 같은 기능적인 역할을 수행하면서 동시에 미적인 역할을 수행할 수 있어야 한다. 그러나 대부분 식물을 선정할 때는 아름다움과 푸르름, 신선함을 제공하는 미적 효과에 중심을 두는 경우가 많다.

구상 과정에서 만들어진 식재공간의 형태(2차원)와 공간(3차원)의 윤곽을 따라 구체적으로 식물을 선정하고 배치하면서 식재 디자인을 한다. 이러한 식재 디자인의 배식은 평면과 입면의 두 가지 측면에서 고려된다.

식재계획 도면이 완성된 후 의뢰인에게 선정된 식물의 구체적인 정보를 제공하기 위해 식물의 사진과 특성을 설명한 식재계획 자료를 준비한다. 식재계획 자료는 평면과 입면으로 배식한 식재계획 도면을 첫 페이지로 하여 상부식물, 하부식물, 지피식물, 초점식물의 순서로 사진을 준비하고 일반명, 학명, 그리고 특징을 요약한다.

ⓐ 평면

식물 배식을 평면적으로 살펴보면 보통 단식, 열식, 군식의 세 방식 또는 이들의 응용방식이 있다(표 11-6). 단식은 형태가 아름답고 높이가 큰 식물을 공간의 중심 식물로서 한 개 심는 것으로 공간의 규모를 결정하고 구조를 형성한다. 열식은 열을 지어 식재하므로 식물로 선을 형성하여 공간을 나누는 역할을 할 수 있고 열식된 식물은 질서정연한 느낌을 준다. 둥근 형태로 열식하면 위요공간(enclosure)을 형성할 수 있다. 동선에 맞추어 나란히 식재하거나 배치하면 통행을 유도하고 벽면에 열식하면 벽면을 가려줄 수 있다.

군식은 한 개의 식물로 식재효과를 볼 수 없는 작은 식물을 여러 개 모아 심는 것으로 부피감을 조성한다. 실내정원에서 키가 작고 크기가 작은 하부식물과 지피식물을 배식하는 방법이다. 이러한 군식은 중심 식물과 강조 역할을 하는 식물의 배경을 형성한다. 또한 넓은 실내공간에서는 키가 큰 상부식물도 군식하여 실내정원을 숲과 같이 조성할 수 있다. 같은 종류의 식물을 군식하는 것이 관리하기 쉬우나 비슷한 광, 온도, 수분의 생육 환경조건을 요구하는 식물이라면 종류가 달라도 가능하다.

ⓑ 입면

배식의 입면적 측면에서는 식물의 높이를 조절하는 것이 중요하다(표 11-6). 자연에서 식물이 자

표 11-6. 실내정원 식물의 평면적 배식과 입면적 배식(Mader, 2004)

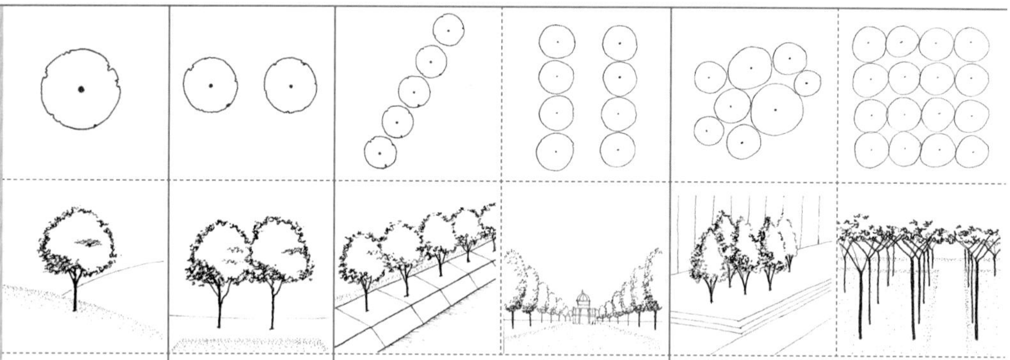

평면적 배식	단식	대식	열식	군식
입면적 배식	상부식물	하부식물	지피식물	초점식물

라는 모습처럼 식물의 생태적, 형태적 특성에 따라 식물 서로간의 높이를 고려해 식물을 배치하는 데 식물을 상부식물, 하부식물, 지피식물, 그리고 초점식물로 나눌 수 있다('14. 실내정원' 참고).

디자인의 규모를 결정하는 상부식물은 교목성의 관엽식물이 이용된다. 실내공간은 천장이 있기 때문에 식물의 높이는 항상 천장 높이를 고려해 결정해야 한다. 주거용 건물 중 아파트는 천장 높이가 대부분 230~240cm로 낮기 때문에 상부식물의 높이가 천장 높이에 의해 한정된다. 업무용이나 상업용 건물은 천장 높이가 높은 곳이 많은데 천장 높이가 6m 이하의 낮은 공간에서는 수고가 2/3인 4m로 조절하는 것이 시각적, 생육적으로 적절하다. 그러나 천장고가 30m를 넘는 고층빌딩의 중정에는 큰 식물을 구하기 어려우므로 가능한 한 큰 식물을 군식하여 수관끼리 맞닿게 한 후 식물로 이루어진 천장을 조성한다. 천장이 높은 건물에서 상부식물에 의해 형성된 수관은 사람을 편안하게 만드는 역할을 한다(이영무, 1995).

상부식물, 하부식물, 지피식물 아래 너무 어두운 장소의 토양 표면은 자갈이나 이끼, 분쇄목으로 피복한다. 플랜터 내 토양 높이는 필요에 따라 마운딩을 주어 입체감과 변화감을 주는 것도 식재의 입면적인 측면에서 고려할 사항이다.

(3) 세부 디자인 도면, 견적서, 시방서, 공사일정, 계약서

기본 계획도가 완성된 후에는 시공을 위한 세부 디자인 도면을 준비하고(그림 11-7) 예산을 위한 견적서와 시방서 등을 작성한다. 그리고 일의 순서인 공사일정을 계획하고 계약서를 준비한다. 디자인 안과 예산에 맞추어 식물, 토양, 플랜터, 첨경재료 등의 재료비와 기타 시공비를 산출해 견적서를 작성한다. 공사일정은 실내정원 디자인이 건축디자인 시작과 동시에 시공되는지, 건축디자인 골격

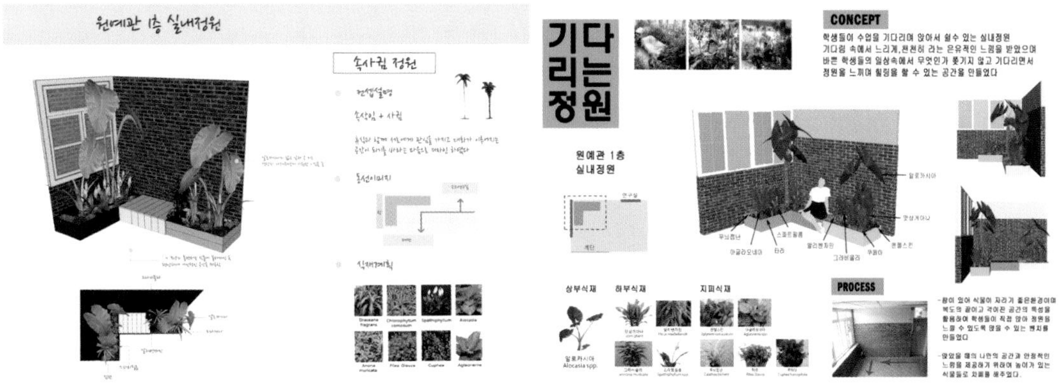

그림 11-7. 실내정원 디자인 제시 도면

이 완성된 단계에 시작되는지, 아니면 건물이 완공된 후 시작되느냐에 따라 달라진다.

11-2-7 실내정원 디자인 검토

디자인 과정은 한 단계 한 단계 앞으로만 나아가는 과정이 아니라 과정의 어떤 단계에서도 뒤로 돌아가 재검토할 수 있다. 개발된 디자인이 디자인 목적에 잘 부합되는지 검토하고 검토 후 필요하면 디자인을 수정한다. 디자인 검토를 통해 기능적이고 미적인 디자인을 위해 어떤 결정을 내려야 하는지에 대한 보다 깊은 이해를 할 수 있다. 의뢰인은 마지막 시공을 위해 필요한 도면과 서류를 받아야 하며 그 제안을 이해할 수 있어야 한다.

11-2-8 실내정원 시공

디자인 도면과 견적서에 따라 재료를 구입하고 공사일정에 맞추어 실내정원을 시공한다(그림 11-8). 규모가 작은 대부분의 실내정원은 디자인한 업체가 시공하므로 디자이너는 디자인 도면대로 시공이 잘 진행되는지 체크한다. 경우에 따라 시공 중에 디자인이 변경될 수 있다('14. 실내정원' 참고).

그림 11-8. 실내정원 시공

11-2-9 실내정원 평가

시공 후 실현된 작업이 실제로 매력적이고 기능적인지를 보기 위해 디자이너는 공사 후 평가를 한다. 이러한 평가는 의뢰인뿐만 아니라 디자이너의 미래 계획을 위한 중요한 과정이다. 식재된 식물은 새 장소에서 생육하면서 변화한다. 이러한 변화가 바람직한 변화인지, 즉 디자이너가 식물을 잘 선정한 것인지에 대해서도 평가한다.

11-2-10 실내정원 관리

실내정원을 디자인하고 시공한 업체는 대부분 1~2년간 식물의 상태가 나빠지거나 죽게 될 경우 다시 식재해주는 방식으로 계약을 한다. 또 시공 후 지속적인 관리업무를 계약할 수도 있다. 그러므로 시공 후 시간이 지나도 식물이 잘 생육할 수 있도록 식물관리에 대한 지침을 만들어 의뢰인 측에서 기본적인 관리를 할 수 있도록 해야 금전적인 손실을 보지 않는다.

실내정원의 규모가 커질수록 관리업무 중 관수는 많은 비중을 차지하므로 실내정원 디자인시 자동관수시설을 해야 할 경우가 있다. 자동관수는 모든 식물을 일률적으로 관수하게 되므로 식물 선정에 주의를 기울여야 한다. 업무용 건물의 실내정원은 오래 유지되어야 하므로 관리가 손쉬운 식물을 이용한 단순한 디자인이 많은 편이다. 관리에 대한 상세한 내용은 '22. 실내 분식물 관리'를 참고한다.

12. 디자인 요소와 원리

아름다우면서 기능적으로 구성된 분식물이나 분식물이 있는 공간은 사람들을 편안하고 기분좋게 만든다. 이러한 좋은 디자인은 우연한 결과에 의한 것이 아니라 합리적이고 체계적인 디자인 과정을 거친 충분한 생각의 결과로 이루어진다. 좋은 디자인에 대한 절대적 공식은 없으나 오랜 세월을 지나면서 그림, 조각, 건축 등을 통하여 인간의 시각과 지각의 유사성에 의해 경험적으로 축적된 원리들이 있다. 이러한 원리를 이용하면 대부분의 사람들이 공통적으로 느끼는 미적으로 즐거운 결과를 이루어낼 수 있다.

선, 형태, 공간, 깊이, 색, 질감, 향기는 조화, 통일, 균형, 규모, 비, 강조, 리듬, 단순과 같은 디자인 원리(原理)를 설명할 때 이용되는 디자인 요소(要素)이다. 분식물 디자인을 통한 결과물은 선, 형태, 질감, 색 등을 나타내는 3차원적 물체나 공간으로서 우리가 살면서 시각적 또는 물리적으로 겪는 물체나 공간이다. 좋은 디자인을 위해 디자이너는 이러한 3차원적 물체나 공간의 디자인 요소들을 디자인 원리를 이용하여 조절해 왔다.

디자인된 물체나 공간을 경험할 때 디자인 요소와 원리의 측면에서 살펴보고, 디자인 안을 검토할 때도 이들을 적용한다. 이러한 기술은 분식물 디자인 아이디어를 전달할 때 이용되며, 디자인 아이디어는 디자인 과정을 통하여 조직화되고 다듬어져 실제 제작이나 시공에서 표현된다. 좋은 디자인은 기능적이고 시각적으로 즐거워야 하며 경제적으로 적절한 비용이 들어야 한다. 아름답고 기능적인 분식물 디자인은 일상생활의 긴장과 스트레스를 풀어주는 물체나 공간을 창출하며 생활환경을 개선한다.

분식물 디자인을 위한 디자인 요소와 원리는 분식물을 이용한 개개의 장식물 제작에 적용되며 또한 그 장식물이 배치될 공간에도 적용된다.

12-1. 디자인 요소(design elements)

선, 형태, 공간, 깊이, 색, 질감, 향기 등의 디자인 요소들을 이해하면 이들이 창조적이고 멋진 디자인에 어떤 역할을 하는지 알 수 있으며, 이러한 요소들을 기술적으로 이용하여 디자인에 역동적이고 두드러진 효과를 만들 수 있다.

12-1-1 선(線, line)

분식물 디자인에 이용되는 선은 물체선, 암시적 선, 심리적 선으로 나눌 수 있다. 물체선(actual line)은 용기, 바닥, 벽, 창문, 가구 등 실제로 존재하는 물체나 공간의 가장자리 선이며, 식물의 줄기 또는 식물의 전체 모양에서도 보여진다. 암시적 선(implied line)은 실제 존재하는 선은 아니지만 일련의 반복적인 요소에 의해 만들어진다. 식물, 색, 형태 등 동일한 요소를 반복적으로 배치하여 만들 수 있는 선이다. 심리적 선(psychic line)은 존재하지 않지만 마음으로 두 물체를 연결할 때 이루어지는 선으로 분식물이나 여러 재료에 시선을 끌게 함으로써 만들 수 있다(Hunter, 1994). 예를 들면 서로 바라보는 식물에 의해 두 식물 사이의 심리적 선이 만들어진다.

선은 물체나 공간의 형태와 구조를 만들면서 방향에 따라 사람의 시선을 유도하여 분위기와 감정을 조절하면서 시각적인 즐거움을 만들어낸다. 방향에 따른 선은 크게 수직선, 수평선, 사선, 곡선으로 나눌 수 있으며, 대체로 직선은 공식적인 느낌을, 곡선은 자연적인 느낌을, 사선은 움직이는 느낌을, 교차되는 선은 망설이는 느낌을 만들어낸다. 높이를 강조할 때 이용되는 수직선(vertical line)은 공식적이고 엄숙한 느낌을 주며, 강조된 수직선은 강한 힘을 느끼게 하여 주의를 끈다. 워싱턴야자, 아라우카리아, 대나무 등은 수직선의 느낌이 강한 식물이다. 실내공간에서 이러한 식물은 중심목으로 쓰이거나 넓은 평면을 분할하고 차단하는 벽이나 기둥의 역할로 이용된다(그림 12-1).

수평선(horizontal line)은 평화롭고 고요하게 느껴져 휴식과 안정감을 부여한다. 아울러 강한 수직 효과를 약하게 하거나 더욱 강하게 해주는 배경이 되어준다. 다른 선에 비해 수평선은 시선을 유도하지만 보다 속도가 느리고 여유있게 움직이도록 한다. 포복성 식물이나 이끼류를 넓게 배식하거나 관목류를 넓게 군식하면 수평적 느낌을 준다. 사선(diagonal line)은 움직임과 흥분의 느낌을 주는데 수직선이나 수평선과 나란히 놓여 있을 때 시선의 움직임을 유도한다. 사선을 지나치게 이용하면 혼잡하고 보기 흉하게 될 수도 있다.

곡선(curved line)은 사선과 마찬가지로 움직임을 의미하나 보다 부드럽고 편안한 방식으로 시선을 유도한다. 식물의 형태에서 느껴지는 선적인 이미지만으로도 공간을 변화시킬 수 있는데, 딱딱하고 무미건조한 실내에 곡선을 가진 잎을 지닌 식물을 둔다면 분위기는 한층 부드러워진다. 켄자야자, 아레카야자, 아글라오네마, 스파티필름, 아스플레니움 등과 같은 실내식물은 곡선을 보여주는 형태를 가지고 있다.

12-1-2 형태(形態, form 혹은 shape)

형태는 물체나 공간의 3차원적인 측면이다. 분식물은 기본적으로 용기, 식물, 장식물이나 첨경재료 등 형태가 다른 물체들의 조합이며 이러한 분식물이 배치되는 공간도 마찬가지이다. 물체들의 형태를 잘 혼합시키면 형태의 특징과 느낌에 따라 감정이 조절되어 시각적인 즐거움이 부여된다. 이것은 강조, 리듬, 조화, 통일 등과 같은 디자인 원리들이 시각적인 효과를 높이기 위해 형태에 의존하고 있는 경우가 많은 이유이다. 예를 들면 독특한 모양의 식물은 주의를 끌기 때문에 쉽게 강조점을 만든다(그림 12-1).

용기, 식물, 장식물 또는 첨경재료의 형태는 서로 조화롭게 구성되어야 하는데 이들은 배치될 공간의 형태에 의해서도 영향을 받는다. 여러 가지 형태를 혼합시킬 때는 한 가지 형태를 많이 사용하여 강조하는데, 이것은 디자인 내 재료들을 통합시켜 주제를 나타내도록 한다. 예를 들면 긴 원통형 용기에는 대부분 긴 선의 식물이 선정되는데, 형태가 다른 식물을 조금 섞으면 디자인의 통일감을 깨뜨리지 않으면서 흥미와 시각적인 즐거움이 부여된다. 성공적인 디자인은 여러 형태가 적절하게 혼합되는 것이다.

다양한 형태의 재료를 이용하여 디자인에 시각적인 흥미를 주기 위해서는 식물을 비롯한 소재들의 형태적 특성에 대해 잘 알고 있어야 한다(Austin, 1985). 예를 들면 실내식물은 고유의 모양이 있어 직립형, 둥근형, 굽은형, 퍼진형, 늘어지는형이거나 줄기나 가지의 선이 두드러져 보이는 선적인 식물이 있다(그림 12-2). 식물의 형태를 디자인에 적용시킬 때 주의해야 할 점은 식물의 생장속도인데 식물은 생장하면서 형태가 바뀌고 특히 그룹으로 식물을 배치하면 개별 형태보다는 전체 형태를 보여준다는 것이다.

그림 12-1. 선과 형태가 뚜렷한 분식물과 용기

직립형(대나무) 둥근형(시트러스) 굽은형(만데빌라) 퍼진형(칼라데아)

늘어지는형(다이콘드라) 늘어지는형(네프롤레피스) 선(line)적 식물(유카)

그림 12-2. 실내식물의 몇 가지 형태

12-1-3 공간(空間, space)

분식물은 공간을 차지하는 3차원적 물체이다. 물체가 자리잡은 공간을 포지티브 스페이스(positive space)라 하고, 빈 공간은 네거티브 스페이스(negative space) 또는 여백(餘白)이라 한다.

빈 공간은 디자인의 혼잡함을 줄여주고 구성 요소의 형태를 두드러지게 보이도록 하면서 구성 요소를 강조하는 역할을 한다. 분식물의 주변에 빈 공간을 두면 분식물은 두드러진 효과를 내지만, 비슷한 분식물이 인접되어 있으면 분식물의 형태적 특성은 감소되거나 상실된다(그림 12-3). 여유없는 공간은 디자인을 혼잡하게 만들고 재료의 밀도를 높여 비경제적이므로 구성 요소를 돋보이게 하려

그림 12-3. 빈 공간에 의해 식물의 형태가 보인다

면 빈 공간을 적절하게 만들어 준다. 특히 식물의 줄기와 가지의 선을 중요하게 여기는 선적 디자인에는 빈 공간을 잘 이용해야 선을 드러낼 수 있다.

12-1-4 깊이(depth)

화가는 2차원 공간인 종이나 캔버스(canvas)에 그림을 그리기 때문에 깊이감에 신경을 많이 쓰지만, 분식물 디자인은 3차원 디자인이므로 깊이에 별로 신경을 쓰지 않는다. 그러나 3차원적인 분식물이나 실내정원도 한 방향에서 바라볼 경우 평면적으로 보여 호감이 가지 않을 수 있다. 그래서 분식물을 이용한 장식물이나 실내정원을 만들 경우 깊이감을 주는 기법을 이용하기도 한다.

분식물 디자인에서 깊이감을 연출하기 위해 화가들의 방법을 응용하기도 하는데, 식물의 각도를 조절하는 방법과 식물을 겹치게 배열하는 방법이 있다. 가장 뒤에 있는 식물은 약간 더 뒤로 제치고 맨 앞의 식물은 앞으로 기울여 각도를 적절히 조절하면 깊이감을 만들고 보다 균형잡힌 디자인을 이룰 수 있다. 또 식물을 배열할 때 부분적으로 다른 식물을 가리거나 식물의 높이를 약간 다르게 해주면 깊이감을 줌과 동시에 자연스러운 느낌을 만들어낸다.

이 외에 크기, 색, 명도, 질감 등의 변화를 이용하여 깊이감을 만들어낼 수 있다. 때때로 화가들은 전면에 있는 물체를 거리에 대한 비례보다 더 크게 그린다. 마찬가지로 분식물에서 큰 잎의 식물은 아래로, 작은 잎의 식물은 위로, 큰 것에서 작은 것으로 점진적으로 변하도록 배열한다. 또 밝고 짙은 색은 앞부분에 낮게 배치하고, 엷고 가벼운 색은 뒤편에 배치한다. 물체는 가까울수록 밝고 짙으며 멀어질수록 희미해지기 때문이다.

12-1-5 색(色, color)

색은 사람의 시선을 가장 쉽게 유도하며 시지각을 자극하여 어떤 사물이나 추상적인 개념을 떠오르게 하는 정서적 반응을 일으키는 기능이 강해 디자인 요소 중 사람의 반응을 가장 크게 이끌어내는 요소이다.

(1) 색의 성질

색은 물체에 반사된 빛의 파장(波長)을 사람이 시각적으로 인지하는 것이다. 빛이 식물체에 닿으면 파장에 따라 흡수되거나 반사된다. 식물의 잎은 대부분 녹색을 띠고 있는데 이는 녹색빛이 가장 많이 반사되는 것을 의미한다.

색은 색상(色相, hues), 명도(明度, value), 채도(彩度, intensity)의 세 가지 성질로 설명할 수 있다. 색상은 스펙트럼(spectrum)에 나타나는 빨강, 주황, 노랑, 녹색, 파랑, 보라 등의 유채색을 구분하는 색을 말하며 검정색이나 흰색, 또는 다른 색이 첨가되지 않은 순색(純色)을 말한다. 색상을 원형으로 배열한 색의 환을 색상환(色相環, color wheel)이라 한다(그림 12-4). 색료의 3원색인 빨강, 노랑, 파랑은 1차색(primary color)이라 하며 이 세 가지 색을 혼합하여 모든 색을 만들 수 있다. 2차색(secondary color)은 같은 양의 1차색을 혼합하여 만들며, 3차색(intermediate color)은 같은 양의 1차색과 2차색의 혼합으로 만들어진다. 색의 강렬한 정도는 1차색, 2차색, 3차색의 순이다. 무채색(achromatic colors, neutrals)은 채도가 없는 색으로 검정색과 흰색, 회색이다. 무채색은 거의 어떤 유채색과도 잘 조화되므로 적절히 사용하여 효과를 높일 수 있다. 분식물 디자인에서 무채색은 식물의 색과 경쟁하지 않아 디자인을 돋보이게 하므로 용기의 색이나 배경색으로 많이 이용된다.

명도는 색의 명암의 정도를 나타내는 것으로, 흔히 색상에 흰색을 혼합하여 나온 밝은 색인 명청색(tint)과 검정색을 혼합하여 나오는 어두운 암청색(shade)은 명도 차이를 보인다. 채도는 회색의 혼합량에 의한 정도를 나타내는 것으로, 낮은 채도를 가진 색을 톤(tone)이라고 한다(그림 12-4).

(2) 색의 효과

색은 심리적 반응을 일으키는데 개인적인 차이가 있지만 대부분의 사람들에게 공통된 반응을 일으킨다. 색에 대해 느끼는 사람들의 공통적인 느낌을 살펴보자. 색은 빨강, 주황, 노랑, 녹색, 파랑, 보라의 순서로 스펙트럼상에서 파장(波長)이 긴 쪽은 따뜻하게 느껴지고, 파장이 짧은 쪽은 차갑게

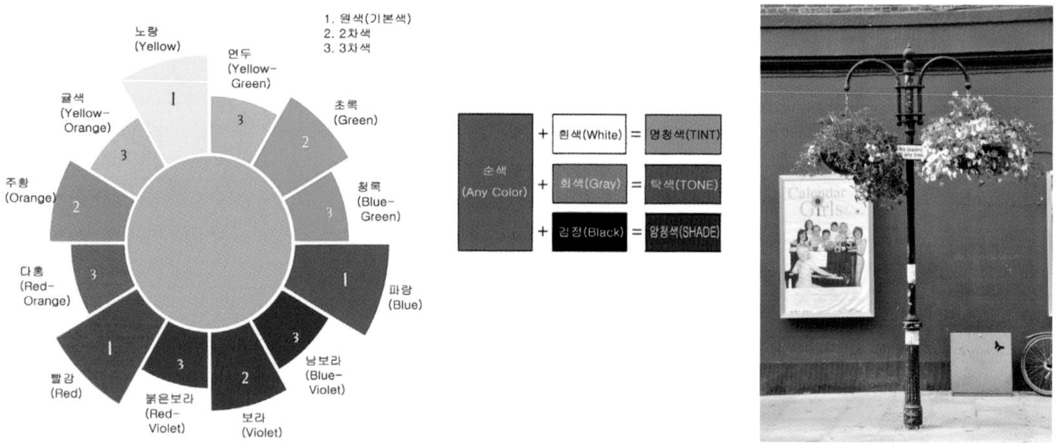

12색상환 명청색, 암청색, 톤(tone) 분식물의 색과 배경색

그림 12-4. 색상환과 명청색, 암청색, 톤(tone)

느껴진다. 즉, 빨강과 주황은 따뜻한 색(난색)이며 녹색과 파랑은 차가운 색(한색)이다. 또한 빨강, 주황, 노랑 등의 난색은 실제의 위치보다 가깝게 있는 것처럼 보여 진출색으로 불리며, 파랑과 보라 등의 한색은 실제의 위치보다 멀리 있는 것처럼 보여 후퇴색이라 한다. 녹색은 이러한 움직이는 느낌이 중간 정도로 안정감을 주는 색이다. 색은 명도에 따라 무겁거나 가볍게 느껴진다. 유채색 중에서는 짙은 보라, 무채색 중에서는 검정색이 가장 무거운 색이며, 반면에 유채색에서는 노랑, 무채색에서는 흰색이 가장 가벼운 색이다. 또한 색은 채도의 고저에 따라 강하거나 약한 느낌을 준다.

각각의 색상은 다양한 느낌과 효과를 준다. 빨강(red)은 시선을 강력히 끄는 색으로서 정열과 사랑을 상징하며, 주황(orange)은 따뜻함, 단란함을 연상시킨다. 노랑(yellow)은 봄을 상징하는 색으로서 배경색에 따라 따뜻함이나 시원함 등의 다른 감각을 갖는다. 녹색(green)은 생명력을 나타내며 심리적으로는 안정과 진정의 느낌을 준다. 분식물의 기본적인 재료로 많이 사용되는 녹색은 디자인에 활력과 신선함을 더하는 역할을 한다. 파랑(blue)은 시원하고 조용한 색으로서 마음의 평정을 촉진한다. 보라(violet)는 배경색에 따라 따뜻함과 시원함을 연상시킨다. 즉, 밝은색은 사람을 흥분시키거나 자극시키는 경향이 있고, 반면 차분하거나 시원한 색은 편안함과 아늑함을 준다. 그래서 제라늄, 장미, 백일홍과 같은 꽃과 칼라디움, 크로톤과 같이 잎의 색상이 다양하고 화려한 식물은 시선을 끄는 효과가 있고 벤자민고무나무, 아라우카리아와 같이 색이 짙은 계통은 차분하여 안정감과 무게를 느낄 수 있다.

색은 개별적인 느낌 외에, 옆에 다른 색을 배열하거나 또는 조화된 색들 내에 강하게 대비되는 색을 사용함으로써 색의 효과를 증대시킬 수 있다. 색채심리학자들은 색채배열이 서로 가까운 관계에 있거나, 보색(補色)관계에 있을 때, 또는 강한 대비(對比)상태에 있을 때 아름답게 보인다고 한다. 색채대비는 어떤 한 색이 먼저 본 색, 인접한 색, 배경이 되는 색의 영향을 받아 본래의 색을 다르게 보이게 하는 시각현상이다.

사람들이 색에 대해 느끼는 이러한 공통적인 느낌 외에 사람에 따라 선호하는 색은 다르다. 색에 대한 선호성은 성별, 연령, 사회계층, 문화에 따라 다르며, 무엇보다 개인의 잠재의식에 강한 영향을 받는다. 색에 대한 선호도는 그 대상과 색면(色面)의 크기에 따라서도 다르게 반응하여, 예를 들면 분홍색 옷은 싫어해도 분홍 장미는 좋아하는 경우가 있다. 유행하거나 선호되는 색은 시대에 따라 각기 다른 양상을 보인다.

(3) 색채조화

색채조화는 두 가지 이상의 색을 사용할 때 서로 대립되면서도 전체적으로 통일된 인상을 주는 것을 말한다. 그러나 서로 다른 색을 사용하면 편안하고 즐거운 느낌을 줄 수도 있지만 불안정하고 어색한 느낌을 줄 수도 있으며 이러한 조화감은 개인에 따른 주관적인 해석과 기호가 많이 작용한다.

분식물의 배색은 주위공간 전체와 조화롭고 통일감을 이루도록 한다. 동일색상(monochromatic)에 의한 조화는 단조로움을 줄 수 있으므로 배치나 형태의 변화를 준다. 유사색상(analogous) 배색은 동일색상 배색보다 단조로움이 덜하면서 편안한 느낌을 주고, 보색(complementary) 배색은 강한 긴장감을 느끼게 한다. 단조롭거나 대비가 강하면 중간색을 가진 재료를 넣어준다. 이 외 등간격삼색(triad) 배색, 근접보색(near-complementary) 배색, 분열보색(split-complementary) 배색 등의 방법이 있다(그림 12-5, 6). 그러나 이러한 색채조화는 어디까지나 초보자들을 위한 기준이므로 꽃과 식물의 색을 개성있는 창의력으로 조화시키도록 한다.

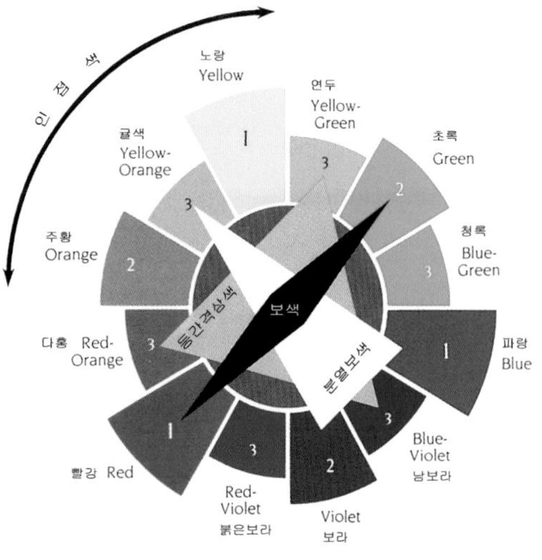

그림 12-5. 용기와 식물의 배색

(4) 분식물 디자인에서의 색

꽃과 식물의 색은 매우 풍부하고 다양한 명도와 채도를 가지고 있어 색으로 잘 조화된 분식물 디

동일색상 배색 동일색상 배색 유사색상 배색 보색 배색

그림 12-6. 용기와 식물의 배색

자인은 구성이 다소 부족하더라도 색으로 시각적 흥미를 보완할 수 있을 정도이다.

공간에 분식물을 배치할 때 디자이너는 배경색과 강조색을 고려한다. 배경색은 바닥, 벽, 천장을 이루는 공간의 색이고 강조색은 공간에서 강조되는 요소의 색인데 분식물이 강조의 요소가 된다. 용기와 식물을 선택할 때는 배경색에 맞추어 선정하는데 녹색의 식물로는 강조가 어려울 수 있다. 그래서 색 외에 식물의 형태와 크기로 강조하거나, 색이 있는 잎이나 꽃을 가진 식물, 색이 화려한 용기나 첨경재료를 디자인에 넣어 강조한다.

색은 사람들이 바라보는 거리, 면적, 광선, 눈의 활동 범위에 따라 효과가 달라진다. 구성에 여러 가지 색을 사용할 때는 우세한 색과 종속적인 색을 정한다. 여러 가지 색을 동등하게 사용하면 시각적 혼란을 초래하기 때문이다. 어느 색을 주제로 하든지간에 눈을 자극하고 시선을 끄는 현란한 색의 재료는 보다 작은 면적에 분배하고, 옅고 부드러운 색은 많이 사용한다. 즉, 주가 되는 식물이 9라면 강조된 색을 지닌 식물은 1 정도로 사용해야 강조하고자 하는 대상을 정확하게 표현할 수 있으며 감각적으로도 세련된 느낌을 준다.

실내에서 사람은 밝은색 방향으로 움직이는 심리적 경향이 있는데 배색을 잘하면 공간에서 사람들을 특별한 장소로 움직이게 할 수 있다. 이때 색은 연속적이고 점진적으로 변화하도록 한다. 빨강, 노랑, 주황과 같은 밝고 따뜻한 색은 가깝게 느껴지므로 앞으로 당겨져 보이고 녹색, 파랑, 보라와 같은 찬색은 후퇴감을 준다.

이렇듯 색은 주위 다른 색상과의 상호작용으로 나타나므로 색의 특성을 잘 인식하기 위해 적극적인 색 체험이 필요하다. 특히 식물은 자라면서 꽃이 피고 시들며 색의 변화를 보이므로 분식물의 색으로 어떤 연상을 불러일으키고 느낌을 창조할 수 있도록 색을 조절하는 능력을 키워야 한다.

12-1-6 질감(質感, texture)

질감은 디자인 내 구성 요소의 시각적 또는 촉각적 표면의 특성이다(Austin, 1985). 시각적 질감은 촉각적 감각을 일깨우는 표면의 윤곽이다. 실제로 구름은 만질 수 없지만 폭신폭신하고 부드러운 것으로 지각되듯이 그 물체의 질감을 만져서 느끼지 않는다 해도 기억 속에 시각적으로 남아 있는 느낌이 있다. 질감은 흔히 간과되기 쉬운 디자인 요소지만 어떻게 잘 활용하느냐에 따라 흥미를 일으키고 변화를 주며 독특함을 만들어낼 수 있다.

식물의 질감은 '부드러운', '거친', '반짝이는', '딱딱한' 등으로 표현하지만 흔히 '부드러운'과 '거친'으로 나타내는 경우가 많다. 큰 잎이나 굵고 긴 줄기를 가진 식물은 거친 느낌으로 보이지만 질감은 식물들간의 상대적 비교에 의해 표현된다. 몬스테라는 파키라보다 질감이 거칠고 파키라는 벤자민고무나무보다 질감이 거칠다. 또한 모나르다는 해바라기보다 질감이 곱지만 댑싸리는 모나르다보다 훨씬 질감이 곱다.

역사적으로 부드럽고 반짝거리는 질감은 부와 상류계층의 상징으로 여겨졌으며 거칠고 매끈하지 못한 질감은 서민적이거나 비공식적인 분위기로 여겨졌다. 유리, 황동, 은, 또는 세라믹 등으로 만들어진 매끈하고 반짝거리는 질감을 가진 용기나 첨경재료는 우아하고 공식적인 분위기를 나타낸다. 바구니, 도기, 목재 등과 같은 거친 질감을 가진 용기나 첨경재료는 자연적이고 비공식적인 느낌을 나타낸다. 이러한 용기와 첨경재료의 질감은 꽃과 식물 재료의 질감과 조화를 이루어 식물을 돋보이게 해야 한다(그림 12-7). 적절한 조화가 이루어지지 않으면 식물 재료는 중요하지 않게 여겨진다.

거칠거나 부드러운 질감의 공간에는 같은 질감의 분식물을 선정하는 것이 일반적이다. 즉, 비슷한 질감을 적절히 혼합하면 조화와 통일감을 주어 아름답고 자연스럽다. 그러나 다양한 질감 또는 반대

그림 12-7. 용기와 식물은 같은 질감으로 맞춘다

되는 질감을 잘 배열하면 깊이감이나 시각적 다양성을 만들어낼 수 있다. 즉, 거친 질감은 시선을 끌므로 강조를 위하여 이용될 수 있으며 극단적인 질감의 대조로 흥미와 즐거움을 유발시킬 수 있다. 그러나 크고 넓은 공간에 질감이 거친 몬스테라는 어울리지만 작은 방에서 몬스테라는 공간을 답답하게 만든다. 즉, 작은 공간에는 질감을 단순하게 하고 지나친 대조는 피한다. 그러나 유사한 질감을 지닌 식물들로만 사용한다면 지루한 느낌을 주므로 질감 외 다른 요소로 변화를 주는 것이 좋다.

공간에서 식물의 질감은 여러 가지 방법으로 인식되는데 질감은 식물을 바라보는 거리에 따라 달라진다. 멀리서 바라본 식물은 질감이 밋밋하게 보이지만 가까이서 바라보거나 만지게 될 경우에는 거칠게 느껴질 수 있다. 질감은 물체의 개별적인 부분, 즉 꽃, 가지, 잎 등에 따라 달라지기 때문이다. 그래서 고운 질감의 식물은 시각적으로 멀어지는 것 같은 느낌이 들고, 반면에 거친 질감은 앞으로 나아가는 듯이 보인다. 비교적 좁은 공간을 넓고 깊이감 있게 보이도록 하자면 거친 질감의 식물을 앞에 두고 안쪽 먼 곳으로 차츰 고운 질감의 식물을 배치하면 깊이감이 있어 보인다. 반면 넓은 공간을 좀 더 작게 보이고자 할 때는 고운 질감부터 시작하여 안쪽 먼 곳으로 갈수록 거칠고 큰 질감을 가진 식물을 선정하여 배치하면 효과가 있다.

이 외에도 빛과 그림자를 혼합하면 질감은 디자인에 깊이와 변화를 준다. 식물을 이용한 질감의 변화는 디자인 내에 변화와 흥미를 부여하므로 식물 재료의 선택시 전체 디자인을 잘 분석해야 한다.

12-1-7 향기(香氣, fragrance)

오랜 세월에 걸쳐 인간은 식물의 향기를 깨끗하고 순결하며 질병을 막아주는 효과가 있는 것으로 생각해왔다. 실내외 공간에서 분식물의 향기는 형태나 색, 질감과 동시에 중요한 요소지만 분식물을 선정할 때 사람들이 필수적으로 생각하지는 않는 편이다. 식물체 전체 또는 꽃, 잎, 줄기, 뿌리 등에서 발산되는 향기는 후각을 자극하여 사람의 기분을 조절하면서 감각적인 즐거움을 증가시킨다(이진희와 김훈희, 1999; 김성민 외, 2014).

향기는 코의 후각세포에 의해 감지되어 대뇌피질의 후각중추로 전달되는데 후각세포의 전달경로는 정서와 기억을 담당하는 대뇌 변연계의 일부인 해마와 편도체로 이어진다. 그래서 향기는 기억과 연관되어 있어 향기를 인지하는 순간 시간과 공간을 거슬러 올라가 기억을 되살리는 역할을 한다.

사람은 좋아하는 향기와 싫어하는 냄새가 있다. 즉, 치자나 히아신스와 같은 향은 어떤 사람에게는 좋을 수 있으나 어떤 사람에게는 불쾌할 수 있다. 꽃향기는 달콤하거나 자극적이고 대담한 느낌까지 다양하므로 적절한 향기를 가진 꽃과 식물을 선정하는 것도 분식물 디자이너의 역량이다.

12-2. 디자인 원리

조화, 통일, 균형, 규모, 비, 강조, 리듬, 단순 등의 디자인 원리를 적절히 이용한 분식물 또는 분식물이 있는 공간은 편안하고 아름다운 환경을 창출한다.

12-2-1 조화(調和, harmony)

음악에 있어서 각각의 악기나 목소리는 합쳐져 아름답고 즐거운 소리를 이루어낸다. 즉, 다양한 구성 요소들이 합쳐져 아름다운 전체 구성을 이루어낼 경우 조화로운 구성이 이루어지는 것이다. 조화는 주제, 크기, 형태, 재료, 색, 질감, 무늬(pattern)와 같은 요소들이 자신의 특성을 잘 나타내면서 다른 것과 서로 잘 어울리는 것이다. 조화가 잘 이루어지지 않은 분식물 디자인은 보기 흉하고 혼란스럽다.

분식물을 만들 때 주제와 목적이 결정되어 있으면 디자이너는 조화로운 디자인을 위해 더욱 쉽게 재료를 선정할 수 있다. 부분들의 조화는 같은 색의 사용시 쉽게 이루어질 수 있으며 형태와 선을 반복해서 만들 수 있다. 조화있는 분식물 디자인을 위해 어떤 분위기와 주제가 필요한가? 크기, 형태, 질감, 색은 어떠한 것이 필요한가? 재료들은 서로 잘 어울리는가? 첨경재료는 주제를 더 효과적으로 만드는가? 즉, 조화는 보는 사람에게 매력과 주의를 집중시켜 질서있는 단위로 유기적인 관련을 갖도록 하는 것이다.

식물의 조화로운 구성의 예를 들면 상부식물인 벤자민고무나무와 하부식물인 아글라오네마, 칼라디움, 스파티필름 등을 같이 배치한다면 조화롭지만, 벤자민고무나무와 선인장, 알로에 등 거칠고 딱딱한 질감의 식물을 배치한다면 조화롭지 못한 식재 계획이 될 수 있다. 한편 녹색의 실내식물이 있는 실내정원에 강조를 위해 크로톤, 칼라데아, 포인세티아, 렉스베고니아, 칼라디움 등 다양하고 화려한 색의 잎을 지닌 식물을 너무 많은 양으로 배치한다면 역시 조화롭지 못한 식재 계획이 된다.

우리는 흔히 물체의 색이나 생김새가 극단적으로 다를 때 대비가 강하다고 하는데, 부조화와 대비는 의미가 다르다는 것을 이해해야 한다. 조화는 모든 구성원리가 적절히 적용되었을 때 성취될 수 있는데, 제대로 표현하기보다는 실패하기 더 쉽다고 한다. 좋은 디자인이란 구성의 다양한 부분 요

그림 12-8. 조화로운 디자인

소들이 서로 잘 어우러져 전체의 모습으로 보이고 그 다음에 부분 요소들이 느껴져야 하며, 이때 더 추가할 것도 제거할 것도 없는 상태라고 말할 수 있다(그림 12-8).

12-2-2 통일(統一, unity)

통일은 조화와 관련이 있으나 차이가 있다. 통일이란 단어는 통합이 되거나 완전해진 하나의 상태로서 전체 구성이 개개의 부분에 비해 훨씬 두드러진 것을 의미한다. 통일을 이루기 위해서는 분식물이나 분식물이 있는 공간을 부분의 조합으로서가 아니라 하나의 단위로 보아야 한다.

분식물 디자인에서의 통일은 근접, 반복, 전이로 잘 표현된다(Hunter, 1994). 근접(近接, proximity)은 통일을 이루는 가장 쉬운 방법으로 여러 식물들을 한 용기 안에 같이 심어 형태와 크기, 질감, 색에 대한 공통점을 느낌으로서 통일감을 얻을 수 있다. 이 방법은 항상 조화롭지는 않으나 나름대로 통일감을 만들어낼 수는 있다. 반복(反復, repitition)은 통일감을 이루기 위해 가장 일반적이고 효과적인 방법이다(그림 12-9). 디자인 전체에 어떤 요소들을 반복하여 배열하면 전체 디자인 구성에 일치감을 주어 부분들을 서로간, 또는 전체와 연결시켜 통합시킨다. 그러나 지나친 반복은 단조로움으로 흐를 수 있으므로 주의해야 한다. 같은 물체나 형태, 크기, 색, 질감 등의 요소들이 반복에 이용될 수 있다. 전이(轉移, transition)는 보다 계획적으로 이루어진다. 전이는 한 요소에서 다른 요소로의 점

그림 12-9. 반복의 요소로 이룬 통일감

진적인 변화를 의미하며 시선을 계속 움직일 수 있도록 구성 요소를 배열하거나 조합한다. 색은 전이를 만들기 가장 쉬운 요소로 주황색 꽃은 빨강꽃과 노랑꽃을 시각적으로 연결시켜 시선의 흐름을 부드럽게 만들며 통일감을 이루어낸다.

통일이 잘 이루어지면 논리적 관계가 명백하고 부적절하게 보이지 않는다. 그러나 통일과 조화가 지나치면 단조로움으로 연결될 수 있다. 디자이너는 통일과 단조로움간의 엄밀한 차이를 구별해야 하며 단조로움을 피하기 위해 적절한 변화를 준다. 예를 들면 같은 색을 반복할 경우에 명도나 채도를 다르게 배열하거나, 같은 형태를 반복할 경우 크기나 색을 다르게 한다. 그 외 단조로움을 피하기 위하여 강한 강조점을 만들거나 분식물 전체 윤곽의 변화를 주면 흥미를 유발시킬 수 있다.

12-2-3 균형(均衡, balance)

균형은 실제적인 물리적 균형과 시각적인 균형이 있다. 사람은 균형을 필요로 하며 물리적인 위협이 되는 불안정한 사다리나 선반, 가지 등을 피하는 경향이 있다. 디자인에서 균형은 구성 내 시각적인 평형감(平衡感)과 평정(平靜)의 느낌으로 균형이 이루어지지 않으면 물리적인 위험을 보이지는 않으나 시각적 혼란스러움으로 나타난다.

물리적 균형은 분식물이 스스로 서 있을 수 있을 때 이루어진다. 예를 들면 용기는 식물을 지탱할 수 있는 적절한 크기와 형태, 무게를 가져야 하며, 이러한 물리적 균형은 대부분 용기의 양쪽에 같은 양과 무게의 식물이 배열되면 이루어진다. 물리적 균형과 시각적 균형은 밀접하게 연결되어 있어 실제로 물리적인 균형이 이루어져 있어도 균형이 잡힌 것 같이 보이지 않으면 불안하고 어색하게 느껴진다. 모든 분식물이나 분식물 디자인 공간은 평형의 느낌을 주기 위해 시각적인 균형에 의존한다. 편안한 느낌을 주면 시각적인 균형이 이루어진 것이다.

대칭 균형 / 대칭 균형 / 비대칭 균형

그림 12-10. 대칭 및 비대칭 균형

시각적인 균형은 대칭 균형과 비대칭 균형으로 나뉜다. 대칭 균형(symmetrical balance)은 상상에 의한 중앙의 수직축을 기준으로 양쪽에 같은 요소가 동일하게 배열되면 이루어진다(그림 12-10). 대칭은 쉽게 균형을 이루며 편안하고 안정된 느낌을 만들어주며 공식적이고 위엄이 있는 듯이 보인다. 그러나 이 균형은 자연스럽지 못해 때로는 딱딱하고 인위적인 것같이 보인다. 대칭 균형으로 식재된 식물은 정적인 분위기를 만드는데 그중 한 식물이 상하거나 죽으면 균형이 깨진다. 비대칭 균형(asymmetrical balance)은 중심축을 기준으로 양면에 다른 요소가 배치되지만 식물의 종류, 크기, 형태, 위치의 변화 등으로 동등한 시각적 무게감을 주어 같은 시선을 유도함으로써 이루어진다. 이 균형은 보다 자연스럽고 비정형적이며 시각적 움직임으로 인한 생동감을 만들어낸다. 그러나 비대칭 균형을 이루어내기 위해 더 많이 생각해야 하며 상상력이 풍부해야 한다.

대부분 디자인은 강조의 요소를 가지고 있으며 성공적인 디자인을 위해 강조의 부분을 중화시키는 배경과 같은 종속적인 요소를 필요로 한다. 즉, 구성 내 강조된 부분과 비대칭 균형을 이루기 위해 빈 공간이 필요하다. 이러한 빈 공간이 없는 디자인은 복잡하고 혼란스럽게 보인다.

비대칭 균형은 색, 형태, 질감 등의 요소로 다양하게 이루어낼 수 있다. 현관을 중심으로 한 쪽에 있는 여러 개의 작고 밝은색의 분식물은 다른 쪽에 있는 한 개의 크고 진한 색의 식물과 균형을 이룬다. 길이가 긴 플랜터의 양쪽으로 식물을 심을 때 한 쪽에 거친 질감을 가진 식물을 심고 다른 쪽에는 고운 질감의 식물을 심는다면 균형을 이루기 위해 가볍게 느껴지는 고운 질감의 식물을 보다 많은 양으로 식재하여 질감의 균형을 만들어준다. 거친 질감은 시각적으로 무겁게 느껴지며 고운 질감은 가볍게 느껴지기 때문이다.

12-2-4 규모(規模, scale)

규모는 전체 공간이나 구성 내 구성 요소인 물체의 상대적인 크기이다. 성공적인 디자인을 위해 적절한 규모는 필수적이며 디자인 전체를 통한 규모는 일관성이 있어야 한다. 적절한 규모의 디자인은 정상적이고 편안하며, 규모가 잘 맞지 않으면 편안하지 않은 시각적인 긴장감을 만들어낸다.

적절한 규모를 결정하기 위한 측정치에 대한 기준은 인간 척도(human scale), 즉 물체나 공간의 크기를 인간의 몸의 크기와 비교하여 나타내는 것을 말한다. 사람은 그 자신의 크기와 대상물의 크기를 서로 관련시키려는 본능을 가지고 있다. 인간의 크기와 조화되는 대상물은 정상적이고 친근하게 느껴지지만, 정상적인 크기보다 큰 경우에는 불안하게 느끼며 너무 작은 경우에는 지배하거나 무시

그림 12-11. 규모

하는 느낌을 가진다. 그러나 적절한 규모는 디자인의 목적이나 디자이너의 감각, 의도하는 강세에 따라 달라져 때로는 비정상적인 거대한 규모가 감동을 주기도 하고, 섬세하고 정교한 표현에서는 작은 규모로도 충분한 강조효과를 준다(그림 12-11).

분식물 제작시 용기의 크기는 분식물 디자인의 크기와 형태를 결정하는 기본 요소이다. 작고 가벼운 용기에는 작은 식물이 식재되고, 크고 무거운 용기에는 큰 식물을 식재한다. 또 분식물은 그것이 놓일 테이블과 물리적으로나 시각적으로 크기가 맞아야 하며 동시에 주위공간의 크기와도 맞아야 한다.

큰 공간에 작은 연못 하나와 작은 분식물 하나가 놓여 있을 때 우리는 이것을 무시하거나 시각적으로 답답함을 느끼게 된다. 규모가 적절하지 않기 때문이다. 큰 공간에는 공간의 규모와 높이에 걸맞은 큰 식물이 식재되어 사람들에게 보기 좋은 느낌을 갖도록 해야 규모가 잘 정해진 디자인이라 할 수 있다. 너무 작은 공간에 큰 종려죽, 벤자민고무나무, 그리고 거친 질감을 가진 몬스테라나 떡갈잎고무나무 등이 군식되어 있다면 그 공간은 더욱 좁고 답답하게 느껴질 것이고, 반면 큰 공간에 점점이 있는 아디안텀이나 피토니아, 필레아 등의 작은 식물은 공간을 더욱 넓고 허황한 느낌이 들게 만든다. 규모를 잘 살린 분식물 디자인은 편안한 느낌이 들어야 한다. 식물을 이용한 디자인에서 규모를 정할 때 주의할 점은 식물은 자라므로 시간이 지나면서 규모가 달라지는 것이다. 예를 들면 햇빛이 잘 들어오는 실내정원의 상부식물은 한도를 벗어날 정도로 커져 그 공간을 압도해 곤란해질 수 있고, 실외공간의 초화류는 빠르게 자라므로 의도한 크기를 벗어날 수 있다.

규모에 있어서 또 중요한 점은 질감과 색이다. 거친 질감의 식물과 밝고 짙은 색의 식물은 시선을 유도하기 때문에 커 보인다. 좁은 공간에는 섬세한 질감의 식물을 배치해야 적절한 규모를 이룰 수 있다.

12-2-5 비(比, proportion)

비는 구성 내에 부분과 다른 부분들 또는 부분과 전체와의 관계를 뜻한다. 비는 폭, 길이, 두께, 높이에 의한 치수와 관계가 있으며 조화와 균형의 효과가 고려되어야 한다. 완성된 디자인은 각각의 길이, 면적, 양, 무게 등에 있어 어떤 비를 가지고 있다. 비가 적절하지 않으면 조화롭지 못하며 균형이 이루어지지 않아 구성이 아름답지 않게 보이는 중요한 요인이 된다. 디자이너는 식물과 용기와의 비, 그리고 이 분식물과 분식물이 놓일 테이블의 비, 그리고 이들이 놓일 전체 공간과의 비를 검토하여 효과적인 비가 선택되도록 한다(그림 12-12). 비는 비교적 다루기 쉬운 구성 형식이며 보는 사람의 감정에 직접적인 호소력을 가지고 있다.

비는 균형과 밀접한 관계를 이루고 있는데 균형이 이루어지지 않으면 적절한 비도 이루어지지 않는다. 고대 그리스인들은 좋은 비에 대한 몇 가지 비밀을 발견했는데 이것을 분식물 디자인에도 적용할 수 있다. 직사각형의 가로 : 세로의 비가 3 : 2인 황금직사각형의 비에 의한 수는 2, 3, 5, 8, 13, 21 등으로 나간다. 앞의 두 수의 합은 뒷 수와 같다.

황금분할(黃金分割)이라는 비는 형태나 선의 분할시 이용하는데 작은 부분과 큰 부분의 비는 큰 부분과 전체의 비와 같다. 황금분할비는 분식물 디자인시 용기 3과 식물 5로 용기와 식물의 높이의 비에 이용될 수 있다. 이 외에도 식물의 높이는 용기의 두 배가 되는 비도 이용된다. 어떤 면적을 나눌 때는 절반으로 나누는 것보다 1 : 2나 1 : 3으로 나누는 것이 좋으며, 분식물을 테이블에 놓을 때도 한가운데 놓는 것보다 1 : 2나 1 : 3의 자리에 놓는 것이 훨씬 더 자연스럽고 보기 좋을 경우가 있다. 그러나 이러한 비는 디자이너의 감각과 디자인 목적에 따라 달라진다.

12-2-6 강조(强調, emphasis)

디자인에서 가장 흥미를 끄는 방법은 강조를 위한 요소를 포함시키는 것이다. 강조는 시각적으로 중요한 것과 그렇지 않은 것을 구별하도록 하는 것으로, 재료 사이의 주종관계를 형성해주면서 통일감과 질서를 느끼게 해준다. 이러한 강조의 요소를 만드는 방법은 다른 재료들과 대비가 되는 재료를 이용할 때 이루어진다(그림 12-13). 디자인에서 강조가 된 부분은 나머지 부분에 비해 두드러지기 때문에 사람들은 이 부분을 가장 먼저 보게 된다. 구성 내 강조 요소는 크기, 모양, 장소에 따라 한 개 또는 여러 개가 될 수도 있다.

그림 12-12. 용기와 식물의 비

그림 12-13. 강조

실내공간에서 주위와 대조를 이룸으로써 두드러져 보이는 조형물, 분수, 그림, 조명, 깃발, 식물 등은 그 공간의 강조가 될 수 있다. 현관 앞에는 강조를 위해 분식물이 배치된다. 용기에 식물을 식재할 때도 강조를 위해 주위와 다른 요소를 도입한다. 예를 들면 장식물이나 첨경재료를 배치하거나 독특하게 뻗어나가는 선의 식물을 심거나 나뭇가지로 프레이밍(framing)을 함으로써도 만들 수 있다. 실내정원에서 강조물은 화려한 색의 식물이나 조형물, 수로, 폭포, 분수, 조명등 등의 첨경재료일 수 있다. 또 연속되는 패턴에 변화를 주는 방법으로도 강조의 요소를 만들 수 있는데, 등간격으로 연속 배치한 식물 중에 하나를 빠트린다면 시선을 끌게 되어 강조효과를 만들 수 있다.

실내공간 식재 계획시 강조를 이루기 위한 또 다른 방법은 색상이나 질감, 형태적 특성이 다른 식물을 배치하여 구성에 변화를 줌으로써 강조효과를 만들 수 있다. 형태의 변화는 탁월한 강조 요소가 되는데 비슷비슷한 형태를 지닌 식물군에서 한 그루의 식물이 형태나 크기가 유별나다면 좋은 강조 요소가 된다. 대부분의 식물이 고운 질감을 지닐 때 그 식재군 사이에 거친 질감을 갖는 식물을 배치한다면 강조가 된다. 비교적 어두운 색을 지닌 떡갈잎고무나무 앞에 디펜바키아나 아스플레니움과 같은 연녹색을 가진 부드러운 식물이 배치된다면 시선을 끌 수 있다.

그러나 강조의 요소가 너무 많으면 시선을 혼란스럽게 만들고 불안감을 조성한다. 그러므로 강조는 지나치면 안 되고 디자인에 어울려야 하며 모든 디자인에 꼭 강조의 요소가 있을 필요는 없다.

12-2-7 리듬(rhythm)

리듬은 비슷한 요소의 반복에 의해 이루어지는 시각적 움직임을 말한다. 분식물을 통해 표현되는 리듬은 음악에서처럼 감정을 일으킨다. 이러한 감정을 일으키는 리듬의 패턴(pattern)은 느림, 휴식, 조용함, 빠름, 행복, 섣부름 등이다. 분식물 디자인이 통일과 조화만으로 꾸며질 때에는 흥미없는 것이 될 수 있다. 여기에 형태, 크기, 색, 질감을 응용하여 리듬감을 만드는 변화를 곁들이면 아주 새롭고 재미있는 구성이 이루어진다(그림 12-14).

리듬을 만들기 위해 가장 많이 이용되는 방법은 반복이다. 반복은 비슷한 형태, 크기, 색, 질감 등의 반복으로 이루어질 수 있다. 일정 거리나 간격으로 반복된 비슷한 분식물에 의한 시각적인 재상기(再想起)는 반복된 분식물을 따라 사람을 계속 걷게 만들면서 움직임을 만들어낸다. 이러한 분식물에 의한 리듬은 백화점의 쇼핑객들을 장소에서 장소로, 혹은 방문객, 고객, 종업원들을 사무실 공간에서 아트리움을 통하여 움직이도록 하는데 도움을 준다.

이러한 반복의 기법에서 색, 명도, 채도, 크기, 형태, 간격, 질감 등을 점차적으로 증가 또는 감소시키는 것을 전이(transition)라고 하는데 리듬감 있는 시각적 통로를 만든다. 예를 들면 식물의 키를 낮은 것에서 높은 것으로 또는 높은 것에서 낮은 것으로 변화시키거나, 질감이 고운 것에서 거친 것으로, 거친 것에서 고운 것으로, 색상이 옅은 식물에서 진한 식물로의 변화로도 리듬감 있는 미를 창출할 수 있다. 그러나 이러한 변화는 혼잡한 결과를 일으킬 수 있으므로 부족한 듯 사용되어져야 한다.

그림 12-14. 리듬감 있는 디자인

12-2-8 단순(單純, simplicity)

디자인에서의 명료함은 매우 중요하다. 아름다움은 많은 양의 재료를 장식하는 데서 창조되는 것이 아니며, 혼잡한 디자인은 리듬을 잃게 되고 주제를 불분명하게 하여 다른 요소들에게까지 역효과의 결과를 초래한다. 단순한 디자인에서는 주제가 명확하고 강조점도 뚜렷하다. 그러나 복잡해질수록 많은 요소들간의 조화와 균형 등을 맞추기 어려우므로 고도의 기술이 요구된다. 사용되는 재료와 분량의 증가는 역효과를 낼 수 있다는 것을 유의하여야 한다(그림 12-15).

그림 12-15. 디자인은 단순해야 하지만 단조로움과 다르다

05

분식물의 실내외 공간 배치

경제가 발전하여 생활수준이 높아지면 아름다운 생활환경에 대한 관심이 높아지고, 아름다운 생활환경에서 꽃과 식물은 필수적인 요소이다. 인간생활이 이루어지는 실내외 공간에서 분식물은 다양한 용도와 목적에 따라 일시적이거나 지속적, 또는 영구적으로 이용되면서 인간생활에 유익한 기능적인 역할을 수행한다.

겨울에도 따뜻하고 밝은 주거환경의 변화로 한국의 실내 생활공간은 녹색의 분식물로 가득 차게 되었고, 일년 내내 푸르른 식물은 사람들에게 아름다움과 신선함으로 생활의 기쁨과 활력을 제공하였다. 시간이 지나면서 분식물은 관엽식물뿐만 아니라 화려한 꽃을 가진 양란, 독특한 모양의 다육식물, 향기로운 허브류, 식충식물, 수생식물, 열대 화목과 화초 등으로 다양화되었다. 또 공기정화를 비롯한 기능적인 효과들이 알려지면서 식물은 실내공간에서 없어서는 안 될 중요한 요소로 자리잡게 되었다.

사람들의 식물에 대한 선호도는 변화하고 발전하는데 이러한 변화는 녹색의 식물에서 화려한 꽃으로 옮겨 가면서 한국에도 구근류를 비롯한 다년초와 일년초 등 꽃피는 초화류의 생산량이 급증하고 있다. 꽃이 핀 초화류 화분을 실내에 배치해 보지만 햇빛이 부족해 빨리 시들어 버리는 것을 겪게 된다. 사람들은 이제 실외공간에서 햇빛을 충분히 받으며 비를 맞고 봄, 여름, 가을, 겨울을 겪는 꽃피는 식물과 채소와 같은 식용식물도 원하고 있다.

분식물은 생활공간 장식용, 축하용, 행사용, 디스플레이용, 전시 및 경연대회용 등으로 이용되면서 다양한 공간에 배치되는데 공간의 특성에 따라 분식물을 적절하게 배치해야 한다. 5부에서는 공간에 분식물을 배치하는 방법을 실내와 실외공간으로 나누어 설명하고자 한다. 또 다수의 분식물 배치보다 훨씬 큰 규모로 이루어지는 실내정원은 분리하여 설명한다.

13. 분식물의 실내공간 배치

건물의 용도에 따라 실내공간의 분식물 디자인은 달라지지만 어떤 실내공간에서도 분식물은 기능적으로나 미적으로 최대의 효과를 낼 수 있으며 생육에 적합한 장소에 배치되어야 한다. 그러나 실내공간의 분식물 배치시 이 세 가지 조건을 동시에 충족시켜 줄 수 있는 장소를 선정하기는 어려운 경우가 대부분이다. 특히 처음에 디자인 과정을 거쳐 식물의 배치가 이루어지는 경우보다 단순히 구입하거나 선물받은 식물을 배치해야 할 경우엔 더욱 그러하다. 천창이 있거나 벽면이 유리로 된 건물의 실내공간은 식물이 생육할 수 있는 밝은 장소가 많지만 대부분의 건물은 창가 부근에서만 식물 생육이 가능하기 때문이다. 창가에서 거리가 멀어질수록 어두워 식물 생육이 나빠지므로 분식물의 용도가 지속적인지 일시적인지 고려하여 배치해야 한다(표 13-1).

이 장에서는 생육환경이 대체로 부적절한 실내공간에서 분식물의 인간과의 관계, 미적인 측면, 용도, 계절과 관련하여 분식물을 배치하는 요령을 살펴보자.

13-1. 건물 내 식물 생육이 가능한 배치공간

실내공간에 분식물을 배치할 때는 기능적, 미적, 식물생리적 세 가지 조건을 충족하는 공간에 배치해야 하는데 평균적인 실내공간에서 식물은 밝은 창가 외에는 잘 견디지 못한다. 사람을 위한 공간인 실내공간에서 식물에 우선적으로 창가 자리를 내어줄 수 없으며, 장식적인 효과를 비롯한 여러 기능적인 효과를 위해 창에서 떨어진 장소에 배치하는 경우가 많은 편이다(표 13-2). 창가에 배치되지 못한 분식물은 서서히 상태가 나빠져 정기적으로 교체해주거나 폐기하게 된다(송천영과 송은경, 2012). 이런 상황에 맞추어 화분 임대와 관리를 하는 전문업체들이 있고 이런 업체들은 분식물 배치, 관리, 그리고 정기적인 교체 및 폐기를 주 업무로 하고 있다.

실내공간에서 분식물은 광이 생육에 결정적인 요인이지만 광 외의 온도나 관수 등의 문제도 공간 배치에 영향을 미친다. 특히 열대식물 중심의 실내 분식물은 대부분 겨울 공휴일이나 야간 저온에 의해 저온해를 입거나 동사하고 또 관수를 적절하게 해주지 못해 죽는 경우가 많다.

표 13-1. 분식물의 실내공간 배치시 고려해야 할 요소

고려 요소	고려사항	
기능	공간에서의 다양한 기능적 효과를 고려하여 배치	장식적(미적), 건축적, 환경적, 교육적, 치료적, 경제적 효과 등
미	디자인 요소와 원리를 고려한 미적 효과를 최대한 고려하여 배치	조각적 역할, 배경 제공, 프레임(frame) 형성, 건축구조 완화, 색 제공, 실루엣 형성 등
식물 생육환경	광, 온도, 수분과의 관계 고려하여 배치	일시적 배치 – 어떤 식물도 이용 가능한데 관수관리 필요
		지속적 배치 – 부적합한 환경에서는 시간이 지나면 식물 교체 필요
		영구적 배치 – 적합한 환경과 적절한 관리 가능할 경우

표 13-2. 광과 관련된 분식물의 실내공간 배치와 식물 생육

구분		식물 생육 특성	이용 기간	
창가 배치	측창	생육 좋으나 굴광성 보임	영구적	
	천창	천창의 크기에 따라 생육 달라지나 생육 좋음		
	온실	꽃피는 식물 개화 가능. 여름 고광, 겨울 저온 주의		
필요한 장소에 배치	고광(창가, 베란다 등)	생육 좋음	영구적	
	중광	서서히 나빠지거나 약해짐	지속적	
	저광	오래 견디지 못함	일시적, 자주 교체	

장식적 또는 심리적 효과 등을 위한 소형 분식물은 주로 테이블이나 창가에 배치된다. 대형 분식물은 장식적인 효과 외 기능적인 역할을 위해 여러 공간에 다양한 기법으로 배치되므로 아무 고려 없이 이동시킬 수 없는 경우가 많다.

13-2. 분식물 배치와 인간과의 관계

실내공간에서 분식물이나 실내정원을 배치하는 방법은 다양하지만 사람들이 바라보는 시각적 경험과 관련하여 크게 세 가지 방식을 고려해볼 수 있다. 첫 번째는 공간 내 분식물을 멀리서 그림처

표 13-3. 실내 분식물 또는 실내정원 구성 및 배치에 대한 시각적 경험

2차원적(회화적)	3차원적(조형적)	3차원적(공간적)
분식물 또는 실내정원을 멀리서 그림을 바라보듯이 배치하면 사람이 움직여도 대상물에 대한 지각이 크게 바뀌지 않는다. 배치된 분식물에 대해 정적인 느낌을 갖는다. 대상물을 의식적으로 이해하는 느낌이다.	분식물 또는 실내정원을 여러 방향에서 바라볼 수 있는 공간에 배치하면 사람이 움직일 경우 대상물에 대한 지각이 바뀐다. 대상물에 의식적으로 유인되는 느낌이다.	사람들이 분식물에 의해 둘러싸여 있을 때나 실내정원 속으로 들어가면 사실적이고 역동적인 느낌을 받으며 일상과 다른 경험을 하게 된다. 이때 대상물에 사로잡히는 느낌을 받는다.

럼 바라보도록 배치하는 것이고, 두 번째는 분식물을 여러 방향에서 바라볼 수 있도록 배치하여 방향에 따라 다른 모습과 느낌을 받을 수 있도록 한다. 세 번째는 비교적 규모가 큰 공간 내에 다수의 분식물로 분정원을 조성하거나 실내정원을 조성하여 사람들이 단순히 바라보는 것에서 한층 나아가 그 속으로 걸어 들어가 숲과 같은 느낌을 받으면서 잠시나마 식물이 우거져 있는 숲으로 들어간 느낌을 받도록 하는 것이다(Furuta, 1983)(표 13-3).

디자이너는 분식물 공간 구성시 의뢰자의 요구와 공간 분석 결과에 따라 이러한 세 가지 측면을 고려하여 분식물을 배치하거나 실내정원을 구성하도록 결정한다. 세 번째 방식을 원한다 해도 공간의 특성상 불가능한 곳도 있다.

13-3. 미적인 측면에서의 분식물 배치

실내공간의 분식물을 배치할 때 선, 형태, 공간, 깊이, 색, 질감, 향기의 디자인 요소와 조화, 통일, 균형, 규모, 비, 강조, 리듬, 단순의 디자인 원리를 이용해 배치하면 같은 재료로도 미적으로 훌륭한 공간을 만들어낼 수 있다('12. 디자인 요소와 원리' 참고).

몇 가지 디자인 원리에 따라 실내공간에서 많이 이용하는 분식물 배치방법을 설명하면 다음과 같다.

13-3-1 미적인 역할의 분식물 배치

(1) 조각적 역할로서의 배치

형태가 아름다운 실내식물을 아름다움을 자랑하는 조각물처럼 초점을 이루는 공간의 강조 역할로 배치할 수 있다. 대체로 크기가 크고 영구적으로 키울 수 있는 관엽식물이 중심이 된다. 이러한 분식물이 있는 공간에서 식물은 공간의 주인공으로서의 역할을 하므로 생육환경이 좋으며 시각적 효과가 높은 장소에 배치한다. 현관 입구, 로비 중심, 유리벽 앞 등에 단독으로 배치되는 경우가 일반적이다(그림 13-1).

(2) 배경 제공

공간에서 여러 요소들의 배경을 제공하는 역할로 보통 여러 개의 분식물을 모아서 배치한다. 배경 역할일 경우에는 이 식물들이 돋보이기보다는 다른 분식물 또는 다른 공간의 요소를 돋보이게 하는 역할로서 벽면 앞이나, 강조하려는 식물이나 요소의 주변에 배치한다.

(3) 프레임(frame) 형성

바라보는 대상을 두드러지게 보이게 하는 여러 가지 기법 중 액자처럼 주변에 틀을 형성해 주는 방법이 있는데, 분식물을 이용하여 어느 정도의 틀을 만들어 주면 그 틀 사이로 바라보이는 대상은 틀이 없을 때와 달리 시선을 집중시킨다.

(4) 건축구조 완화

벽 앞에 분식물을 배치하거나 공간 곳곳에 분식물을 배치하여 딱딱한 선과 면이 보이는 건축물을 식물의 가지와 잎으로 부드럽게 만들어 줄 수 있다.

그림 13-1. 분식물의 미적 효과를 위한 배치

(5) 색 제공

관엽식물 잎의 녹색과 꽃피는 식물의 꽃색으로 실내공간의 색을 쉽게 변화시킬 수 있다.

(6) 실루엣(silhouette) 형성

실루엣은 물체의 외형을 말한다. 특히 밝은 바탕을 배경으로 드러나는 검은 윤곽인데 배치된 분식물의 윤곽, 또는 그림자의 효과가 두드러질 수 있는 방식으로 실내공간에 배치해 효과를 볼 수 있다.

13-3-2 디자인 요소와 원리에 의한 배치

(1) 조화

전문 디자이너가 아닌 대부분의 사람들이 분식물을 배치할 때 가장 저지르기 쉬운 것은 공간과 분식물간의 조화로움이 부족하다는 것이다. 특히 주거용 건물에서는 직접 구매한 분식물과 선물받은 것, 이웃에게 얻어온 것들이 혼재하면서 용기도 식물도 각양각색이어 공간은 물론 분식물은 서로간의 공통점 없이 가득 모여 있다. 이럴 경우 용기만 같은 것으로 바꾸어도 쉽게 미적 효과를 얻을 수 있는데 비용이 들기 때문에 투자를 잘 하지 않는다. 조화롭지 않은 분식물이 있는 공간은 번잡하며 심한 경우 지저분해 보인다.

수준 높은 상업용 공간에도 조화롭지 않게 분식물을 배치하는 것을 볼 수 있다. 주위공간과 같은 형태, 색, 질감의 재료를 이용하면 조화로움을 증가시킬 수 있다. 식물별 또는 용기별로 같은 종류나 크기로 그룹핑하여 배치하면 통일감을 줌과 동시에 손쉽게 조화로움을 만들어낼 수 있다(그림 13-2).

(2) 통일

규모가 큰 업무용 또는 상업용 공간 전체를 통해 같은 식물을 반복적으로 배치하면 통일감을 주면서 사람들은 그 공간에 대해 질서정연하고 깔끔한 느낌을 받게 된다(김선혜와 방광자, 2004). 그래서 전체 공간 내 다른 구역으로 가더라도 같은 공간 내에 있다는 느낌을 강하게 받으면서 그 건물주에 대한 세심함을 느낄 수 있다.

몇 개의 식물을 모아서 배치할 경우에도 공간 전체를 통해 같은 식물군이 반복적으로 배치되어 있으면 통일감과 리듬감이 있는 아름다운 공간이 조성된다. 너무 같은 식물이 반복되어 단조로우면

그림 13-2. 공간과 분식물의 재료와 색은 조화로워야 한다

그림 13-3. 공간 내 같은 용기와 식물로 통일감을 준다

공간에 맞추어 용기나 식물의 크기 또는 색의 변화를 주거나 대조시키면 통일감을 주면서 변화감과 리듬감을 줄 수 있다(그림 13-3).

(3) 균형

넓은 공간일 경우 분식물을 공간 전체에 대칭 균형으로 배치하는 것은 어렵기 때문에 비대칭적 균형감으로 배치하는 경우가 대부분이다. 부분적인 소규모 공간에는 문이나 창문, 조형물, 의자 등의 좌우 양쪽으로 분식물을 배치하는 대칭 균형의 방식을 많이 이용한다.

(4) 규모와 비

공간 내 배치되는 분식물의 규모는 적절해야 한다. 규모가 너무 크거나 작으면 불편하고 어색한 느낌을 받는다. 이러한 느낌은 사람의 크기를 기준으로 맞추므로 나를 기준으로 규모를 체크할 수 있다.

분식물의 규모를 적절하게 정해야 하는 것 외에도 구성요소간의 비가 적절해야 한다. 공간의 크기에 맞추어 분식물의 수와 용기의 크기가 맞아야 하며 용기와 식물과의 크기도 맞아야 한다. 비가 적절하지 않으면 시각적으로 불편한 느낌을 받는다(그림 13-4).

그림 13-4. 공간과 분식물간의 규모가 적절해야 하고 분과 식물의 비가 안정적이어야 한다

(5) 강조

규모가 큰 업무용 또는 상업용 공간의 출입구를 들어서면 출입구 부근에 가장 크기가 크고 아름다운 식물을 배치하는 것을 볼 수 있다. 이러한 대형 식물은 그 공간의 주인공으로서 시선을 집중시키면서 공간의 이미지를 전달하고 건물의 가치를 높여주는 강조의 역할을 한다(그림 13-5).

또 실내공간에서 꽃피는 식물이나 화려한 색의 잎을 가진 식물은 계절감을 주면서 공간을 화려한 분위기로 바꾸어 사람들의 시선을 집중시키고 사람들을 이 공간으로 모은다. 주의할 점은 꽃피는 식물이나 화려한 색의 잎을 가진 식물은 녹색 관엽식물보다 더 밝은 빛을 요구하므로 어두운 곳일 경우 자주 교체해야 해 비용이 많이 드는 것이다.

(6) 리듬

규모가 큰 쇼핑몰과 같은 실내공간에 동일한 분식물을 반복 배치하여 통일감을 줌과 동시에 리듬감을 형성할 수 있다. 그러나 너무 같은 식물이 여러 개 배치될 경우 단조로울 수 있으니 중간중간 크기나 색을 바꾸어 변화를 주면 새로운 리듬감을 주어 단조로움을 해소할 수 있다.

(7) 단순

현대적인 건물은 정형적인 공간을 형성하면서 단순하게 디자인되는 경우가 많다. 이러한 분위기에 조화로운 분식물 배치는 최소한의 수로 복잡하지 않게 하는 것이다. 쇼핑몰과 같은 복잡한 공간에 식물을 배치하면 공간을 더욱 복잡하게 만들 수 있는데 단순한 디자인을 하기 위해 용기의 크기나 색, 형태, 그리고 식물의 종류를 통일시키는 것이 좋다.

또 환경개선을 위해 식물을 배치해야 하는데 공간이 복잡하다면 단순한 형태의 용기를 선정하여

그림 13-5. 시선을 집중시키는 강조의 역할을 하는 분식물

공간의 색과 통일시키고, 여러 개 식물이라면 같은 식물로 통일하면 정리정돈된 느낌을 만들어 낼 수 있다.

13-4. 용도별 실내공간 분식물 공간 배치

실내공간에 이용되는 분식물은 생활공간용을 중심으로 축하용, 행사용, 상업적인 디스플레이용, 전시회용 또는 경연대회용 등으로 이용된다. 어떤 용도이든 분식물은 결국 공간에 배치되므로 용도별로 분식물을 공간에 배치하는 방법과 이와 관련하여 어떤 문제점이 있는지 살펴보자.

13-4-1 생활공간용

거주자, 사무원, 직원, 고객 등의 생활이 이루어지는 생활공간은 단독주택, 연립주택 등의 주거용 건물과 사무실, 관공서, 은행 등의 업무용 건물, 백화점, 호텔, 커피숍, 식당, 판매장, 전시장, 공연장, 교회, 절 등의 상업용 건물로 나눌 수 있다. 이러한 생활공간의 용도와 이용자의 특성에 따라 분식물은 여러 방식으로 이용되는데 생활공간에서 분식물의 배치방법을 살펴보자.

(1) 주거용 공간

가능한 오래 자랄 수 있는 크고 작은 다양한 종류의 분식물이 많이 이용되는 주거용 공간에는 거주자에 의해 적극적인 관리가 이루어진다. 이러한 분식물은 현관, 거실, 침실, 부엌, 발코니 등의 바닥이나 테이블, 창가, 선반, 벽면 등에 배치되어 아름다운 생활공간을 구성한다(그림 13-6). 특히 공기정화나 음이온 방출 등의 식물의 기능적인 효과를 우선으로 시각적인 측면에 대한 순위가 뒤로 밀리는 편이다. 실내 디자인에 관심이 큰 거주자가 아니면 여러 가지 분식물을 가득 모아 배치하고

그림 13-6. 식탁, 테이블, 욕실에 배치한 분식물

용기의 모양이나 크기도 각양각색이어 통일감이나 조화로움이 부족한 경우가 대부분이다. 시각적 효과를 원한다면 용기를 통일시키고 수를 줄인다. 또 비슷한 용기나 식물끼리 모으고 가능한 대형 식물로 공간의 중심을 잡으면서 식물 배치를 단순화하는 것이 좋다.

주거용 공간에 가장 많은 분식물은 가격이 저렴하고 관리하기 쉬우며 장식효과가 높은 관엽식물이다. 심비디움, 팔레놉시스, 온시디움과 같은 난류를 비롯하여 계절에 따라 꽃피는 임파티엔스, 제라늄, 베고니아 등의 아름다운 분화들이 이용된다. 장식용 분식물은 유행성이 있는데 관엽식물의 이용이 일반화된 후, 전자파를 흡수한다는 선인장을 비롯한 다육식물이 대중적인 인기를 모아 주거용 건물에 많이 이용되었고, 그 후 외국에서 도입된 허브류가 많이 구매되었다. 꽃 소비가 많은 선진국처럼 꽃피는 일년초나 다년초 등의 분식물 이용이 증가하고 있으며, 이용되는 식물의 종이 다양화되고 있다.

(2) 사무용 공간

사무공간은 도심의 대형 건물을 비롯한 크고 작은 건물 내 사원들의 업무를 위한 공간이다. 사원들의 일의 효율과 창의성을 높여주기 위한 쾌적한 생활공간의 창출을 위하여 분식물이 배치되고 있다. 특히 대형 건물에는 실내환경 개선과 건물의 이미지 연출, 그리고 과중한 업무의 중간에 휴식을 취할 수 있도록 녹색의 실내정원이 조성되는 곳이 많다. 실내정원 외에도 사무공간 곳곳에는 관엽식물을 식재한 대형 분식물을 배치하고, 계절별로 꽃피는 식물을 지속적으로 교체하여 유지해준다.

대형 분식물은 사무실 창가의 빈 공간이나 회의실, 접대공간에 배치하는데 필요에 따라 어두운 곳에도 배치해야 할 경우가 있다. 특히 사무용 건물은 분식물 임대업체와 계약하여 어두운 곳에 배치한 분식물의 생육이 나빠지면 교체하기도 한다.

소형 분식물은 테이블 위나 필요한 곳 여기저기에 배치한다. 규모가 큰 실내정원은 휴식공간과 연계하여 건축시 로비나 아트리움에 조성되는 경우가 일반적이고, 소규모 실내정원은 대형 플랜터를 이용하거나 일시적으로 이용할 수 있는 방식으로 밝은 빈 공간에 배치한다. 최근 사무용 공간에 버티컬가든이 많이 조성된다.

(3) 상업용 공간

백화점, 호텔, 판매장, 커피숍, 식당 등의 상업적 공간에는 고객을 유인하기 위한 실내디자인과 디스플레이(display)에 꽃과 식물의 이용도가 높다. 출입구 양쪽, 로비 중앙의 대형 분식물의 배치는 필수이며 건물의 구조에 따라 실내정원이 조성되어 있는 곳도 있다. 특히 강한 장식효과를 위해 꽃피는 식물의 배치는 중요하다. 이러한 상업적 공간은 단순한 실용적인 분위기의 디자인보다 훨씬 더 화려하고 아름다우며 창의적인 디자인이 선호되는 곳이다(그림 13-7).

그 외 교회, 다양한 전시가 이루어지는 전시장, 그리고 각종 공연이 펼쳐지는 공연장에서도 축하용 분식물과 전시물을 돋보이게 하는 분식물 디자인을 비롯한 다양한 디자인이 이루어진다.

그림 13-7. 호텔, 백화점 등의 상업용 공간에서의 분식물 배치

13-4-2 축하용

축하용 분식물은 출산, 생일, 졸업, 성년의 날, 결혼기념일, 개업, 취임, 승진, 수상 등에 증정을 목적으로 제작된다. 증정에 의미를 두어 실내공간 배치는 일단 받은 후가 되므로 공간과의 조화에 별로 신경을 쓰지 않고 제작된다. 국내 현황을 살펴볼 경우, 개업, 취임, 승진 등에는 난과 같은 분식물이, 그리고 개업시에는 난과 대형 관엽식물이 많이 이용된다. 축하용은 아니지만 병문안용에도 분식물이 이용된다(그림 13-8). 대부분 포장과 보내는 사람의 이름이 있는 리본이 중요한 부분이며, 포장과 리본이 그대로 있는 상태로 배치되고 그 후 제거된다.

그림 13-8. 축하용 분식물

최근 일회용 용기나 박스, 그리고 바구니에 연출된 분식물 등 다양한 축하용 분식물이 이용된다. 국내 대형 축하용 분식물의 다양한 디자인 변화가 필요하다.

13-4-3 행사용

행사용 분식물 디자인은 생일, 회갑, 축하, 크리스마스 등의 다양한 연회, 그리고 예식, 결혼식, 장례식, 발표회, 전시회 등의 행사를 돋보이게 하기 위한 것으로, 행사의 주제와 공간에 맞는 멋진 연출이 중요하다. 이러한 행사에 이용되는 분식물은 절화 대신에 이용되는 만찬용 테이블 장식과 행사장 입구와 단상의 장식이다.

테이블 장식은 절화를 이용한 꽃꽂이가 일반적이나 독특하고 저렴하며 작업이 쉬워 분식물로도 이루어진다. 또 행사장의 단상과 입구의 장식은 화환 대신 크기가 큰 대형 관엽식물로 이루어진다. 화환에 비해 행사 후에도 이용할 수 있다.

13-4-4 상업적인 디스플레이용

디스플레이(displays)는 상품, 작품, 정보물 등의 내용을 전달하기 위하여 주제를 설정하여, 상점, 전시관, 박물관 등의 공간에 조명, 색채, 음향, 도구 등의 디자인 요소를 이용하여 대상물을 효과적으로 전시, 진열하여 고객이나 관람객, 감상자에게 원하는 의도를 주지시키고자 하는 정보처리의 한 방법이다. 디스플레이는 상업적인 목적의 점포 디스플레이, 상품전시회, 전람회, 무역박람회 등과 홍보를 목적으로 하는 박물관, 과학관, 자료관, 문화행사 등의 디스플레이, 또는 연출성이 강조되는 퍼레이드(parade), 축제(festival), 쇼, 무대장치 등의 디스플레이가 있다.

상업적인 디스플레이의 주된 목적은 고객으로 하여금 상품을 구입하도록 동기를 만들어 주는 것이다. 디스플레이의 주된 네 가지 목적은 고객의 주의를 끌어들이고 흥미를 유발시키며, 욕구를 갖도록 자극하며 상품을 구입하도록 하는 일이다. 그러므로 상업공간의 디스플레이용 분식물은 단순한 공간 장식보다는 상업공간의 이미지 전달과 상품홍보를 위하여 매우 독창적이며 시선을 집중시킬 수 있는 연출이 중요하다.

백화점의 쇼윈도, 매장 내부의 진열대, 호텔의 숍(shop)과 레스토랑 등 다양한 공간에서 이루어지는 디스플레이는 봄, 여름, 가을, 겨울 계절별 주제를 잡아 일정기간 동안 전시되는데 꽃을 이용할 경우 조화나 건조화를 이용하지만 어느 정도 유지관리된다면 살아있는 분식물이 이용된다(그림 13-9). 특히 영국 런던에서는 분식물을 이용한 윈도 디스플레이가 많은 편이다. 각종 박람회의 전시부스 디자인에도 꽃과 식물은 사람들을 끌기 위해 매우 중요한 요소이다.

그림 13-9. 상업적 디스플레이용 분식물

13-4-5 전시용 또는 경연대회용

전시용 또는 경연대회용은 자신의 디자인을 전시에 출품하거나 경연대회에 참가하여 예술가로서 또는 분식물 디자이너로서의 홍보와 아이디어를 선보이거나 본인의 기량을 다른 사람들과 견줄 때 이용되는 분식물 디자인이다. 실용적인 디자인일 경우도 있으나 매우 독창적이며 예술성이 강한 디자인이 연출된다. 국내 분식물 관련 전시와 경연대회는 난 전시회, 국화 전시회, 자생식물 전시회,

그림 13-10. 전시 또는 경연대회용 분식물

테라리움이나 디쉬가든 전시회, 실내정원 전시회 및 콘테스트 등이 있는데, 실용적이면서 대중적인 분식물 디자인 전시보다는 예술성이 강한 디자인을 선보인다.

최근 한국의 분식물에도 장식 재료를 많이 첨가하는 외국의 추상적 디자인이 도입되면서 독특한 한국적 양식으로 발전하고 있어 여러 전시에서 예전과 다른 새로운 디자인을 볼 수 있다. 분식물 디자이너는 이러한 전시회의 출품을 통하여 자신의 아이디어를 홍보하고 디자인에 대한 새로운 시도를 할 수 있으며, 다른 사람의 전시물을 감상함으로써 자신의 디자인에 대한 새로운 영감을 얻을 수 있다(그림 13-10).

13-5. 계절별, 월별 특정한 날의 분식물 디자인 배치

계절감을 표현하는 분식물 디자인은 공간에 계절별로 꽃피는 식물을 배치하여 이들의 색과 향기로 분위기를 연출한다. 봄, 여름, 가을, 겨울 계절에 따라 다르게 꽃피는 아름다운 꽃들로 장식된 아름다운 실내외 공간은 사람들에게 일상적인 스트레스에서 잠시 벗어나게 하는 계기를 마련해 주어 희망과 생동감을 제공해 준다.

초봄에는 수선화, 히야신스, 무스카리, 아마릴리스, 라넌큘러스, 시클라멘 등의 구근류를 심은 분식물을 창가나 공간 곳곳에 배치하여 봄을 느낄 수 있도록 한다(그림 13-11). 여름에는 백합, 원추리 등의 오렌지색, 적색의 초화류 화분들을 배치하여 강렬한 계절감을 연출해 주거나, 반대로 도라지, 스카비오사, 베로니카 등과 같은 청색, 자주색과 같은 시원한 색의 초화류를 이용해 차가운 물을 연상시킬 수 있다.

가을에는 국화, 해바라기, 펄스트라이트 해바라기, 맨드라미 등의 황색과 적색, 갈색의 꽃들을 이

그림 13-11. 계절의 변화된 느낌을 주는 분식물이 있는 공간

용한다. 겨울에는 온실에서 재배되는 장미나 안스리움 등의 꽃을 이용하여 겨울의 메마른 분위기를 잊을 수 있도록 해준다. 계절감을 주기 위해 주의할 점은 꽃이 중심인 분식 초화류를 실내에 배치하면 조도가 낮아 꽃이 빨리 시들기 때문에 짧은 기간만 이용할 수 있다는 것을 이해해야 한다.

특정한 기념일의 꽃은 절화를 많이 이용했지만 최근 분식물을 이용하는 방향으로 흐르고 있다. 어버이날의 카네이션, 부활절의 백합, 크리스마스의 포인세티아 등 특정한 날에 사람들이 좋아하는 꽃이 담긴 분식물을 체크한다.

14. 실내정원

실내정원은 단독주택이나 아파트와 같은 주거용 건물 실내에 다수의 분식물을 배치함으로써 이루어지는 작은 공간에서부터 업무용이나 상업용 대형 건물의 현관, 로비(lobby), 라운지(lounge), 또는 아트리움에 조성되는 대규모 실내정원, 그리고 식물원 온실의 정원까지 규모와 조성방식, 표현되는 양식이 다양하다.

실내공간의 플랜터에 식물을 식재하여 조성하는 실내정원은 플랜터에 의해 규모와 형태, 양식 등이 결정된다고 할 수 있다. 특히 건축시 플랜터가 조성되어 있는 경우엔 더욱 그러하다. 플랜터 조성 후 실내정원 시공은 비슷한 방법으로 이루어진다. 이 장에서는 실내정원을 플랜터 조성방법에 따라 나누어 살펴보고 시공방법을 설명하고자 한다.

14-1. 플랜터(planter) 조성방법

건물 건축시 실내정원을 계획하여 플랜터를 조성한 건물도 있지만 건물 완공 후 플랜터를 건축하여 실내정원을 조성하기도 하며, 단기간 이용을 위해 플랜터를 건물에 고정시키지 않고 임시로 정원을 만들기도 한다. 또 고정된 플랜터보다는 대형 용기를 다수 배치하여 실내정원을 분정원으로 만들기도 한다. 최근에는 벽면을 이용한 버티컬가든으로 실내정원을 조성하는데, 이와 같이 플랜터를 어떤 방식으로 조성하느냐에 따라 실내정원 디자인은 달라진다. 플랜터를 조성하는 다섯 가지 방법에 따라 실내정원을 살펴보자.

14-1-1 건물 부착 플랜터 이용

건축시 실내정원을 조성할 계획에 의해 미리 건축된 플랜터는 위치가 고정되어 있어 디자인하기 쉬우며 배수구가 있어 식물 식재와 관리가 편리하다(그림 14-1). 업무용 건물이나 상업용 건물뿐만 아니라 요즘은 주거용 건물인 아파트의 베란다에도 플랜터가 건축되어 있으므로 정원만들기가 쉽다. 아파트 입주시 인공토양인 펄라이트(육성용)를 플랜터의 부피만큼 나누어 준다.

플랜터에는 토양을 바로 채우는 것보다 바닥에 배수판을 깔아야 배수가 잘 된다. 바닥에 배열한 배수판 위에 부직포를 깔아 물은 내려가고 토양은 내려가지 않도록 한다. 천장이 낮아 큰 식물을 심지 않는 일반 아파트에서 플랜터의 깊이는 30cm 정도면 웬만한 큰 식물을 심기에 충분한데 아파트뿐만 아니라 여러 용도의 건물에 조성되는 플랜터는 이보다 깊은 곳이 많다.

플랜터는 매몰형과 돌출형이 있고, 내부구조와 식재를 위한 토양 조성방법은 같지만 공간에서의 시각적 효과와 기능적인 효과는 차이를 보이므로 디자인시 중요한 요소이다('5. 용기와 플랜터' 참고). 매몰형 플랜터가 건물 바닥의 토양면과 접한 실내공간에는 정원 조성에 자연의 토양을 그대로 이용할 수도 있다. 현대적 건물에 조성된 플랜터의 실내정원은 대부분 정형적(定形的)인 분위기로 이루어지는 경우가 많으나 규모가 커질수록 자연적인 수림을 형성한다.

14-1-2 대형 컨테이너(container) 구입

플랜터가 없는 실내에 정원을 만들고자 할 때 가장 좋은 방법은 대형 실내정원용 컨테이너 또는 플랜터를 구입하는 것이다. 그러나 원하는 디자인의 대형 컨테이너를 구하기 어려울 경우 작은 컨테이너를 여러 개 구입해 같이 배열하는 방법도 있다(그림 14-2).

대형 컨테이너는 세트로 만들어진 물받침이 없다면 어울리는 물받침을 구하기 어려우므로 배수

그림 14-1. 건축시 조성된 매몰형 플랜터와 돌출형 플랜터

그림 14-2. 대형 컨테이너를 이용한 실내정원과 배수구

구 없는 컨테이너를 구입한다. 컨테이너 내부에 배수판을 깔아 과다관수된 물을 바닥에 고이도록 하거나 PVC 관을 한쪽으로 세워 묻어 바닥에 고인 물을 관찰하거나 빨아올릴 수 있도록 한다. 이것도 불편하면 보이지 않는 뒤편 아래쪽으로 작은 구멍을 뚫어 수도꼭지와 같은 소형 정수기 코크를 연결하거나 투명 호스를 연결해 물이 빠지지 않도록 위로 올려 걸고 필요시 아래로 내려 물을 빼준다. 물이 새지 않도록 구멍을 뚫은 틈새를 실리콘으로 잘 막는다.

건축시 조성된 고정된 플랜터보다 디자인을 고민해야 하고 원하는 형태와 크기의 대형 플랜터를 구입하기 어렵지만 좀 더 자유롭고 효과적이며 세련된 디자인을 할 수 있다. 규모가 작은 실내공간에는 이러한 방식으로 실내정원을 만들기 쉽다.

14-1-3 플랜터 제작

원하는 대형 용기를 구입하지 못할 때는 플랜터를 직접 제작해야 된다. 가장 쉬운 방법은 목재로 원하는 형태와 크기로 제작하는 것이다. 목재는 가까운 목공소에서 맞추어도 되지만 인터넷으로 주문하면 원하는 크기로 잘라 택배로 보내주니 직접 제작할 수 있다. 비용이 들어도 섬세한 디자인을 원하면 철공소에서 일반 철판이나 스테인리스 스틸로 형태를 만들거나 아크릴로 제작할 수 있다. 목재나 철물 모두 원래 색 그대로 이용해도 되고, 원하는 색의 페인트를 구입해 칠을 하면 목재와 철물 이상의 효과를 얻을 수 있다. 비싸더라도 친환경 페인트를 구입하면 색상이 좋으며 실내공간에서 냄새가 나지 않는다(그림 14-3).

그림 14-3. 목재, 아크릴 등으로 플랜터를 제작한다

목재는 내부를 방수포로 감싸면 되니 실내에서는 방부목을 이용할 필요는 없다. 바닥에 배수판을 깔면 웬만큼 물을 주어도 충분한 배수공간이 되므로 배수구를 굳이 만들지 않아도 되고, 배수가 걱정되면 토양에 PVC 관을 옆으로 세워 묻어도 된다. 또 대형 컨테이너에서처럼 뒤쪽으로 구멍을 뚫어 정수기 코크를 달아주거나 투명 호스를 연결해 준다.

국내에서는 목재로 만든 플랜터를 많이 이용하는데 목재 두께에 따라 플랜터의 느낌이 투박하거나 섬세해지면서 완성된 형태의 느낌이 많이 달라진다.

14-1-4 임시 플랜터 조성

실내정원을 1년 이상 장기간 유지하지 않을 경우에는 저렴하게 만들어야 한다. 바닥에 비닐을 깔고 그 위에 배수판을 배열한다. 물이 새지 않도록 방수포나 비닐을 지지할 수 있는 테두리를 목재, 돌, 벽돌, 로프 등 다양한 재료를 이용해 배치한다(그림 14-4). 이 중 가장 만들기 쉽고 깔끔한 방법은 목재를 이용하는 방법인데 바닥 없는 목재 플랜터와 같다고 할 수 있다.

저렴하고 간단하지만 비닐을 가리기가 생각보다 쉽지 않고 관수시 비닐과 테두리 사이에 물이 들어갈 가능성이 높다. 또 돌이나 로프를 이용할 경우 30cm 정도 높이로 쌓기 어려워 식물을 심는 중심부는 높고 가장자리는 낮아 경사지므로 관수시 토양이 흘러내리기도 한다. 로프나 돌, 원목 조각 등으로 테두리로 만들면 곡선 형태를 만들기 편리한 점이 있으나 주위공간 분위기와 조화로운지 고려해야 한다.

한국에서 실내정원을 만들기 시작하던 초기에 많이 이용하던 방식이고 열대식물을 이용하는 실내정원이라 겨울 온도를 높일 수 없는 공간에 봄, 여름, 가을에 일시적으로 이용하는 방식이다. 대체로 테두리가 낮게 조성되어 플랜터 중심이 불룩 올라오고 가장자리는 낮아지는 형태로 만들어진다.

그림 14-4. 벽돌, 돌, 로프 등으로 테두리한 임시 플랜터

14-1-5 버티컬가든(vertical garden)으로 조성

벽면에 조성되는 실내 버티컬가든은 시공자에 따라 식물을 담는 컨테이너나 플랜터의 조성방식이 달라진다. 가장 기본적인 방법은 컨테이너나 플랜터에 심은 덩굴성 식물을 아래로 늘어뜨리거나 위로 올리는 방법이다. 위로 올릴 경우 지지물이 필요한데 지지물은 벽면일 수도 있고 벽면에 고정된 철사나 메쉬(mesh)일 수도 있으며, 벽과 상관없이 철사나 기둥을 이용해 식물을 올릴 수도 있다. 또 걸이분에 심은 덩굴식물을 위에서 늘어뜨려 버티컬가든을 조성할 수도 있다.

그러나 최근의 버티컬가든은 벽면에 식물을 식재할 수 있는 여러 가지 장치나 재료를 부착하여 급수관을 위로 연결해 관수와 액비 공급을 할 수 있도록 하며, 여러 종류의 식물로 색과 질감, 무늬를 디자인한다. 이것은 장치를 고안한 업체에 따라 조금씩 차이를 보인다. 대규모 벽면에 가장 많이 이용하는 방식은 펠트지 두 겹을 벽에 고정할 수 있도록 붙여, 포켓처럼 부분부분 구멍을 내어 식물의 뿌리 부위를 끼워 넣는 방식이다. 또한 적정 사이즈의 정사각 플러그 트레이에 식물을 키워 이 트레이를 옆으로 서로 연결해 벽면에 부착하고 급수장치를 설치해 준다. 또 이러한 방식의 단점을 보완해 벽면에 철재로 틀을 만들고 그 틀에 식재박스를 수직으로 여러 단 세워 만들기도 하고, 또는 식물을 쉽게 교체할 수 있도록 탈부착이 가능한 화분으로 만든 장치도 있다(그림 14-5).

또 국내 꽃박람회에 자주 보이는 모자이크 컬쳐(mosaic culture) 방식으로도 만들 수 있는데, 철물로 틀을 만들어 단단한 망사를 씌워 가벼운 인공토양을 채운 후 망사에 구멍을 뚫어 식물을 식재하여 버티컬가든을 만들 수 있다. 그러나 이 방식은 바닥의 물받침을 조화롭게 디자인하거나, 물이 바닥에 떨어져도 되는 실내공간을 이용해야 한다.

다양한 방식으로 진화하고 있는 버티컬가든은 기존 실내정원에 비해 독특한 시각적 효과를 만들어 주지만 인위적으로 물과 양분을 공급해주어야 하고 벽에 얇게 붙어 있는 좁은 식재공간에서(장태경 외, 2013) 식물이 충분히 자랄 수 없고 또 너무 자라도 모양이 흐트러지므로 필요시 교체를 해

그림 14-5. 버티컬가든과 제작 재료

야 하는데 높이가 높아 교체가 어렵고 인건비가 많이 든다. 또 겨울에 야간이나 휴일에 난방이 꺼진 상태에서 동사하는 경우가 많으니 주의해야 한다. 가정용 채소재배용 소형 버티컬가든은 규모가 작아 가정에서는 실용적인 편이다. 토양에 심거나 수경으로 만들어진 것도 있다.

14-2. 실내정원 디자인

실내정원 조성 의뢰가 들어오면 플랜터에 따른 실내정원 조성방법을 잘 이해하여 주어진 조건에 맞추어 실내정원 디자인을 한다. 실내정원 디자인에 대한 상세한 내용은 '11. 분식물 디자인 과정'에서 설명한다.

14-3. 실내정원 시공

실내정원은 대부분 규모가 작기 때문에 디자인한 업체가 시공하는 경우가 많다. 시공 단계에서 디자이너는 의뢰인의 대리인으로서 디자인 안에 따라 시공이 되는지 체크해야 한다. 디자이너는 기본적인 디자인이 완성되었더라도 시공시 나타나는 문제를 해결하기 위해 디자인을 변화시킬 수도 있다. 시공은 저렴한 가격으로 구매된 재료들을 최저의 인건비로 시공하면서 수준 높은 결과를 얻을 수 있어야 이익이 극대화된다.

14-3-1 재료 준비

공사일정에 맞추어 디자인된 도면을 기준으로 견적내역서의 재료들을 구입하여 시공 장소에 운반한다(표 14-1). 운반된 식물은 관수하여 마르지 않도록 주의하고, 겨울에 실내정원을 만들 경우 준비된 식물이 저온에 피해를 입지 않도록 온도를 체크한다.

14-3-2 플랜터와 토양 준비

디자인 도면대로 플랜터를 준비한다. 조성되어 있는 플랜터와 구입하는 컨테이너 외에는 직접 제작해야 되므로 플랜터 재료에 따라 필요한 제작도구를 준비해 플랜터를 만든다(표 14-1). 직접 제작할 수 없는 경우엔 전문가를 불러 제작한다.

플랜터가 준비되면 토양을 준비한다. 실내정원의 토양은 피트모스, 펄라이트, 버미큘라이트와 같은 인공토양 재료를 혼합하여 이용하는데 대량의 토양이 필요할 경우 혼합토양은 가격이 비싸고 각각의 재료를 혼합하면 상당한 노력이 필요하다. 그래서 펄라이트를 단용으로 사용하는 경우가 많은데 펄라이트의 단점인 양이온치환용량이 없는 점을 개량해 양분을 첨가한 펄라이트도 시판되지만 비싸다. 대부분의 펄라이트는 비료 성분이 없기 때문에 잘 썩혀 냄새가 없는 퇴비를 약간 혼합해 주면 장기적으로 식물 생육에 좋다. 퇴비를 잘못 구입해 실내에서 냄새가 나면 낭패를 겪으니 주의한다. 퇴비는 퇴비 성분만으로 된 것과 일반 토양이 혼합된 것이 있고 또 시중에 판매되는 퇴비는 생산업체에 따라 양분 상태가 다르니 펄라이트에 소량 혼합해 부족하면 식물 상태를 보고 추가하는 것이 안전하다(그림 14-6). 흰색인 펄라이트는 자연스러운 느낌을 주지 못하므로 마지막에 바크(bark)나 자갈 등으로 피복처리한다.

표 14-1. 실내정원 시공 재료 및 작업기기

구분	재료	관련 기기 및 도구
플랜터	목재, 철판, 아크릴, 피스, 용접봉, 페인트 등	각도절단기, 드릴, 용접기, 전기 대패, 타카, 붓, 전선 등
	벽돌, 시멘트, 마감석 등	그라인더, 시멘트 반죽통, 시멘트 흙손 등
토양	펄라이트, 혼합토, 퇴비, 배수판, 부직포, 방수비닐 등	삽, 토양삽, 작업장갑 등
식물	관엽식물을 비롯한 실내식물 등	운반 카트, 물조리, 호스, 가위 등
첨경재료	조형물, 분수, 연못 등	전선 등
뒷정리		비닐, 쓰레기봉지, 청소도구 등

그림 14-6. 플랜터의 토양 준비

토양층은 깊을수록 좋으나 플랜터의 깊이가 너무 깊어 토양이 많이 필요하면 비용이 많이 든다. 충분한 토양을 준비하지 못하는 경우에 바닥에 스티로폼판을 깔아 플랜터 높이를 줄여주는 경우도 있는데 바람직하진 않다. 또 토양비를 줄이기 위해 일반토와 모래를 혼합하여 사용하는데 무겁고 토양소독을 하지 않을 경우 병충해의 위험이 따르게 된다('6. 토양' 참고).

14-3-3 식물 배치

실내정원의 식물은 열대 · 아열대 원산의 관엽식물을 이용한다. 실내환경에 따라 일부 국내 자생 식물을 이용할 수도 있으며 인조식물로 정원을 조성하기도 한다. 한국에서 실내용으로 재배되어 생산되는 관엽식물은 건물의 천장 높이보다 작아야 하므로 대부분 원산지의 성숙한 식물에 비해 작고 어린 식물로 출하된다.

실내정원용 식물은 크기와 형태별로 정원에서 이용되는 역할이 있다. 크기와 형태에 따라 상부식물, 하부식물, 지피식물, 그리고 초점식물로 나누어 식재되는데 생산된 크기와 형태에 따라 상부식물로도 하부식물로도 또 지피식물로도 이용될 수 있다. 실내정원은 어떤 역할의 식물을 이용하느냐

표 14-2. 실내정원에서 식물의 역할

구분	식물의 역할	주요 식물	식재 그림
상부식물 (structural plants)	– 디자인의 골격 형성 – 규모를 결정 – 단식하지만 수림 형성시 군식하기도 함 – 구조, 높이, 깊이, 그리고 색, 질감 제공	야자류, 벤자민고무나무, 아라우카리아, 드라세나, 알로카시아, 극락조화, 유카, 쉐플레라, 디지고데카, 팔손이 등	 
하부식물 (midrange plants)	– 상부식물 하부의 공간에서 자라는 것처럼 배식 – 정원의 부피감, 스타일 부여 – 군식 – 꽃으로 계절적 흥미 제공	아글라오네마, 스파티필름, 디펜바키아, 필로덴드론, 알로카시아, 칼라데아, 크로톤, 몬스테라, 칼라디움, 아스피디스트라 등	 
지피식물 (ground cover plants)	– 바닥 형성 – 상부와 하부식물들을 돋보이게 배경을 제공 – 토양 표면 피복 – 군식 – 키가 작은 식물, 포복성 줄기를 가진 식물, 덩굴식물 이용	스킨답서스, 필로덴드론 옥시카르디움, 셀라기넬라, 페페로미아 필레아, 조란, 로에오, 칼라데아, 아스플레니움, 아이비 등	 
초점식물 (focal plants)	– 시선을 끄는 강조 역할 – 상부 식재일수도, 하부 식재일수도 있음 – 화려한 색의 잎과 꽃 – 단식 또는 군식	큰 식물, 독특한 형태 · 색 · 질감의 식물	 

에 따라, 또 그 역할에 맞는 어떤 식물을 선택하느냐에 따라 디자인이 크게 달라진다(표 14-2).

즉, 실내정원은 규모와 구성양식에 따라 선정되는 식물의 종류와 크기가 달라진다. 실내정원에 이용되는 식물은 디자인의 질에 큰 영향을 미치므로 많이 이용되는 식물뿐만 아니라 새로운 식물의 도입을 시도해보는 것도 중요하며 아름다운 형태의 식물을 준비하는 것이 무엇보다 중요하다.

14-3-4 실내정원 장식물 및 첨경재료

컨테이너와 플랜터, 그리고 식물만으로 이루어진 실내정원은 단순하다. 다양한 조형물, 연못, 조명 등의 첨경재료를 이용하여 새로운 시각적 효과를 연출한다(그림 14-7). 예산 범위 내에서 적절한 첨경재료를 찾아야 한다('7. 장식물과 첨경재료' 참고).

실내정원 시공시에 디자인 도면대로 준비된 장식물과 첨경재료를 배치한다. 상부식물을 먼저 배치하고, 첨경재료를 배치할 수도 있고 첨경재료부터 배치하는 것이 편리할 경우도 있다. 조명이나 분수에 연결된 전기선은 보이지 않도록 가려주어야 한다.

14-3-5 식재

실내정원을 위한 식물 식재는 용기 내 식물의 배치와 비슷하다. 그러나 크기가 크기 때문에 무거워 식물의 운반시나 식재 과정시 여러 사람이 들게 되는 과정에서 식물이 스트레스를 받지 않도록 해야 식재 후 새로운 환경에 빠르게 적응할 수 있다. 플랜터에 실내식물을 식재하는 과정은 다음과 같다(그림 14-8).

플랜터에 실내식물을 심을 때는 대부분 생산용 분을 제거하고 식물을 토양에 직접 옮겨 심지만 경우에 따라 생산용 분째로 토양에 묻는 경우가 있다. 어떤 경우에 직접식재와 간접식재가 필요한

그림 14-7. 실내정원의 첨경재료

1. 배수층을 만들기 위해 플랜터 바닥에 플라스틱 배수판을 깔아준다.

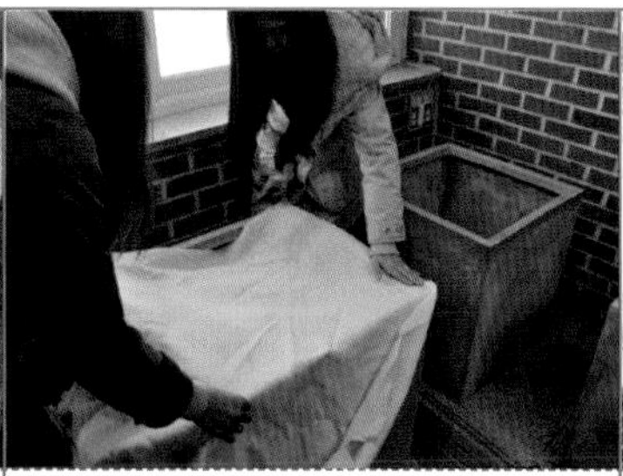

2. 배수층으로 토양이 내려와 배수구나 배수층이 막히지 않도록 부직포를 배수판 위에 깔아준다.

3. 부직포 위에 토양을 상부식물 뿌리가 닿는 높이까지 넣어 바닥에 골고루 깐다.

4. 토양 위에 디자인 도면대로 상부식물을 먼저 배치하여 중심을 잡고 토양을 어느 정도 채운다.

5. 하부식물을 여러 개 모아 군식하여 공간을 채우면서 정원의 부피를 만들어 준다.

6. 엽색이 다르거나 특이한 형태의 초점식물을 식재한다.

7. 지피식물을 군식하여 마무리한다.

8. 얇은 파이프를 첨경재료로 플랜터에 꽂아 단순함을 줄여준다.

9. 부분적으로 바크(bark)나 장식돌로 토양 표면을 덮어주고 관수한다.

그림 14-8. 네 개로 나뉘어져 있는 플랜터 내 식재요령

지 살펴보자.

(1) 직접식재

측창이나 천창을 통해 광선이 충분히 공급되고 플랜터의 토심이 충분하며 온도와 습도가 적합한 내부공간이 넓은 호텔과 같은 대형 건물에는 식물이 잘 자랄 수 있다. 이러한 공간에서 아라우카리아, 고무나무, 쉐플레라, 야자수같이 크게 자라는 상부식물을 비롯한 여러 식물들은 플랜터에 식재 시 생산용 분에서 식물을 빼내어 토양에 직접식재하여 뿌리가 제한받지 않고 왕성하게 자라게 한

다. 특히 온실부착형 건물같이 광선 공급에 제한이 없고 수림을 형성해야 하는 공간은 당연히 직접 식재한다.

직접식재는 식재시 작업도 편하고 관리하기도 편하지만 식물이 자라기 좋은 환경이 아니어서 자주 교체하거나 이식해야 할 경우 직접식재하면 서로 얽혀 있는 인근 식물이나 이식하는 식물의 뿌리를 다치게 한다. 측창이어 광선이 한 방향에서 들어와 식물이 굴광성으로 기울어질 경우 직접식재한 식물은 회전시킬 수 없다. 굴광성으로 자연스럽지 않고 형태가 나빠지는 식물은 식재하지 않는 것이 좋다.

식물이 자라기에 좋은 환경이 아니어 자주 교체해야 하는 경우, 밀착시켜 군식해야 하는 소형 하부식물이나 지피식물은 토양에 화분째 묻으려 할 경우 밀착되지 않아 모양이 엉성해진다. 이럴 경우에는 직접식재해야 한다.

(2) 간접식재

간접식재는 화분에서 식물을 뽑지 않고 그대로 플랜터의 토양에 식재하는 방식을 말한다. 이 방식은 식물에 좋은 실내환경이 아니어서 식물을 자주 교체해야 하는 경우나 공간이 제한되어 왕성한 생장을 억제해야 할 경우 이용되는 방식이다. 식물을 교체하거나 이식할 때 인접한 식물 뿌리를 상하게 할 염려가 없으며, 이식하는 식물 뿌리도 상하지 않는다. 또 굴광성으로 기울어진 식물을 쉽게 회전시킬 수 있다. 또한 간접식재는 식물의 수분요구도에 따른 개별적인 관수가 가능하다. 교체를 자주 하는 곳에 심으려고 하는 식물의 생산용 분보다 약간 더 큰 용기를 미리 묻어두면 편리하다.

그러나 간접식재는 바위틈과 같은 식재공간에 배치하기 어렵고 군식을 위해 밀착시켜 식재하기 어려운 문제점이 있다. 간접식재한 곳은 화분이 보이지 않도록 토양으로 잘 덮거나 바크와 같은 피복 재료로 멀칭해 준다. 관수나 교체과정에서 피복재가 벗겨져 화분이 노출되면 보기 흉해지니 주의한다. 간접식재는 계절감을 주기 위해 실내에서 자라기 어려운 화목이나 화초를 계절별로 식재할 때 이용하는 방법이다.

15. 분식물의 실외공간 배치

생활공간 장식으로 시작된 실내공간 분식물은 실내환경 개선에 탁월한 효과를 보임으로써 실내공간의 분식물 이용은 일상화되었다. 이러한 관심은 시간이 흐르면서 녹색의 관엽식물에서 아름답고 화려한 꽃피는 초화류에 대한 관심으로 확장되고 있다. 녹색의 관엽식물만으로도 충분한 기쁨을 주던 시절은 지났다. 사람들은 화려한 서양란을 거쳐 다육식물, 허브류, 식충식물, 수생식물까지 여러 특성의 식물을 다 섭렵하고, 이제 화려한 색으로 꽃피우는 초화류에 끌리고 있다. 대부분 아파트에 살기 때문에 화분에 담긴 초화류를 실내로 가져가는데 실내에서 오래 견디지 못하는 것을 알게 되고, 베란다로, 창가로, 옥상으로 화분을 가져간다. 그러고는 정원의 토양에 심는다.

화훼시장 실내매장에서 녹색의 관엽식물은 점점 줄고 그 자리를 꽃피는 초화류가 점유하고 있다. 즉, 초화류를 비롯한 실외용 식물을 담은 분식물은 실외 생활공간인 창가, 발코니 또는 베란다, 테라스나 파티오, 현관 또는 대문 앞, 옥상을 비롯하여 벽면, 정원, 거리 등 사람들의 삶이 이루어지는 공간으로 펴져 나가고 있다.

이 장에서는 실외공간에 분식물을 배치할 때 고려해야 할 내용들과 분식물이 주로 배치되는 실외공간 소개와 함께 이러한 실외 분식물로 조성되는 다양한 컨테이너 가든과 특히 컨테이너 키친가든에 대해서도 부가적으로 설명하고자 한다.

15-1. 실외용 분식물 배치시 고려사항

실외에서 정원의 토양에 뿌리를 내리고 자라는 식물을 화분에 심는 이유는 세 가지다. 첫째, 원하는 곳 어느 곳이나 옮겨놓을 수 있고, 둘째, 식물을 심을 수 있는 토양이 있는 정원이 없기 때문이고, 셋째, 정원의 식물은 토양 표면에서 높이가 시작되어 단조롭지만 화분의 식물은 화분 높이에 따라 식물 높이가 달라지고 화분 형태와 색에 따라 입체감, 변화감, 그리고 색이 부가된다. 즉, 시각적 효과가 커지기 때문이다(그림 15-1).

실외공간에서 분식물을 이용할 경우 회양목이나 주목과 같은 상록 목본식물을 이용해 사계절 내

그림 15-1. 실외용 분식용 식물

내 식물을 유지할 수도 있지만 꽃피는 초화류가 많이 이용된다. 초화류는 연중 꽃을 피우는 피튜니아와 제라늄 같은 식물도 있지만 대부분 꽃피는 개화기가 있다. 그래서 업무용 건물이나 상업용 건물의 현관 앞 용기에는 개화기별로 식물을 교체하므로 분식물 디자인 의뢰가 들어올 경우 월별 개화를 달리하는 초화류를 잘 제시할 수 있어야 한다(표 15-1). 꽃피는 초화류는 충분한 영양분을 가진 토양을 이용해야 하고 적절하게 관수해주어야 하므로 디자인시 관리와 관련된 내용을 고려해야 한다. 봄부터 가을까지 계속 꽃피는 열대원산 화목이나 화초들이 많으므로 겨울에 실내로 들여놓을 수 있으면 실외용 분식물로 이용하기 좋다.

15-2. 분식물이 배치되는 실외공간과 컨테이너 가든

분식물은 건물 주위를 비롯해 실외 어떤 공간에도 배치할 수 있다. 그러나 분식물을 배치하는 목적과 식물 생육환경을 고려할 경우, 사람이 생활하지 않는 동떨어진 공간에 분식물을 배치할 수는 없다. 사람을 위한 미적이고 기능적인 목적이 있어야 함은 물론이지만, 주기적으로 비가 충분히 내려주지 않는다면 한정된 공간인 분에서 살아가는 분식물은 일반 토양에서 자라는 식물보다 고사하기 쉬워 사람에 의한 인위적인 관리가 필요하므로 동떨어진 실외공간에 배치되는 경우는 적다고 할 수 있다. 그래서 분식물은 거의 대부분 건물 주변과 정원 속에 배치된다.

표 15-1. 많이 이용되는 실외 분식물 종류

구분	식물
목본식물	회양목, 주목, 코니카가문비나무, 장미, 측백나무 등
지속적으로 개화하는 초화류	피튜니아, 제라늄 등
월별 개화시기가 다른 초화류	팬지, 프리뮬라, 매리골드, 살비아, 블루살비아, 맨드라미, 콜레우스 등
열대성 화목과 화초	란타나, 극락조화 등

분식물은 배치되는 공간의 특성과 주변 건물의 용도에 따라 단순히 몇 개의 분식물이 배치되기도 하고, 거리에서와 같이 일렬로 배치되는 경우도 있지만, 주거용 건물이나 여러 용도의 건물 주위에 다수의 분을 배치하여 분정원, 즉 컨테이너 가든(container garden)이 조성된다.

주거용 건물 중 아파트의 연면적이 50%가 넘는 한국의 주거환경에서 분식물로 이루어진 컨테이너 가든은 사람들의 정원생활, 즉 가드닝에 대한 욕구를 해소해 주는 역할을 한다. 또 업무용 건물이나 상업용 건물의 베란다나 옥상, 그리고 건물 주변에 조성되는 컨테이너 가든은 건물의 이미지 증진을 위한 장식적 목적과 휴식공간 제공, 환경 개선 또는 고객 유치와 같은 다양한 목적을 위해 이루어진다.

컨테이너 가든은 도심 어떤 공간에도 손쉽게 만들고 이용할 수 있는 정원이다. 컨테이너 가든을 정원이 없는 정원(gardening without a garden)이라 표현하기도 한다. 일반 대중들에게 컨테이너 가든은 분식물을 이용한 실내정원을 비롯하여 실외의 창가, 베란다 혹은 발코니, 테라스나 파티오, 현관 앞 혹은 대문 앞, 옥상, 벽면, 그리고 주택지와 도심 곳곳의 자투리 공간의 작은 정원이다. 도시녹화 정책에 의한 대규모 건물의 옥상정원, 그리고 수직정원, 도시농업 등과 맞물려 도시민들의 가드닝에 대한 관심은 컨테이너 가든으로 시작하게 된다.

실외용 분식물 디자인을 분식물을 많이 배치하는 공간의 특징에 따라 창가, 발코니 또는 베란다, 현관이나 대문 앞, 테라스와 파티오, 옥상, 벽면, 다양한 용도의 정원, 거리 등의 컨테이너 가든으로 나누어 설명해 보자.

15-2-1 창가정원(window garden)

햇빛이 잘 비치는 실외 창가에는 윈도박스를 설치하여 꽃피는 식물을 심는 경우가 가장 많으며, 그 외 창가 선반에 분식물을 올려두거나 걸이분을 매다는 방식도 흔히 이용된다. 창이 여러 개일 경우 창마다 동일하게 구성된 분식물을 배치하면 통일감을 준다. 배치되는 분식물의 수가 많을 경우 색이 다른 분식물을 몇 개씩 배치하여 리듬감과 변화감을 줄 수 있다.

비가 오지 않는 경우를 대비하여 관수해야 하는데 관수하기 힘든 위치에는 분식물을 배치하지 않는다. 디자인시 미리 관수에 대해 고려해야 하는데 외국의 창가정원에는 대부분 점적식 관수선을 필수적으로 설치한다(그림 15-2). 그러나 관수선이 너무 지저분하게 드러나지 않도록 신경을 써야 한다. 개화기가 끝나면 식물을 교체해주어야 하므로 지속적으로 개화하는 분식물을 선정해야 식물

그림 15-2. 창가정원

교체를 자주 하지 않는다. 가능한 관리와 작업이 편리한 방식으로 배치한다.

15-2-2 발코니 또는 베란다 정원

건물의 발코니 혹은 베란다에는 테이블과 의자 옆 바닥에 다양한 분식물을 모아 배치하거나 대형 플랜터를 배치하여 소규모 정원을 조성한다(그림 15-3). 또는 난간의 측면이나 상부에 용기를 부착하는 방법도 많이 이용된다. 일반 주거용 건물에는 구입한 각양각색의 분식물을 모아 배치하는 경우가 많고, 연립주택이나 사무용 건물에는 같은 용기나 플랜터 또는 같은 종류의 식물로 통일감을 주어 여러 개 배치하기도 한다. 디자인시 관수방식을 미리 고려해야 하는데 관수방식에 따라 분식물의 크기, 식물의 종류, 배치 장소가 달라질 수 있다. 바람이 심한 고층 아파트보다는 저층 건물에 많이 이용된다.

그림 15-3. 발코니 또는 베란다 정원

15-2-3 테라스와 파티오 정원

주택 건물과 연결되어 있는 테라스 또는 파티오의 크기, 위치, 방향, 주 용도에 따라 분식물은 각양각색으로 선정된다. 보통은 분식물을 벤치나 의자, 선베드 등의 가구 옆에 배치하거나 앉아서 감상할 수 있는 위치에 두는데 분식물을 배치하는 정해진 방식은 없다. 시선이 많이 가는 분식물을 한 개 배치할 수도 있고 여러 개 세트로 배치하기도 한다. 배수구에서 흘러나온 물이 바닥을 더럽힐 경우 장식효과를 떨어뜨리지 않는 물받침을 해준다(그림 15-4).

15-2-4 현관 또는 대문 앞 정원

다양한 용도의 건물 현관이나 대문 앞에는 문을 중심으로 좌우 대칭으로 분식물을 배치하거나 걸이분을 매달아 두는 경우가 가장 전형적인 배치방법이다. 특히 대형 분식물을 배치하여 현관을 강조하거나 바닥에 여러 개 열을 지어 배치하기도 하며, 벽면에 부착하여 관리를 편리하게 하기도 한다. 또 출입구 앞의 넓은 공간에는 높이가 낮고 넓은 용기에 분식물을 심어 여기저기 반복 배치하는데 이러한 분식물은 아름다운 환경을 조성하여 건물의 이미지를 높이며, 경제적 효과를 얻는데 크게 기여한다. 특히 실외 레스토랑이나 카페에 배치되는 아름다운 분식물은 고객 유치에 큰 영향을 미친다(그림 15-5).

그림 15-4. 테라스와 파티오 정원

그림 15-5. 현관 또는 대문 앞 정원

15-2-5 옥상정원(屋上庭園, roof garden)

채소를 심은 플라스틱 상자를 배치하는 서민들의 옥상에서부터 디자이너에 의해 조성되어진 멋진 정원 속의 분식물까지 주거용 건물의 소규모 옥상정원에 특별한 분식물 배치방법은 없는 것 같다. 대형 상업용 건물이나 사무용 건물의 넓은 옥상에는 건축되어진 플랜터에 조성된 정원과 함께 이동 가능한 다양한 분식물을 배치하는데 주어진 조건과 디자이너의 아이디어에 따라 배치가 이루어진다. 주의할 점은 옥상에 대형분식물이나 대형 플랜터를 배치할 때는 견딜 수 있는 하중을 고려해야 한다는 것과 옥상의 높이에 따라 환경조건이 달라져 식물 선정을 달리해야 한다는 것이다. 특히 철물 용기는 여름 햇빛에 너무 뜨거워지니 주의한다(그림 15-6). 오늘날에도 그리스나 이탈리아에서는 옥상 난간에 분식물을 많이 배치하여 독특한 풍경을 만들어낸다.

15-2-6 실외 버티컬가든(vertical garden)

버티컬가든은 수직정원이라 번역되거나 영어 그대로 이용되는데 좀 더 넓은 의미로 조경에서는 벽면녹화라 한다. 독특한 디자인으로 좁은 면적에 조성될 수 있는 실외 버티컬가든은 아름다운 경관을 만들어 사람들을 모을 뿐 아니라 도시의 환경문제를 개선(도시의 열섬현상 감소, 건물 단열성 향상, 열중증 예방, 대기 정화, 소음 저감, 소면적 공간 녹화, 도시 경관 향상 등)하는 한 가지 방법으로 관심을

그림 15-6. 옥상정원

그림 15-7. 실외 버티컬가든(vertical garden)

받고 있다(그림 15-7).

실외 분식 버티컬가든은 실내에서와 마찬가지로 여러 가지 방법으로 조성되지만 대부분 컨테이너나 플랜터에 심은 덩굴성 식물을 아래로 늘어뜨리거나 지지물을 이용하여 위로 올리는 전통적인 방법이 일반적이다. 위로 올릴 경우 지지물은 벽면일수도 있고 벽면에 고정된 철사나 메쉬(mesh)일 수도 있으며, 벽과 상관없이 철사나 기둥을 이용해 식물을 올릴 수도 있다(표 15-2).

또한 버티컬가든은 사과, 복숭아 등의 과수와 가지가 잘 휘는 나무의 가지를 벽면에 유인시켜 나

표 15-2. 실외 버티컬가든 조성방법

조성방법		상세 내용	이용 식물
덩굴식물 이용	덩굴식물 올리기	철사 등 지지물 필요	미국담쟁이, 담쟁이, 아이비, 나팔꽃 등
	덩굴식물 내리기	자연스럽게 늘어짐	미국담쟁이, 아이비 등
모자이크 컬쳐	모자이크 컬쳐 방식	원하는 형태의 구조물을 제작	피튜니아 등
벽면에 유인	벽면에 유인	분식물보다는 토양에 심은 식물을 이용하는 것이 유리	사과, 배, 포도, 크렌베리 등
벽면 플랜터 부착	펠트지 이용	두 겹의 펠트지를 바느질해 벽면에 부착하고 식물을 끼우는 구멍 만듦	산호수, 맥문동, 바위취, 석창포, 노랑무늬석창포 등(따뜻한 지역에는 난대식물이나 열대식물 이용)
	플러그 트레이 연결	플러그 트레이를 옆으로 세워 연결	
	식재박스 연결	철물로 틀을 만들어 식재박스를 끼워 단을 만듦	
	탈부착 가능 화분 연결	식물 교체시 화분을 탈부착할 수 있는 특수 화분 이용	

무를 평면적으로 키워 벽면을 덮는 에스펠리어(espalier)도 포함하는데 분식용 과수를 이용하는 경우는 많지 않다.

최근의 버티컬가든은 '13. 분식물의 실내공간 배치'에서 설명한 것과 같이 벽면에 자동관수장치를 포함해 식물을 식재할 수 있는 여러 가지 장치나 재료를 부착하여 여러 종류의 식물로 색과 질감, 무늬를 디자인하여 식재한다. 스페인이나 프랑스 등 겨울이 비교적 따뜻한 유럽에서는 대형 건물 외벽에 이러한 방식의 수직정원이 조성되지만 한국에서는 실외에서 이러한 방식을 이용하지 않는다. 왜냐하면 추운 겨울에 잎이 없을 경우 지지물이 드러나 경관미가 떨어지는데 겨울 저온에 견딜 수 있으면서 관상가치가 있는 상록식물이 충분하지 않기 때문이다. 산호수, 맥문동, 바위취, 석창포, 노랑무늬석창포 등이 겨울에도 이용 가능한 상록식물이지만 이런 식물들의 종류는 많지 않으며 또 버티컬가든은 지상에서 높이 올라간 위치에서 얇은 토양층에 식재되므로 겨울 저온에 동사하는 경우가 많다.

15-2-7 다양한 정원(garden)의 분식물

정원에서 분식물은 장식물, 중심 또는 강조의 요소 등으로 정원구성을 알차게 만들어 주는 역할을 한다. 정원의 용도, 크기, 양식 등에 따라 디자이너 또는 이용자는 다양하게 분식물을 배치하여 정원

그림 15-8. 정원의 분식물

의 아름다움을 높여줄 수 있다(그림 15-8). 분식물은 정원의 부분적인 구성요소로서뿐만 아니라 다수의 분을 배치하여 분정원으로 조성할 수 있다.

대부분 정원에서 분식물이 배치되는 장소는 정원의 중심에서 초점을 이루는 장소이거나, 길이나 화단 가장자리에 열을 지어 배치하여 가장자리를 돋보이게 한다.

15-2-8 도심 거리의 분식물

도심 거리에는 거리의 특성에 따라 분식물이 배치되는데 흔히 이용되는 방식은 높이가 낮고 넓은 대형 둥근 용기에 꽃을 심어 인도 가장자리를 따라 배치하거나, 육교 난간이나 다리 난간에는 꽃박스를, 가로등에는 걸이분을 많이 걸어준다. 이러한 거리의 일상적인 분식물 외에도 특정 행사기간에는 거리의 중심에 배치하는 꽃탑이 있다(그림 15-9).

거리의 분식물 배치에 가장 중요한 요소는 계절별 초화류의 교체와 비가 오지 않는 기간의 관수

그림 15-9. 도심 거리의 분식물

를 위한 급수 계획이다. 점적식 관수장치를 설치하려면 급수관과 연결할 수 있는 조건이어야 하고 그렇지 않으면 정기적인 살수차로 관수가 가능해야 한다. 관수장치가 연결되지 않은 거리의 분식물들은 관리가 미흡해 가뭄시 식물이 죽어버리는 것이 많으니 처음 계획시부터 관수 계획을 포함시켜야 한다.

15-3. 컨테이너 키친가든

키친가든은 우리말로 '먹거리정원', '식용정원', '채소정원', '텃밭' 등으로 번역할 수 있으나 부엌에서 조리에 이용할 먹거리를 키우는 단순한 텃밭에서 벗어나 채소와 과수, 허브, 식용꽃, 절화 등을 얻을 수 있는 곳이면서 일년 내내 시각적으로 매력적이어 구석진 곳이 아니라 아름다운 정원의 중심에 배치될 수 있는 정원을 말한다. 외국에서 키친가든은 가족을 위한 소규모 농원의 개념인 채소정원(vegetable garden)과는 역사적인 발전과정도 다르며 디자인에 차이를 보인다.

즉, 키친가든은 집터에 딸리거나 집 가까이 있는 기존 텃밭과 달리 꽃과 어우러진 아름다운 먹거리정원이거나, 정원이라고 말할 수 있을 정도의 아름다운 텃밭이라고 볼 수 있다. 그래서 키친가든은 과수, 채소뿐만 아니라 아름다운 정원수와 초화류와 함께 구성된다.

신선한 먹거리를 재배하고 수확하는 즐거움에 대한 사람들, 특히 도시 주부들의 관심은 커져 가지만 대부분 아파트에 거주하는 한국의 주거환경상 텃밭은 물론 키친가든을 가지기는 힘들다. 정원이 없는 사람들도 햇빛이 잘 드는 현관 앞, 창가, 발코니나 베란다, 그리고 옥상에 작은 컨테이너 키친 가든을 만들 수 있다. 크기가 큰 플랜터를 이용해도 되고, 크고 작은 화분을 이용해도 된다. 최근 외국에서 많이 이용하는 방법인, 저렴한 비닐로 만든 큰 가방이나 플라스틱 박스 등을 화분 대용으로 사용하면 편리하다.

키친가든에서 꽃은 아름다움을 더해주는 것 외에 다양한 역할을 한다. 키친가든에는 꽃의 방향성

표 15-3. 키친가든에서 꽃의 역할[a]

역할	식물과 관련 곤충	
채소나 과수의 꽃 수분매개자인 곤충을 불러들임	벌을 불러들이기 위해 꿀이 많은 꽃들, 그리고 코스모스, 락스퍼, 민트, 해바라기, 스위트피이, 백일홍 등의 청, 황, 백색의 꽃을 사이사이 심는다.	
이로운 곤충을 불러들임	파슬리, 딜, 코리안더, 국화과 꽃 등은 무당벌레, 풀잠자리, 기생벌, 먼지벌레(ground beetles)를 불러들임	
해충을 쫓음	아니스 히솝(anise hyssop)	양배추나방 등
	보리지(borage)	토마토박각시나방(tomato hornworm) 등
	캐트민트(catmint)	진딧물, 콜로라도감자벌레(colorado potato beetles), 호박벌레(squash bugs) 등
	금잔화	아스파라거스딱정벌레(asparagus beetles) 등
	세이지	양배추나방, 당근 러스트 플라이(carrot rust flies) 등
	한련화	호박, 양배추, 콩, 오이에서 나방, 딱정벌레, 호박벌레(squash bugs), 진딧물(aphids), 기타 날벌레(flies) 등
	메리골드	토마토, 아스파라거스, 양배추, 콩의 딱정벌레를 비롯한 벌레들(worms), 날벌레(flies) 등
	로즈마리	양배추, 당근, 콩의 벌레 등
	서양고추냉이(horseradish)	감자벌레 등
	양파, 마늘, 차이브	대부분 곤충
해충을 잡기 위한 덫 역할	채소 주위에 해충을 막기 위한 덫 역할로서의 꽃 식재 (예) 백색 제라늄을 정원에서 3~6m 떨어진 곳에 심으면 일본 딱정벌레(Japanese beetles)를 유인하고 독성 때문에 먹고 죽게 됨. 양배추 주위에 콜라드(collards)를 심음	
생물다양성 조성	꽃을 심어 다양한 식물들간의 공생관계를 만들고 해충이 공격식물을 혼동하게 만듦 (예) 콩밭 테두리에 메리골드와 코스모스 등 동반식물을 심어 나비와 벌, 무당벌레 등 익충을 유인하여 생물다양성을 증진시키면 전체적인 먹이사슬이 안정되면서 노린재 등 해충의 발생을 줄인다.	
식용꽃 제공	보리지(borage), 금잔화, 민들레, 원추리, 한련화, 팬지 등	
절화용 플라워가든	다양한 절화용 꽃을 키우기 위한 플라워가든	

[a]아직 충분한 연구가 필요한 내용이 많음.

과 방충성으로 인한 벌레들과의 상호작용이 있고, 다양한 꽃을 혼식함으로써 생물다양성 효과를 볼 수 있으며, 또 키친가든은 가정의 절화용 정원이 될 수도 있다(표 15-3). 화분이나 대형 플랜터에 식재된 토마토나 상추, 파 등으로 조성된 컨테이너 키친가든은 창가, 현관 앞, 벽면, 옥상 등 다양한 실외공간에서 사람들에게 큰 즐거움을 제공할 수 있다(그림 15-10).

그림 15-10. 컨테이너 키친가든

06 실내공간의 식물 생육환경과 분식물 관리

실내 생활공간은 사람들을 위한 편안한 공간이지만 분식물이 살아가기에 필요한 광, 온도, 수분의 측면에서 실외와 매우 다른 환경을 가지고 있다. 그러므로 사람들의 쾌적한 환경을 위해 실내에 배치된 분식물에게는 힘든 공간이 될 수 있다. 사람들은 실내에 배치되어 있는 분식물을 흔히 보기 때문에 식물이 실외에서 충분한 햇빛을 보고 비를 맞으며 또 온대지방에서는 계절의 변화를 겪으며 산다는 것을 잊어버리곤 한다. 분식물 디자이너는 실외와 다른 실내공간에 대한 충분한 인식과 이해가 있어야 실내 분식물 디자인이 가능하며 고객들에게 관리요령을 알려줄 수 있다.
실내 분식물을 위해 가장 중요한 환경조건은 광도(光度)로서 분식물의 지속성은 거의 광도에 의해 결정된다고 할 수 있다. 6부에서는 광을 비롯하여 온도, 수분, 공기, 비료, 병충해와 관련된 실내 환경조건과 분식물의 관리방법에 대해 살펴보기로 한다.

16. 광

실내공간에서 식물 생육에 결정적인 역할을 하는 요소는 광(光, light)이다. 실내 분식물을 잘 생육시키기 위한 실내공간에서의 광에 대한 이해를 위해 이 장에서는 광을 광선의 작용과 구성, 건물창의 특성에 따른 광, 식물 생장과 광으로 나누어 살펴본다.

16-1. 광선의 작용

광선은 식물 생장과 발달의 중요 인자로서 많은 식물대사에 영향을 끼친다(Manaker, 1987).

16-1-1 광합성

식물은 엽록소가 흡수한 빛을 화학에너지로 바꾸어 이 에너지로 공기 중의 이산화탄소와 토양으로부터 흡수한 물로 양분, 즉 당을 생산하는 광합성(光合成, photosynthesis)을 한다. 녹색식물의 세포에서 일어나는 광합성은 모든 생명체가 의존하는 양분과 산소를 생산한다.

16-1-2 엽록소 합성

식물은 엽록소의 합성을 위해서 광선을 필요로 한다. 광선이 없으면 잎은 녹색을 띠지 못한다.

16-1-3 기공 개폐

광선의 영향을 받아 보통 낮에는 기공이 열리고 밤에는 기공이 닫힌다. 기공이 열릴 때에는 산소와 이산화탄소가 잎의 안팎으로 빠르게 확산될 수 있으나 이 과정에서 체내의 수분이 공기 중으로 날아가는 증산작용이 일어난다. 증산과정에 의한 수분의 손실은 잎 표면의 기공을 통해 우선적으로 일어난다. 건조지역에서 수분 손실이 일어나면 곤란한 다육식물은 일반적인 식물과는 달리 기공이 밤에 열리는 광합성과정을 하며 이러한 식물들을 CAM(Crassulacean acid metabolism)식물이라 한다.

16-1-4 광형태발생

광선은 광합성 외 식물의 생장과 발달을 조절하는 중요한 환경 요인이다. 광선, 특히 일장의 변화에 따라 발생이나 분화가 제어되는 현상을 광형태발생(光形態發生, photo-morphogenesis)이라 한다. 일장은 종자 발아, 개화 유도, 화아 발달, 휴면 유도 등에 영향을 끼치며 이러한 광형태발생은 주로 일장의 변화, 즉 계절의 변화가 있는 온대식물에 영향을 미친다.

16-1-5 안토시아닌 생성

안토시아닌은 합성시 재료로서 당을 필요로 하며 당을 만드는 데는 광선이 필요하다. 실내 밝은 곳에서 광합성이 더 많이 이루어져야 크로톤, 코르딜리네, 제브리나와 같은 붉은색을 띠는 잎의 색이 더 선명해진다.

16-1-6 온도 상승

광선은 식물 표면을 따뜻하게 하여 대부분의 생리과정(광합성, 호흡, 증산)의 속도를 증가시킨다. 그러나 지나친 고온은 해를 입힌다.

16-1-7 물질 전류

식물 체내의 물질 전류(translocation)는 광선에 의해 영향을 받는다. 명기에 양분은 주로 줄기 선단이나 그밖의 줄기 부분으로 전류되고, 암기에는 근계로의 이동이 우세하다.

16-1-8 광물질 흡수

뿌리에 의한 광물질 흡수는 고광도하에서 더 빠르다. 고광도하에서 광합성이 활발해져 뿌리의 능동적 이온 흡수에 필요한 에너지를 제공해 주기 때문이다.

16-1-9 탈리

잎이 줄기에서 떨어지는 탈리(abscission)는 광도에 영향받는다. 고광도하에 두었던 벤자민고무나무(*Ficus benjamina*)를 실내 저광도하에 두면 하엽이 떨어진다. 왜냐하면 광합성이 감소하면서 조직이 양분 부족이 되기 때문이다.

16-2. 광선의 구성

식물을 자라게 하는 에너지를 공급하는 광합성작용에는 태양광이 가장 이상적이다. 태양광선은 전자파의 형태로 우주공간을 이동하여 지구에 도달하면서 대부분의 근적외선은 이산화탄소에 의해 흡수되고, 대부분의 자외선은 대기 상층부의 오존과 산소에 의해 흡수되어 태양광의 반만이 지구에 도달한다. 자외선은 살아있는 세포의 단백질과 핵산을 파괴하므로 대기에서의 흡수가 없다면 지구상의 생명체는 살 수 없다.

광, 즉 빛은 일반적으로 전자파(electro-magnetic wave) 혹은 전자진동(electro-magnetic vibration) 에너지로 알려져 있으나 원자 내부에서는 에너지의 입자인 광자(光子, photon)로 변환하므로 두 개의 모습을 가지고 있다. 태양은 각기 길이가 다른 파장(波長)의 에너지를 방사하는데 파장은 nm로 표시한다. nm은 nanometer(나노미터)의 약자이고 10억분의 1m를 의미한다. 이러한 태양광선 중에 우리 눈에 빛으로 보이는 가시광선은 대략 400nm에서 800nm까지의 파장범위를 말하며 분광(分光)시키면 무지개에서 보는 여러 색깔로 나뉘어진다. 가시광선보다 짧은 파장과 긴 파장은 자외선과 적외선 등으로 인간의 눈에는 보이지 않는 파동에너지이다(그림 16-1).

가능한 한 실내에는 자연광, 즉 태양광선을 적극 도입해야 한다. 햇빛은 식물의 성장에 필요한 모든 에너지를 고루 갖춘 공급원이기 때문이다. 인공광은 발광장치의 차이에 따라 특정한 에너지만을 방사하는 경우가 많아 식물의 생육이 자연광에서와는 달라진다. 태양광은 무제한인 자원이기 때문

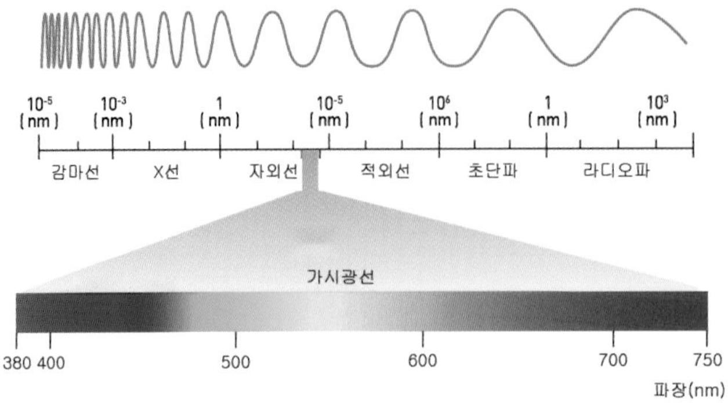

그림 16-1. 태양 에너지의 파장별 분포와 가시광선의 위치

에 에너지 절약에 유리하다. 태양광선에 포함된 자외선은 살균작용을 하여 실내의 곰팡이나 박테리아를 제거하고, 밝은 햇빛은 식물과 더불어 인간에게 심리적 활력을 주어 정신건강에 도움을 준다(이영무, 1995).

16-3. 건물 창의 특성에 따른 광

자연광은 실내로 들어올 때 여러 가지 형태의 창문을 통하게 되는데, 그 강도는 계절과 하루의 시각에 따른 태양의 위치, 날씨, 그리고 창문의 방향, 크기, 유리의 재질에 따라 달라진다(그림 16-2, 3). 북위 38° 지방에 있는 실내정원이 정남향의 수직창에 면하여 조성되었다면 맑은 동짓날 정오에 수평면의 광도는 30,000lux이고, 투과율 50%의 착색이나 반사유리창이라면 실내 바닥에

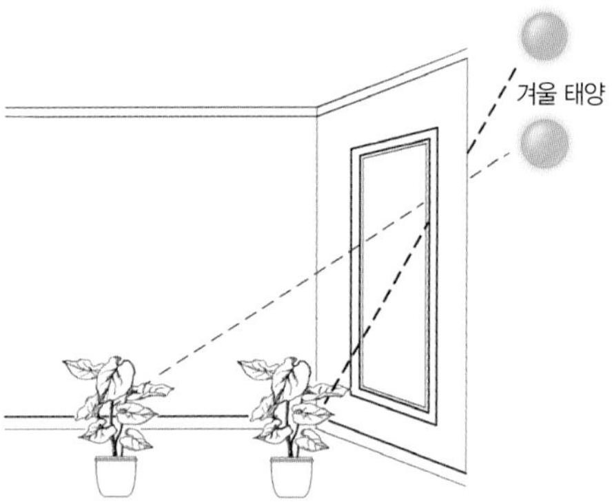

그림 16-2. 계절에 따른 자연광 투과의 변화
(Briggs와 Calvin, 1987)

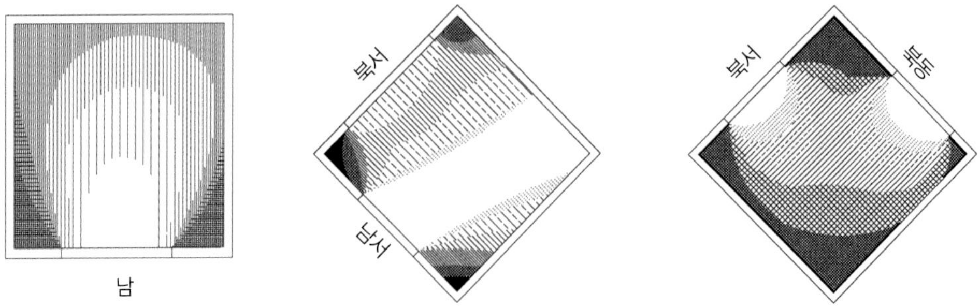

그림 16-3. 창의 방향에 따른 실내공간의 자연광 광도 차이

는 15,000lux의 빛이 비치게 된다(이영무, 1995). 광도는 일출시부터 점점 밝아져 정오를 정점으로 오후에는 감소하고 일몰 후에는 빛이 없어진다. 식물이 받는 평균광도와 낮의 시간대에 따른 광도를 구분하여야 한다.

건축가들은 실내에 유리창을 크게 만들어 태양광을 최대한으로 끌어들이려 하지만 유리창으로 인하여 여름에는 온도가 급격하게 올라가고 겨울에는 급격하게 떨어진다. 특히 온실형 건물은 적외선이 실내에 집적되어 온도가 상승하는 온실효과(greenhouse effect)에 의해 여름에는 고온으로 사람과 식물 모두 힘든 상황이 되고, 겨울에는 단열효과가 부족한 유리로 인하여 유리창이 클수록 열 손실이 크다. 특히 겨울에는 낮이 짧고 흐린 날이 많아 충분한 광선을 유입하지 못할 수 있다. 그래서 빛의 투과율을 낮추는 착색이나 반사유리의 도입으로 온실효과를 감소시켜 여름철 에어컨과 환풍용 에너지를 줄이거나 이중유리를 사용하여 겨울 열 손실을 방지하는 방향으로 나아가고 있다(이영무, 1995).

실내에서 식물을 키우기 위해 충분한 햇빛을 수용하도록 다양한 창이 시도되고 있으나 기본적으로는 천창, 측창, 정측창의 세 가지로 구분할 수 있다. 유리온실을 건물에 부착시켜 자연광을 끌어들이는 온실부착형 건물도 건설되고 있어 대규모 실내정원 조성에 유리해지고 있다.

16-3-1 측창

측창은 창에서 건물 내부로 갈수록 광도가 급격히 감소하는데 대체로 창의 맨 위로부터 45° 각도 이내에 분식물을 배치하는 것이 바람직하다(그림 16-4). 측창을 통해 빛은 한 방향으로 비치므로 식

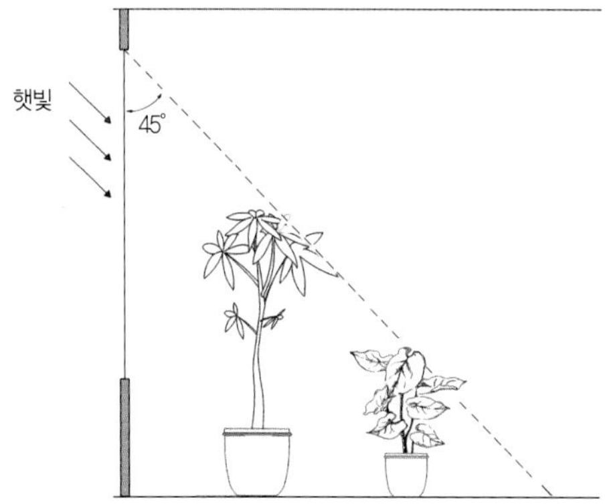

그림 16-4. 창가에 들어오는 빛을 최대한 이용할 수 있는 식물의 위치(Manaker, 1987)

그림 16-5. 굴광성

물이 빛을 향하여 기우는 굴광성(屈光性, phototropism)이 생기므로 디자인시 이 점을 고려해야 한다(그림 16-5).

북위도인 우리나라에서 창문의 방향은 정남향이 가장 이상적이다. 태양이 위도에 따라 각도의 차이는 있어도 항상 남쪽으로 기울어서 비치기 때문이다. 창문의 방향이 정북향일 경우에는 연중 직사광선이 닿지 않으므로 투과율이 높은 투명유리를 사용하여 최대한의 광선을 끌어들인다.

16-3-2 천창과 정측창

대형 건물에 많이 조성되는 천창이나 정측창을 통한 빛은 위에서 아래로 향해 식물을 수직으로 자라게 하여 수형 유지에 유리하다(그림 16-6).

천창이 작을 경우 좁은 스포트라이트가 태양의 움직임을 따라 바닥과 벽면을 비추면서 눈부심과 명암의 심한 차이를 연출하여 바람직하지 않은 환경을 생성하게 된다(Hammer, 1991). 실내에 분식물을 배치하거나 정원을 조성하기 위해서는 창의 면적이 넓고 유리의 재질이 반투명한 것이 좋다. 반투명유리는 직사광을 산란시켜 실내 전체를 균등하게 비추어 투명유리의 천창보다 4~5배의 밝은 광도를 보인다(그림 16-7). 수평으로 만든 천창은 먼지나 눈이 쌓여 광선의 투과율을 상실하게 되므로 반구형 돔(dome)으로 하거나 경사지게 설치한다. 최근 건물의 천창은 돔형으로 만든 이중 아크릴 가운데를 공기로 채워 광선을 고루 분산시키는 동시에 하계 온도 상승과 동계 열 손실의 방지를 막는 방향으로 계획되고 있다. 특히 대형 고층 건축물들은 천창이 있는 중정(中庭, atrium)형 건물로 건축하여 중앙부를 천창까지 비우고 실내정원을 조성하는 경우가 많다.

그림 16-6. 정측창

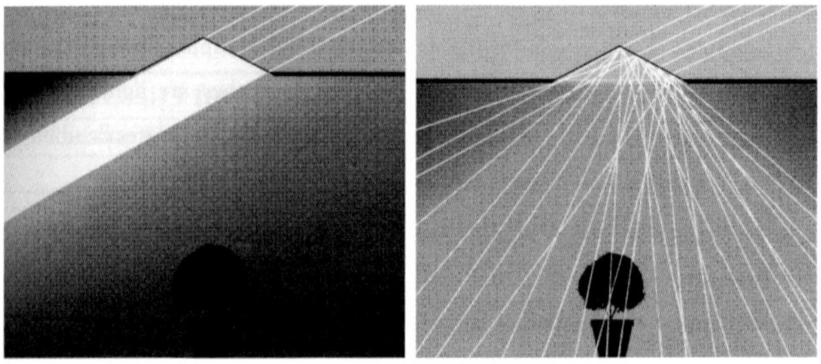

그림 16-7. 천창의 투명유리와 반투명유리에 따른 자연광 투과의 차이 (Hammer, 1991)

16-4. 식물 생장과 광

실내에서 생육하는 식물이 받는 광선은 광선의 밝기인 광도와 빛이 비치는 지속시간인 일조시간, 그리고 빛을 구성하는 파장 성분인 광질의 세 요소로 구성되며, 이들의 상호작용에 의해 식물 생육은 달라진다. 실외에서 자라는 식물은 그 위도에서 주어진 광도의 햇빛을 일출부터 일몰까지 받으며 자라는데 비해 실내에서 식물은 태양광을 위주로 인공광을 보충받으며 자란다(Manaker, 1987).

16-4-1 광도

광도(光度, light intensity)는 광선의 밝기의 정도이다. 건물 실내는 인간의 쾌적한 생활을 위한 공간으로 실외에 비해 매우 어두우나 사람들의 생활에는 문제가 없다. 그러나 식물이 생장을 위하여 필요로 하는 광도는 인간생활을 위해 필요한 광도보다 높아 실내는 창가를 제외하곤 내음성이 있는 관엽식물도 살아가기 어려운 곳이 대부분이다. 광도가 낮은 장소에 장식적 목적을 위해 식물을 배치하면 곧 생육이 나빠지면서 관상가치가 떨어지게 되어 교체해 주거나 폐기해야 한다. 최근 건축되는 대형 건물들은 천창이 있거나 벽면이 유리로 이루어져 식물을 키울 수 있는 밝은 공간이 많다.

(1) 광도 측정

광도는 광도계로 측정하며 광도와 관련된 여러 단위들이 있다(표 16-1). 분식물 디자이너는 보통 단위면적당 빛의 밝기의 단위인 조도(照度)를 측정하는데 조도가 높으면 광합성에 필요한 광양자양이 많기 때문에 이해하기 쉬운 조도 단위를 이용한다. 조도는 두 가지 단위를 사용한다. 하나는 국제단위인 룩스(lux)로서 1루멘(lumen)이라고 정해진 광원의 밝기로부터 1m 떨어진 표면이 받는 조도 단위이다. 또 하나는 풋캔달(footcandle, fc)로서 풋캔달(fc)은 표준 양초에서 1풋(foot) 떨어진 곳의 조도 단위로 1룩스는 0.09fc이다. 간략하게 환산하려면 풋캔달(fc)에 대략 10을 곱하면 룩스치를 알 수 있다.

조도를 측정하기 위해서는 저렴한 조도계(luxmeter)를 사용하는데 식물 개개의 잎이 받는 조도는 잎의 위치에 따라 다르니 식물 주변의 적정 위치를 선정하여 수평을 기준으로 측정한다(그림 16-8, 9). 실내의 밝기는 생각보다 훨씬 낮은데 건축이나 실내디자인에 사용되는 조도의 자료(표 16-2)를 참고하면 알 수 있다.

표 16-1. 광도 단위

구분	단위	설명
빛의 에너지	W/m²	자외선에서 적외선까지 모든 파장영역의 광에너지에 대해 1m²당 Watt 수.
눈에 보이는 빛의 세기(조도)	lm	단위 시간에 통과하는 광량으로 사람의 눈이 감지하는 밝기, 즉 조도에 기초하여 사용하는 단위. 눈에 보이는 빛의 세기를 재는 루멘(lumen).
	lux	룩스(lux)는 1루멘(lumen)이라고 정해진 광원의 밝기로부터 1m 떨어진 표면이 받는 국제단위인 표준 미터법의 조도 단위. 룩스는 루멘을 면적으로 나눈 값(lm/m²).
	fc	fc(footcandle)은 표준 양초에서 1풋(foot) 떨어진 곳의 조도 단위. 1lux = 0.09fc.
광양자 양	μmol/m²s	1m²의 면적에 1초 동안 내려쬐는 광합성에 유용한 파장(photosynthetically active radiation, PAR)의 광양자 1μmol의 양(PPFD, Photosynthetic photon flux density).
	μE/m²s	광합성에 유용한 파장(PAR)의 광양자를 einstein으로 표시하는 단위. 매초 1m²당 내려쬐는 μE (microeinstein)만큼의 광양자를 표시하는 단위. μmol/m²s은 μE/m²s로도 표현된다. 1E(einstein, 아인슈타인)은 아보가드로 상수(6.022×10^{23}개/1몰)개의 광양자가 가지는 에너지로 1E = 1mol 광양자이다.

실내의 조도는 장소와 하루의 시각에 따라 다르고 계절과 위도, 바깥 날씨에도 좌우된다. 자연광에만 의존하는 남향인 실내에서 가장 조도가 높을 때는 맑은 하짓날 정오이다. 실내식물이 받는 빛의 강도를 정확히 알기 위해서는 특정한 장소에서 일출부터 일몰까지 여러 다른 시간대의 조도를 측정하여 평균치를 취해야 한다. 지하공간의 식물과 같이 인공광에 의존하는 경우 조도는 점등에서 소등까지 시각에 관계없이 항상 일정하다.

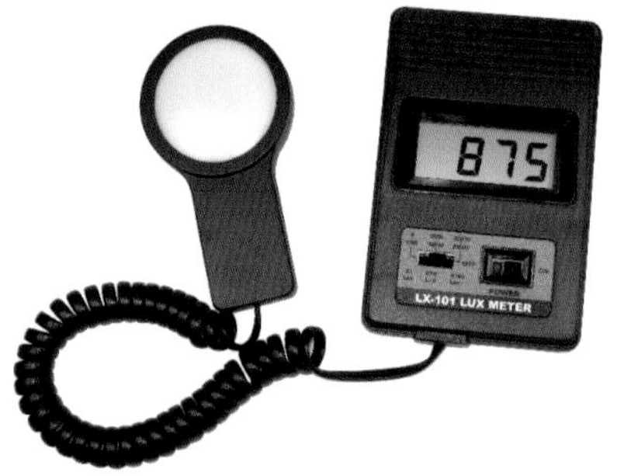

그림 16-8. 조도계

구름, 대기 먼지, 수분 및 안개, 해발, 노출면 등도 조도에 영향을 끼친다. 건물 내로 들어오는 자연광선의 양은 유리창의 면적, 창 부근 나무의 존재, 지붕의 돌출부, 차양과 창가리개, 유리의 색과 청결도 등에 따라 영향을 받는다. 실내의 커튼과 차양, 표면 질감, 벽지, 휘장, 가구에 의한 반사에 의해서도 조도는 영향을 받는다. 흰 석고는 약 90%를, 거울은 80~90%를, 회갈색 페인트는 50%를, 휘장은 35%를 반사한다(Manaker, 1987).

식물이 받는 빛의 강도는 광원의 출력도 중요하지만 그 광원으로부터 임의의 거리에 떨어져 있는 식물 표면이 받는 조도가 중요하다. 일반적으로 광원이 강력하면 식물도 강한 광선을 받게 되지만 광원으로부터 거리가 멀어짐에 따라 조도가 급격히 떨어지는데 거리의 제곱에 반비례한다(그림 16-10).

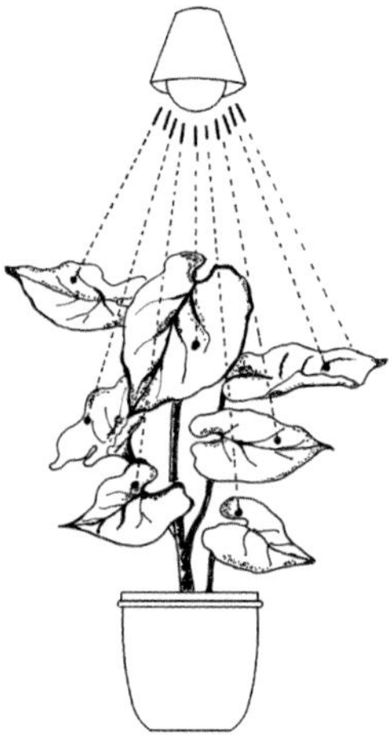

그림 16-9. 식물이 받는 광의 조도 측정
(Briggs와 Calvin, 1987)

표 16-2. 장소에 따른 평균 조도(Manaker, 1987)

장소		조도(lux)
야외(맑은 날)	여름	100,000~130,000
	겨울	10,000~80,000
사무실	회의장	2,000~3,000
	제도실	10,000~20,000
	타이프실	4,000~5,000
주택	거실	1,000~10,000
	서재	2,000~3,000
	작업대	4,000~6,000
매점	통로	2,000~3,000
	진열대	10,000~30,000

우리나라 맑은 여름 정오경에 대지에 닿는 광선의 밝기는 약 10만lux이고 건물 내부의 조도는 약 1/100로 감소하여 1,000lux 정도이다. 직사광선이 비치지 않는 창가의 가장 밝은 부분은 10,000lux 정도 되지만 창가에서 멀어질수록 급격히 줄어들어 1,000lux 이하인 곳이 대부분이다. 그리고 하루의 평균 조도는 이것보다 훨씬 낮다.

그림 16-10. 창에서 떨어진 거리에 따른 실내공간의 밝기

(2) 광도에 따른 식물의 생장 반응

실내에서 잘 적응되어 있는 관엽식물은 잎이 크고 엽색이 진하다. 또 줄기가 길며 전체적으로 엽수가 적당해 보기 좋을 정도로 넓게 잎이 배치되어 있다(표 16-3). 농원에서는 관엽식물을 빨리 키우기 위해 대부분의 실내공간보다 매우 광도를 높게 유지한다. 고광에서 자란 관엽식물은 잎수는 많으나 잎이 작고 두꺼우며 줄기의 마디 사이가 단축되면서 키가 낮아지고 줄기가 두꺼워진다. 잎도 수직으로 배열하는데 이것은 고광에서 빛을 받는 표면적을 줄이기 위해서이다. 이러한 변화는 이미 분화된 잎에서는 크게 일어나지 않고 새로 형성된 잎과 줄기, 그리고 뿌리에서 생긴다.

식물 구매시 디자이너는 이러한 광도 변화에 따른 형태적 변화를 잘 인지하여 지나친 고광에서 자란 식물을 구입하지 않도록 한다. 왜냐하면 고광에서 자란 식물을 실내의 저광 상태에 두게 되면

표 16-3. 광도에 따른 실내식물의 형태적 변화

광도	형태적 변화	배치공간	잎의 변화
매우 높음	잎이 타면서 마르고 고사한다.	여름 실외	
높음	잎의 크기가 작아지고 두꺼워진다. 잎 가장자리의 결각(缺刻)이 뚜렷하지 못하다. 마디 사이가 단축되어 키가 작아진다.	실외 현관 앞, 베란다, 옥상 등 여름 실내 창가 직사일광 비치는 곳	
적당	잎 면적이 넓어지고 녹색이 짙어지며 잎의 간격은 보기 좋을 정도로 넓게 배치된다.	실내 창가의 밝은 곳	
낮음	잎이 넓어지고 얇아지며 가장자리의 결각이 깊어지고 뚜렷해진다. 줄기의 마디 사이가 길어지고 가늘어진다. 잎색이 처음에는 진해지나 나중에 황록색으로 변한다. 아랫잎이 황화되고 낙엽이 져 줄기 끝부분에만 잎이 남아있고 잎수가 감소해 엉성해진다.	실내 창가에서 먼 어두운 곳	
매우 낮음	대부분 잎이 떨어지고 죽는다.	실내 창가에서 먼 매우 어두운 곳	

충분한 양분을 생산할 수 없게 되기 때문에 저광에 적응할 때까지 잎의 황화, 낙엽 등의 변화를 겪으면서 관상가치를 잃게 되어 실내에서 제거되어야 하는 경우가 많고 심하면 죽을 수가 있기 때문이다. 광도 차가 클수록 심한 변화가 일어난다.

광도 차가 심하지 않을 경우 저광에 적응하는 식물의 생장 반응은 다음과 같다. 잎의 표면적은 넓고 두께는 얇아지며 가장자리의 결각(缺刻)이 깊어지고 뚜렷해진다(민고명 외, 1992; 주진희 외, 2009). 줄기는 가늘어지고 마디 사이가 길어진다. 잎의 색이 처음에는 진해지나 시간이 지나면 황록색으로 변하고 아랫잎이 황화되며 낙엽이 져 잎수가 감소해 엉성해진다. 식물이 적응할 수 없을 정도의 저광에서는 결국 식물의 잎이 거의 다 떨어져 앙상하게 남아 있거나 죽게 된다.

어느 정도 직사일광이 들어오는 실내 밝은 창가에 관엽식물을 비롯한 여러 분식물을 배치할 경우 알로카시아와 같은 실내용 관엽식물은 아름다운 모양으로 생육하나 팬지나 구근류, 토마토와 같이 실외용 식물은 창가에서조차 심하게 길이가 길어지고 가늘어지는 저광에서의 생육 반응을 보인다. 그러므로 디자이너는 이러한 변화를 잘 이해하여 고객에게 실외용 초화류를 실내에 배치할 경우 오래가지 않는다는 것을 이해시켜야 한다(그림 16-11).

알로카시아 – 보기 좋을 정도로 잎이 커지고 줄기가 넓게 배열 / 팬지 – 줄기가 길어지고 가늘어지며 꽃이 작아짐 / 구근류 – 줄기가 길어지고 약해져 구부러짐 / 토마토 – 줄기가 길게 늘어짐

그림 16–11. 특성별 식물의 실내공간 창가 광조건에서의 생육 반응. 창가라도 관엽식물 외 실외용 식물은 생육이 좋지 않다

(3) 생육을 위한 광도

식물은 제각기 생존할 수 있는 최저 광도가 있는데 이것은 광보상점(光補償点)보다 높아야 한다. 광보상점이란 광합성으로 흡수하는 이산화탄소와 호흡으로 배출하는 이산화탄소의 양이 같아지는 때의 광도를 말한다. 즉, 광보상점의 광도에서는 식물이 낮에 생산한 양분을 밤에 호흡작용으로 모두 소진해 버린다. 이와 같은 상태에서 식물은 같은 크기로 계속 살 것 같지만 광보상점의 광도에서는 시간이 지나면 죽기 시작한다. 비축된 양분이 없어 오래된 잎을 교체할 여유가 없기 때문이다. 실내용 식물들은 모두 상록성 식물이지만 잎의 수명이 있고 새잎을 만들기 위해 저장 양분이 필요하다. 그러므로 실내식물의 최소생존광도는 그 식물의 광보상점보다 높아야 하며, 노엽이 낙엽한 후 같은 수의 새잎을 내보내어 정상적인 형태를 유지할 수 있을 정도의 광도이어야 한다(Manaker, 1995).

실내식물이 생육에 필요한 최소한의 광도를 받고 있는지를 나타내는 지표는 보기에 좋을 정도의

그림 16-12. 노지에서 생육한 벤자민(좌)을 실내에 둔 6주 후(우)(Manaker, 1987)

그림 16-13. 밝은 온실에서 자란 애기눈물(*Soleirolia soleirolii*)(좌)을 실내 창가에 둔 2개월 후(우)

잎의 수를 유지하고 있느냐이다(그림 16-12). 수명이 다한 잎이 떨어진 후 같은 양의 새잎이 나와 본래의 수형을 유지하고 있으면 최소 광도 이상을 받고 있다고 말할 수 있다. 반대로 식물에 빛이 부족하면 잎이 많이 떨어져 원래의 수형을 상실해 관상가치를 잃는다(그림 16-13).

하루 12시간 일조시간을 기준으로 실내식물의 최소생존광도를 크게 3가지로 나눌 수 있다(이영무, 1995). 저광도군은 500lux이고, 중광도군은 1,000lux이며, 고광도군은 2,000lux 정도이다. 대부분의 실내식물은 광도 1,000lux의 중광도군에 속한다(신현철 외, 2010)(표 16-4).

실내식물이 필요로 하는 광도는 인간이 필요로 하는 광도보다 훨씬 높은데 실내환경은 대부분 식물이 필요로 하는 광도를 제공하지 못한다. 그래서 식물은 가능한 밝은 창문 부근에 배치해야 유지할 수 있다.

실내 관엽식물이 생육하는데 필요한 광도는 식물의 종류에 따라 다르나 종류가 너무 많아 광요구도를 파악하기 어렵다. 그래서 다음과 같이 이해하는 것도 한 가지 방법이다. 식물의 광요구도는 원산지, 생산지의 광도, 생산 후 저광에 순화시켰는지의 여부에 따라 달라지는데, 일반적으로 열대밀림이 원산지인 식물의 광요구도가 낮고, 색이나 무늬가 있는 것에 비해 녹색의 잎을 가진 식물이(홍정 외, 1994; 엄은경 외, 2014), 꽃피는 식물에 비해 꽃이 잘 피지 않는 식물이 광요구도가 낮다. 또 교목보다 관목이, 관목보다 덩굴식물이나 바닥에 깔리는 작은 지피식물이 훨씬 더 낮다.

표 16-4. 실내에서 관엽식물을 유지할 수 있는 최소생존광도(12시간 일장 기준)

관엽식물의 최소생존광도	광도(lux)	인간과의 관계
고	2,000	인간의 정밀작업시 필요한 광도
중	1,000	대부분 관엽식물의 최소생존광도
저	500	평균적인 인간생활에 필요한 광도

광도가 점점 올라가면 광합성이 증가한다. 이것은 수분, 양분, 온도 등이 이상적으로 제공될 경우이다. 그러나 광도가 어느 한계에 이르면 광합성은 더 이상 증가하지 않고 그 이상의 강한 광선을 받게 되면 잎 조직이 파괴된다. 이때의 광도를 광포화점(光飽和点)이라고 한다. 그러므로 어떤 식물의 생존가능 광도는 광보상점과 광포화점 사이에 있다고 할 수 있다. 그러나 실내에 식물을 배치할 경우 건물 내부는 실외보다 항상 광선이 낮기 때문에 광보상점이 관심의 대상이 되고 광포화점이 문제가 되는 경우는 드물다.

(4) 순화

순화란 사람이나 동식물이 원래의 환경으로부터 다른 환경으로 옮겨졌을 때 새로운 환경에 적응하는 과정을 말한다. 농원에서 생산된 분식물이 실내공간으로 들어가면서 변화하는 환경인자는 광도, 온도, 수분, 습도, 비료 등이 있으나 이 중에서 가장 큰 영향을 미치는 요인은 광도이며 나머지는 광도에 맞추어 인위적으로 조절할 수 있는 요인들이다(그림 16-14).

	생산농원 ⇨	화훼도매시장 ⇨	실내공간
광도	매우 밝음	고~중	매우 낮은 광도
온도	충분히 높음	고~중	겨울 온도 낮음
수분 (습도)	충분한 관수 높은 습도	적당한 관수 적당한 습도	적절한 관수 겨울 낮은 습도
비료	충분한 비료	비료 미공급	비료 공급 적음

그림 16-14. 관엽식물의 생육 환경조건의 변화

① 순화의 필요성

실내용 식물은 건물 내부의 어두운 환경에 적응할 수 있는 능력이 있지만 광도 변화가 심할 때는 적응 능력의 한계를 넘어 죽어버릴 수 있으므로 식물의 적응력이 기능을 발휘할 수 있도록 시간적 여유와 환경 여건을 조성해줄 필요가 있다.

농원에서는 관엽식물을 가장 좋은 조건으로 생육시킨다. 밝은 유리온실이나 비닐하우스로 된 농원의 내부 광도는 최대 20,000lux에 이르고 수분, 온도, 양분 등이 최적 상태를 유지하여 식물은 고도의 상품가치를 보여준다. 심한 경우 초여름에 노천의 직사광선에서 고무나무나 아라우카리아, 야자류 등의 식물을 키우기도 하는데 한낮에는 10만lux를 넘는다. 이러한 식물들을 실내로 배치하면 대부분 500~1,000lux 광도 범위에 머물게 되므로 감소되는 광도는 극심한 차이를 보인다.

그림 16-15. 노지에서 자란 벤자민고무나무의 실내공간 배치시 순화의 효과(Conover와 Poole, 1975)

이런 경우 벤자민고무나무나 쉐플레라는 쇼크상태에 빠져 거의 모든 잎을 떨어뜨린다(그림 16-15). 식물이 저장한 양분이 있어 잎 없는 상태로 한동안을 지낸 후 그늘에 적응한 새잎을 내보내면 다행이나 식물이 약한 상태였고 관리 부실로 과잉관수나 과잉시비를 하게 되면 식물은 쉽게 죽는다. 만일 살아남는다 해도 벤자민고무나무나 쉐플레라는 새잎을 내보내는데 시간이 걸리므로 관상용 식물들이 잎이 없는 채 있을 수는 없는 일이다.

그러므로 디자이너는 가능하면 순화가 된 식물을 구입해야 한다. 그런데 500~2,000lux의 낮은 실내 광도 수준에서는 식물이 잘 자라지 않기 때문에 생산자가 낮은 광도에서 식물을 키우기는 어렵고, 생산 후에는 공간이 충분하지 않아 순화하기도 어려운 것이 현실이다. 따라서 디자이너는 미리 식물을 구매해 생산자 또는 도매상에 순화를 의뢰할 필요가 있다.

② 순화과정

순화과정은 생산지와 실내의 광도차가 적을수록 용이하고 클수록 오래 걸린다. 일반적인 방식은 두 곳의 광도치를 측정한 후 중간치를 구해서 알맞은 그늘을 조성하고 그 아래에서 순화가 완료될 때까지 육성하는 것이다. 그늘은 차광막을 사용하여 원하는 광도를 형성하는데 예를 들어

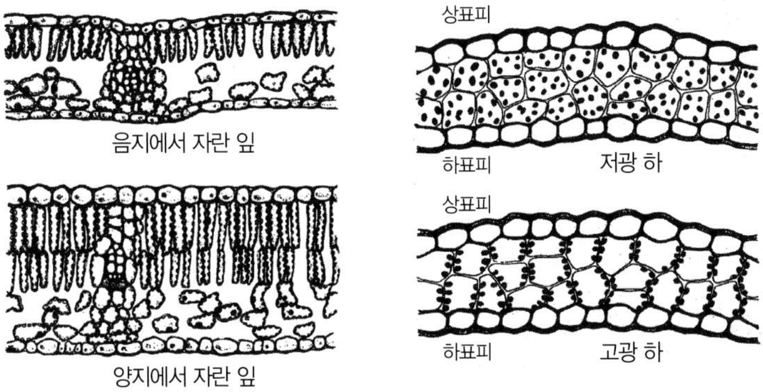

그림 16-16. 저광과 고광에서 자란 잎의 구조(좌)와 엽록체의 배열(우) 비교(Briggs와 Calvin, 1987)

90,000lux의 노천에 차광률 60%의 차광막을 설치하면 그 아래에 36,000lux의 환경이 형성된다. 생산지와 실내의 광도차가 적을 때는 두 광도의 평균치에서 순화를 한 번만 하면 된다. 예를 들면 광도 20,000lux에서 생육된 식물을 1,000lux의 실내에 식재하려면 차광률 50%의 차광막을 설치하여 10,000lux의 그늘을 조성하고 여기에서 순화를 완료할 수 있다. 그러나 90,000lux에서 1,000lux로 이식하려면 이 과정을 두세 번에 나누어 하는 것이 바람직하고 시간도 오래 걸린다. 처음에는 차광률 50%의 막으로 45,000lux를 조성한 후에 이 과정이 끝나면 차광률 60%의 막으로 18,000lux를 조성한다(Manaker, 1987).

순화가 진행되는 동안 실내식물은 조직에 변화가 생기는데 가장 큰 변화는 줄어든 광선을 최대한으로 이용하려는 잎 구조의 변환이다. 햇빛에서 자란 잎은 강한 광선으로부터 조직을 보호하기 위해 잎이 작고 두꺼우며 연녹색을 띠는 게 보통이다. 그러나 광선이 감소하면서 잎은 소량의 광선을 최대한으로 이용하려고 면적이 넓어지고 얇아지며 엽록소가 잎 표면으로 모여 진녹색을 띠게 된다. 그림 16-16은 순화과정의 전과 후 잎의 조직 내부를 보여준다.

광선이 줄어들면 전체적으로 신진대사가 감소하여 수분, 양분도 이에 맞게 줄여서 공급해야 한다. 광선 부족으로 약해진 식물을 회생시키기 위해 물이나 비료를 과다 투여하는 것은 식물을 더 빨리 죽이게 된다. 잎이 낮은 광도에 적응하면서 뿌리조직도 감소하는데 높은 광도에서와 같이 많은 양의 수분과 광물질을 흡수하지 않아도 되기 때문이다(Manaker, 1987).

순화과정을 거친 식물의 잎이 넓고 얇고 진한 녹색이 되는 것과 동시에 수관에도 변화가 온다. 순화 전에는 지엽이 치밀하여 잎의 밀도가 높았던 것에 비하여 순화 후에 식물은 내부의 잎을 거의 잃고 바깥쪽으로 우산 모양의 수형을 이루게 된다. 잎의 밀도가 낮아진 것은 넓어지고 암녹색으로 변한 잎들이 어느 정도 보상해준다. 신진대사율이 감소하면서 탄산가스를 흡수하고 산소와 수분을 방출하는 기공의 크기도 축소된다. 그러나 순화된 식물은 광보상점이 낮아지면서(그림 16-17, 18) 저광에서 광합성률이 증가한다(박소홍 외, 1997).

순화가 완료되는 시간은 종류 · 수령 · 생산광도 · 실내광도에 따라 달라지지만 일반적으로 직사광선 아래서 자란 벤자민고무나무와 쉐플레라가 평균적인 실내환경에 적응하기 위해서는 차광률 40~80%의 범위 안에서 5주일의 순화과정을 거쳐야 한다(Manaker, 1987). 대만고무나무는 차광률 50%의 그늘 아래서 10주일이 걸리고 반면에 필로덴드론과 아글라오네마 등은 순화가 거의 필요없이 적응한다. 이 순화기간 중에 토양에 과다하게 함유된 비료를 세척해야 하며 관수량을 줄이고 공중습도를 낮추어 실내 반입을 준비해야 한다.

16-4-2 일조시간 혹은 일장

일조시간(light duration)은 빛이 비치는 시간이다. 인공광은 일조시간을 인위적으로 조절할 수 있지만 자연상태에서는 하루 중 빛이 비치는 시간, 즉 낮의 길이인 일장(日長, day length)은 지구상의 위치에 따라 다르다. 대부분의 온대식물은 개화와 생육과 관련하여 일장에 따라 장일, 단일, 중일로 3가지 반응을 보인다. 그러나 실내에서 이용되는 관엽식물은 꽃보다 잎을 관상하는 용도로 이용되고, 주로 열대 · 아열대 원산이라 개화와 생육이 일장과 크게 연관성을 맺고 있지 않다.

그러나 식물은 장일에서 더 잘 생육한다. 주어진 광도에서 일장이 길어지면 광합성이 증가되어 식

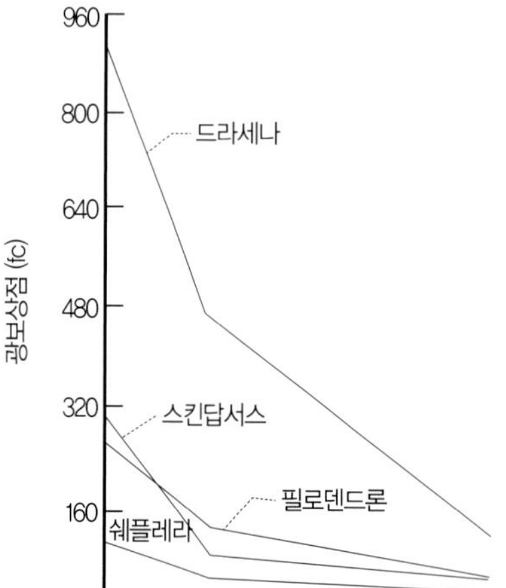

그림 16-17. 순화 중의 4가지 관엽식물의 상대적인 광보상점 변화(Fonteno와 McWilliams, 1978)

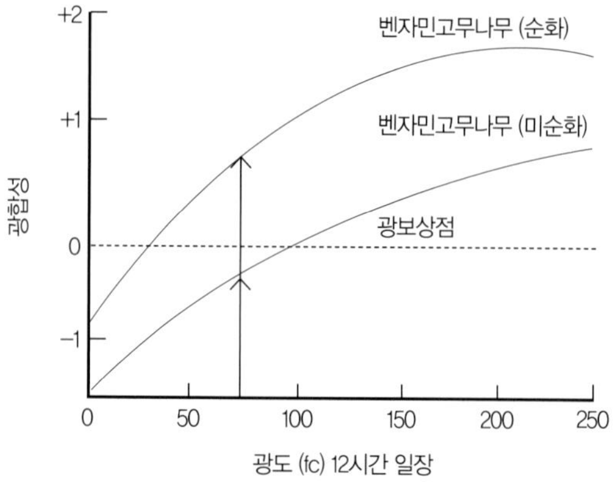

그림 16-18. 벤자민고무나무의 순화된 잎과 순화되지 않은 잎의 광합성 비교(Joiner, 1981)

물 생장과 발달에 많은 양분을 공급하게 된다. 광선이 지속적으로 비치는 시간은 태양광의 경우 일출에서 일몰까지이다. 실내공간이 자연광에 의존하는 경우 광선의 지속시간은 계절에 따라 변하는데 평균 낮길이는 12시간이라 할 수 있다.

인공광은 지속시간을 점등과 소등으로 조절할 수 있고, 광도도 시간에 따라 변화하지 않고 일정하다. 실내공간이 전적으로 인공광선의 공급에 의존하고 있다면 식물이 받는 전체 광선의 양은 광도 × 일조시간이 된다. 만일 공급되는 광도가 부족하면 시간을 연장시켜 광량을 보충해야 한다. 그러나 '광합성량 = 광도 × 일조시간'으로 나타나는 것처럼 광도가 낮은 실내에서 형광등이나 백열등의 인공조명으로 일조시간을 길게 해주면 식물 생육이 좋아지고 꽃피는 식물들은 꽃을 더 잘 피운다(그림 16-19). 그러나 매일 일조시간이 18시간 이상 지속될 경우 식물 생육은 오히려 저하되는 것으로 알려져 있다(Manaker, 1987). 또 관엽식물 종류에 따라 형광등 광도의 적정범위가 다른 것으로 나타나 주의할 필요가 있다(최경옥, 2005).

이와 반대로 광도가 강하면 시간을 줄여도 된다. 그러나 이것은 아주 강한 광선을 짧은 시간 동안만 조명하여 전체 광량을 이룰 수 있다는 뜻은 아니다. 인공조명은 최소한 하루에 4시간 이상이어야 하며 자생지의 낮길이를 감안하여 하루 12시간 조명하는 것이 바람직하고 광도가 약간 부족할 때는 14시간 조명하는 것이 안전하다. 이것은 1년 365일을 기준으로 한 것이며 주말이나 휴가철에 전원을 차단하지 않도록 유의해야 한다.

식물의 일장에 대한 반응은 개화에 대해 가장 잘 알려져 있다. 국화, 포인세티아, 칼랑코에, 치자는 일장이 짧아질 때 개화하고 피튜니아는 일장이 길어질 때 개화하며, 임파첸스, 후크시아, 베고니아는 일장에 개화 반응을 보이지 않는다. 실내에서는 대부분 관엽식물을 많이 이용하고, 광도가 낮아 꽃피는 식물을 많이 이용하지 않으므로, 그리고 이용하더라도 일시적으로 이용하는 경우가 많으므로 관엽식물에 대한 일장과 관련된 개화 반응은 별로 잘 알려져 있지 않다.

그림 16-19. 아프리칸 바이올렛의 개화에 미치는 일장과 광도의 영향(Manaker, 1987)

아프리칸 바이올렛은 광도가 높을수록, 그리고 일장이 길어질수록 개화수가 많아진다(그림 16-19). 칼랑코에는 어떤 종의 경우 엽연에서 어린 묘가 형성되는데 장일에서

그림 16-20. 칼랑코에의 엽연부 어린 식물체의 생성에 대한 일장의 영향(좌 : 단일, 우 : 장일)(Manaker, 1987)

그림 16-21. 8시간(좌), 14시간(중), 16시간(우) 일장하에서 자란 조란의 어린 식물체 생성(Hammer와 Holton, 1975)

어린 묘의 수가 더 많이 형성된다. 바위취(Saxifraga)의 포복경은 장일에서 더 많이 생성된다. 무늬접란 줄기의 크라운(crown) 생성은 12시간 이하의 일장에서 더 많이 생성된다(그림 16-20, 21). 칼랑코에와 접란의 경우와는 달리 톨미아(*Tolmiea*)의 어린 묘 형성은 일장에 반응하지 않는다(Manaker, 1987).

16-4-3 광질

광질(光質, light quality)은 광선의 구성 성분, 즉 파장을 말한다. 식물이 받는 광선의 광도와 지속시간 외에 중요한 것은 광선의 구성 성분이다. 왜냐하면 광선의 각 파장이 식물에 미치는 영향이 다르기 때문이다. 태양에서 오는 자연광은 자외선과 가시광선, 그리고 적외선의 모든 파장을 균등히 포함하고 있다. 그러므로 광선의 구성이 특정 파장에 편중되어 있는 인공광(박인숙 외, 2012)에 비해 식물의 정상적인 성장에 이상적이다. 그러나 식물은 자연광선에 들어 있는 모든 빛을 이용하지 않고 특정한 색의 빛을 이용해서 생육한다.

식물은 광선을 구성하는 각 파장에 대해 특이한 반응을 보이는데 생장에 가장 큰 영향을 미치는 광합성작용과 엽록소합성작용은 파랑과 빨강 파장에서 왕성하고 인간의 눈은 초록과 노랑 파장의 중간영역을 가장 밝게 느낀다. 광합성작용은 435nm의 파랑 파장에서 최대치를 보이고 초록과 노랑에 미약한 반응을 보이다가 675nm의 빨강 파장에서 다시 한번 높은 수치를 기록한다. 반면에 엽록소합성작용은 445nm의 파랑 파장에서 높은 반응을 보이고 난 후 650nm의 빨강 파장에서 최대치를 기록한다. 그러므로 파랑과 빨강 파장 사이의 초록과 노랑 파장은 식물에게 유용하기보다는 사람의 눈에 더 잘 반응한다. 식물이 대부분 초록색 혹은 노랑색을 띠는 이유는 파랑과 빨강 파장을 흡수하여 사용하고 초록과 노랑 파장을 반사하기 때문이다.

광합성작용과 엽록소합성작용은 파랑 혹은 빨강 어느 한쪽 파장만 공급해도 높은 반응을 보인다. 그러나 파랑과 빨강 파장에 대한 식물의 생장반응은 다르다. 파랑 파장을 주로 받은 식물은 키가 작고 가지가 굵으며 잎이 많이 나오고 짙은 녹색을 띤다. 반면에 빨강 파장에서 자란 식물은 가지가 길게 자라며 잎은 엷은 색을 띤다. 그러므로 식물의 크기를 제한할 필요가 있을 때는 파랑 파장을 주로 방사하는 형광등과 수은등이 이 목적에 부합한다(Manaker, 1987).

16-4-4 보광

(1) 인공광

인공광은 각종 조명기구로부터 방사되는 광선을 말하며 태양광선과 같이 여러 가지 파장이 골고루 섞인 백색광은 아니지만 식물에게 광합성작용은 일으키는 작용을 한다. 건물의 구조가 식물이 필요로 하는 자연광을 충분히 유입시키지 못하는 경우나 햇빛이 전혀 미치지 않는 건물 지하공간에는 인공광으로 부족한 에너지를 보충해주어야 한다(송천영과 송은경, 2012).

인공광은 대체로 실내에서 사용하는 백열등과 형광등, 그리고 가로등으로 사용하는 고광도 방전등이 있다. 고광도 방전등은 원래 가로등용으로 개발된 강력한 전등이므로 주거용이나 업무용 공간에는 적합치 않으나 천장이 높은 대형 실내공간에는 이상적인 광선공급원으로 수은등, 금속할로겐등, 나트륨등이 있다.

그러므로 식물의 성장이나 자연색에 가까운 색 연출을 위해 조화로운 파장을 배합할 경우, 낮은 천장에는 백열등과 형광등을 섞어 쓰고, 높은 천장에는 수은등과 나트륨등 또는 금속할로겐등과 나트륨등을 혼합하여 장치하는 것이 바람직하다(Manaker, 1987).

이러한 조명등 외에 특수한 목적을 위해 사용하는 원예용 형광등(plant growth lamp)이 있다. 이것은 식물이 광합성작용과 엽록소합성작용을 가장 잘 일으키는 파랑과 빨강 파장만을 방사하도록 고안된 형광등으로 식물의 성장이 촉진되는데 초록과 노랑 파장이 거의 없어 분홍빛을 띠게 되어 사람들을 위한 조명으로는 문제가 있다.

(2) 광섬유전달광(光纖維傳達光)

광섬유는 광선을 건물 내부의 깊숙한 구석이나 지하공간으로 보내는데 곡선전달을 가능케 하였다. 광선을 받아들이는 수광소자와 입광소자를 통해 광섬유 안에 들어간 광선은 종단부에 있는 출광소자와 발광소자를 거쳐 마치 샤워같이 빛을 뿜게 된다. 광선이 광섬유에 들어갈 때는 평상시의 100~1,000배로 농축되었다 방출한다.

건물의 지붕에는 집광장치가 있고 광섬유를 여러 개 묶은 광케이블을 통해 건물 내부나 지하실과 연결시킨 후 조사장치에 의해 실내의 분식물에 빛이 전달된다. 이때 광케이블을 통과한 빛은 자외선과 적외선을 제거하고 가시광선만을 선별하여 전송하므로 피부에 안전하고 열도 발생하지 않는다. 광케이블에 전달되는 광원은 태양광뿐 아니라 인공광도 가능하다.

현재 사용되고 있는 광섬유는 빛이 반사를 거듭하며 진행하는 과정에서 1m당 10%의 광량이 감소한다. 그러므로 2m에 20%, 5m에 50%가 감소하는데 이 정도는 육안으로 식별하기 힘들고 실내식물의 재배에 영향을 미치지 않는다(이영무, 1995). 그러나 20m가 넘는 광섬유를 장치하는 경우 거의 효과를 보지 못한다. 현재 사용되는 방식은 집광기와 조사기가 비교적 짧은 거리에 있어야 하며 광원이 태양광일 때는 흐린 날을 대비하여 광선저장능력도 개발되어야 한다.

(3) LED 조명

LED(발광 다이오드, Light-emitting diode)는 반도체 장치로 양극에 전압을 가해 발광하도록 하는 인공광원 소자의 일종이다. LED는 수많은 전자제품에 쓰이고 있으며 백열등이나 형광등에 비해 광효율이 높아 전력 소비량이 적고 수명이 반영구적이라 산업용, 가정용 등의 조명으로 활용되고 있다. 한 가지 단점은 아직 가격이 비싸다는 것이다.

근래에 청색 LED 소자가 개발된 이래 식물의 광합성작용에 최적의 광원으로 인식되면서, 특히 실내공간의 식물재배 전용 LED 조명이 많이 개발되어 있다. LED 광원은 충분한 광량과 다양한 파장을 낼 수 있으며, 광질을 조절할 수 있다. 또 열선을 방사하지 않아 근접 조명할 수 있으며 자외선 등 유해 파장의 방사가 없어 식물에 해가 없고 날벌레 등이 유인되지 않는다. 식물 생장에 필요한 파장대의 광만을 사용하기 때문에 기존의 조명보다 효율적이어 전력 소모량이 적다. 또한 다양한 공간에 설치하기 쉽게 제작할 수 있다. 최근 어두운 실내에서 키울 수 있는 LED 조명 전용 분식물 용기제품들이 많이 개발되고 있다(그림 16-22).

그림 16-22. LED 조명을 이용한 분식물

17. 온도

생명활동은 빙점과 단백질의 변성이 일어나는 0~50℃의 범위에서 제한적으로 이루어진다. 식물은 유전적 선택에 의해 이러한 온도 범위에서 적응하였으나 열대 · 아열대 원산인 관엽식물은 빙점 이하는 물론 10℃ 이하에서는 견디기 어려운 것이 대부분이다. 어떤 관엽식물은 짧은 기간 40℃ 정도의 상당한 고온에서 견딜 수 있으나 장기간 노출시에는 양분 생산이 감소된다. 식물에 대한 온도의 역할, 실내공간 식물을 위한 적정 온도, 저온과 고온에서의 식물의 반응, 그리고 실내공간에서의 온도관리에 대해 살펴보자.

17-1. 온도의 역할

온도(溫度, temperature)는 광선이나 수분만큼 식물의 생장에 중요한 영향을 미친다. 온도는 식물의 광합성, 호흡, 증산, 휴면의 유발 및 타파 등에 관여한다(Manaker, 1987).

17-1-1 광합성(photosynthesis)

식물생리적 한계 범위 내에서 광합성은 광선이나 수분과 같은 다른 생육조건이 바뀌지 않는 한 온도가 상승하면 그 작용이 증가한다. 대부분 광합성은 35℃까지는 온도 증가에 따라 증가하나 세포 내용물에 대한 고온의 영향으로 온도가 올라갈수록 광합성율은 감소한다. 대부분의 실내식물들은 23~25℃가 알맞은 온도 범위인데, 광합성은 32~35℃ 정도의 영역에서 정지하고 그 이상 온도가 올라가면 고온에 의해 손상을 입게 된다. 반대로 저온조건에서도 고온의 경우와 마찬가지로 감소된다.

17-1-2 호흡(respiration)

식물의 호흡은 온도가 상승하면 증가하는데 호흡이란 광합성으로 생산한 탄수화물을 소모하는 과정이므로 온도 상승시 광합성도 증가하지만, 호흡에 의해 저장양분의 소모도 많아져 고온조건이 오랫동안 지속되면 식물체가 허약해지는 결과를 초래한다. 서늘한 온도조건 아래에서는 양분의 소모량이 적어지기는 하지만 장기간 저온이 지속되면 광합성에 의한 양분의 생산과 축적량이 적어지고 호흡활동이 약화되어 전반적인 생리활동이 미약해진다.

밤에 온도가 높으면 호흡이 증가하여 양분이 소모된다. 자연에서와 비슷하게 실내 야간의 기온을 주간의 기온보다 5℃ 정도 낮게 유지하는 것이 바람직하다.

17-1-3 증산(transpiration)

식물 잎에서의 증산은 온도와 직접적인 관계가 있다. 낮에는 기공이 열리고 기공을 통해 광합성과 호흡을 위한 가스 교환이 일어나며 이때 열린 기공을 통해 식물체 내부의 수분이 기화되는 증산이 일어난다. 증산은 고온 저습 조건에서 매우 빠르게 나타나는데 과다한 증산으로 인해 수분이 부족하면 식물체가 시들게 되며 시드는 정도가 지나치면 관상가치를 상실하거나 고사한다.

온도가 올라가면 공기가 팽창하여 상대적으로 대기 중 습도는 떨어지고 증산작용은 가속된다. 뿌리에서 흡수하는 양 이상의 수분이 증산되면 잎의 기공이 닫히면서 동시에 공기의 흡입도 차단되어 광합성이 곤란해진다.

17-1-4 휴면 타파

온대산 식물은 가을에 대부분 낙엽이 지고 겨울에 휴면을 한다. 추운 겨울이 지나고 봄이 오면 휴면이 타파된다. 온대산 나무를 겨울에 따뜻한 실내공간에 배치하여도 휴면을 하는데 일정기간의 저온처리를 받을 때까지(보통 4.5℃) 휴면이 타파되지 않아 활력있게 생장하지 못한다. 휴면은 열대 실내식물에서는 고려하지 않아도 된다.

17-1-5 단백질 합성

단백질 합성은 저온에서 감소하고 온도가 올라갈수록 증가하지만 지나친 고온에 이르면 단백질의 입체구조가 파괴되면서 효소의 활성이 감소되어 생리작용의 활성도 감소한다.

17-2. 실내공간 온도에 따른 식물의 반응

17-2-1 적정 온도

관엽식물을 중심으로 다양한 특성을 가진 실내용 식물은 종이 매우 많아 일률적으로 생육적온을 말하기는 어려운데 각종 식물의 생육에 알맞은 온도는 원산지 기온이다. 열대와 아열대지방은 대부분 최저 기온이 20℃ 이하로 내려가지 않으며 연교차는 5℃ 이내로 낮은 더우나 밤은 서늘하다(이영무, 1995). 이 지역에 속하는 마닐라, 자카르타의 연평균 기온은 25℃이며 연교차는 5℃ 이내이다.

이러한 관엽식물을 우리나라의 농원에서 생산할 때 온도는 낮 32℃, 밤 21℃가 좋다고 하는데 대부분 관엽식물은 13~32℃에서 잘 견디고 18~27℃에서 생육이 좋다고 한다. 그런데 이러한 온도 범위는 사람을 위한 실내공간에도 적합한 온도다.

실내공간은 냉난방장치로 사람이 쾌적하다고 느끼는 온도 범위인 20~22℃를 유지시키려 하는데 관리자의 실내온도 유지관리 계획에 따라 달라진다(그림 17-1).

모든 건물은 실내환경을 사람의 쾌적 범위에 맞추려고 하지만 그래도 여름에는 덥고 겨울에는 추워진다. 대형 사무용 건물이나 호텔은 대부분 연중 20~22℃를 유지하지만 사람이 생활하는 실내온도를 평균 18~24℃로 유지해주면 실내식물의 생육도 가능하다(Manaker, 1987). 즉, 사람의 쾌적한 온도와 열대성 실내식물의 생육 온도는 비슷하여 사람이 불편을 느끼는 온도이면 식물도 불편하다

그림 17-1. 열대 · 아열대 실내식물의 원산지, 생산농원, 그리고 실내공간에서의 온도

고 생각하면 되므로 식물의 온도관리는 쉬운 편이다.

적정 실내온도 범위 내에서 낮보다 밤에 온도를 약간 낮추면 좋은데 이것은 자연에서와 마찬가지로 밤 온도가 낮아지면서 식물의 호흡작용을 감소시켜 탄수화물의 소모를 줄일 수 있다. 밤에 내리는 온도의 폭은 5℃ 정도가 알맞다.

17-2-2 저온

(1) 열대 · 아열대 원산의 관엽식물

실내에서 이용되는 조란, 엽란, 팔손이, 잉글리쉬 아이비, 필레아(*Pilea cadierei*), 돈나무, 나한송, 바위취, 아라우카리아 등과 같이 원산지 특성에 따라 실내 저온에 잘 견디는 종류도 있으나 대부분 열대 · 아열대의 관엽식물은 10℃ 이하의 저온에서 해를 입는다(김승덕 외, 2011). 10℃ 이하의 저온조건에서는 생리활동이 위축되어 황화현상이 나타나거나 푸른잎 상태에서 낙엽이 지는 경우도 있다. 5℃ 이하의 지나친 저온조건이 되면 잎의 조직이 괴사하여 갈색 반점이 나타나고 잎자루나 어린 줄기의 굽음, 잎말림, 생장 저하, 생장 정지, 잎의 변색, 낙엽, 식물의 고사 등의 증상이 나타난다(그림 17-2).

스킨답서스와 마란타, 아펠란드라, 필레아의 4가지 식물에 대한 저온 피해 실험에 의하면 식물의 종류에 따라 표 17-1에서와 같이 특징적인 증상이 나타났다. 또 스킨답서스(*Epipremnum*)와 마란타(*Maranta*)를 4.5℃의 저온에 처리하기 전에 9, 18, 27일 동안 16℃에서 전처리를 한 후에는 식물을 고사시키는 4.5℃의 저온에 대한 내성이 생겼다.

저온 피해는 세포막 안의 화학적 변화의 결과로 적정 온도보다 낮은 온도가 미치는 일차적 영향은 물질대사 속도의 감소로 인한 생장 속도의 감소이다. 저온은 모든 물질대사와 생리적 과정을 교란하기 때문에 저온에 의한 피해를 이해하기 위해서는 상당히 복잡한 내용을 이해해야 한다.

트리쵸스(*Aeschynanthus pulcher*), 아글라오네마(*Aglaonema x* 'Silver Queen'), 칼라디움(*Caladium x hortulanum*), 디펜바키아(*Dieffenbachia maculata*), 드라세나(*Dracaena fragrans* 'Massangeana'), 드라세나(*Dracaena reflexa*), 에피시아(*Episcia cupreata*), 피토니아(*Fittonia verschaffeltii*), 마란타(*Maranta leuconeura erythroneura*), 폴리시아스(*Polyscias fruticosa*)는 짧은 기간이라도 2~10℃에 노출되면 저온해를 입는 것으로 알려져 있다(Manaker, 1987). 그러나 점차적으로 온도를 감소시키면 급속한 화학적 변화를 방지하고 식물은 순화되어 손상이 감소된다. 저온에 미리 순화시키거나 겨울이 올 때 자연스럽게 조금씩 온도가 낮아지면 생육적온보다 온도가 낮아도 견딜 수 있도록 적응하는 식물이 많다.

1. 잎이 말림(12월 24일)
2. 잎이 늘어지고 황화됨 (12월 31일)
3. 잎 대부분이 갈변하여 시듦 (1월 13일)
4. 황화된 잎이 검은색으로 괴사함(2월 24일)

겨울 야간에 난방이 되지 않는 창가에 배치된 레몬 라임 필로덴드론

베고니아의 잎이 말림
부겐빌레아의 잎이 처짐
부겐빌레아 잎이 푸른 상태로 낙엽
자트로파 잎이 시들어 처짐

아글아오네마의 새잎이 쭈그러진 상태로 펼쳐짐
필로덴드론 옥시카르디움의 잎이 시들어 처짐
금전수 잎의 괴사
아프리칸 바이올렛의 잎이 말림

그림 17-2. 여러 실내 분식물들의 저온 피해

(2) 온대식물

저광 상온인 실내공간의 환경적 특성 때문에 이용되는 열대 · 아열대 실내식물은 대체적으로 열

표 17-1. 밤에 4.5℃에 2, 4, 6, 8일 둔 후 적온에서 2주 후 스킨답서스, 마란타, 아펠란드라에 나타난 저온해 (McWilliams와 Smith, 1978)

스킨답서스 (*Scindapsus pictus*)	4.5℃에서 4일 동안 저온처리 후 그 후 좋은 환경에 두어도 잎이 수침상과 함께 회색에서 검은빛을 띠고 1주일 안에 괴저되었다.	
마란타 (*Maranta leuconeura*)	4.5℃에서 6~8일 동안 저온처리 후 1주일 후에 위조와 잎의 괴저가 나타났고 8주 후 고사했다.	
아펠란드라 (*Aphelandra squarrosa*)	4.5℃에서 4일 동안 저온처리 후 1일 이내에 잎이 축 늘어졌다. 잎 끝과 엽맥조직은 2일 후 괴저되었다. 4.5℃에서 6~8일 동안 저온처리 후 탈리현상이 일어났다. 식물이 고사하지는 않았다.	
필레아 (*Pilea cadierei*)	저온에 의한 피해를 입지 않았다.	

대 분위기를 조성하는 경우가 많다. 그래서 디자이너들은 이러한 분위기를 바꾸고자 실내에 온대식물을 도입하는데 밝은 실내환경이라도 겨울 온도 때문에 문제가 되는 부분이 있다.

온대식물은 봄에 싹이 터 자라고 꽃을 피우며 겨울에 휴면(休眠, dormancy)에 들어가는 생활사를 반복하므로 겨울의 저온을 겪어야 이듬해 봄에 정상적으로 싹이 트고 꽃이 핀다. 즉, 온대지방 식물들은 꽃눈의 분화와 개화에 온도의 영향을 받는다. 이러한 저온과 관련된 현상을 춘화현상(春花現象, vernalization)이라 하는데 식물의 종류에 따라 저온처리를 요구하는 온도와 기간은 다르다. 대부분의 온대식물은 겨울 휴면시 영하의 온도를 겪어야 하는데 사람이 생활하는 실내공간에 이런 온도를 조성할 수는 없다. 그래서 겨울 1월 평균 기온이 영상인 따뜻한 남해안이나 제주도가 자생지인 난대목본식물을 실내로 도입한다. 실내에 도입되는 난대 목본식물은 동백, 후피향나무, 굴거리나무, 호랑가시나무, 후박나무, 측백나무, 향나무, 까마귀쪽나무, 대나무, 팔손이, 백량금, 산호수, 자금우, 식나무, 돈나무 등의 상록활엽수이다(이종석과 오혜원, 2002).

그러나 이런 식물들도 광선을 충분히 받는다 해도 실내 도입 후 자연에서처럼 충분한 저온을 겪지 못하기 때문에 종류에 따라 가지가 도장(徒長)하고 잎을 잃고 수세가 서서히 약화되면서 관상가치를 상실해 교체되거나 폐기되는 것들이 있다.

뉴욕의 포드재단빌딩 실내정원에 심어졌던 태산목은 21℃의 상온에서 17년을 생존하였을 정도로 난대 목본식물도 상온에 적응하여 상당기간 생존하고 식나무나 팔손이처럼 적응에 아무 문제가 없는 종류도 있다. 난대성 목본식물을 실내에서 생육시키려면 겨울철 온도를 10℃ 이하로 낮추어야 하는데 사람들이 사는 실내공간에서 이 온도를 유지하기는 어렵다. 그래서 사람들의 생활공간과 어느 정도 분리되어 있는 교보빌딩 아트리움과 같은 건물부착형 온실이라면 가능하다. 수목원의 난대식물 온실에는 겨울에 최저 10℃를 유지하면서 가끔 10일 정도는 4℃까지 낮춘다고 한다(이영무, 1995).

난대성 목본식물 외 추식구근식물인 수선화, 히야신스, 튤립, 무스카리 등은 개화를 위해 겨울 저온을 겪어야 하는데 실내에서 직접 겨울을 겪지 못한다면 5℃ 이하의 저온에서 20일 이상 처리해주어야 한다. 따뜻한 실내에 계속 있으면 정상적으로 좋은 꽃을 피우질 못하기 때문이다.

17-2-3 고온

30℃ 이상의 높은 온도는 식물체에 과도한 증산을 일으켜 조직의 위조와 건조를 일으키며 또 호흡을 증가시켜 저장양분을 소모시킨다. 40℃ 이상의 고온조건에서 온도가 빠르게 올라가면 단백질의 응고가 일어나 원형질 구조가 파괴되고, 온도가 천천히 올라가면 단백질이 분해되어 식물체 내에서 독성 암모니아가스가 배출되어 식물이 고사하는 피해증상이 일어난다(Manaker, 1987). 잎의 무늬가 아름다운 식물은 색이 퇴색하거나 꽃색이 흐려진다. 특히 실내의 낮은 광도하에서 온도가 높을 경우 생장이 촉진되어 식물은 가늘고 길어진다. 어떤 식물들은 짧은 기간 동안 고온에 있을 경우에 저항성을 갖기도 한다.

이러한 고온에서의 증상은 단백질과 관련이 있다. 주요한 기능을 하는 단백질은 정확한 입체구조가 유지될 때 생리작용이 활발한데 온도 상승은 분자의 열운동을 촉진하여 효소반응 속도를 증가시키지만 고온에 이르면 단백질의 입체구조가 파괴되어 효소 활성이 감소되고 생리작용의 활성도 감소한다. 35℃까지는 수분 공급만 충분하면 잘 견디나 호흡 때문에 양분 소모가 크다.

최적 온도 범위에서 분자들의 운동 증가에 따른 효소반응 속도의 증가와 효소의 입체구조 파괴는 상쇄되어 효소반응 속도는 적절하게 유지된다.

17-3. 온도관리

실내공간에서 관엽식물은 사람이 필요로 하는 쾌적한 온도인 18~24℃에서 대부분 생육이 좋으므로 식물을 위한 온도는 사람이 느끼는 온도에 따라 조정하면 관리하기 편리하다. 그러나 실내는 가끔 비정상적인 상황이 발생하여 적정 온도가 바뀌는 일이 있다.

17-3-1 고온 피해를 막기 위한 관리

식물이 실내에서 고온으로 피해를 입는 경우는 저온에 비해 많지 않다. 직사일광이 강한 남향 창가에 배치된 식물이나 겨울 난방기 옆에 배치된 식물이 고온해를 받을 수 있는데 이것은 조금만 주의하면 해결할 수 있는 문제이다. 대부분 고온해는 실내용 관엽식물을 구입 후 현관 앞과 같은 실외에 배치하여 여름의 강한 직사일광하에 놓이도록 해 잎이 타기 때문에 생긴다. 이것은 관엽식물의 특성을 잘 이해하지 못하거나 적절한 공간이 없어 잘못 배치하기 때문이다.

관엽식물은 원산지에서 어두운 밀림에서 자라는 식물이 많지만 직사일광에서도 잘 자란다. 그러나 실외보다 저광이고 다습한 한국의 농원에서 생산한 식물을 구입 후 바로 실외에 배치하거나 매우 어두운 실내에 적응되어 있던 식물을 바로 여름의 강한 직사일광에 두면 고온해를 입는다. 특히 충분한 물을 공급하지 않았을 경우에 그 피해는 더욱 크다.

광합성작용의 증가가 정지되는 35℃를 넘지 않도록 해야 하며 분식물을 난방기나 온풍기 송풍구 부근에 배치하지 않는다. 또 여름에는 직사일광이 들어오는 창가나 실외에 배치하지 않도록 한다.

17-3-2 저온 피해를 막기 위한 관리

겨울의 실내공간에는 저온에 노출되어 해를 입는 관엽식물이 많다. 겨울철에 난방장치가 고장나는 경우도 있지만 대부분 건물은 야간이나 주말 또는 휴가철에 난방을 중지하여 온도가 급격히 떨어지기 때문이다. 난방을 해도 창가나 출입문 가까이에 배치된 분식물은 차가운 공기나 외풍에 저온해를 입는다. 또 여름철에도 에어컨 송풍구 앞에 위치한 분식물이 저온해를 입는 경우도 있다.

여러 종류의 분식물이 같이 배치되어 있다면 겨울 실내공간의 온도는 10℃ 이하로 내려가지 않도록 해야 하고, 저온에 내성이 강한 몇몇 관엽식물도 0℃ 이하로 떨어지면 동해를 입는다. 겨울 온도를 10℃ 이상 유지하지 못한다면 열대성 관엽식물보다는 팔손이, 엽란, 후피향나무, 나한송, 돈나무 등의 난대식물을 배치하는 것이 유리하다.

겨울에는 창가나 출입문 부근에 분식물을 배치할 때 주의한다. 왜냐하면 한번의 한파로 식물이 해를 입거나 죽기 때문이다. 분식물이 배치된 실내 여러 장소에는 온도계를 설치하여 수시로 관찰한다. 난방비가 많이 드는 겨울에는 분식물을 치우고 봄에 다시 구입하는 것이 낫다고 생각하는 사람도 있으나 겨울에 분식물이 없으면 실내공간이 너무 삭막해질 수 있으니 어떤 것이 나을지 고려해 보아야 한다.

실내식물은 고온해보다 저온해나 동해를 입는 경우가 더 많으므로 식물의 최소생존온도에 대한 자료를 참고하여 분식물을 배치하거나 실내정원 조성 계획시 겨울 난방과 관련된 온도 유지 상황을 체크하여 식물을 선정한다.

18. 수분

강우가 없는 실내에서 분식물을 유지하기 위한 지속적이며 중요한 관리는 관수이다. 디자이너 또는 이용자들은 분식물이 물을 필요로 할 때를 잘 파악하여 적시에 관수해야 하는데 대부분 사람들은 언제 어떻게 관수해야 하는지 잘 모르고 있다. 실내에서 적절한 광도조건에 있는 분식물을 잘 관리하지 못하는 이유 대부분은 부적절한 관수이며, 이로 인해 식물은 생육상태가 나빠지고 관상가치를 잃으며 심한 경우 죽게 된다.

수분(水分, water)은 광선, 온도와 더불어 식물의 성장에 필수요소이다. 식물은 전체 무게의 85%가 물로 이루어져 있다. 뿌리가 흡수한 물은 원형질의 주성분이 되며 광합성작용의 원료가 된다. 식물에 필요한 광물질 대부분은 토양 수분에 용해되어 식물 내부로 흡수되고, 광합성 산물 또한 물에 용해되어 잎에서 생장점과 뿌리로 이동한다. 물은 팽압으로 부드러운 조직에 형태와 견고함을 주어 잎을 활짝 펴게 하는데 이것이 없으면 목질부가 아닌 부분은 축 늘어진다. 흡수한 물이 식물의 직접적인 구성 성분이 되는 것은 일부분이고 대부분은 증산작용에 의해 잎을 통해 공기 중으로 증발한다. 증산작용의 역할은 토양에서 뿌리를 통해 흡수한 광물질을 잎까지 전달한 후 증발하는 것인데 흡수한 물의 95%까지 증산된다. 증산은 식물의 온도를 조절하며 공기를 가습시켜 준다.

이 장에서는 실내에서 이용되는 다양한 특성의 실내식물에 필요한 수분의 필요량, 수질, 관수시기, 관수방법을 살펴보면서 분식물 디자이너가 적절한 관수요령을 이해하여 좋은 디자인과 이용자들을 위한 좋은 관수방법을 제시할 수 있도록 한다.

18-1. 수분의 필요량

분식물을 구매하는 사람 대부분은 판매자에게 며칠에 한 번씩 물을 주느냐고 물어본다. 그러나 식물이 어느 정도의 수분을 필요로 하는지는 구매자의 실내 상황에 따라 여러 요인이 작용하므로 분식물 디자이너가 미리 정확한 대답을 해주기는 어렵다.

관수시기에 영향을 미치는 요인은 광선, 온도, 습도, 식물의 종류, 나이, 크기, 플랜터의 부피, 토양

성분, 성장기와 휴면기 등이다(그림 18-1). 광선이 증가하면 광합성작용이 활발해지고 더 많은 물이 필요하게 된다. 온도가 높은 실내공간의 식물은 온도가 낮은 곳보다 수분을 많이 요구하며, 습도가 낮을 경우도 증산작용이 증가하여 수분을 더 요구하게 된다. 식물의 종류에 따른 수분요구도는 차이가 현저하여 다육식물은 넓은 잎을 가진 쉐플레라나 필로덴드론보다 요구량이 적다. 동일한 종류라도 나이가 많고 크기가 큰 식물은 당연히 수분요구도가 높고, 큰 플랜터에 심어진 식물은 플랜터의 토양이 많아 수분보유량이 커서 덜 주어도 된다. 특히 토양은 그 구성 성분에 따라 수분함유량에 차이가 있어 입자가 굵은 토양이 많이 섞인 토양은 피트모스나 부엽토 등과 같이 유기성분이 섞인 토양보다 빨리 마른다. 원산지가 대부분 열대나 아열대지방인 실내식물들에게는 여름이 성장기이고 겨울이 휴면기이다. 그러므로 겨울에는 물을 덜 주어야 한다(Manaker, 1987).

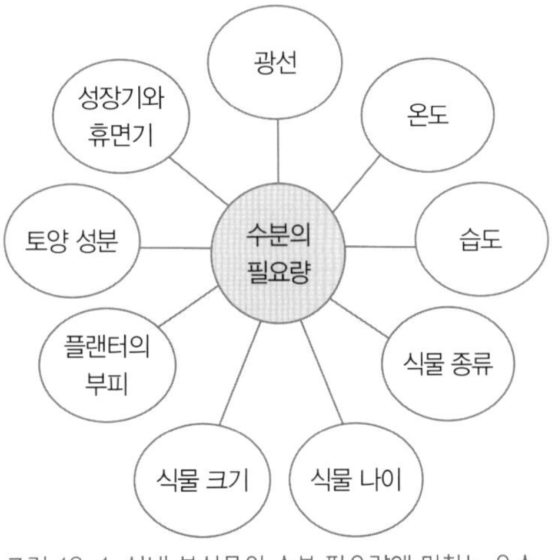

그림 18-1. 실내 분식물의 수분 필요량에 미치는 요소

이러한 여러 가지 요인 중에서 수분의 필요량을 가장 직접적으로 결정하는 것은 광선이다. 광선이 증가하면 광합성을 비롯한 생장활동이 활발해지고 이에 비례하여 물의 소모량이 증가한다. 반대로 광선이 줄어들면 생장활동이 저하되어 수분을 덜 필요하게 된다. 대부분의 식물이 실내공간에 식재될 때는 생산지보다 광도가 떨어지며 빛이 감소한 만큼 수분도 줄여야 한다. 광선의 부족을 충분한 관수로 보상하려는 비전문 관리인에 의해 많은 식물이 죽게 되며, 실내식물이 교체되는 원인의 90%는 수분의 부족이 아니라 수분의 과잉공급인 점을 유의할 필요가 있다(그림 18-2).

식물의 활동이 저하된 상태에서 물을 너무 많이 주면 뿌리털이 질식하게 된다. 벤자민고무나무에

그림 18-2. 과다관수로 뿌리가 상한 베고니아(좌)와 하엽부터 시들고 누렇게 변한 반엽고무나무(우)

물을 과다하게 주면 건강한 잎이 떨어질 경우가 있는데 이는 뿌리가 질식했다는 증거이다. 특히 생육이 활발하지 않은 겨울에는 물을 적게 주어야 한다.

실내에서는 전반적으로 수분요구도가 줄지만 식물의 종류에 따라 요구량에 차이를 보이는데 수분요구도가 다른 식물들을 시각적인 효과만으로 혼식하면 필요한 수분량을 공급하기 곤란해진다. 여러 종류의 식물을 혼식할 때는 수분 외에 광도와 온도를 함께 고려해야 하는데 비슷한 특성의 식물들끼리 식재하지 않으면 관리하기 어렵다. 대부분 실내식물은 중간 정도의 광요구도와 수분요구도를 가지므로 연중 20~22℃의 온도를 유지하는 호텔과 같은 공간에서는 식물 선정이 간단하다. 식물을 선정할 때는 이러한 식물 생리적 요인 외에 미적인 요인과 기능적인 요인까지 고려해야 하기 때문에 디자이너의 식물 선정작업은 쉬운 일은 아니다.

18-2. 수질

실내에서 분식물에 관수하는 수원(水原)은 상수도와 지하수이다. 외국에는 상수도나 지하수의 경도(硬度)가 높아 빗물을 저장하여 사용하기도 하는데, 우리나라는 대규모 건물의 옥상에 집수시설을 하기가 쉽지 않고 도시에는 대기오염으로 pH가 낮은 산성비가 오며 또 강수시기가 여름에 편중되어 있어 별로 이용하지는 않는다.

식물 관수 용수의 수질을 점검할 때 고려해야 할 사항의 하나는 물의 경도이다. 물속에 칼슘(Ca)과 마그네슘(Mg)이 많이 용해되어 있어 마시기에 적합하지 않고 비누가 잘 풀리지 않는 물을 경수(硬水)라 하고 그 반대를 연수(軟水)라 한다. 관수용으로 쓰는 물은 칼슘이나 마그네슘의 수중 농도가 500ppm을 넘지 않아야 한다. 농도가 그 이상을 넘으면 수분이 증산하고 난 다음에 잔류한 칼슘과 마그네슘이 잎 표면에 흰 막을 형성하여 광선을 차단하고 미관상으로도 아름답지 못한 식물이 된다. 또한 토양 표면과 화분의 테두리에도 흰 결정체로 응고해 쌓인다. 이렇게 쌓인 칼슘과 마그네슘 염분을 제거하기 위해 식물과 토양을 연수로 세척하는데 배수구가 없는 용기의 분식물이나 배수구가 있더라도 실내공간에서는 세척해 내기 어렵다.

물속에 용해되어 있는 칼슘과 마그네슘은 알칼리성이므로 장기간 관수하면 토양의 pH가 올라가 염기 토양이 된다. 이것은 식물에게 산성 토양과 마찬가지로 불리하게 작용하는데 그 이유는 토양 속에 있는 질소(N), 인산(P), 칼륨(K)과 철(Fe), 망간(Mn), 브롬(B), 구리(Cu), 아연(Zn), 몰리브데넘(Mo) 등의 요소가 pH 6 부근의 약산성에서 공통적으로 잘 흡수되기 때문이다. 그러므로 관수하는 물의 성질은 pH 6 정도의 연수가 바람직하다.

우리나라의 상수도는 칼슘과 마그네슘 등 염류의 농도를 300ppm 이하로 규제하고 있으므로 식물용 관수 수질의 한계치인 500ppm 이하이다. pH도 허용범위를 5.8~8.5로 규정하고 있으므로 pH 6의 이상치가 못되더라도 강산성과 강염기성에서 오는 문제는 없다. 우리나라의 상수도는 음용하므로 식물에 관수해도 해가 되지 않는다. 지하수를 양수하여 식물관수용으로 사용할 경우 물의 사용량이 많은 대규모 건물에서는 상수도 비용을 절약할 수 있으나 물의 경도 및 pH는 건물이 위치하는 지방에 따라 다르므로 수질검사를 해야 한다. 특히 대도시의 지하수는 지면으로부터 유해물질이 침투하여 오염된 경우가 많으므로 더욱 그러하다.

이러한 경도 문제 외에 식물관수용 수질과 관련하여 유의할 사항은 상수도의 물에 투입하는 화학물질이다. 천연수를 수돗물로 생산하는 과정에서 유해한 미생물을 살균하기 위해 염소(Cl)를 투입하는데 염소의 농도가 높으면 식물이 상하게 된다. 도시의 식수 정수제로 사용되는 염소는 식물체에 피해를 입힐 만큼의 많은 양이 존재하지 않으며 24시간 동안 물을 받아 공기에 노출시키면 염소를 제거할 수 있다. 그러나 대규모의 실내수영장에 실내식물이 있을 경우 공기 중에 축적된 염소가스가 식물을 죽일 수 있다. 대형 실내수영장 주변에 조성한 실내정원의 식물이 살균용 염소가스에 의해 손상되는 것을 볼 수 있다. 이럴 때는 기화한 염소가스가 실내에 집적되지 않도록 충분히 환기를 시켜야 한다.

염소 외에 상수도에 투입하는 화학물질은 불소(F)이다. 불소는 외국에서뿐만 아니라 한국에도 지역에 따라 음용자의 치아보호를 목적으로 투입하는데, 이 물로 관수해도 식물에 큰 문제가 없을 정도의 불소량이 함유되어 있지만 식물의 종류에 따라 불소에 민감한 식물은 잎끝이 상한다. 그 지역의 수돗물에 불소가 투여되는지 체크하고 불소에 민감한 식물을 파악하고 있는 것이 좋다('19. 공기' 참고).

관수하는 물의 온도가 너무 차가우면 잎이 상하는 식물이 있다. 찬물이 내려가 토양 속의 뿌리를 손상시키기도 하지만 살수할 때의 차가움으로 잎이 직접 피해를 입는다. 필로덴드론, 싱고니움 등은 찬물에 닿으면 잎조직이 파괴되어 흰 반점(斑點)이 생기고, 아프리칸 바이올렛은 잎에 찬물이 닿으면 반점이 생기거나 시든다. 대부분의 열대성 실내식물에 관수하는 물의 온도는 미지근한 것이 좋으며 20~22℃ 정도의 실내온도 정도이면 안전하다. 우리나라와 같이 겨울이 추운 기후에서는 한겨울의 수돗물 온도가 5℃까지 내려가므로 주의한다. 온수와 냉수를 혼합하여 12℃를 넘도록 하지만 24℃ 이상으로 더운물을 주는 것은 바람직하지 않다. 우리나라의 지중온도는 지하 5m에서 15℃이므로 겨울 지하수는 상수도보다 따뜻한 편이다.

18-3. 관수시기

실내식물이 죽는 원인의 90%가 과잉관수로 인한 뿌리의 질식에 기인하는 만큼 관수시기를 판단하는 것은 대단히 중요하다. 언제 실내 분식물에 물을 주어야 하느냐를 판단하는 데는 여러 가지 방법이 있고, 어느 한 가지가 최상의 방법이라고 말할 수는 없다. 식물을 많이 키워 본 전문가나 경험자들은 식물의 외관을 보기만 해도 관수시기를 알 수 있으나 초보자들은 토양의 수분 함량을 관찰하거나 만져보는 것이 쉬운 편이다(그림 18-3).

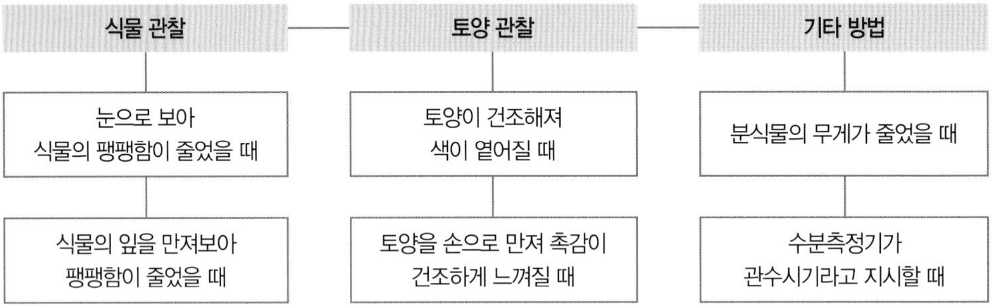

그림 18-3. 관수시기 판단방법

일반적으로 토양이 마르면 밝은색을 띠는데 이때는 관수가 필요한 시기라고 봐도 된다. 그러나 토양의 표면만 마르고 하부에는 물이 남아있을 수 있으므로 손가락을 집어넣어 보는 것이 좀 더 정확하다. 손가락 끝에 토양이 묻어 나오면 수분이 아직 남아 있다. 토심이 깊은 대형 플랜터의 경우는 막대기로 15cm 정도 쑤셔 보아 토양이 묻어 나오는가를 확인해야 한다(그림 18-4). 토양 내부에 수분이 잔존하면서 표면만 말라 옅은 색을 띠는 경우 과잉관수를 예방하는 한 가지 방법이다.

실내 분식물의 생장을 관찰하며 오랜 시간을 같이 지내다 보면 잎을 보기만 해도 관수시기를 알 수 있으나 좀 더 정확하게 파악하기 위해 잎을 만져보면 쉽게 알 수 있다. 식물이 수분 공급을 충분히 받고 기타 여건도 양호하여 건강한 상태이면 잎의 촉감이 팽팽함을 알 수 있다. 목질부를 제외한 식물의 기관은 팽압으로 그 형체를 유지하는데 잎은 팽압의 영향이 뚜렷하다. 수분이 부족하면 팽압이 떨어져 잎과 줄기는 힘을 잃고 늘어진다. 토양이 완전히 말라 식물이 축 늘어진 모습을 볼 수 있는데, 이 정도 상태가 되면 누구나 식물에 수분이 필요하다는 것을 알 수 있지만 이 정도일 경우에는 물을 주어도 회복되지 않을 수도 있다.

그림 18-4. 토양 내부의 수분량을 체크하기 위한 토양 막대(New Pro Containers 제품)와 관수시기 측정기

잎의 팽팽함이 달라지는 것을 파악하는데는 경험을 필요로 하지만 곧 익숙해진다. 잎을 만져보아 팽팽함이 사라졌을 때 관수하는 방법은 가장 간단한 방법이 된다. 그러나 이때 주의해야 할 점은 수분 부족 외의 다른 요인에 의해서도 잎이 시들어 늘어질 수 있다는 점이다.

물을 너무 많이 주어 뿌리가 상해 흡수가 어려워 잎이 늘어진 것을 팽압의 손실로 오인하고 관수를 계속하면 식물에게는 치명적이 된다. 토양 속 염류의 농도가 높아도 수분흡수를 방해받아 팽압이 낮아질 수 있다. 이럴 경우 토양의 색깔을 관찰하여 물을 잘못 주는 실수를 막아야 한다. 팽압을 잃은 식물에 관수를 충분히 해도 잎의 팽팽함을 회복하지 못하는 경우에는 물주는 것을 중단하고 수분 이외의 다른 요인을 조사해야 한다. 뿌리가 선충(蟬蟲, nematode)에 감염된 식물은 수분흡수가 저해되어 팽압을 상실하게 되는데 처방된 작물보호제를 투여해도 치료되지 않는 경우가 빈번하고 이럴 때에는 식물을 폐기처분해야 한다. 그 외 저온해를 받은 식물도 시드는 증상을 보인다.

소형 분식물은 들어서 무게를 느껴보면 토양이 마른 것을 알 수 있으며, 기기를 사용하여 토양의 수분함유량을 쉽게 알 수도 있다. 수분계는 그림 18-4에서 보는 바와 같이 토양에 꽂는 금속의 감지 막대와 계기판으로 구성되어 있다. 막대를 토양에 꽂으면 수분함유량에 따라 바늘이 1과 10 사이를 움직이게 되는 것과 관수시기가 표시가 되는 것 등 다양한 종류가 있다. 예를 들면 선인장은 바늘이 1을 가리킬 때 관수하고 벤자민고무나무는 4일 때 한다는 등의 방식이다. 이용할 수 있는 식물의 종류가 제한되어 있는 경우가 많고 이런 종류의 계기가 실제 물의 함유량보다 높은 수치를 가리키는 경향도 있다. 반복해서 사용하다 보면 정확한 용법을 습득할 수 있다.

실내식물은 자생지의 강우량에 따라 수분요구도를 고 · 중 · 저의 3군으로 나누어 볼 수 있는데, 이 3군의 식물에 관수할 때는 똑같이 흠뻑 주어야 하지만 다음 번 관수시까지의 간격 또는 관수 빈도를 달리한다. 수분요구도가 높은 식물군은 물을 흠뻑 준 후 토양이 마르는 일이 없도록 항상 축축

그림 18-5. 식물은 시들기 전에 관수해야 하지만 관수가 늦어질수록 강건하고 건조에 대한 내성이 길러진다. 관수를 자주 할수록 아름답게 자라지만 약해지고, 너무 자주 하면 배수가 잘 안 될 경우 뿌리가 피해를 입을 수 있다(권계정 외, 2015)

2회/1주 1회/1주 1회/2주 2회/1주 1회/1주 1회/2주

그림 18-6. 관수 주기에 의한 스파티필름(좌)과 디펜바키아(우)의 생육 차이(5월에서 9월까지 4개월 후)(권계정 외, 2015)

관수날짜와 화분	1	2	3	4	5
09. 17	0	0	0	0	0
09. 22	×	0	0	0	0
09. 30	×	×	0	0	0
10. 05	×	×	×	0	0
10. 12	×	×	×	×	0
10. 22	0	0	0	0	0

그림 18-7. 전체 관수(9. 17) 후 다음 번 관수시(9. 22, 9. 30, 10. 5, 10. 12) 화분 1부터 관수를 빠트리고(×) 10. 22 전체 관수한 알로카시아의 관수(O)에 따른 생육 반응

하게 유지하고, 수분요구도가 중간의 식물군은 물을 흠뻑 준 후 토양이 말라서 색이 옅어지면 다시 관수한다. 수분요구도가 낮은 식물군은 물을 흠뻑 준 후 토양이 말라서 색이 옅어져도 시들지 않으면 가능한 늦게 물을 주도록 한다. 그러나 이것은 식물을 3군으로 나눌 경우 전체적인 설명이고 개개 식물을 관찰하여 관수해야 한다.

식물은 시들기 전에 관수해야 하지만 관수가 늦어질수록 강건하고 건조에 대한 내성이 길러진다. 관수를 자주 할수록 아름답게 자라지만 약해지고, 너무 자주 하면 배수가 잘 안 될 경우 뿌리가 피해를 입을 수 있다(그림 18-5, 6, 7). 농원에서는 비교적 관수를 충분히 자주 하여 식물을 아름답게 빨리 키우지만 실내에서는 빛이 부족한 이유뿐 아니라 관수 빈도를 줄여 강하게 키우는 것도 한 가지 관리방법이다. 식물을 어떻게 키울 것인가에 따라 관리자가 관수 빈도를 선택한다.

18-4. 관수방법

물을 주어야 하는 시기를 판단하는데 익숙해진 후에는 관수방식을 고려해야 한다. 사람들이 관수시 가장 많은 오류를 범하는 것은 물을 조금씩 빈번하게 주는 것이다. 이렇게 관수하면 수분은 토양의 상층부만 적시고 뿌리 하부까지 도달하지 못해 수분 부족현상을 일으킨다. 또 물이 토양에 고르게 스며들지 않아 뿌리의 생육이 고르지 않게 되며 이로 인해 지상부의 생육도 고르지 않아 식물의 관상가치가 떨어지게 된다. 가장 바람직한 관수방식은 토양 전체가 물에 젖도록 흠뻑 주어 뿌리가 토양 내 고르게 자랄 수 있도록 하는 것이다. 물은 중력에 의해 아래로 내려가므로 토양 표면에 고르게 뿌려 토양 하부의 배수구에서 잉여수분이 나올 때까지 주도록 한다.

배수구가 없는 용기는 충분히 물을 줄 수 없으므로 관수관리가 어렵다. 건물에 부착된 플랜터의 경우는 배수구를 볼 수 없으므로 잉여수분의 배수가 보장되는 토양을 이용하고 배수를 도우는 배수판을 사용하는 것이 중요하다.

배수가 잘 되도록 하기 위해 많은 토양 배합공식이 제시되어 있는데 기본적으로는 토양 내의 소공극인 모세관공극에 필요한 만큼의 수분을 잡아두고 잉여수분은 대공극인 비모세관공극을 통해 아래로 배수시키는 토양으로 조제하는 것이다. 토양 내의 공간구성은 토양입자 50%, 모세관공극 25%, 비모세관공극 25%인 토양이 이상적이다. 잘 조제된 토양에는 관수시 뿌리가 필요로 하는 공기가 충분히 흡입된다. 배수가 원활한 토양이 아니면 관수과정에서 공기가 있어야 할 공극에 수분이 들어차 뿌리 질식이 일어날 수 있다. 이렇게 관수와 토양은 밀접한 관계를 가지고 있다. 식물이 시들지 않는 한 다음 번 관수까지 건조한 상태를 유지하면 토양 내 공기 함량을 높게 만들어 식물이 건강하게 자랄 수 있다.

배수구에서 물받침으로 흘러나온 물은 용기 속으로 재흡수되지 않도록 물받침 위로 용기가 약간 떨어져 있도록 하는 것이 좋다. 배수구가 없는 분은 관수시 배수층 위까지 물이 고이지 않도록 조금씩 주어야 하는데, 만약 물을 많이 주게 되었을 경우 큰 용기는 토양에 묻어 둔 PVC 관을 통해 고인 물을 펌프로 뽑아내고 작은 용기는 기울여서 물을 흘려낸다.

직접 보면서 관수하는 수동관수 방식과 자동관수 방식, 그리고 저면관수 방식과 수경방식을 살펴보자.

18-4-1 수동관수 방식

일률적으로 물을 뿌리거나 떨어뜨리는 자동관수 방식보다 일일이 사람이 식물을 관찰하며 호스나 물조리로 관수하는 것이 바람직하다(그림 18-8). 그러나 이 방식은 노동력과 시간을 요하는 작업이므로 자동관수 방식이 수동관수의 보조수단으로 설치되면 수고를 덜 수 있다. 실내공간 내에는 냉·온수를 혼합할 수 있는 수도꼭지가 필요한 장소마다 매설되어야 하며, 수도꼭지는 3m 간격 이내에 있는 것이 좋다. 너무 긴 호스를 사용하면 호스가 꼬이고 사람이 걸리는 등 작업이 번거로워진다.

그림 18-8. 수동관수(중 : Nicolas Le Moigne 디자인 제품, 우 : Aqua-mate 제품)

호스 끝에는 살수기를 연결하는데 살수기는 아래에 긴 파이프가 연결되어 있는 것이 구석진 곳까지 물주기 편리하다. 살수기는 수압의 강약과 물의 개폐를 조절할 수 있게 해준다. 이런 장치 없이 바로 고무호스로 살수하면 방향을 잡기 곤란하고 수압으로 토양 표면이 패이게 된다. 수도꼭지가 없는 넓은 공간의 분식물에 물을 줄 때는 물통에 물을 채워 이동할 수 있는 카트가 있어야 된다. 물통은 호스와 살수기가 연결되어 있고 펌프질을 하거나 전기로 분사될 수 있어야 한다. 분식물의 수가 적다면 물조리를 이용한다.

실내공간에는 강우가 없으므로 가능하면 엽면살수를 해주어 잎 표면의 먼지를 씻어내고 공기 중에 습기를 제공해 준다. 엽면살수는 해충을 제거하는 효과가 있고 비온 후의 식물처럼 싱싱한 식물의 모습으로 보이게 한다.

18-4-2 자동관수 방식

장기간 집을 비워야 하는 경우가 많거나 규모가 큰 공간에서 관수를 위한 인건비를 절약해야 할 경우에는 자동관수 방식을 이용한다. 자동관수 방식은 물을 분사하는 스프링클러(sprinkler) 방식과 소량의 물을 방울방울 떨어뜨리는 점적식 방식이 있다(그림 18-9). 실내의 대규모 정원에는 미리 수도관을 지하에 매설하고 스프링클러만 지표 위로 올라오게 할 수 있다. 그렇지 않으면 호스 끝에 연결한 스프링클러를 필요한 정원 지표면에 두어 관수할 수 있다. 그러나 스프링클러는 물이 튀기 때문에 대규모 정원이 아니면 실내에서 잘 이용되지 않는다. 관수 후 식물체에 묻은 물이 빨리 건조되지 않으면 병충해의 위험도 있다.

점적식 관수는 긴 관에 연결된 미세관 끝에서 물이 방울방울 떨어지도록 하는 것으로, 개별 분식

(일본 National 제품) (Gardena 제품) (Lucky store 제품)

(Scheurich 제품) (Scheurich 제품)

그림 18-9. 자동관수 방식(여러 가지 점적식 관수)

물에도 가능하고 규모가 큰 실내정원에도 가능하다. 지중에 선을 매설하지 않으면 지표면에 연결된 관은 보기 흉하고 또 화분용으로 만들어진 점적식 관수방식도 선이 드러날 경우 보기 싫고 번거로운 면이 있으니 이용하기 전 이러한 점을 고려해야 한다. 개별 분식물용으로 만들어진 소형 점적식 관수기구들도 시판되고 있다.

18-4-3 저면관수 방식

저면관수 방식은 토양 아랫부분에 저수조가 있고 물과 토양을 연결하는 심지(wick)나 튜버(tubes)를 통해 모세관현상에 의해 수분이 공급되는 방식이다. 소규모 화분뿐만 아니라 대규모 플랜터에도 쉽게 설치할 수 있는 제품들이 시판되고 있다(그림 18-10).

저면관수장치는 크게 네 가지 방식이 있는데 첫 번째는 아랫부분에 물통이 있는 화분에 구멍을 뚫어 물이 잘 스며드는 심지를 연결해서 심지를 통해 하부의 수분이 상부의 토양으로 전달되도록 한 것이고, 두 번째는 물통 속으로 내려가는 튜버를 만들어 튜버에 있는 작은 틈을 통해 튜버 내부의 잔돌이나 토양으로 물이 스며들도록 한 것이다. 세 번째는 화분 바깥쪽으로 물통이 만들어져 있고 물통에 달린 센서(sensor)를 토양 속에 묻어 수분 흡수 후 토양 내부의 진공상태를 감지하여 하부

(Cotta pot 제품)

(Cotta pot 제품)

(Baer Plant Works, 2016)

(Ollie 제품)

심지(합성 섬유)를 이용한 관수

모세 튜버(capillary tubes)를 이용한 관수

진공센서를 이용한 저면관수 (A2Z 제품)

용기 내 저면관수통을 넣어주는 방식 (Hooks & Lattice 제품)

그림 18-10. 저면관수 방식

그림 18-11. 모나링크(Mona-Link)에 의한 저면관수(Mona-Link 제품)

의 구멍에서 물이 토양 속으로 스며들도록 한 것이다. 네 번째는 모세관현상이 일어나는 튜버 방식의 물통을 어떤 용기에도 들어갈 수 있도록 다양한 크기로 제작한 것이다. 소형 용기용으로 제작된 것도 있고 대규모 실내정원용도 있다. 실내정원용으로 개발된 것은 플랜터의 크기에 따라 길게 연결할 수 있고 경사지에도 설치할 수 있도록 하였다(그림 18-11).

18-4-4 수경방식

수경방식은 용기 내부에 식물을 지지하기 위해 하이드로볼을 채우고 물을 채운 것으로, 물의 양을 알 수 있도록 수위계를 꽂아 넣는다. 수위계를 관찰하여 필요시 물을 공급하는데 공기 소통이 잘 되도록 용기 내부 전체보다는 뿌리가 닿을 수 있는 한 아래 부위에만 물을 채운다(그림 18-12).

수경방식은 농원에서부터 수경으로 키운 식물을 그대로 이용하기도 하고, 토양에서 키우던 식물의 토양을 제거하고 뿌리를 잘 씻어 물 속에 넣기도 한다. 대부분 관엽식물들은 물속에서도 뿌리가 잘 자라는 편인데 수경방식으로 식물을 키울 계획이면 어린 식물체일 때 시작해야 식물이 잘 적응한다.

그림 18-12. 수경방식(좌 : Casual living for Home & Garden, 2016, 우 : Fans share, 2016)

19. 공기

공기(空氣, atmosphere)는 식물체 주위와 식물체가 자라고 있는 토양 내, 식물체 조직 내에 있는 기체 상태로 식물체를 둘러싸고 있다. 공기는 질소(N)가 78%로 대부분이고 산소(O_2) 20%, 이산화탄소(CO_2) 0.03%와 기타의 기체 및 수증기, 먼지, 미생물, 그리고 화분(花粉) 등으로 구성되어 있는데 실내공기의 구성은 다소 다를 수 있다(그림 19-1).

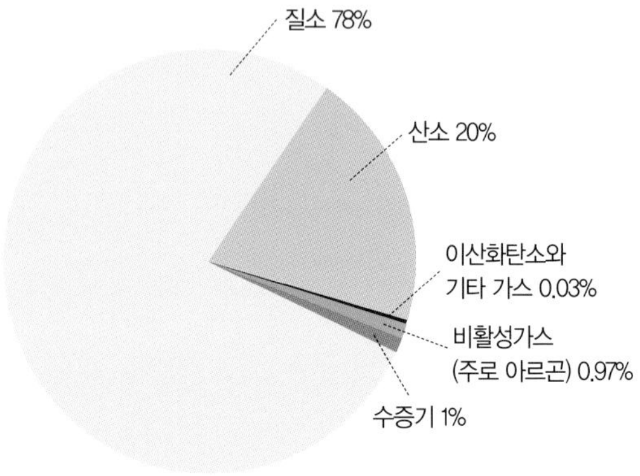

그림 19-1. 대기의 공기 구성

모든 살아있는 식물들은 호흡을 위해 산소를 필요로 하며 하루 24시간 일어나는 호흡과정에서 이산화탄소를 방출한다. 또한 광의 존재하에 녹색식물은 광합성을 하며 물과 이산화탄소를 흡수해 양분을 생산하고 광합성의 결과 산소를 방출하며 이러한 산소를 호흡하는 사람과 공생관계가 이루어진다. 비록 식물 세포들이 하루 24시간 호흡을 위해 산소를 소비한다 할지라도, 사람과 애완동물이 건강상 위험을 당할 만큼 실내의 산소를 줄일 위험은 없다. 닫혀진 실내 안에서조차 건물의 환기장치로 산소 결핍은 일어나지 않는다(손기철, 2014). 그리고 가정에서 공기 누출액과 환기는 산소 : 이산화탄소의 비율을 유지하는데 도움을 준다. 그러나 토양 중 뿌리 부근의 공기는 지표 위의 공기보다 산소의 양이 적고 이산화탄소의 양이 많은데 이는 뿌리의 호흡작용과 토양의 느린 환기능력에 기인한다(이영무, 1995).

미국 항공우주국(NASA)에서 발표한 연구결과에 의하면 실내식물은 산소를 생산할 뿐 아니라 밀폐된 건물 안에서 많이 발견되는 세 가지 유해물질, 즉 벤젠, 포름알데히드, 트리클로로에틸렌을 흡수 · 분해하여 양분 생산의 원료로 쓰고 있는 것으로 밝혀졌다. 위의 공해물질들은 환기가 불량한 건물이나 지하상가의 페인트, 가구 도장재 및 광택제, 벽지, 각종 염료 등에서 발생하는데 사람들에게 피곤감, 두통, 안질환 등의 병든건물증후군(sick building syndrome)을 유발하는 원인으로 알려져 있다(김광진, 2005). 그러므로 실내식물은 건물 내부에서 생활하는 사람들에게 미적 · 심리적 효과뿐 아니라 산소 공급과 공기 중 오염물질을 제거하는 주요한 요소이다.

일반적인 실내공간에서 공기오염에 의한 식물의 피해는 거의 없는 편이고, 식물은 사람을 위해 쾌적한 공기를 공급해주는 역할을 수행하고 있다. 이 장에서는 실내공간에서 식물의 생육을 위한 공기를 중심으로 사람을 위한 쾌적한 공기환경과 관련하여 살펴보기로 한다.

19-1. 실내공기

실내는 실외와 달리 바람이 불지 않아 실내식물은 자연의 식물과 공기 접촉에 차이가 있다. 그래서 광합성과 호흡 및 증산작용과 관련된 가스 교환, 그리고 햇빛이나 인공등으로 인한 열의 분산을 위해 실내공기를 순환시켜야 하고 이를 위해 환기는 관리시 중요한 요소이다(이영무, 1995).

실내에는 식물이 광합성과 증산으로 방출한 산소와 수증기를 분산하고 새로운 공기를 가져올 수 있는 움직임이 없다. 정지 상태의 공기 속에서 식물이 광합성과 증산을 계속하면 산소가 축적되어 이산화탄소의 진입을 방해하고 증산된 수증기의 압력이 식물 내부의 압력보다 커지는 경우가 있다. 이럴 경우 잎의 기공은 닫히고 증산이 정지되어 대사활동도 정지된다. 그래서 실내공기는 환기가 잘 되어야 식물이 방출한 산소와 수증기가 실내공기를 청결하고 촉촉하게 변화시키고 사람에게서 방출된 이산화탄소는 식물에게 갈 수 있다.

실내공간은 열이 집적되어 기온이 상승한다. 유리창이 많은 건물에서 광선과 함께 들어온 적외선(열선)이 밖으로 나가지 못하고 쌓이는 온실효과 때문이다. 이 열을 분산시키지 않으면 실내온도가 심하게 올라가면서 식물의 증산이 강하게 일어나 식물은 시들고 심하면 기공을 닫아버려 광합성이 중지되어 식물의 생육이 나빠질 수 있다. 또 실내에는 각종 인공등에 의해 열이 발생한다. 실내 어두운 곳에서는 낮에도 전등을 켜거나 상품진열을 위해 전등을 켜는데 인공등 중에도 백열등은 열을 많이 발생하여 가까이 있는 식물에 온실효과와 같은 피해를 가져온다. 그러므로 실내 환기는 중요하다(이영무, 1995).

환기는 실내식물에 해로운 각종 유해가스를 내보내기 위해서도 필요하다. 이들 유해가스들은 식물뿐 아니라 사람에게도 유해하다. 실내식물은 실내의 유해가스를 흡수, 분해하여 공기를 정화하는 능력이 있지만 유해가스가 식물의 분해능력을 넘어 많은 양이 축적될 때는 환기를 시켜 오염물질을 제거해야 한다. 벤젠, 포름알데히드, 트리클로로에틸렌 외에 실내식물에 해를 끼칠 수 있는 실내 유해가스는 암모니아, 염소, 담배연기 등이 있다. 암모니아로 바닥을 청소한 후 환기를 하지 않으면 암모니아 가스가 식물의 잎을 상하게 하는데 농도가 높으면 잎의 색이 검게 변색되며 죽는다. 고속도로 휴게소 화장실의 실내정원에 암모니아 가스를 제거하는 스킨답서스, 심고니움, 스파티필름, 칼라데아, 테이블야자, 드라세나, 파키라, 관음죽, 벤자민고무나무, 네프롤레피스, 쉐플레라 등의 실내식물이 적극적으로 도입되어 있는 곳이 있다(정진 외, 2006). 실내 수영장에서도 소독용 염소가스에 의해 분식물의 잎이 손상되므로 실내 환기는 사람뿐만 아니라 식물을 위해서도 중요하다(이영무, 1995).

19-2. 토양 공기

식물의 잎뿐만 아니라 토양 내부 뿌리조직의 원활한 공기 소통은 식물 생육을 위해 매우 중요하다. 뿌리는 호흡작용으로 에너지를 발생하여 세포분열을 하고 수분과 광물질을 흡수하며 증산과 관련하여 지상부로 물질을 운반한다. 뿌리가 호흡하여 이산화탄소가 발생하면 실뿌리 주변에 집적되는데 토양 내부에서도 환기가 이루어져 산소가 공급되지 않으면 실뿌리는 질식하게 된다('6. 토양' 참고).

동물과 달리 식물은 수생식물을 제외하곤 산소를 내부적으로 이동시키지 못한다. 토양 속의 뿌리조직에 공기가 공급되는 과정은 관수에 의한 것이다. 토양에 물을 주면 중력에 의해 내려가는 물을 따라 공기가 빨려 들어가게 된다. 물은 내려가면서 크기가 큰 비모세관공극은 통과하지만 크기가 작은 모세관공극에는 남아 있는다. 따라 들어온 공기는 비모세관공극에 자리잡아 실뿌리에 산소를 공급한다(이영무, 1995).

토양 공기에 문제가 생기는 이유는 적절하지 않은 토양 재료로 인해 토양 구성비가 나빠 토양 공극에서 모세관공극이 차지하는 비율이 비모세관공극보다 높아 배수가 불량하고 통기성이 낮아지기 때문이다. 관수를 하면 공극 대부분에 물이 차는데 식물이 수분을 흡수함으로써 모세관공극에까지 공기가 들어오려면 시간이 걸린다. 그러나 뿌리는 호흡을 계속하기 때문에 뿌리 주변에 이산화탄소가 쌓이고 산소 공급이 부족해지면서 뿌리털이 질식하게 된다. 또 과잉관수에 의해서도 토양 공기에 문제가 생긴다. 관수를 지나치게 자주하면 모세관공극에 항상 물이 차 있어 공극이 빌 시간이 없다. 관수와 관수 사이에는 모세관공극의 수분이 식물에 모두 흡수되어 공극이 모두 공기로 들어차 토양과 뿌리가 일정기간 건조해질 수 있는 기회를 주는 것이 좋은데 이것은 토양 내 병원균이 번식할 기회를 차단하기 때문이다(이영무, 1995).

19-3. 습도

온도가 올라가면 공기가 팽창하면서 함유할 수 있는 수분의 양이 많아져 공기 중 습도는 주어진 온도에서 공기가 함유할 수 있는 포화 수증기에 대한 실제 공기 중 수증기량인 상대습도로 측정된다.

광, 온도, 토양 수분 외 습도는 실내식물에 중요한 생육 요소이다. 실내식물은 대부분 습도가 높은 열대우림이 원산지여서 습도가 높은 환경을 좋아하는데 실내는 대부분 건조한 편이다. 실내에 식물 생육에 좋은 고습환경을 조성하면 식물들에게는 이상적이지만 사람을 위한 공간에는 문제가 생긴다. 실내습도가 90%에 이르면 사람의 불쾌지수가 올라가 정상적인 활동을 할 수 없으며, 종이류는 축축해지고 가구와 다양한 기기는 얼룩이 지고 고장이 난다. 실외 기온이 낮을 때는 유리창, 천장과 벽에 결로현상이 발생한다(이영무, 1995). 그래서 실내는 사람이 쾌적하게 활동할 수 있는 50% 정도의 습도를 유지한다.

실내 관엽식물은 자생지에서 70~90%, 생산지에서 85~90%의 습도에서 생육한다. 실내공간에 배치된 실내식물에게 50%의 습도는 낮은 편이어 증산작용을 증가시켜 수분을 빨리 잃지만 고사리류와 같은 일부 식물을 제외하면 실내식물은 대체로 사람들이 쾌적하게 생활하는 실내공간의 습도인 50%에서 대부분 잘 생육한다. 그러나 난방으로 인해 습도가 낮아지는 겨울에도 25% 정도까지는 관상가치를 크게 잃지 않고 견디는 종류가 많으나, 습도가 25% 이하로 내려가면 증산작용이 심하게 일어나 물을 충분히 주어도 증산량이 뿌리의 흡수량을 넘어 잎이 탱탱함과 신선함을 상실하면서 시들거나 잎 끝이나 가장자리가 누렇게 변하고 말라 낙엽이 진다. 실내습도는 최저 25% 이상을 유지하는 것이 좋다(Briggs와 Calvin, 1987).

낮은 습도에 잘 견디는 선인장이나 다육식물 외에도 드라세나, 고무나무, 필로덴드론과 같은 두꺼운 잎을 가진 관엽식물은 얇은 잎을 가진 관엽식물보다 낮은 습도에서도 잘 생육한다. 사하라사막의 공기 습도가 25%인 것을 이해하면 실내 겨울의 습도가 25% 이하로 떨어진다는 것은 식물과 사람에게 모두 너무 낮은 습도라는 것을 인식해야 한다.

실내공기 습도를 올려주는 방법은 여러 가지가 있다. 가장 간단한 방법은 가습기를 작동시키는 것이고 또 다른 방법은 분식물을 모아 배치하는데 물받침에 고여 있는 물로 주변의 습도를 높인다(그림 19-2). 가장 효과적인 방법은 실내에 분식물이 배치된 곳이나 실내정원이 있는 곳에 풀(pool)이나 연못, 폭포, 분수를 설치하는 것이다. 이러한 장소에는 50% 이상의 높은 습도에서 생육할 수 있는 고

그림 19-2. 공기 습도를 높이기 위해 가습기를 이용하거나 물받침에 물이 고이도록 하거나 유리용기 속에 넣는다

사리류도 식재할 수 있다. 또 소형 식물은 테라리움처럼 유리용기 속에 두는 것도 한 가지 방법이다.

공중 습도를 높이기 위해 엽면관수하는 방법도 있으나 잎을 계속 축축하게 유지하면 병원균에 의한 발병이 있을 수도 있어 식물체를 건조시키는 기간도 필요하다. 실내에는 온도계와 더불어 습도계를 배치하여 습도가 최저 35% 이하로 내려가지 않도록 한다. 사람이 호흡이나 피부 수분유지에 불편을 느낄 정도이면 식물에게도 해로운 것을 이해해야 하며, 실내습도는 사람이 불편하지만 않으면 높을수록 식물에게는 유리하다.

19-4. 공기 오염물질

일반적인 실내공간에서는 식물에 해를 줄 정도의 오염물질이 축적되지 않는다. 그러나 장소와 상황에 따라 때로는 공기 오염물질이 문제가 될 수 있다.

19-4-1 에틸렌

탄화수소(기름, 가스, 가솔린, 석탄)의 연소생성물인 에틸렌은 건물의 난방기구에 의해 생성될 수도 있고 차량의 배기에서도 발생된다. 그래서 건물의 공기로 스며들어 오는 에틸렌은 식물에 손상을 준다. 식물체에서 에틸렌은 호르몬인데 식물조직 역시 에틸렌을 생성한다. 운반시 밀폐공간에서 식물은 에틸렌을 만들어 내고 생성된 에틸렌은 다시 식물에 손상을 입힐 수 있을 정도다. 어떤 곰팡이는 에틸렌 합성을 조장하기도 한다.

에틸렌 피해의 전형적인 징후는 잎이 아래로 굽어 자라는 상편생장이다. 또 다른 증상은 아랫잎부터 시작해 잎이 노랗게 되면서 거의 모든 잎이 탈리되고 생장하지 않는다. 또 꽃피는 식물은 비정상적인 꽃이 생기고 꽃이 피기 전에 떨어진다(그림 19-3). 공기 중 5ppm의 에틸렌은 아펠란드라, 브라사이아, 콜레우스, 크라슬라, 고무나무, 피토니아, 페페로미아, 필로덴드론에 유해하나 드라세나, 호야는 내성이 있다고 한다(Manker. 1987).

에틸렌을 제거하기 위해서는 환기를 해야 한다. 밀폐된 상자에서 운반된 식물들을 쌓아두지 말고 운반 후 신선한 공기를 공급하기 위해 상자를 열어준다.

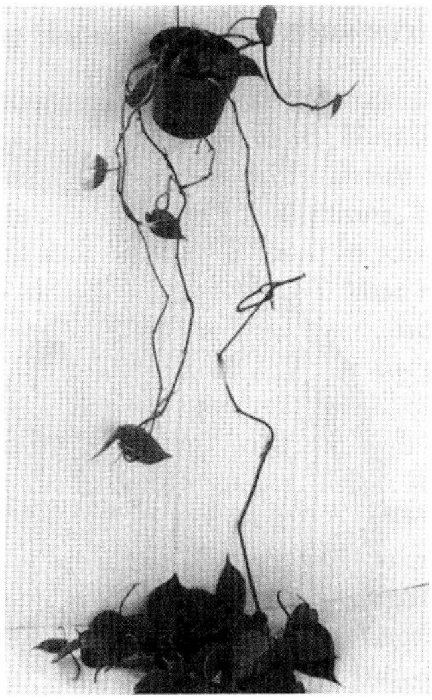
그림 19-3. 에틸렌의 해
(Manker, 1987)

19-4-2 염소

실내식물이 실내 수영장 가까이 있으면 염소의 기화로 인해 염소 피해가 발생할 수 있다. 염소 해의 일반적인 증상은 잎의 괴저와 탈색이다. 표 19-1의 식물은 수영장의 염소 성분에 비교적 강한 것으로 알려진 식물들이다.

표 19-1. 수영장의 염소 성분에 강한 식물

식물	
Agave (용설란)	*Aspidistra eliator* (엽란)
Beaucarnea recurvata (뷰우카네아)	Bromeliads (파인애플과 식물)
Clivia miniata (군자란)	*Dracaena deremensis* 'Warneckei' (드라세나)
Ficus elastica 'Decora' (데코라고무나무)	*Leea coccinea* (레아)
Sansevieria trifasciata (산세비에리아)	*Yucca elephantipes* (유카)

19-4-3 불소

공장지대에서 생성되는 대기의 불소화합물은 식물에 해를 준다. 불소의 해를 입은 식물은 증산작용에 의한 수분의 흐름과 관련하여 잎 끝과 가장자리에서 증상이 나타난다. 노엽과 중간 나이의 잎에서 황화되기 시작하여 괴사하는 것이 특징적이다. 어린잎은 황화된 후 수침상이 나타나고 조직이 괴사하면서 마른다. 불소의 독성에 민감한 식물은 표 19-2와 같다.

표 19-2. 공기 중 불소에 민감한 실내식물(Manaker, 1987)

민감 정도	식물
매우 높음	*Asparagus densiflorus* 'Sprengeri' (스프렝게리 아스파라거스)
	Euphorbia pulcherrima (포인세티아)
높음	*Begonia rex-cultorum* (베고니아)
	Chamaedorea elegans (테이블야자)
	Coffea arabica (커피)
	Cordyline terminalis 'Baby Doll' (코르딜리네)
	Dracaena deremensis 'Janet Crig' (와네끼 드라세나)
	Lilium longiflorum (백합)
	Philodendron bipennifolium 'Panduriforme' (바이올린잎 필로덴드론)
	Pteris cretica 'Albo-lineata' (프테리스)
	P. cretica 'Mayii' (프테리스)
	P. ensiformis 'Evergemensis' (프테리스)

19-4-4 먼지

건물 내부의 공기 속 먼지는 식물 표면에 내려앉아 식물의 관상가치를 떨어뜨린다. 먼지는 가스 교환이 일어날 때 잎의 기공을 막을 수 있으므로 주기적으로 제거해주어야 한다. 먼지털이를 이용하거나 가능하다면 물로 씻어준다. 상업적인 식물 광택제는 기공을 막거나 잎 위에 부산물을 만들 수 있으므로 사용하지 않는 것이 좋다.

20. 비료

저광의 실내환경에서 분식물은 많이 자라지 않는다. 그래서 시비를 해야 할 필요가 없는 경우가 대부분이며 인공토양만으로 생육하는 식물조차 시비를 하지 않아도 될 정도이다. 그러나 비교적 광도가 높은 실내공간에서 봄과 여름에 생육이 왕성하거나 꽃피는 식물은 경우에 따라 결핍증이 생길 수도 있고 시비해주면 생육이 좋아질 수 있다. 시비는 관수만큼 공급시기와 적량을 알기 어려워 분식물 디자이너 또는 관리자는 시비에 대해 잘 이해하고 있어야 하며 고객들에게 시비에 대해 조언해주어야 한다.

비료(肥料, fertilizers)는 식물 생육에 필요한 양분 요소로서 사람이 인위적으로 공급하는 원소이다. 식물 생육에는 최소한 16가지 원소가 필수적으로 요구된다. 탄소, 수소, 산소는 식물 유기적 구조의 주요 구성분이지만 공기와 물로부터 쉽게 이용할 수 있다. 그 이외의 다른 원소들은 토양에서 흡수되는데, 토양은 양분의 축적이 제한되어 뿌리에 의한 흡수와 유실로 인하여 어떤 요소는 빨리 고갈된다. 비료는 식물 생장에 필수적인 요소들을 토양에 공급하기 위해 만든 광물질 혼합물이다. 이러한 요소들로 식물은 스스로 당분, 지방, 단백질의 형태로 자신들의 영양분을 만든다.

20-1. 비료의 이해

식물에 필요한 양분은 토양 고체의 성분으로 존재하면서 토양 용액 속에 녹아 있다. 식물은 양분을 토양 용액에서 이온이라 불리는 전기를 띤 입자로 흡수한다.

질소(N), 인(P), 칼륨(K), 칼슘(Ca), 마그네슘(Mg), 황(S)은 식물의 생육과정에서 필수적으로 많은 양을 요구하기 때문에 다량원소라고 하며, 철(Fe)이나 아연(Zn), 망간(Mn), 붕소(B), 구리(Cu), 몰리브덴(Mo), 염소(Cl) 등은 매우 적은 양을 요구하지만 없어서는 안 될 요소들로 미량원소라고 하는데 인체에 있어서 비타민과 같은 역할을 한다. 질소, 인, 칼륨을 3대 영양소라 하며 칼슘, 마그네슘을 포함하여 5대 요소라고도 한다(표 20-1).

실내공간의 분식물에는 식물이 필요로 하는 적량의 양분을 제공해 주어야 한다. 비료의 결핍은 물

표 20-1. 식물의 필수 원소의 주요 역할과 결핍 및 과다 증상(상록(주), 2016)

필수 원소		주요 역할	결핍 증상	과다 증상
다량원소	탄소(C)	(공기 중에서 공급)	-	-
	수소(H)	(물에서 공급)	-	-
	산소(O)	(물에서 공급)	-	-
	질소(N)	단백질과 핵산, 엽록소 등 구성 요소. 잎과 줄기의 성장, 양분 흡수 촉진. 탄소동화작용 촉진. 단백질 합성.	노엽부터 엽육 사이 혹은 잎 전체 황화. 잎이 죽거나 낙엽. 자라지 않음. 일부 식물의 노엽에서 안토시아닌 축적(붉어짐).	잎이 암녹색으로 변하고 지나치게 무성해짐. 조직이 약해져 잘 쓰러지고 병해충 발생 유발.
	인(P)	단백질, 인지질, 효소 등 구성 요소. 개화, 결실 촉진. 뿌리, 줄기 신장. 호흡 도움.	노엽의 엽맥 자주색 변화. 생육 부진. 잎 크기 작아짐. 줄기 직경 감소. 잎의 비정상적인 암녹색.	초장이 짧고 잎이 비후하며 생육 불량. 철, 아연, 구리의 결핍 유발.
	칼륨(K)	세포 pH를 조절하고 여러 대사과정의 효소 시스템을 유지하면서 기공 조절 기작에 관련. 다른 광물질의 흡수와 전류에 영향.	노엽부터 잎끝, 가장자리, 엽맥 사이 부위를 따라 황화되고 나중에 전체가 황화됨. 낙엽. 뿌리 신장 불량. 줄기가 약해져 도복되거나 부러지기 쉬움.	칼슘, 마그네슘 결핍 유발.
	칼슘(Ca)	세포 신장과 분열 촉진. 잎의 노화 억제. 뿌리 발육 촉진. 식물의 내성 강화.	줄기 끝의 고사. 뿌리 생장 약화. 노엽의 엽맥 사이 황화 후 괴사. 잎 갈변 후 낙엽.	망간, 붕소, 철, 아연 등의 결핍 유발.
	마그네슘(Mg)	탄수화물, 엽록소 생성. 효소의 활성제. 인 대사와 전류. 질소 흡수와 전류.	어린잎부터 황화. 잎이 얇아지고 부스러지기 쉬움. 엽병이 더 수직적으로 됨.	생육 불량. 칼륨 흡수 저해로 과실이 비대해지지 않고 기형과가 많이 발생.
	황(S)	세포분열 활성화. 단백질, 엽록소 생성. 정유의 성분.	노엽의 엽맥 사이 황화. 줄기 마디 사이 짧아짐. 후기에는 칼륨 결핍증과 비슷.	토양을 산성화함. 뿌리썩음병 유발.
미량원소	철(Fe)	엽록소 생성 촉진. 호흡작용시 산소 운반. 산화환원 반응에 관여.	새잎의 엽맥 사이 황화 또는 황녹화. 잎 크기는 정상이고 형태는 뒤틀어지지 않음.	인산, 망간 결핍 유발.
	아연(Zn)	단백질, 전분 합성. 효소작용 활성화. 오옥신 합성에 필수인 효소의 구성 성분.	왜화. 뿌리 끝의 비정상화. 잎 반점 일반적. 잎의 폭이 줄어 좁아짐. 잎 황백화.	새잎에 황화현상. 적갈색 반점이 생김. 잎의 노화 및 이상 낙엽.
	망간(Mn)	광합성작용의 산소 생성 관여. 산화환원 반응 촉매.	잎 소형화. 새잎 담녹색. 새잎 비틀림. 철 결핍과 비슷하나 엽맥과 소엽맥을 따라 넓은 녹색대 있음.	생육 정지, 잎 선단 갈색 반점, 잎 노화. 이상 낙엽.
	붕소(B)	세포분열 도움. 세포막 펙틴 형성, 통도조직 유지. 식물체내 칼슘 이동 도움.	자라지 않음. 미성숙잎 기형. 생장점 고사. 잎자루 코르크화.	잎이 황화되어 고사.
	구리(Cu)	호흡작용 관여. 엽록소 생성. 산화환원 작용 효소의 성분.	어린잎 황백화되고 시듦.	뿌리 신장 억제. 생육 불량. 잎 황백화.
	몰리브덴(Mo)	질소 동화작용에서 효소의 보조인자. 산화환원 반응의 전자 전달자.	왜화. 잎 가장자리 감김.	잎의 황백화.
	염소(Cl)	효소 활성제.	어린잎 황백화.	

론 과잉도 식물에 해롭다. 비료가 결핍되면 식물 생육이 저하되면서 비정상적인 생육상태로 변하는 것을 눈으로 식별할 수 있다. 일단 증상이 나타나 진단이 되면 적당한 비료를 부가해 줌으로써 결핍증을 조절할 수 있다. 정기적으로 토양을 분석하면 비료요구도를 알 수 있고 시비 계획의 효과를 알 수 있지만 생산농원이 아닌 분식물 디자이너나 이용자들이 토양 분석을 하면서 관리하기는 현실적으로 잘 맞지 않는다.

질소(N)는 식물의 단백질, 핵산, 엽록소, 그리고 세포기질에 중요한 구성 성분이다. 인(P)은 대사과정을 위해 에너지를 공급하는 세포의 구성분이다. 칼륨(K)은 세포대사의 효소 활성제이다. 적당히 균형을 갖춘 16가지 원소는 식물의 정상적인 활동에 필수적이며 각 원소의 기능은 알려져 있다(표 20-1).

질소는 식물에 비교적 많은 양이 사용된다. 질산태 질소의 형태로 토양에서 쉽게 유실되어 다른 요소에 비해 결핍이 쉽게 일어난다. 질소결핍 증상은 일반적으로 전엽 또는 엽맥 사이의 황화나 고사로 나타나는데 증상은 노엽에서 시작되어 정단으로 옮겨진다. 녹색 색소인 엽록소는 질소 결핍시 새로운 분자가 합성될 수 없기 때문이다. 황화된 잎은 결국 선단에서부터 마르게 된다. 생장속도가 느려지고 생육이 저하되며 새잎은 크기가 작아진다.

인(P)은 토양에서 다른 원소와 화학적인 합성으로 쉽게 불용성이 되고 유실되지는 않는다. 인이 결핍되면 주로 탄수화물 대사에 영향을 미쳐 그 결과 안토시아닌 색소가 축적되어 오래된 잎 아랫면의 엽맥이 자줏빛이나 붉은빛을 띠게 된다. 이러한 색소를 제브리나(Zebrina)와 같은 자주색 잎의 색과 혼동하면 안 된다. 엽맥 사이는 비정상적인 암녹색을 띤다. 인이 결핍된 식물은 생장이 저하되어 크기가 작아질 수 있다.

복합비료를 사용하면 칼륨(K) 결핍은 일어나지 않는 편이다. 또 용기 토양에 자연토가 포함되어 있다면 대체로 미량요소는 결핍증을 보이지 않는다.

20-2. 비료의 종류

비료는 유기질 비료와 무기질 비료가 있다. 실내공간에서는 여러 가지 여건상 편리하고 저렴한 무기질 비료인 복합비료를 이용한다. 비료는 토양 조제시 미리 혼합할 수도 있으나 대부분 수용성 분말이나 액체 복합비료를 물에 혼합해 관수와 동시에 공급하고 때로는 토양 위에 지효성 비료를 올려 주는 방법을 많이 이용한다.

20-2-1 유기질 비료

유기질 비료는 식물의 잎, 줄기, 가지 등이 썩은 퇴비를 비롯하여 낙엽이 썩은 부엽과 깻묵 등의 식물성이 있고, 각종 동물의 분뇨와 뼈, 피, 그리고 생선찌꺼기 등의 동물성이 있다. 유기질 비료는 식물에 영양소로 흡수되기 위해 미생물의 분해작용이 필요하므로 효과가 즉시 나타나지 않으나 지속적으로 작용하여 토양구조를 개선하고 pH를 안정시킨다. 분해율은 토양구성 성분과 온도가 분해과정에 영향을 미치므로 일정하지는 않다. 화학비료는 토양을 점차 산성으로 변화시키는데 반하여 유기질 비료는 pH 6.0~6.5 정도를 유지하게 해 다량 · 미량 요소의 모든 광물질이 골고루 흡수되도록 한다. 유기질 비료는 무기질 비료에 비해 비료 성분이 낮고 서서히 작용하므로 수용성 염분이 축척되지 않아 식물 뿌리조직에 잠재적인 해를 끼치지 않는다. 그러나 잘 숙성된 비료 외는 악취가 있어 실내에는 사용하기 곤란하고 잘 숙성된 비료는 비싼 편이다.

효모, 유산균, 누룩균, 광합성 세균, 방선균 등 80여 종의 유용한 미생물인 EM(effective micro-organisms)으로 가정에서 간단하게 미생물 비료를 만들 수 있다. 이러한 미생물들은 가벼운 비료로서의 역할뿐 아니라 항산화 물질을 생성함으로써 서로 공생하며 부패를 억제하여 토양에 좋은 영향을 미친다(표 20-2).

표 20-2. EM을 이용한 비료 만드는 방법

종류	제조방법	시비방법
EM 발효액	1.5L 페트병에 물 1.4L+당밀 30g 이상(또는 설탕 30g과 천일염 1ts)+EM 원액 30mL 이상을 혼합하여 직사광선을 피하여 따뜻한 곳(20~40℃)에서 7~10일 이상 밀봉하여 발효 후 사용한다. 설탕 이용시 설탕에는 광물질이 없어 천일염을 첨가함.	관수, 엽면 시비시 100~1,000배 희석하여 사용한다.
EM 쌀뜨물 발효액	1.5L 페트병에 쌀뜨물 1.4L와 당밀 30g 이상(또는 설탕 15g과 천일염 1/2ts)과 EM 원액을 15mL 이상 혼합하여 뚜껑을 잠근 후 직사광선을 피하여 따뜻한 곳에 7~10일 동안 둔다. 냄새가 시큼하고 막걸리 냄새와 비슷하면 완성된 것이다(악취가 나면 실패). 개봉하면 될 수 있는 대로 빨리 쓴다. 향 또는 질을 높이기 위해서 쑥, 허브, 인삼, 녹차, 고추 등을 첨가할 수 있다. 비료뿐만 아니라 병충해 방제효과를 높이기 위해 술, 식초, 마늘 등을 소량 첨가할 수 있다.	식물의 엽면 시비용으로 사용하고 희석 배수는 1,000배 정도로 하여 꾸준히 사용하면 병충해 방제에도 도움이 된다. 잎의 뒷면에 살포할수록 효과가 크다.

20-2-2 무기질 비료

무기질 비료는 공장에서 무기물을 원료로 생산되므로 화학비료라 한다. 가장 소모량이 크고 부족되기 쉬운 질소(N), 인(P), 칼륨(K)을 중심으로 생산된다. 화학비료의 포장재 표면에 질소-인산-칼륨의 비율이 표시되어 있는데 이것은 N-P_2O_5-K_2O의 순서로 무게를 백분비로 나타낸 것이다. 화학비료는 필요한 양분만 포함하고 있으므로 소량만 투여해도 신속한 효과를 볼 수 있으며 작업이 간단하다. 투여가 손쉬운 만큼 항상 과용할 우려가 있으며 실제로 시비과다로 피해가 발생한다.

이들 비료는 분말, 액체, 정제(錠劑)의 형태로 제조 판매되는데 분말은 토양에 혼합하거나 뿌리거나 물에 혼합하여 투여하고, 액체비료는 적절한 비율로 물에 희석하여 쓴다. 정제비료는 토양 표면에 뿌린 후 관수할 때마다 조금씩 녹는 방식이다. 수용액으로 시비되는 비료는 효과가 신속하나 유실이 심하고 효과가 짧으며 과다투여의 위험이 크다. 정제 형태는 효과가 느리나 낭비가 적고 지속적이며 장점은 과다투여에 의한 피해가 적은 점인데 시비량이 지나치면 걷어내기 쉽다. 그래서 정제를 기본 비료로 사용하고 액체비료를 소량으로 추가 투여할 수도 있다.

(1) 복합비료(complete fertilizers)

실내식물은 보통 질소-인산-칼륨의 성분을 모두 포함하고 있는 복합비료로 시비한다. 복합비료에는 제품에 따라 미량원소가 포함되어 있기도 하다(그림 20-1). 모든 라벨에는, 예를 들어 15-15-15 같은 분석도가 있다. 관엽식물에는 N, P, K 비율이 1 : 1 : 1로 같거나 2 : 1 : 1, 2 : 1 : 2, 3 : 2 : 2 또는 3 : 1 : 2 비율인 비료를 이용한다(Manaker, 1987). 예를 들면 14-14-14, 20-20-20, 14-7-7, 그리고 19-6-13 같은 비율의 복합비료이다. 그림 20-1의 에버그린 비료는 6.5-4.5-19-0.05의 4가지 수가 표시되어 있다. 이것은 N, P, K 외 붕소의 함량이 같이 표시되어 있고, 라벨에는 몰리브덴도 미량 포함된 것으로 설명되어 있다.

인공토양을 많이 이용하는 분식물에는 질산태 질소(NO_3-N) 비료를 이용한다. 암모늄태 질소(NH_4-N)를 함유한 비료는 피트모스나 펄라이트, 버미큘라이트나 소나무껍질과 같은 인공토양에 이용될 때 독성이 있을 수 있다. 암모늄을 질산으로 바꾸어 주는 미생물이 자연토에는 충분하나 인공

그림 20-1. 가정용 복합비료

토양에는 부족하기 쉽기 때문이다.

(2) 지효성 비료(slow-release fertilizer)

지효성 비료는 무기질 복합비료를 피복하여 6개월 이상 지속적으로 양분을 공급할 수 있도록 알갱이처럼 만든 것으로 식물을 심을 때 토양과 함께 혼합한다. 또 토양 표면에 올려 주거나 토양에 2~10cm 깊이로 두세 구멍을 뚫어 적정량을 넣어 준다. 수분이 비료 알갱이에 닿게 되면 점차 무기물이 녹아나와 식물이 이용할 수 있다. 지효성 비료가 액비보다 효율적이지 못할 수도 있지만 오랜 기간 동안 일정한 양분을 제공해 주고 적절하게 사용하면 장기적으로 식물을 건강하게 만들 수 있다.

시중에 여러 종류의 지효성 비료가 시판되는데 오스모코우트(14-14-14, 18-6-12)는 포장용수량과 위조계수 사이의 수분에서 광물질을 녹아내리는데 산도와 미생물 활동에 의해 조절되고 토양 온도가 올라가면 증진된다.

(3) 미량요소(micro elements)

미량요소의 결핍증과 과다증 사이는 매우 미세하다. 대부분의 자연토양은 식물의 정상적인 생장을 위해 미량요소를 충분히 가지고 있는데 피트모스나 펄라이트, 질석, 바크 등이 중심이 되는 인공토양은 미량요소가 부족하다. 미량요소는 토양 조제시 혼합하거나 식재 후 시비시 공급하는데 적절한 양을 공급하는 것이 중요하다. 토양과 조직검사로 미량요소의 요구도를 알 수 있는데 분식물 디자인과 관련된 사람들이 쉽게 이용하는 방법은 아니다. 분식물의 생육을 관찰하면서 부족현상이 있는지 체크해 이용해야 한다.

20-3. 시비

20-3-1 시비시기

적도에서 남북 5~7° 내의 열대지방에는 열대우림이 형성되고 열대우림의 남 · 북단에서 남 · 북회귀선 사이의 아열대지방에는 건기와 우기가 교차하며 기온의 연교차가 나타나 약간의 고온기와 저온기를 보인다. 이곳에서 식물들은 건기와 저온기에 휴면을 취한다(이영무, 1995). 실내공간이라도 겨울에는 다른 계절에 비해 저온이고 일장이 짧기 때문에 열대와 아열대지방이 원산지인 관엽식물이 주종인 실내식물은 한국의 겨울기간에 생육이 활발한 편은 아니다. 그래서 시비는 봄부터 여름까지 성장기에 세 번 정도 주는 것이 좋은데 정해져 있지는 않다.

20-3-2 시비방법(methods of application)

분식물에는 대부분 적량의 액비나 분말을 물에 혼합하여 관수와 동시에 공급한다. 그래서 분식물의 수가 많을 때에도 한꺼번에 처리하기 쉽다. 실내용 식물에 적합한 많은 농축액비나 수용성 분말비료가 있다. 건비는 토양 조제시 토양과 혼합해주거나 토양 위에 뿌려주거나 물에 녹여 토양을 적시는 방법으로 사용하는데, 지효성 비료와 같은 정제 형태 비료와 과인산 외에는 분식물에 잘 이용되지 않는다. 왜냐하면 필요량을 계산하고 개개의 화분에 소량씩 공급해야 하는 과정에 시간과 노력이 많이 들기 때문이다.

비료를 용해시킬 때는 지시된 비율로 맞추어야 한다. 낮은 농도로 시비하는 것은 부적절한 비료를 공급하는 것이고 더욱이 고농도로 시비하면 해를 일으킬 수 있다. 수용성 비료를 녹이기 위해 82℃ 물이 사용된다. 비료는 항상 축축한 토양에 주어야 하고 건조비료는 토양에 공급한 후 충분히 관수해야 한다. 토양 표면에 공급된 비료는 부근에 있는 식물 줄기에 부분적으로 상해를 일으키거나 줄기 테두리를 움푹하게 만들 수 있다. 또 식물체 윗부분에 공급된 비료는 생장 부위의 오목한 곳에 고여 새잎을 상하게 하고 괴사시킬 수 있으므로 주의한다. 시비를 부적절하게 하여도 시비효과는 몇 주 후 잎이 팽창될 때까지 눈에 띄지 않을 수 있다.

시비방법은 비료액을 관수용 물통에 준비하여 용기 내 토양을 위에서 바닥까지 완전히 적시고 여분이 배수구에서 약간 빠져나올 정도로 충분히 준다. 물받침으로 내려온 여분의 비료액은 토양 내 남아 있던 잔류물을 용탈시키므로 버린다. 버리지 않고 내버려 두면 다시 빨려 올라가 토양 내 염분 축척의 가능성을 높인다.

분식물의 수가 많을 경우 일일이 직접 시비하는 것은 노동력이 많이 필요하므로 규모가 큰 공간에는 수도꼭지에 연결된 액비혼입기(proportioner)를 사용하면 시비시간을 줄일 수 있다(Manaker, 1987). 액비혼입기는 농축비료액을 적정 용액이 되도록 수도에서 나오는 물과 혼합하면서 관수하는 기기이다(그림 20-2). 한국에는 별로 이용되지 않고 있다. 액비혼입기는 수압에 따라 1 : 12에서 1 : 22의 비율로 농축비료액을 빨아올려 물과 섞어 준다. 그래서 액비혼입기를 사용하기 전에 농축비료

1L가 빨려 올라가면 살수기를 통해 얼마만큼 물이 나오는지를 조사해 혼합되는 비율을 미리 체크해야 한다. 예를 들어 농축비료 1L가 빨려 올라가 살수기에 16L의 물이 나왔다면 농축비료와 물의 비율은 1 : 15가 된다. 그래서 농축비료는 원래보다 15배 더 농축시켜 만들어야 한다. 즉, 비료를 액비혼입기를 사용해 50g/100L의 비율로 시비한다고 가정하자. 그러면 1L의 물에 8g의 비료를 용해해서 농축액을 만들어야 한다. 그러면 농축액비는 1 : 15로 희석되면서 50g/100L로 나오게 된다(표 20-3). 몇몇 비료는 염색액을 넣어 살수기에 나오는 색으로 액비혼입기가 제대로 작동하고 있는지를 알 수 있다. 액비혼입기를 수도꼭지에 부착하여 흡입(siphon) 호스를 농축액비에 집어넣고 수도를 튼다. 깨끗한 물이 호스를 흐르고 물의 색이 바뀌면 관수를 시작하는데 바뀐 물색은 기기가 작동중임을 알려주는 것이다.

그림 20-2. 액비혼입기의 사용(좌 : Phytotronics 제품, 우 : Lee Valley & Veritas 제품)

액비혼입기를 구입할 땐 가격, 정확성, 이동성과 균배도, 요구되는 희석도, 수용능력, 그리고 서비스가 가능한지를 고려해야 한다. 정확하게 하려면 용액의 이온 농도를 측정하는 염류측정기를 사용하거나 정기적으로 정확성을 검사해야 한다.

표 20-3. 액비혼입기 이용시 농축액비 비율 계산방법

시비 비율	액비혼입기의 비율	계산방식
· 50g/100L의 비율로 시비한다면, 50g/100L → 0.5g/1L	· 액비혼입기의 비율이 1 : 15라면, 1L의 농축액비를 빨아올리기 위해 필요한 물은 15L, 즉 총 액비는 16L	· 0.5g/1L의 비율은 8g/16L → 8g/1L로 농축 · 즉, 시비 비율 → 시비 비율에 맞는 비료량/(액비혼입기 비율 + 1)L

20-3-3 비료의 투여량

실내에서는 1년이 지나도 돋아나는 새잎의 수가 많지 않다. 그래서 식물을 잘 자라게 한다기보다는 잘 유지하도록 관리하는데, 시비할 경우에도 농원에서와 달리 비료량을 줄여야 한다. 실내식물이 필요로 하는 비료량은 식물의 종류와 크기, 광선, 토양이 함유하는 양분, 식물의 건강상태에 따라 달라진다. 이 중에서 가장 중요한 인자는 광선으로 보통 저광의 실내에서는 농원에서보다 1/10 정도로 줄여 비료를 투여해야 실내식물의 신진대사 비율에 맞출 수 있다. 실내 분식물 이용자들은 비료를 과잉 투여하는 경우가 많은데 광선이 모자라서 시들어 가는 식물을 물이나 비료로 보상시키려는

표 20-4. 4가지 광도에서 실내 관엽식물의 연간 1ft² 면적당 질소 시비량(g N/ft²/yr, 8~12시간 일장/1일)(Manaker, 1987)

종류	광도(fc)			
	50~75	75~150	150~250	250~500
아글라오네마	0.60	1.20	1.80	2.40
쉐플레라	0.90	1.80	2.40	3.00
칼라데아	0.45	0.90	1.50	2.10
코르딜리네	0.60	1.20	1.80	2.40
디펜바키아	0.60	1.20	1.80	2.40
드라세나	0.45	0.90	1.50	2.10
에피프레넘	0.60	1.20	1.80	2.40
고사리류	0.30	0.60	1.00	1.60
고무나무	0.90	1.80	2.40	3.00
야자류	0.75	1.50	2.00	2.50
페페로미아	0.30	0.60	1.00	1.60
필로덴드론	0.75	1.50	2.00	2.50
싱고니움	0.60	1.20	1.80	2.40

표 20-5. 1ft² 면적과 맞먹는 크기별 용기의 수(Manaker, 1987)

분 크기(인치)	분 수/ft²
3	16
4	9
5	7
6	5
8	3
10	2
12	1.3
14	1

것은 대표적인 일반인들의 부적절한 관리 사례이다. 빛이 줄면 물과 비료도 줄이는 원리를 이해하도록 한다. 비료 투여가 과다하면 뿌리가 시들고 잎 가장자리가 타는데 이때 염분의 해를 입었다고 한다.

관수와 마찬가지로 실내공간 이용자들은 정확한 비료량을 계산하기 어려워 경험적으로 비료를 주는데 보통 실패하기 쉽다. 비료투여량에 대한 이해를 돕기 위해 다음과 같은 비료투여량을 산출하는 한 가지 방법을 소개한다(Manaker, 1987). 토양검사를 통해 밝혀진 부족성분이나 식물의 결핍증상에 의해 적절한 N : P : K 비율의 복합비료를 결정하거나, 이상이 없으면 표준비율(N : P : K=2 : 1 : 2 혹은 3 : 1 : 2 혹은 1 : 1 : 1)의 비료를 선택한다. 비료의 배합비가 결정되면 식물의 종류, 광량(조도×시간)이 표시된 표 20-4, 5에 따라 1년간의 필요 비료량을 산출하는데 계산은 보통 질소(N)를 기준으로 한다(표 20-6). 비료가 선택되고 질소(N)의 양이 결정되면 인산(P)과 칼륨(K)은 고정된 비율에 따라 양이 자동적으로 결정되므로 복합비료의 선택이 중요하다.

이러한 방법으로 비료량을 계산하는 것이 바람직하지만 표 20-4, 5에서처럼 각 식물에 필요한 적정 비료량이 연구 결과로 정해져 있어야 하며 실내광도를 정확하게 알고 있어야 하므로 이용자들이 쉽게 이용할 수 있는 방법은 아니다. 참고자료로 이용하고 광도, 온도, 토양, 수분량에 따라, 그리고 시각적인 결핍증상 관찰에 의해 경험적으로 비료량을 정한다.

표 20-6. 연간 질소 시비량 계산방법

순서	설명
예	10인치 분에 심겨진 쉐플레라가 50~75fc의 광선 아래에 식재되어 있고 선택된 비료의 N-P-K가 12-6-6일 때 이 비료를 1년간 몇 g을 주어야 적절한가?
1	우선 선택된 비료가 12-6-6이고 투여량은 질소를 기준으로 하는 것이므로 이 비료 100g 중에 12g이 질소이고 질소 1g을 함유하는 이 비료의 무게는 100÷12 = 8.33g이 된다.
2	이때 쉐플레라는 조도 50~75fc 아래에 식재되어 있으므로 이 나무는 1년에 1ft²의 면적에서 0.9g의 질소를 필요로 한다.
3	상기의 12-6-6 비료가 연간 얼마나 필요한가를 알려면 8.33×0.9 = 7.5g, 즉 N-P-K = 12-6-6의 비료를 사용할 경우 7.5g이 필요한 것이다.
4	1ft²는 10인치 분 2개에 해당되므로 1개에 해당되는 비료량은 7.5g÷2 = 3.75g이다.
5	비료를 봄 · 여름 · 가을에 걸쳐 세 번 시비한다면 1회 투여량은 3.75÷3 = 1.25g이다. 쉐플레라는 매 계절에 1.25g의 복합비료를 투여하는 것이 적정량인 것이다.

대체로 실내공간에서는 비료 라벨 지시량의 1/10 정도로 시비한다. 실내공간에서 5-15-15의 복합비료를 200~400ppm의 비율로, 200fc 이하의 저광에서는 1년에 1~2회, 500~700fc의 중광에서는 3~4개월에 1회, 700fc 이상의 고광에서는 1~2개월에 1회 주는 시비 프로그램이 제시되기도 하였다(Manaker, 1987).

특히 저광 고온에서 고비율로 자주 시비하면 식물이 얇아지면서 길어지고 휘면서 비정상적인 모습이 된다. 비료시기와 횟수를 결정하려면 광도 외에도 식물 종류와 크기, 외형적 상태, 성숙 단계, 계절, 토양, 관수방식 등 모든 요소가 고려되어야 한다. 일반적으로 작고 생육이 느리며 뿌리가 가는 식물은 크고 빨리 자라며 뿌리가 굵은 종류보다 비료를 덜 필요로 한다.

20-3-4 시비 비용

몇 개 분식물만 있는 일반 가정에서 시비 비용은 별 문제가 아니지만 분식물이 많은 넓은 실내공간에는 어떤 비료를 선택하느냐에 따라 비용이 달라진다. 비료는 질소를 기준으로 결정한다(표 20-7). 시비 비용을 계산할 때는 질소 구입비뿐만 아니라 질소의 형태, 화학적 순도, 수용성, 한결성, 시비방법, 다루기 용이함, 인건비도 함께 고려되어야 한다.

표 20-7. 복합비료 선정을 위한 가격 비교

성분 구성 비율	비료 가격 예	질소비료 가격
18-6-12	20,000원/1kg	20,000원/질소 180g → 111원/질소 1g
12-6-6	8,000원/500g	8,000원/질소 60g → 133원/질소 1g

20-4. 토양검사와 조직검사

('22. 실내 분식물 관리' 참고)

20-5. 토양 산도

분식물 디자이너 또는 관리자는 토양 산도에 관심을 가져야 한다. pH는 '수소이온의 수에 의한 잠재적 산도'의 약자로 보통 산도로 불린다. 단위는 pH 1에서 pH 14까지 있고 pH 7이 중성이며 숫자가 내려갈수록 산성, 숫자가 올라갈수록 알칼리성(혹은 염기성)이 강해진다. 매 숫자단위는 10배수로 늘어나 예를 들면 pH 6은 pH 5의 10배, pH 7은 pH 5의 100배가 된다.

토양의 pH가 중요한 이유는 토양 속의 질소(N), 인산(P), 칼륨(K)을 비롯한 모든 필수 요소들이 산도에 따라 뿌리에 흡수되는 정도가 다르기 때문이다. 즉, 토양 산도는 식물에 필요한 광물질의 유용성에 영향을 미쳐 어떤 물질은 산성에서는 흡수되지 않으며 반대로 알칼리성에서 흡수되지 않는 물질도 있다. 강산성 토양에서 알루미늄(Al)과 망간(Mn)의 용해도가 증가하여 식물에 독성을 끼친다.

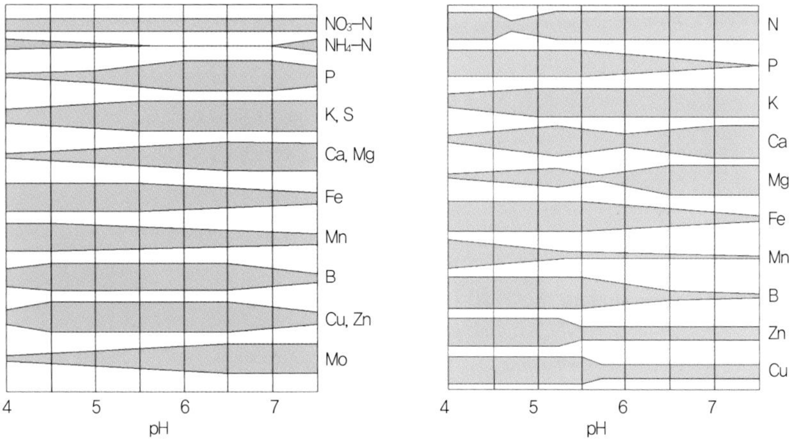

그림 20-3. 자연토양(좌)과 인공토양(우) 광물질의 유용도에 대한 산도의 영향(Koths, 1976; Peterson, 1982)

표 20-8. 15cm 용기에 담겨져 있는 토양의 산도를 바꾸기 위해 필요한 소석회와 황의 양(Manaker, 1987)

6.0~7.0으로 바꿀 경우		5.0~5.5로 바꿀 경우	
현 토양의 산도	첨가 양	현 토양의 산도	첨가 양
3.5~4.0	4tsp 소석회	3.5~4.0	2tsp 소석회
4.0~4.5	3tsp	4.0~4.5	1tsp
4.5~5.0	2tsp	4.5~5.0	1/2tsp
5.0~5.5	1 + 1/2tsp	5.0~5.5	1/4tsp 가루 황
5.5~6.0	1tsp	5.5~6.0	1/2tsp
		6.0~6.5	3/4tsp
		6.5~7.0	1tsp
		7.0~7.5	

그림 20-3은 각 pH의 영역에서 어떤 광물질이 잘 흡수되는가를 폭으로 나타낸 것이다. 그림에 의하면 모든 양분 요소의 폭이 pH 6.0과 6.5 사이에서 공통적으로 두꺼워짐을 알 수 있다. 다시 말해 토양이 약산성일 때 비교적 모든 광물질이 가장 잘 흡수되는 것이다. 대부분의 관엽식물은 산도 6.0~6.5인 약산성에서 필요한 광물질이 골고루 유용한 상태로 있다. 자연토양은 6.5~6.8을 유지하고 인공토양은 5.5~6.0 정도를 유지한다(Manaker, 1987).

강산성이나 강알칼리성 토양은 약산성으로 개량해야 하는데 pH를 알칼리 쪽으로 올리기 위해서는 석회석 분말을 토양에 섞는다. 반대로 pH를 산성 쪽으로 내리려면 스패그넘 피트모스나 부엽토와 같은 유기물질 또는 유황분이나 철분을 넣어준다. 화학비료를 투여하면 토양은 점진적으로 산성화된다(표 20-8).

화학비료로 인한 토양의 산성화는 우리나라 자연토양에서 심각한 문제이다. 유기질 첨가물이 중요한 의미를 갖는 것은 토양을 약산성 쪽으로 개량한 후 그 범위에 오랫동안 머물게 하는 효과가 있

① 토양 1 + 증류수 2 혼합 ② 교반기로 30분 저어줌 ③ 침지 ④ 토양 산도측정지나 토양 산도측정기로 측정

그림 20-4. 토양 산도측정지와 측정기

기 때문이다. 화학비료를 장기간 투여한 토양은 강산성이 되고 중성 방향으로 개량하기 위해 석회석을 뿌리는데 그 효과는 일시적이다. 그러므로 반복적으로 시행하는데 퇴비와 같은 유기물은 토양을 바람직한 pH에 고정시켜 준다.

시비를 함에 따라, 그리고 물의 잔류물이 축적되면 시간이 지나면서 토양 산도는 변하므로 정기적인 산도검사를 하는 것이 바람직하다. 산도는 토양검사시에 얻어질 수 있지만 현장에서 저렴한 산도측정기나 산도 측정 용지를 이용해 측정할 수 있다(그림 20-4).

토양 산도를 교정해야 하면 다음 지침을 이용할 수 있다. 관수시 석회수로 토양을 적시면 가루 석회(소석회, $Ca(OH)_2$)보다 산도를 더 빨리 올려줄 수 있다. 1L의 물에 1g의 수화 석회를 녹여 잘 젓는다. 산도는 1/2~1 단위로 오른다. 2주 이내에 다시 검사를 해서 여전이 낮으면 같은 비율로 또 적셔준다. 그 효과가 오래 지속되지 않지만 천천히 작용하는 가루 석회가 반응할 때까지는 충분하다. 수화 석회는 화상을 입지 않도록 주의해야 한다. 젖은 손으로 사용하면 안 되고 눈을 보호해야 한다.

20-6. 염분(soluble salts)

토양 내에 있는 수용성 광물질을 수용성 염분이라 한다. 염분은 토양으로부터 나오거나 비료 또는 관수된 물로부터 발생한다. 염분이 낮다는 것은 식물체가 정상적인 기능을 하기 위해 흡수할 수 있는 양분이 불충분하다는 것이다. 1,000ppm을 넘는 높은 농도의 염분은 뿌리에 의한 물의 흡수를 저해하면서 심한 경우에는 뿌리 수분이 토양으로 빠져나와 식물 내에 염분의 축적이 일어난다. 독성 수준의 염분은 뿌리에 해를 입혀 양분과 수분 흡수를 완전히 막고 식물을 죽게 할 수도 있다. 염분

원인	증상	해결
· 과다 비율로 시비 · 자주 시비 · 토양을 완전히 적실 충분한 수분이 공급되지 못함 · 토양 배수 불량 · 부분적으로 Ca, Mg, NaCl, 그리고 탄산염의 농도가 높은 수분 사용 · 자주 시비시 식물체를 너무 건조하게 유지 · 비료 보유력이 높은 토양 사용	· 시듦 · 잎의 황화 · 생장 부진 · 줄기 정단부에서 시작하여 잎 가장자리와 선단 고사 · 뿌리 해, 그리고 고사 · 토양 표면에 염분 덩어리 축적	· 다량의 물로 토양을 완전히 여과하여 과잉 염분 제거. 30~60분 지나 다시 용탈시킴 · 정기적인 관수로 충분한 수분 공급 · 과도한 비료를 피함 · 경수는 사용 전 24시간 동안 방치하여 Ca, Mg 등의 이온 가라앉혀 잠재적 염분 감소시킴

그림 20-5. 염분 축적의 원인과 증상, 해결방법

은 토양 표면이나 화분 가장자리에 흰 소금 같은 결정체가 축적되는 것으로도 알 수 있다.

수용성 염분은 다음의 한 가지 또는 복합적인 원인으로 인해 축적될 수 있으며, 이로 인한 식물의 증상과 해결방법은 그림 20-5와 같다(Manaker, 1987). 염분을 다량의 물로 씻어내릴 때 배수구가 없는 용기나 실내정원은 이 방법을 적용할 수 없으므로 토양을 갈아준다. 만일 높은 염분이 과도한 양의 지효성 비료로 인한 것이라면 다량의 관수는 더 많은 무기염류를 방출하게 하고 더 복잡한 문제를 발생시킬 수도 있다. 지효성 비료가 토양 표면에 있다면 제거한다.

전문적인 실내 분식물 관리자는 염분측정기로 수용성 염분의 수준을 빠르고 쉽게 측정할 수 있다. 채취한 토양 샘플을 물과 혼합하여 일정시간 후 염분측정기를 이용해 분석한다(그림 20-6, 표 20-9).

토양 샘플을 채취한다. ⇨ 토양 용량을 측정한다. ⇨ 샘플을 2배 용량의 증류수에 혼합한다. 수돗물 이용시에는 미리 측정한 염분을 차감한다. ⇨ 물에 넣은 토양을 30분간 자주 저어준다. 유기물이 높은 혼합물은 3~6시간 저어준다. ⇨ 염분측정기로 염분 함량을 측정한다.

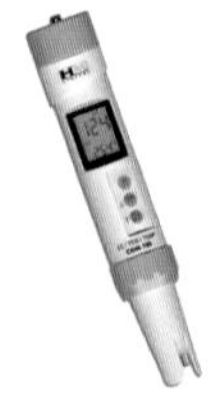

그림 20-6. 토양 염분 측정방법

표 20-9. 토양 : 물을 1 : 2로 희석 후 측정한 염분 해석

자연토양이 포함된 토양 (mhos × 10^{-5})	인공토양(피트모스, 바크 포함) (mhos × 10^{-5})	해석
0~50	〈 100	매우 낮아 식물 양분 부족
51~125	100~200	대부분 식물에 만족
126~175	200~350	필요양보다 약간 더 높고, 몇몇 식물에 해를 줄 수 있음
176~200	〉350	보통 식물에 해를 줌
200 이상	〉350	양이 과도하고 심한 해를 줌

20-7. 독성물질(toxic substances)

시비시 비료나 물과 관련하여 불소화합물(fluorides)이나 염소, 연수와 같이 식물체에 피해를 입힐 수 있는 독성물질에 주의해야 한다.

베이비 돌 코르딜리네(*Cordyline* 'Baby Doll'), 자네트 크래이그 드라세나(*D. deremensis* 'Janet Craig')

등과 같은 관엽식물은 토양 중 불소화합물의 해에 민감한 것으로 알려져 있는데, 노엽의 잎 끝이나 가장자리를 따라 갈색 괴사점이나 반점이 생긴다(Manaker, 1987). 불소화합물로 인한 식물의 피해는 불소를 넣은 물, 과인산염 비료(1.5% 불소 포함), 피트모스나 버미큘라이트, 펄라이트 등이 첨가된 토양, 그리고 대기의 불소로 인해 발생한다. 베이비 돌 코르딜리네(*Cordyline* 'Baby Doll')는 0.15ppm인 소량의 불소에 의해서도 피해를 입는다.

피해를 줄이는 가장 중요한 방법은 토양의 pH를 6.0~6.5로 유지시키는 것인데 이 산도에서 대부분의 불소는 불용성이 된다. 0.1ppm 이하의 불소를 함유하는 물을 사용하면 불소의 해를 감소시킬 수 있다. 도시의 수돗물은 충치예방을 위해 1.0ppm 정도의 불소를 함유할 수 있어 민감한 식물은 그 물을 실내온도에서 24시간 동안 두었다가 불소화합물이 없어진 뒤 사용하는 것이 좋다. 불소의 해가 있다면 용기의 토양에 과인산염을 시비하면 안 되고 불소 함량이 높은 펄라이트나 독일 피트모스와 같은 인공토양 사용도 피한다. 사용해야 한다면 펄라이트를 물로 씻어주는 것이 좋다.

도시의 식수 정수제로 사용되는 염소(chlorine)가 포함된 물은 식물체에 피해를 입힐 만큼의 많은 양이 존재하지 않는다. 불소처럼 24시간 동안 물을 받아 공기에 노출시키면 염소를 제거할 수 있다.

경수를 연수(softened water)로 만들기 위해 양이온치환 수분연화제로 식용 소금, 염화나트륨을 사용하는데, 이것은 경수의 칼슘과 마그네슘을 치환하기 위한 것으로 수분 내에 나트륨의 농도를 높일 수도 있다. 그래서 연수로 관수를 하면 나트륨의 증가로 인한 염분 증가로 식물체가 피해를 입을 수도 있다.

21. 병충해

식물은 살아가면서 끊임없이 미생물과 해충의 공격을 받고 부적합한 환경조건에 의해 건강을 위협받는다. 대부분 이런 시달림을 잘 견디지만 환경조건이나 기타 요인에 의해 건강이 약화되었을 때 버티질 못하고 식물은 앓기 시작한다. 식물의 건강이 미생물에 의한 공격으로 악화된 것을 병 또는 병해라 하고 해충 때문일 경우에는 충해, 그리고 환경요인 또는 생리적 문제일 경우에는 장해라 한다.

소독이 된 깨끗한 토양을 이용하고 생육에 적절한 환경을 유지해 준다면 실내에서 이용되는 관엽식물에는 병충해(病蟲害, pests and diseases)가 잘 생기지 않는다. 그러나 일단 병충해가 발생하면 원인을 찾아 치료를 해주어야 하는데 실내공간에서는 사람들에게 해가 되거나 냄새가 나기 때문에 작물보호제를 살포할 수 없어, 발생 즉시 문제가 된 식물과 그 부근의 토양을 갈아주어야 하는 경우가 많다. 토양 내 뿌리를 통해 식물에 흡수되어 지속적으로 약효를 유지하는 가정용 작물보호제나 친환경 유기농약이 개발되고 있지만 모든 병충해에 적용되지는 않는다.

이 장에서는 실내공간 분식물에 흔히 발생하는 충해와 병해는 어떤 것들이 있는지, 어떻게 방제할 수 있는지, 그리고 병충해가 발생하지 않도록 예방할 수 있는 방법은 무엇인지 살펴보기로 한다.

21-1. 충해(蟲害, pests)

해충은 경제적 목적을 달성하는데 방해가 되거나 인간생활에 불편을 끼치는 작은 동물들을 총칭하는 것으로 대체로 곤충류를 의미한다. 실내식물에 서식하는 해충은 자연 식물에 서식하는 해충보다 훨씬 적고 식재 이전에 토양소독을 하거나 순화기간 중에 방제작업을 마치면 피해를 최소화할 수 있다.

다음은 전형적인 실내식물의 해충과 방제방법들이며 이 중에서 가장 흔하게 발생하는 해충은 진딧물, 깍지벌레류, 응애류의 3종이다.

21-1-1 진딧물(aphides)

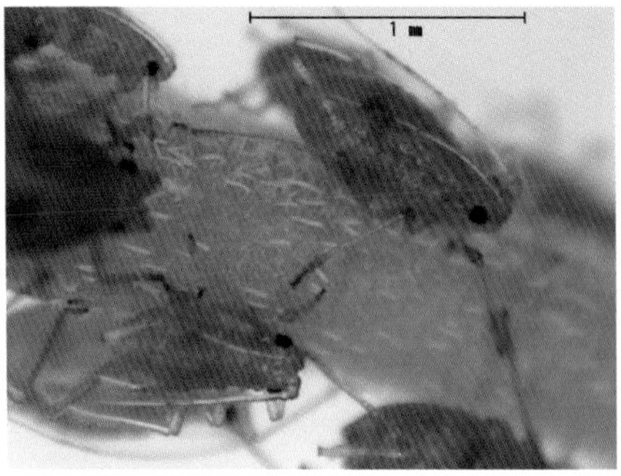

그림 21-1. 진딧물

진딧물은 길이 1.4~1.6mm로 서양배 모양을 한 곤충이며 보통은 녹색이지만 여러 색을 보인다(그림 21-1). 날개 없는 형태가 가장 일반적이고 긴 다리와 촉각이 뚜렷하게 보인다. 암컷은 교배 없이 유충을 번식시킬 수 있다. 번식이 매우 빨라 좋은 환경에서는 한 암컷이 8주 동안에 5천억 마리 정도의 많은 유충을 번식시킨다. 날개 있는 진딧물이 번식될 수도 있는데 이들에 의해 진딧물이 퍼뜨려진다. 수컷도 번식되면서 교배에 의해 수정란도 생긴다(Manaker, 1987).

진딧물은 줄기 끝, 새로운 생장부위와 어린잎의 아랫면에서 주로 발견된다. 그곳의 세포에서 즙액을 빨아 새잎과 눈, 꽃이 기형화되고 꼬부라지는 현상을 일으킨다. 진딧물은 점질의 단물을 배설하여 단물이 떨어진 잎의 표면은 광택이 많이 난다. 이 단물에 의해 그을음병(sooty mold)이 생기며 식물의 외관을 손상시킨다. 또한 진딧물은 질병을 전달한다.

진딧물 방제는 비교적 쉬운데 초기에는 화분을 기울여 호스로 물을 세차게 뿌려 닦아낸다. 이때 비눗물을 섞어 뿌리면 효과적이다. 진딧물 번식이 심할 경우에는 작물보호제를 살포해야 하고 심한 경우는 식물을 폐기, 소각해야 한다.

21-1-2 깍지벌레

실내식물을 감염시키는 깍지벌레는 약 20종이 있는 것으로 알려져 있다. 깍지벌레는 단단한 껍질을 가지고 있는 종류와 비교적 부드러운 몸을 가지고 있는 종류로 나뉜다. 실내에서 흔히 볼 수 있는 껍질이 있는 깍지벌레는 개각충(scale)이라고 하고, 껍질이 없는 깍지벌레의 한 종류인 가루깍지벌레(mealybug)는 솜털깍지벌레라 한다(그림 21-2).

껍질깍지벌레는 직경이 1.5~3.1mm 정도이고 몸을 둘러싸고 있는 껍질 때문에 쉽게 알아볼 수 있다. 모양은 반구형에서 타원형, 그리고 굴껍질 모양까지 다양하다. 껍질 아래에 있는 알이 유충으로 부화한다. 유충은 껍질에서 나와 짧은 기간 동안 기어 다니는데 작아서 확대경 없이는 볼 수 없다. 유충이 적당한 장소를 찾으면 정착하여 줄기나 잎의 세포에 입을 찔러 넣어 즙액을 빨아먹고 몸

그림 21-2. 깍지벌레

에 껍질이 형성된다. 암컷은 껍질 아래에 그대로 있으나 날개가 달린 수컷은 활발하게 움직이며 암컷과 교미한다. 암컷은 3개월 동안 1,000개의 알을 낳고 죽는다.

가루깍지벌레는 길이 0.42~0.63cm 정도이고 느릿느릿하게 움직이는데 부풀부풀한 왁스질의 실로 덮인 솜 같은 모양 때문에 일반적으로는 솜털깍지벌레라 불린다. 따뜻하고 습한 환경을 좋아해 온실이나 실내식물에서 쉽게 발견된다. 잎과 줄기, 엽액이나 줄기가 겹치는 부분 등 식물체의 가려진 부분에 무리를 지어 살기 때문에 부풀부풀한 흰색의 덩어리로 발견되는데 식물을 보기 흉하게 만든다. 알에서 성충 암컷이 되기까지 6~10주가 걸리는데 일년에 여러 세대가 만들어진다.

깍지벌레는 식물의 잎과 줄기를 공격해 즙액을 빨아 조직을 자라지 못하게 하고 잎색을 변형시키는데, 식물은 활력이 줄어 잘 자라지 않고 심할 경우 잎이 시들고 떨어지며 죽을 수도 있다. 배설된 단물은 아랫잎에 떨어져 그을음병을 유발시킨다.

깍지벌레 방제는 분식물을 실외로 옮길 수 있다면 작물보호제(살충제)를 이용하는 것이 가장 쉬운 방제법이나 유충시기가 아니면 껍질이나 왁스질 표면 때문에 살충제 침투가 어렵다. 껍질깍지벌레가 자리를 잡아 고정되면 일일이 손으로 떼어내어야 하므로 그 수가 많을 때는 방제하기 어렵다.

분식물을 실외로 옮길 수 없다면 난황유를 살포하거나 식물체에 상처가 나지 않도록 조심하면서 휴지로 긁어내거나 닦아야 한다. 사람과 환경에 큰 해를 끼치진 않지만 구석에 숨어 있던 유충이 계속 나오기 때문에 알코올에 담근 면봉이나 핀셋으로 구석구석 잡아내어야 하는데 시간이 걸린다. 암컷은 날지 못하고 멀리 기어가지 못해 접촉에 의해 감염이 일어나니 감염된 식물과 그렇지 않은 식물을 가까이 두지 않는다. 심하게 감염된 부분은 식물체를 부분적으로 제거하거나 전체를 폐기해야 한다. 무당벌레(*Cryptolaemus montrouzieri*)가 가루깍지벌레와 그 알을 먹고, 기생벌(*Leptomastix* spp.)도 가루깍지벌레 제거에 유용하지만 실내에서는 실행시키기 어렵다.

21-1-3 응애(mites)

응애는 곤충(insect)이 아니라 거미류이다. 응애는 몸 색깔이 투명한 것부터 붉은색, 검은색 등 다양하며 발생시기에 따라 색이 달라지기도 한다(그림 21-3). 크기가 0.5mm도 되지 않는 것이 많으므로 눈으로 구분하기 어렵다. 그러나 모여 살며 거미줄 같은 가느다란 실을 뽑아 표면 또는 가장자리를 덮으므로 응애의 존재를 알 수 있다. 응애는 알을 주로 잎 뒷면에 낳아 번식하며 한 해에도 여러 번 발생한다. 응애의 종류에 따라 알에서 성충까지 짧으면 5일, 길면 20일 정도 걸리기도 한다. 응애는 거미류로서 새끼에서 바로 성충이 되는 불완전변태를 한다. 덥고 건조한 환경에서 응애의 밀도는 급격하게 증가한다.

응애는 약 70종이 있으나 점박이응애(*Tetranychus urticae*)와 차응애(*Tetranychus kanzawai*)가 실내식물에 많이 번식한다. 점박이응애는 크기가 0.4mm 정도로 옅은 누런색 또는 누런 녹색의 몸 좌우에 위 속의 내용물이 검은 무늬처럼 비쳐 보여 점박이응애라 한다. 차응애는 몸 전체가 적갈색을 띠는데 매우 작고 가벼워 성충과 약충 모두 바람에 날려 주변으로 전파된다.

특히 응애의 밀도가 높아지면 거미줄 같은 실을 따라 응애들이 많이 움직이고 끝부분에 뭉치듯이 모이는 경우가 많으므로 쉽게 눈에 띈다. 응애는 대부분 잎의 뒷면에 서식하면서 구기(입)를 잎 세포 속으로 찔러 넣고 엽록소 등 세포 내용물을 빨아먹는다. 따라서 잎에 뚜렷한 증상이 나타나지는 않으나 잎 전반에 걸쳐 먼지가 앉은 듯 색이 흐려지는데 자세히 보면 바늘 끝으로 찌른 듯 작은 흰색이나 누런색의 점들이 잎에 널리 퍼져있는 것을 볼 수 있다. 심하면 갈색으로 마르고 결국 떨어진다. 응애는 어린잎보다는 이미 다 자란 잎들을 좋아하기 때문에 큰 잎에 이러한 증상이 잘 나타난다. 응애의 피해를 받은 잎들은 일찍 떨어지며 꽃눈 형성이 불량할 수도 있다(Manaker, 1987).

응애는 가해하는 식물의 종류가 매우 다양하고 번식력이 강하여 피해가 급격히 진전되는 경우가 많다. 물에 약하기 때문에 정기적으로 잎 뒷면에 호스로 물을 뿌려서 수를 줄일 수 있지만 실내에

그림 21-3. 레몬 버베나와 알로카시아의 응애

서는 이 방법이 쉽지 않아 피해 진행이 빠를 수 있다. 발생 즉시 응애 방제용 작물보호제(살비제)를 1~2회 살포해야 한다. 응애류는 알, 약충, 성충이 약제에 대해 반응하는 정도가 달라 알과 성충에 모두 효과적인 작물보호제를 사용하는 것이 좋다. 약제는 응애 발생 초기에 살포하는 것이 좋아 분식물을 실외로 옮길 수 있으면 옮긴 후 서식부위를 고려해 잎 뒷면을 포함하여 식물체 전체에 충분히 살포하여야 한다. 응애류는 약제에 대한 저항성이 쉽게 나타나므로 계속 사용해야 할 경우 계통이 다른 약제를 바꾸어 가며 사용한다.

21-1-4 흰파리(white flies)

흰파리는 크기 1.5mm 정도의 해충으로 흰가루를 쓴 작은 파리같이 생겼다(그림 21-4). 잎 뒷면에 가득 모여 있는 알이 유충으로 깨어나면 잎을 공격해서 탐욕스럽게 먹는다. 유충은 난형이고 납작하며 연녹색이다. 자라면서 네 번의 탈피 중간 단계인 영기를 가진다. 약 30일이 지나면 날개가 4개 달린 성충이 보이는데 암수 모두 날아다니고 잎 뒷면에 서식하며 성충은 30~40일 정도 산다. 잎을 흔들면 눈가루 같은 흰파리가 날아가는 것으로 감염된 것을 알 수 있다. 식물의 즙액을 빨아먹어 식물의 활력을 줄이고 황변, 고사, 낙엽을 일으킨다. 단물을 배출해서 그을음병도 유발시킨다(Manaker, 1987).

감염된 식물은 세대가 겹쳐 언제라도 모든 상을 볼 수 있어 방제가 어려우므로 대여섯 번 자주 처리해야 한다. 잔류독성이 적은 말라치온을 사용하면 흰파리와 알을 제거할 수 있으나 성충은 날아다니므로 수차례의 살포가 필요하다. 신기루라고 하는 호르몬제는 성충을 불임시키므로 3회 정도 뿌리면 거의 전멸시킬 수 있으나 실내에서는 어렵다.

그림 21-4. 흰파리

21-1-5 삽주벌레(thrips)

삽주벌레는 벼룩같이 생긴 작은 벌레로 간신히 보일 정도이며 홀쭉한 몸체를 가지고 있고 황갈색과 검은색을 띠며 밝은 무늬가 있다(그림 21-5). 알을 잎의 찢어진 틈에 쌓으며 낳아 2~7일이면 유충이 알을 까고 나온다. 성충이 되기까지 4번의 중간 단계를 거치는데 한 세대에 25~35일이 소요된다. 삽주벌레는 잎과 꽃의 조직을 갈고 찢어 버린다. 구멍난 주변의 조직이 건조해짐에 따라 특징적인 은색 반점이 나타난다. 잎이 뒤틀리고 황화, 낙엽이 일어난다. 잎의 뒷면은 해충의 배설물인 검은 얼룩으로 훼손된다(Manaker, 1987).

발생 초기에는 분식물을 기울여 비눗물을 타서 호스로 씻어내면 되고, 심할 경우에는 말라치온을 잎의 아래쪽에 살포하여 방제한다.

그림 21-5. 삽주벌레

21-1-6 선충(nematodes)

선충류는 극히 미세한 지렁이 같은 벌레로 길이가 1mm 이하이고 투명하여 육안으로는 잘 보이지 않는데 토양 수분 속을 헤엄쳐 다니며 뿌리에 서식한다. 선충은 뿌리에 만든 혹에 알을 낳고 부화한 유충은 토양을 통해 이동하여 부드러운 뿌리를 뚫고 들어가는데 이렇게 하여 새로운 감염이 시작된다. 선충은 마른 조직에서도 3년까지 살아 있을 수 있다.

선충은 감염된 식물의 잎이나 뿌리를 손상시키고 즙액을 빤다. 선충류에 감염된 관엽식물의 잎 아랫면은 박테리아나 곰팡이에 의한 잎 반점과 유사한 증상을 보이며, 그 반점은 갈색에서 결국 검은색으로 변한다. 잎 전체가 감염될 수도 있다. 식물체의 생육 저하, 잎의 황백화, 영양결핍 증상과 위조현상도 선충류 때문일 수 있다. 선충은 또 관엽식물의 뿌리에 많은 병변과 혹을 만들 수 있으며 그 외에도 뿌리 선단이 부풀거나 상처를 입는다. 일단 감염되면 식물의 활력이 떨어진다(Manaker,

1987).

선충은 방제하기 어려우나 살균소독된 토양을 사용하면 실내 분식물에서는 발생하지 않는 편이다. 감염된 식물은 제거해야 한다.

21-1-7 괄태충(括胎蟲, slugs)과 달팽이(snails)

연체동물인 괄태충은 껍질 없는 달팽이로 길이는 1.3~10cm이며 회색에서 갈색을 띠고 잎, 줄기, 뿌리를 먹고 산다. 낮에는 주로 토양과 같이 축축한 구석에 숨어 있다 밤에 나와 활동하는 야행성으로, 기어간 자리에 반짝이는 분비물을 남기므로 그 존재를 알 수 있다. 한 달 안에 크기는 작지만 성충과 유사한 유충이 알을 까고 나온다. 천천히 성장하고 1년 또는 그 이상 산다.

방제방법은 직접 잡거나 달팽이가 기어가지 못하는 모래로 식물을 에워싸거나, 접시에 맥주를 담아 놓으면 유인되어 빠져 죽는다. 냄새로 유인해 제거하는 유인제로 쉽게 방제할 수 있다.

이상 열거한 대표적인 해충 외에 개미가 진딧물을 옮기며, 지렁이와 거머리가 화분 배수구로 들어가 토양 속에 있다 바깥 기온이 덥거나 추워지면 기어 나오므로 배수구를 방충망 조각으로 막을 필요가 있을 때도 있다. 바퀴벌레, 집게벌레, 구더기, 귀뚜라미 등도 실내식물에 해를 끼치나 피해가 심각하지는 않다.

21-2. 병해(病害, diseases)

식물에 병이 발생하기 위해서는 세 가지 조건이 맞아져야 한다. 적절한 숙주식물과 병원균, 그리고 병원균을 생장시킬 수 있는 환경이다(그림 21-6). 숙주식물은 실내에서 사용되는 관엽식물을 비롯한 실내식물이 해당된다. 식물에 병을 일으키는 원인인 병원균은 여러 종류가 있는데 가장 흔한 것은 곰팡이(fungi)이며 이 외에도 바이러스(viruses)나 세균(bacteria), 파이토플라스마(phytoplasma) 등에 의한 병도 자주 나타나고 있다.

곰팡이는 우리 주변에서 흔히 볼 수 있는 미생물로서 주로 바람이나 물에 의해 전염되며, 세균과 파이토플라스마는 주로 흡즙성 해충에 의해 전염된다. 바이러스는 매우 작아서 일반 현미경으로 볼 수도 없으며 접촉이나 해충 등에 의해 전염된다.

숙주식물		병원균		환경
관엽식물 등 실내식물	+	곰팡이(fungi), 바이러스(viruses), 세균(bacteria), 파이토플라스마(phytoplasma) 등	+	고온다습

그림 21-6. 실내공간에서 병해는 세 가지 조건이 맞아야 일어난다

병원균은 적당한 조건이 되면 다양한 범위의 식물을 감염시킬 수 있는데 식물에 병이 나기 좋은 조건은 고온다습이다. 특히 온도와 습도가 모두 높을 때 식물에 병이 많이 일어난다. 병을 일으키는 병원균들은 좋아하는 온도 범위가 있기 때문에 너무 낮거나 너무 높은 온도에서는 오히려 병이 줄어든다. 그러나 어떤 병들은 온도가 낮을 때 더 많이 나타나기도 한다. 병이 가장 많이 나타나는 습도는 포화습도, 즉 상대습도 100%로 거의 모든 병들은 습도가 높으면 높을수록 더 잘 생긴다. 세 가지 발병 조건 중에 어느 한 가지가 빠져도 발병되지 않는다.

평균적인 실내환경은 습도가 낮아 병이 발생하는 경우는 많지 않다. 발병한다면 부적절한 생육환경에 의한 스트레스에 의한 것으로 스트레스를 제거해 줌으로 문제를 해결할 수 있다. 병을 발생하게 하는 생육환경 요인은 과다관수, 배수불량, 높은 공중습도, 너무 높은 혹은 낮은 온도, 부족한 광선, 과잉시비, 상처 등이다. 이 중에서 병원균이 서식하는 가장 큰 원인은 과습한 환경으로 지나치게 젖어있는 잎과 뿌리에 병이 발생한다. 그러므로 관수와 관수 사이에 주기적으로 잎과 뿌리를 말리는 건조기간을 두어 병의 발생을 줄이는 것이 좋다.

발병한 식물체의 일반적 증세는 생육 저해, 황백화, 잎에 나타나는 반점, 낙엽, 잎이 타는 현상, 그리고 뿌리와 줄기의 썩음 등이다. 무엇보다 질병이 진단되고 방제된다 해도 병해를 입은 잎은 정상으로 돌아오지 않으므로 새잎이 나서 관상가치를 되살릴 때까지 시간이 걸린다는 것을 알아야 한다.

21-2-1 뿌리썩음병(root rot disease)

뿌리썩음병은 관수가 부적절한 실내식물에 잘 나타난다. 뿌리가 죽으면 지상부도 따라 죽기 때문에 식물을 키울 때 관수관리는 매우 중요하다. 관수관리가 잘못되었을 때 나타나는 피해들은 많은데 그중에서도 감염에 의한 병의 위험이 가장 큰 편이다. 분식물의 토양 부위를 잘 살펴보면 줄기가 데친 듯이 약간 무른 것을 볼 수 있고 심한 경우에는 뿌리 근처 또는 줄기 어딘가에 곰팡이가 자라는 것을 발견할 수 있다. 곰팡이에 감염된 것이다. 곰팡이뿐만 아니라 몇 종의 병원균은 과도한 수분

표 21-1. 뿌리썩음병을 일으키는 곰팡이 병원균

병원균	증상
라이족토니아 (*Rhizoctionia*)	모든 식물조직이 감염될 수 있고 죽은 조직은 곰팡이의 몸체인 뚜렷한 적갈색의 균사체가 나타난다. 토양 표면 또한 곰팡이로 덮인다.
파이토프토라 (*Phytophthora.*)	뿌리뿐만 아니라 잎을 감염시킬 수도 있다. 반점을 만들고 성숙한 식물조직을 감염시켜 식물 전체를 붕괴시킬 수 있는 역병을 일으킨다.
푸사리움 (*Fusarium*)	토양에 서식하는 대표적인 토양 전염성 병원균으로 감염되면 식물이 시들고 뿌리가 썩는다.
피시움 (*Pythium*)	피시움은 젖은 상태에서 잘 자라는 물곰팡이이다. 감염된 식물체는 하부에서 상부로 잎이 점진적으로 황화되면서 시든다. 뿌리는 끝부터 붕괴되고 검게 변하며 뿌리 외부가 벗겨지며 썩는다.
균핵 (*Sclerotium*)	토양 표면에 흰색 곰팡이가 심하게 나타나 식물체를 감염시킨다. 겨자씨 정도 되는 크기의 흰색에서 갈색 균핵이 뚜렷하게 나타난다.
실린드로클라디움 (*Cylindrocladium*)	아랫잎이 황화되고 시들기도 하며 결국 전체 식물이 황백화된다. 엽병이 썩어버릴 수도 있다. 뿌리는 검게 변하고 흐물흐물해진다.

상태의 토양에서 잘 자란다. 전형적인 증세는 식물체가 시들고 아랫잎부터 황화되면서 낙엽이 지고, 갈색에서 검은색으로 뿌리가 썩으면서 결국 죽는다. 근계를 조사하여 병원균의 감염 여부를 알 수 있다(표 21-1).

뿌리썩음병은 예방이 최선책이다. 통기, 배수가 잘 되고 살균소독된 토양을 이용해야 한다. 과다 관수하지 않도록 주의한다. 발병하면 관수 횟수를 줄이고 치료 가능할 것 같으면 병원균을 방제하기 위해 토양을 살균제로 적신다. 살균제를 선택하기 위해 병원균의 종류를 파악해야 하는데 전문가가 아니면 구분하기 쉽지 않다. 살균제는 라벨의 지시에 따라 섞는다. 재차 살균제를 사용하는 것은 3개월 이후라야 한다. 증세가 심하면 식물을 제거해야 한다.

21-2-2 줄기와 잎의 병

실내 분식물의 줄기와 잎에는 뿌리에 비해 병이 많이 생기지 않지만 종종 병이 생길 때가 있다. 병에 감염되지 않도록 하기 위해 지속적인 관리가 중요하다. 식물에 관수할 때는 잎이 너무 오래 젖어 있지 않도록 하고 통풍이 잘 되도록 한다. 감염된 잎이나 식물체를 제거하여 병이 확산되는 것을 막는다. 흰가루병균을 제외하고는 관엽식물류에 나타나는 모든 병원균은 작물보호제를 사용하지 않고도 식물을 건조하게 유지함으로써 병에 감염되는 것을 막을 수 있다. 분식물 디자이너가 병원균을 진단하기는 어려우나 일단 병원균이 진단되면 추천되는 살균제로 병을 제거할 수는 있는데 실외

표 21-2. 줄기와 잎의 주요 병 종류와 증상 및 방제

병명	증상	방제
잎반점병	박테리아나 곰팡이의 침입이 원인으로 가운데가 검고 가장자리가 노란 반점이 엽면에 발생한다. 과잉관수, 높은 공중습도, 냉해, 저광, 환기 불량이 원인이며 갑자기 반점이 나타나는 수가 많다.	병든 잎을 따내고 작물보호제를 살포한다.
그을음병	진딧물과 깍지벌레가 엽면에 배설한 단물 위에 핀 검은 곰팡이로 검게 그을어 보이고 다습한 환경에서 자주 발생한다. 식물에 직접적인 해를 가하지는 않으나 광선 투과를 방해하여 광합성작용에 장애를 일으켜 수세가 약화된다. 증상은 흰가루병과 유사하다.	원인이 되는 해충을 제거하고 작물보호제를 살포한다.
잿빛곰팡이병	잿빛곰팡이병균(*Botrytis cinerea*)은 습도가 높고 기온이 20~25℃ 정도일 때 20시간 안에 감염이 되는데 기온이 이보다 높든지 습도가 낮은 환경에서는 감염시간이 길어진다. 이들이 감염하는 식물의 종류도 매우 다양해 가정에서 키우는 식물들은 이 병에 잘 걸린다. 건전한 녹색조직에는 침입하지 않으며 죽거나 늙은 조직, 그리고 상처가 있는 조직들에만 침입하여 병을 일으킨다. 감염된 조직에는 옅은 갈색 내지 진한 갈색의 잿빛무름 현상이 나타난다.	청결과 환경개선이 가장 좋은 방제 방법이다. 특히 토양 표면의 죽은 조직을 제거하고 식물체가 상처받지 않도록 한다. 습도를 낮추어 준다. 일부 잿빛곰팡이병균은 특정 살균제에 저항성을 보이므로 비슷한 살균제를 지속적으로 사용하는 것은 피한다.
흰가루병	잎이나 줄기에 흰가루를 쓴 것 같은 곰팡이가 번지는데 높은 공중습도나 잦은 엽면살수로 잎이 젖어 있기 때문이다. 또 질소비료의 과다시비로도 발생한다. 그을음병처럼 단물 위에 번식하지 않고 잎에 직접적인 해를 가하여 잎모양이 말아든다.	습도를 낮춘다. 작물보호제를 살포한다.
모자이크 얼룩무늬병	진딧물이 옮기는 바이러스가 원인이며 엽면에 모자이크 무늬의 반점이나 줄무늬가 생긴다. 생육이 부진해지고 기형의 꽃이 핀다.	진딧물 제거가 우선이고 일단 발생하면 치료법이 없으므로 식물을 폐기해야 한다.

로 옮길 수 있어야 한다(표 21-2).

21-3. 방제

실내에서 화학적 작물보호제의 사용은 어려우므로 실내식물에 대한 좋은 방제는 발병 전 예방하는 것이다.

해충을 효과적으로 방제하기 위해 생활상을 이해하는 것은 중요하다. 왜냐하면 어떤 해충은 생장단계에서 잘 죽지 않기 때문이다. 예를 들면 진딧물은 쉽게 죽지만 깍지벌레의 성충은 잘 죽지 않아 유충일 때 방제해야 한다. 곰팡이에 의한 병은 가장 흔하게 나타나지만 방제할 수 있는 살균제가 많이 개발되어 있다. 그러나 나머지 원인들에 대해서는 특별한 방제 약제가 없는 편이다. 바이러스에 의한 병은 병든 식물을 제거해버리는 방법 외에는 방제법이 따로 개발되어 있지 않다. 세균과 파이토플라스마의 경우에는 마이신류 항생제를 사용하면 효과를 볼 수 있으나 방제효과가 그리 크지 않

으며 여러 번 반복 사용할 경우에 저항성이 나타나 쉽게 사용할 수 있는 방법은 아니다.

21-3-1 예방

분식물의 병을 관리하는 가장 좋은 방법은 병에 걸리지 않도록 미리 방지하는 예방이며, 예방의 기본은 식물을 건강하게 키우는 것이다. 새 분식물의 도착과 함께 예방은 시작된다. 생산지에서 적용된 방제에도 불구하고 새로 받은 분식물에는 어떤 해충들이 생존한다. 새 분식물들은 기존의 분식물들과 격리하여 꼼꼼하게 검사한다. 아무리 작은 정도라도 감염된 식물은 판매 전 혹은 실내에 배치되기 전에 제거되어야 한다.

가능한 한 최적의 생육조건을 만족시켜야 하는데 스트레스를 받거나 약화된 식물은 더 쉽게 감염되므로 생육시 적절한 관리가 필수적이다. 해충과 병에 감염된 식물체를 제거하고 죽은 잎과 꽃을 뽑아내며 죽은 식물체를 제거한다. 가능한 한 모든 해충을 없애버려야 한다. 진공청소를 하는 것도 효과적이다.

식물체에 미지근한 물을 뿌려주면 진딧물, 응애, 그리고 다른 해충이 씻겨 내려간다. 가벼운 비눗물로 식물체를 씻어주는 것도 좋은 해충 방제의 한 방법이다. 잎 양면을 깨끗하게 하는 것도 중요하다. 가루깍지벌레와 진딧물에 약간 감염되어 있다면 면 스펀지에 알코올을 묻혀 제거한다. 그러나 알코올이 식물체에 해를 유발할지도 모르므로 식물체는 건드리지 않도록 주의한다. 그 외 미끼, 끈끈이, 덫 등을 이용할 수 있다.

21-3-2 화학적 방제(chemical control)

화학적 방제는 화학적으로 제조된 작물보호제를 이용하여 병충해를 방제하는 것이다(표 21-3). 실내에서 화학적 방제는 사람과 환경에게 해로울 수 있기 때문에 이용하기 어려우나 분식물을 실외로 이동시킬 수 있는 경우에는 효과적일 수 있다. 작물보호제는 그 자체의 독성보다 사용시기나 사용량을 제대로 지키지 않아서 문제가 되니 주의해야 한다.

화학적 살충제는 벌레와 다른 여러 해충을 죽이는데 쓰이는 독극물인데 사람과 동물에게도 해로울 수 있으므로 꼭 필요할 경우에만 사용한다. 살충제를 구입하기 전에 증상을 조회하고 그 살충제가 올바른 것인지 확인한다. 식물체에는 물론 사람과 동물에도 독성이 없어야 한다. 살충제는 잔여

표 21-3. 작물보호제의 구분

구분		역할
종류	살충제	식물 해충 방제
	살균제	식물 병원균 방제
	살비제	응애류 방제
	살선충제	선충 방제
	제초제	잡초 방제
	살서제	쥐 방제
	생장조정제	식물의 생리기능을 증진 또는 억제
	유인제	해충이 좋아하는 화학물질을 이용하여 해충을 유인하여 방제
	기피제	해충이 싫어하는 화학물질을 이용하여 해충의 접근을 막아 방제
성상	분제	고운 가루로 된 작물보호제로서 제품 그대로 살포
	입제	작은 입자 상태로 된 작물보호제로서 제품 그대로 살포
	수용제	물에 잘 녹는 재료를 분제로 만들어 물에 녹여 사용
	수화제	물에 녹지 않는 재료를 점토나 규조토를 증량제로 하여 계면활성제를 가하여 가루로 만들어 물에 타 쓸 수 있게 만든 작물보호제
	유제	물에 녹지 않는 재료를 유기용제에 녹여 계면활성제를 가하여 물에 타서 쓸 수 있게 만든 액체 상태의 작물보호제

표 21-4. 소독방법(Manaker, 1987)

구분	소독방법
분무 (sprays)	분무소독은 살충제를 물과 희석해서 해충이 서식하는 장소에 분사시켜 잔류되어 있는 살충제로 해충을 치사시키는 방법이다. 수화제보다 유제가 다루기 쉽고 잘 혼합되며 사용 후 잎에 좀처럼 찌꺼기가 남지 않는데 유제는 기름 성분으로 식물에 해를 끼칠 수 있다. 수화제는 물에 잘 녹지 않아 계속 저어주어야 하는데 잎과 줄기에 찌꺼기가 남기 때문에 씻어주어야 한다. 분무할 때 반드시 잎 양면과 줄기 엽병, 그리고 엽액 부위를 완전히 덮어 흘러가도록 분무한다. 식물이 시들었을 때나 태양 아래에서는 분무하지 않는다. 기온이 27℃ 이상일 때는 식물이 화학적 피해를 입을 수 있다.
연무 (aerosols)	연무소독은 압축통에 있는 살충제를 해충이 있는 공간에 분사시켜 해충을 치사시키는 방법이다. 연무소독 시에는 설명서에서 지시한 식물체로부터 노즐까지의 거리를 지킨다. 압축통에서 가스가 나올 때 증발이 매우 빨라 조직이 얼 수 있기 때문이다. 대부분 연무소독은 30℃ 이상의 온도나 잎이 젖은 상태에서 사용하면 식물체에 피해가 생긴다. 연무할 때는 식물체에 적절한 방법인지, 그리고 식물체에 안전한가를 확인해야 한다.
담그기 (dips)	식물체를 완전히 담글 수 있는 용기에 살충제를 섞어 식물체를 뒤집어 몇 초간 담구어 둔다. 토양이 떨어지지 않게 비닐로 싸고 손이 직접 살충제 용액에 닫지 않도록 한다.
토양 적시기 (drenches)	토양에서 발생하는 해충은 토양에 적당한 살충제 혼합물을 적셔서 방제할 수 있다. 수분 스트레스를 받고 있는 식물에는 토양 적시기를 하지 말고 관수한 다음 실행한다.
알갱이(granules) 올리기	토양 표면에 올려두는 살충제 알갱이는 안전을 위해 멀칭 아래에 두어 토양에 스며들도록 한다.

구분	소독방법
침투 (systemics)	약을 살포하기 어려운 곳에는 침투성 작물보호제를 사용할 수도 있다. 침투성 작물보호제는 주로 살충제로 사용하는데 토양에 뿌려 식물이 흡수하도록 하여 독성물질을 가진 식물로 만든다. 해충이 그 식물을 갉아 먹으면 독성분 때문에 죽게 된다. 식물의 독성이 없어지려면 시간이 많이 걸린다. 침투제는 대부분 독성이 강해 실내환경에서 애완동물이나 사람에게도 피해를 입힐 수 있으니 주의해야 한다.
훈증 (fumigation)	실내환경에서 병충해 방제를 위한 훈증은 불가능하다.

분이 없어야 하고 자극적인 냄새도 없어야 한다. 사용이 제한된 살충제는 구입과 사용에 주의한다. 실내에 사용할 수 있는 살충제는 매우 적다. 설명서는 주의 깊게 읽어야 하며 설명서에 특별히 금지시킨 어떤 것도 하지 않는다.

살충제는 분무, 연무, 담그기, 적시기, 알갱이 올리기, 침투, 훈증의 방법을 이용한다(표 21-4).

21-3-3 화학적 방제시 주의점

화학적 살충제를 사용할 때는 극도로 주의해야 하고 설명서의 지시를 따라야 한다(표 21-5). 어떤 살충제를 구입하기 전에, 그리고 사용에 앞서, 전체 설명서를 읽는다. 구입하는 살충제가 문제 해결

표 21-5. 화학적 살충제 방제시 주의점

구분	주의점
1	보호복을 입어 살충제가 피부에 닿는 것을 피한다. 팔다리를 덮고 장갑을 껴야 한다. 환기가 잘 되는 곳에서 살충제를 섞는다. 그리고 분무시는 흡입을 피하기 위해 자신으로부터 노즐(nozzle)을 멀리한다. 어떤 살충제는 호흡기를 써야 하는 경우가 있다.
2	설명서 표시대로 정확한 비율을 섞는다. 추천량보다 적게 사용하는 것은 해충구제에 효과가 없어 시간과 돈을 낭비하는 것이고, 적정량보다 많은 양의 혼합은 식물에 독성을 줘 피해를 주거나 죽게 할 수 있다.
3	살충제는 분무기구를 부식시킬 수 있다. 게다가 저장상태에서 질이 저하될 수도 있다. 여분을 하수구로 흘러 보내지 말고 그 지역의 규정에 따라 처리한다.
4	감염주에만 처리하고 필요량만을 처리한다. 잎 양면을 모두 흐르도록 분무한다. 애완동물과 그들의 먹이, 물을 옮겨 주고 어항에 덮개를 해서 오염되지 않도록 한다. 살충제를 사용하는 동안은 금연하고 음식을 먹지 않도록 한다.
5	사용하고 난 기구는 씻어서 마를 수 있는 장소에 보관한다. 남은 물질들은 봉해진 상태로 설명서를 붙여 환기가 잘 되는 창고에 보관한다.
6	살충제를 사용한 후에는 깨끗이 씻고 샤워를 하고 옷을 갈아입는다. 살충제가 눈에 들어가면 물로 깨끗이 씻어내고 안전한 의학적인 조치를 취한다. 만약 사용 후 증세가 악화되면 병원에 가거나 독극물 처리센터를 찾는다.
7	해충 방제법은 계속 바뀐다. 구체적인 문제가 확인되면 가까운 작물보호제 판매상이나 농업기관에 문의한다.
8	부적절하게 사용된 살충제는 식물체에 피해를 입힐 수 있다. 새로운 생장 부위가 가장 크게 영향을 받아 선단 부위와 엽연이 고사하고 잎에 흑반이 생기며 잎이 타는 경우가 있다. 그 피해는 살충제 사용 후 18~72시간 사이에 잘 나타난다. 그리고 일주일 이내에 피해 여부를 알 수 있다. 스트레스를 받은 식물체는 살충제를 사용하지 않는 편이 낫다.

을 위해 적절한 것인지 다시 한번 체크하고 모든 지시와 주의사항을 정확히 지켜야 한다.

21-3-4 친환경 및 유기적 방제

('24. 친환경 병충해 방제와 퇴비' 참고)

21-3-5 생물학적 방제(biological control)

('24. 친환경 병충해 방제와 퇴비' 참고)

21-4. 재배와 환경문제

실내식물에 나타나는 문제점의 대부분은 해충이나 질병에 의해서가 아니고 대부분 실내공간의 환경적 특성상, 토양, 광선, 온도, 수분, 대기, 물리적 장해 등의 부적절한 재배적 혹은 환경적 요인으로 인한 식물 스트레스에 의한 것이다.

식물을 건강하게 키우기 위해서는 대사활동이 원활하게 이루어질 수 있는 환경을 만들어 주어야 한다. 광합성을 위해 충분한 빛을 받을 수 있어야 하며 질소를 비롯한 무기염류의 흡수를 위해 토양에 수분과 비료성분이 적절히 있어야 한다. 식물을 심는 토양은 항상 깨끗한 것을 사용하며 배수가 잘 되어야 한다. 이미 식물을 재배하였던 토양, 특히 키우던 식물에 곰팡이가 피거나 무르며 죽었던 토양은 사용하지 않는 것이 좋다.

재배와 환경문제에서 일어나는 전형적인 증상은 유사한 것들이 많고 몇 가지 문제는 겹치므로 정확한 진단이 중요하다. 예를 들어 잎이 황화되는 현상은 한 가지 문제에 의한 것이 아니라 많은 요소들에 의해 일어난다. 잎의 황화가 노엽 또는 어린잎 중 어디에서 나타나는지, 그리고 전체적으로 일어나는지, 부분적으로 일어나는지를 아는 것은 문제를 진단하고 처방하는데 도움을 준다. 일단 문제의 원인이 밝혀지면 필요한 처방이 이루어져야 한다('22. 실내 분식물 관리' 참고).

22. 실내 분식물 관리

사람들은 구입한 식물이 실내에서 영원히 아름답게 남아있기를 기대하지만 어떤 실내환경에서도 식물은 시간이 지남에 따라 변화하면서 구입시의 상태와는 달라지게 된다. 비교적 좋은 실내환경에서 잘 관리된 식물은 분갈이를 하거나 전정할 정도로 자라기도 하지만, 부적합한 환경에서 잘 관리되지 않은 식물은 생육상태가 나빠져 죽는 경우가 대부분이고 살아 있어도 보기 싫어 교체해야 되는 경우가 많다(그림 22-1, 2).

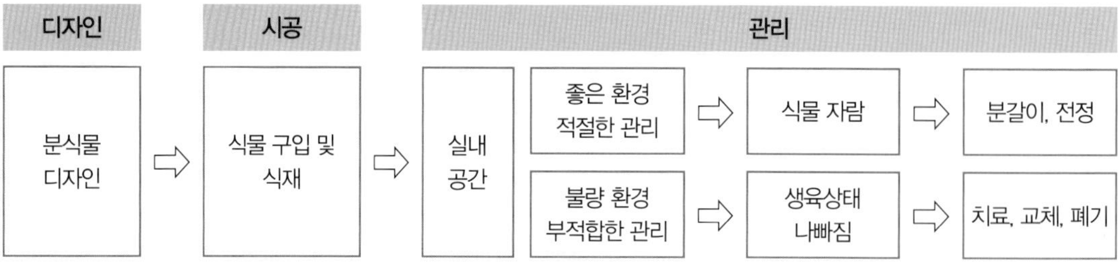

그림 22-1. 실내 분식물 디자인과 시공 후 관리시 식물의 변화

실내에서 식물을 기를 때 사람들은 여러 가지 문제점에 부딪히게 되고 이러한 문제점은 부적절한 환경이나 관리방법, 병충해 등 한 가지 또는 그 이상의 복합적 작용에 의해 일어나는데 이러한 문제점들 중 어떤 것은 식물의 질을 급격히 떨어지게 한다. 전문 분식물 관리자는 사람들의 요청이나 계약에 의해 문제가 발생하면 여러 가지 방법으로 해결해 주어야 한다.

그림 22-2. 어두운 실내공간에 배치된 안스리움의 생육 부진

디자이너가 기능적이면서 아름다운 디자인을 제시하여 좋은 분식물로 시공하였다 하여도 식재공간을 궁극적으로 아름답고 유용하게 존속시키는 일은 관리인에게 달려 있다. 능숙하지 못한 처리와 소홀함은 1~2주 정도밖에 안 되는 짧은 기간에도 분식물이 있는 공간을 곤란한 공간으로 만들고, 오랜 기간 잘 관리된 식물도 단 한 번의 부주의로 식물을 죽게 만들기도 한다. 실내 분식물 관리는 식물 생장을 위한 환경적 요인을 잘 이해하면서 식물을 살아있는 생명체로 인식하여 애정을 가지고

관찰하면서 문제가 발생하면 증상을 해석해 적절한 조치를 취해줄 수 있어야 한다.

건물의 거주자 또는 이용자들은 분식물에 대해 모성애적인 보호본능을 가지고 있기도 하고, 무생물로 인식하는 다양한 반응을 가지고 있다. 이런 거주자들의 반응은 장기적으로 분식물이 있는 공간의 모습에 영향을 줄 수 있다. 거주자들은 지나치게 자주 또는 부적절하게 관수하면서 식물을 돌보거나, 부주의하고 아무 생각없이 분식물에 오물이나 액체를 쏟아 붓는다. 그리고 몇몇 사람들은 고의적으로 분식물에 피해를 가한다. 어떤 사람들은 그들이 분식물을 돌보는 법을 잘 알고 있다고 생각해 관리인의 관리에 불평을 하기도 한다. 관리인은 이런 사람들과 잘 타협해서 관리방법을 결정해야 한다.

실내공간의 분식물 관리는 건물의 용도에 따라 다르지만 보통 네 가지 방식으로 이루어진다. 첫 번째는 건물 거주자가 직접 관리하는 것이고, 두 번째는 전문가를 관리직으로 채용하여 자체적으로 관리하는 것이다. 세 번째는 관리회사와 용역계약을 맺어 관리를 전담시키는 것이고, 네 번째는 분식물을 임대해서 배치해 임대회사에서 관리해주는 것이다.

두 번째 방식은 주로 대형 분식물이 많거나 규모가 큰 실내정원이 있는 업무용 건물 또는 상업용 건물에서 채택하는 방식으로, 상근직원이 정원과 인접한 곳에 사무실과 장비창고를 가지고 관리하는 것이다. 세 번째 방식은 규모가 작은 실내정원이 있는 공간에 전문 관리인이 정기적으로 방문 · 관리하는 방식으로, 보통 일주일에 한 번씩 방문하거나 필요시 부정기적으로 방문하기도 한다. 네 번째 방식은 업무용 건물에서 분식물은 필요하지만 관리에 전혀 시간을 투자할 수 없을 때 이용하는 방식이다.

관리업무를 환경미화원, 경비원 등의 비전문인에게 맡기는 경우가 많은데(정진 외, 2006), 분식물에 대한 관심이 많더라도 관리 지식이 부족하여 과다 관수나 시비를 하는 경우가 있다. 분식물 디자이너는 관리방식까지 고려하여 디자인해야 한다는 것을 이해하여야 한다.

전문 분식물 관리자의 업무는 가장 시간이 많이 드는 관수를 비롯하여 마른 잎 제거, 병충해 방제, 시비, 토양관리, 식물 교체, 전정, 청소를 비롯하여 광선, 온도, 습도, 환기 등의 환경조성 작업이 포함된다.

22-1. 진단(diagnosis)

식물에 나타난 문제를 교정하기 위해 먼저 진단을 내려야 하지만 이러한 진단이 항상 쉬운 것은 아니다. 왜냐하면 비슷한 증상이 많아 어떤 원인에 의한 것인지 파악하기 어려운 것이 많기 때문이다. 예를 들면 잎이 노랗게 되는 것은 저광과 과다 관수에서부터 무기물 부족까지 여러 가지 원인에 의해 나타날 수 있다(표 22-1). 두 가지 이상의 문제들이 동시에 나타나면 진단은 더욱 어렵고 복잡해진다. 또한 눈에 보이지 않는 해충에 의한 문제는 진단하기 어려운데 응애류 중 크기가 매우 작은 응애 무리는 육안으로는 보이지 않아 해충에 의한 것인지 진단하기 어려울 때도 있다.

식물에 나타나는 문제점을 진단하는 데는 확대경, 조도계, 습도계, 온도계, 산도측정기, 염류측정기 등 여러 가지 도구가 있다. 확대경은 식물체의 조직에 나타나는 해충이나 병을 자세히 관찰하는

표 22-1. 실내 관엽식물의 일반적인 문제와 원인(Manaker, 1987)

증상 \ 원인	과다 비료	비료 부족	고염분	불소	토양 건조	과다 관수	토양산도 부적절	지나친 저광	지나친 고광	한쪽 방향 빛	뿌리 썩음	분 가득참	지나친 고온	매우 추움	찬물 관수	저습	고습	배수 불량	공기오염	살충제 해	식물체 손상	병	노화	통풍	병해
새 생장 안 됨						X								X		X									
약한 생장	X						X	X					X									X			X
생장 느림		X	X		X	X		X				X	X	X		X		X	X			X			X
왜화	X	X			X	X					X	X	X	X		X			X	X		X			X
새잎 작음		X	X		X		X	X			X	X	X			X				X		X			X
노엽 황화		X			X	X	X	X	X		X	X	X	X		X		X	X	X		X	X	X	X
어린잎 황화		X			X	X	X	X	X				X	X					X	X		X			X
잎끝 탐	X	X	X	X	X	X	X		X		X		X	X		X		X	X	X		X		X	
잎 가장자리 탐	X	X	X	X	X	X			X		X		X	X		X	X		X	X		X			X
잎 반점		X							X					X	X				X	X		X			
잎 처짐	X	X	X		X	X	X	X					X	X		X		X	X	X		X	X	X	X
잎 구부러짐									X				X	X		X			X						X
시듦	X		X		X	X	X		X		X	X	X	X		X			X			X			X
토양 표면에서 썩음			X			X								X				X				X			X
굴광성										X															
줄기 부러지고 잎 찢어짐																		X			X				X
뿌리 죽음	X		X		X	X												X				X			X
잎색 엷어짐		X						X	X				X	X					X						
토양 표면 이끼 낌	X					X																			
크고 진한색 새잎	X																								
자주색 잎								X						X											

표 22-2. 실내식물의 문제점 진단시 필요한 정보

구분		설명
환경 문제	배치	· 그 장소에서의 배치기간 등
	광	· 배치된 곳의 광도(창가의 직사일광 또는 저광) 등
	온도	· 고온(난방기구 부근, 창가 직사일광), 저온(겨울 야간, 공휴일) 등
	습도	· 고습 또는 저습 여부 등
	바람	· 창, 출입구, 환기구 부근에서 바람의 노출 여부 등
	토양	· 배수, 양분과 관련된 토양의 적정성 등
관리 내용	용기	· 용기의 크기와 재질, 배수구 유무, 청결 상태 등
	관수	· 관수방법, 관수 횟수 등
	시비	· 마지막 시비일, 비료 종류 등
	기타	· 엽광택제 사용 여부, 주변의 세척제 사용 여부 등
병충해 관련 줄기와 잎 검사		· 해충과 병에 대해 잎과 줄기를 세심하게 관찰 검사한다. 해충은 엽액이나 줄기의 꼭대기에 나타날 수도 있고 발견이 어려울 수도 있다. · 병은 건조한 실내환경에서도 종종 나타난다. 식물체에 균사나 증후군들을 검사한다. 식물체가 젖어 있지 않으면 다른 원인일 수도 있다. 만약 여러 종류의 식물들이 한꺼번에 감염되었다면 그 원인을 물리적 또는 환경적 요인, 나아가서 바닥세척제나 잎광택제 같은 화학물질에서 찾아봐야 한다. 병은 특정 식물에 특이성을 띠기 때문이다.
뿌리와 뿌리 조직검사		· 산도와 염류 측정을 위해 토양시료를 채취한다. · 뿌리가루깍지벌레와 각다귀 유충과 같은 뿌리 감염 해충들이 있는지 살펴본다. 뿌리의 돌출부위(종기)는 선충류가 있는 것을 가리킨다. 토양이나 뿌리에 해를 입힐지 모르는 괄태충, 달팽이, 그리고 다른 해충이 있는지의 여부를 검사한다. · 가능하면 식물체를 용기로부터 빼어내어 뿌리를 살펴본다. 뿌리 끝이 죽었는지 관찰한다. 뿌리의 일부를 뽑아 깨끗하게 부러지는지, 아니면 가느다란 실같이 뽑히지 않고 남는지 살펴본다. 가장 대표적인 뿌리 감염병은 피시움(*Pythium*), 파이토프토라(*Phytophthora*), 그리고 라이족토니아(*Rhizoctonia*)에 의한 것이다. · 재배상의 실책을 찾아본다. 토양의 통기성이 부족한지, 배수가 잘 안 되어 토양이 너무 젖어 있는지, 아니면 너무 마른 상태인지 살펴본다.
불소 문제		· 물의 불소화합물과 대기 중의 불소는 식물에 해를 끼칠 수 있다. 불소를 넣은 물이 사용되었는지, 산도는 적당한지, 과인산석회가 사용되었는지, 근처에 유리 제조공장이나 알루미늄 가공공장들이 있는지도 살펴본다.
사람의 해		· 사람들에 의해 물리적인 해를 입었는지 조사한다.
애완동물		· 애완동물이 식물을 씹거나 발톱으로 찔렀는지 조사한다.

데 쓰인다. 그리고 토양의 영양상태는 산도측정기와 염류측정기로 측정할 수 있다. 조도계는 광도와 관련된 문제에 대해 조사할 수 있도록 해준다. 습도계는 상대습도를 측정하고, 온도계는 특히 겨울 야간 온도를 체크하는데 유용하다. 보다 상세한 식물 조직검사에는 해부현미경과 광학현미경이 유용한 도구로 쓰이지만 현미경까지 준비하기는 벅찰 것 같다(그림 22-3).

필요한 도구를 가지고 관리자는 식물의 문제에 대해 진단하기 전 가능한 한 많은 정보를 모아야

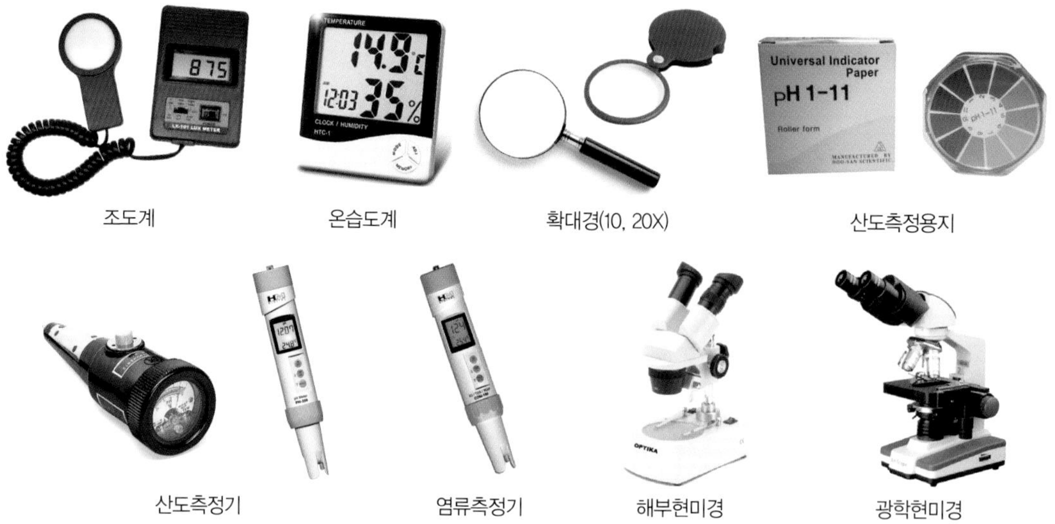

그림 22-3. 관리용 기기 및 기구

정확한 진단을 내릴 수 있다(표 22-2). 우선 해충과 병이 나타난 줄기와 잎의 검사, 토양과 뿌리 조사, 환경문제와 재배 내용, 사람이나 애완동물에 의한 해를 조사해야 하며, 드문 일이긴 하나 불소(F), 염소, 에틸렌 등과 관련된 조사까지 가능한 모든 정보를 수집해야 한다. 실내공간에서 식물은 많은 요인들에 노출되어 있고, 각 요인들은 식물의 생장과 반응에 크고 작은 영향을 미친다. 식물에 나타나는 문제에 대한 정보를 얻고 난 후에야 문제에 대한 올바른 진단을 내릴 수 있고, 정확한 진단이 내려졌을 경우 여러 가지 추천된 방법으로 치료할 수 있다.

22-2. 주요 관리

22-2-1 관수

('18. 수분' 참고)

22-2-2 시든 꽃, 마른 잎 제거, 전정, 굴광성에 대한 관리

실내 분식물 또는 실내정원 관리시 관리자는 시든 꽃, 말라서 누렇게 된 잎을 제거하고 모양이 이상한 가지나 죽거나 병든 가지를 전정(剪定)해야 된다. 전정은 시각적인 효과를 높일 뿐 아니라 통

그림 22-4. 전정과 시든 꽃과 잎 제거

기를 향상시켜 병충해를 감소시킨다. 잎은 여러 가지 이유로 황화되는데 황화가 시작되면 보기 싫어지므로 잘라준다. 실내공간에서 잎이나 줄기는 완전히 말라 저절로 떨어질 때 제거하는 것이 영양분의 손실을 줄이지만 시각적인 효과 때문에 미리 잘라주어야 되는 경우가 대부분이다(그림 22-4).

측창을 통한 광선에 의존하는 대부분 실내공간에는 식물이 창 방향으로 기우는 굴광성(屈光性)을 보인다. 식물의 형태에 따라 기울어진 모습도 자연스러울 수 있지만 야자와 같이 수직으로 뻗는 식물이 기울면 어색할 수 있다. 가끔 식물을 회전시켜 정상적인 형태가 되도록 해야 하는데, 분식물은 회전이 가능하지만 실내정원의 플랜터에 직접 식재된 식물은 회전시킬 수 없다. 디자이너는 미리 이런 점을 고려하여 식물을 선정하고 식재해야 하지만 실제 관리시에는 관리자의 역할이 중요하다. 굴광성 때문에 곤란한 식물은 플랜터 내 토양에 직접 식재하지 않고 화분째 토양에 묻는 간접식재를 할 수도 있다. 관리자는 필요시 화분째 회전시킨다.

22-2-3 청소

제라늄, 꽃베고니아와 같이 꽃피는 식물은 실내 창가에서 지속적으로 꽃이 피고 시들어 떨어지면서 바닥을 더럽히므로 매일 청소해주어야 한다. 또 사람들이 많이 이용하는 공간일 경우 사람들은 화분이나 플랜터에 남은 음료, 담배꽁초, 종이컵, 껌 등을 예사로 버리므로 주의를 기울여 청소한다.

22-2-4 토양관리와 시비

실내정원에 흔히 사용되는 인공토양은 그 혼합 원료의 재질과 계속되는 관수로 1년 정도 경과하면 침하현상이 일어난다. 이것은 거의 모든 토양배합에 들어가는 피트모스의 분해와 질석(버미큘라이트)의 부서짐, 그리고 지속적인 관수가 주요 원인인데 토양이 수축하면서 배수와 통기가 불량해진다. 특히 표면처리를 무거운 자갈이나 돌로 처리하면 수축 정도가 커진다. 토양 침하현상이 심할 때는 토양 전체를 뒤집어엎고 토양을 다시 조제하여 보충해 주어야 한다.

실내식물이 자라는 토양은 1년에 한 번 정도 표본을 채취하여 토양검사소에 보내 분석을 의뢰하면 식물관리에 필요한 정확한 자료를 확보하게 된다.

(1) 토양검사

경제적 측면에서 분식물 관리가 매우 중요한 사항이라면 관리자는 식물에 문제가 생기기 전에 예방적 측면에서 토양과 관련된 정확한 진단이 필요하다(표 22-3). 식물 식재 전후 정기적인 토양검사는 토양 영양과 관련된 식물의 문제점을 진단하여 적절한 시비 계획을 세울 수 있도록 한다.

표 22-3. 토양 및 식물조직 검사 기관

토양검사 기관	
관공서	각 도 농업기술센터
	농촌진흥청 농업기술연구소
대학	각 대학 토양연구실
기업	제일분석센터(www.cheillab.com) 등

토양검사를 위한 샘플 채취는 중요한데 문제가 되는 대표적인 토양을 준비해야 한다. 일반적인 영양상태를 알려면 몇몇 용기에서 복합적으로 샘플을 채취해야 하고, 문제가 되는 식물인 경우에는 그 용기에서 샘플을 채취한다. 샘플을 보낼 때는 어떤 식물의 토양 샘플인지 체크되어야 한다. 토양 분석 결과는 대부분 토양 산도, 수용성 염분 수준, 질소, 인, 칼륨, 칼슘, 마그네슘의 수준과 양이온 치환용량이다. 모자라거나 과도한 점을 수정할 수 있는 추천 내용이 포함되어 있다.

(2) 조직검사(tissue testing)

식물의 영양상태를 모니터하고 관리하는 또 다른 방법은 식물 조직 분석이다. 토양 분석 결과는 토양 내 양분의 양을 나타내 주지만 잎의 성분검사는 식물에 실제적으로 흡수된 영양분의 양을 알려준다. 식물의 잎과 토양 샘플을 동시에 제출해서 분석 결과를 비교하면 시비 프로그램에 가장 적합한 프로그램을 도출할 수 있다.

식물 잎 성분 분석 실험실에서 토양검사와 함께 조직검사를 위한 기구를 구입할 수 있다. 지시한 대로 조직의 샘플을 채취해서 분석 의뢰 후 결과에 대한 조언을 받을 수 있다.

22-2-5 병충해 방제

('21. 병충해' 참고)

22-2-6 분갈이(repotting)

실내공간에서도 식물이 자라기에 적합한 환경이면 새 줄기와 잎을 내고 뿌리가 팽창하면서 식물은 자란다. 그래서 시간이 지나면 분갈이가 필요하게 된다. 실내공간에서 용기 내 식물의 뿌리는 가득 차 있어도 되지만 뿌리 전체가 너무 심하게 압박을 받는 것은 좋지 않다. 관수를 자주 해야 하고 배수구 사이로 뿌리가 비집고 나와 있으면 뿌리가 꽉 차있다고 할 수 있다. 용기에서 식물을 빼내어 뿌리를 보면서 분갈이가 필요한지 살핀다. 토양 둘레를 돌아가면서 가득 채워 뭉쳐진 뿌리덩어리는 분갈이를 해야 한다는 표시이다. 용기에서 식물을 빼낼 때 작은 식물은 화분을 주물러 토양이 용기와 분리되도록 한다. 만약 식물이 잘 빠지지 않으면 배수구의 구멍을 통해 손가락으로 밀어보거나 그래도 잘 빠지지 않으면 용기를 부수어야 한다. 뿌리가 꽉 차 배수구와 엉킨 크기가 큰 용기는 옆으로 뉘어 용기를 발로 밟아야 겨우 빠지는 경우도 있다. 가능한 한 이것으로 인해 식물이 스트레스를 받지 않도록 조심해야 한다(그림 22-5).

빼낸 식물을 크기가 약간 더 큰 용기에 옮겨 심는다. 실내에서 식물은 많이 자라지 않으므로 비용 문제도 있고 지상부와 지하부의 균형도 맞추어야 하므로 분갈이를 할 때 지나치게 큰 용기로 옮겨 심지 않는다. 현재의 것보다 한 단계 더 큰 용기로 옮긴다. 예를 들면 10cm 분은 12cm 분으로 옮기고, 12cm 분은 14cm 분으로 옮긴다.

식물을 옮겨 심는 과정은 실내용 분식물의 기본 기술을 참고한다. 그러나 뿌리가 가득 차 옮겨심는 분갈이를 할 때는 엉킨 뿌리째 그대로 용기에 넣어줄 수도 있고, 조금 풀어서 느슨하게 한 뒤 용기에 넣을 수도 있다. 식물을 더 크게 키울 필요가 없을 때는 엉킨 뿌리의 가장자리를 풀어 조심스럽게 잘라준다. 만약 썩은 뿌리가 있다면 깨끗하게 제거해준다. 용기에 담아 토양을 채운 후 관수하고 분갈이 과정에서 받은 물리적 스트레스에서 회복할 때까지 적절한 자리에 배치하고 자리잡힐 때까지 움직이지 않고 그대로 둔다.

그림 22-5. 분갈이가 필요한 분식물

뿌리 조직 일부를 제거하면 물을 흡수할 수 있는 능력이 줄기 때문에 증산 표면을 줄여 수분손실을 줄이도록 식물체 지상부를 조금 잘라 뿌리와 잎의 균형을 맞추어 주는 경우도 있다. 아니면 뿌리의 손실에 따라 지상부가 조금 마르면 마른 잎과 줄기를 제거해줄 수도 있다. 뿌리와 지상부를 잘라 분갈이한 식물은 새 뿌리가 생성되는 동안 증산과 증발을 줄이기 위해 원래보다 빛이 조금 줄고 습한 곳에 둔다.

22-2-7 식물 교체와 폐기

실내공간에는 식물이 잘 자랄 수 없는 부적절한 환경에도 시각적 효과를 위해 분식물을 배치하는 경우가 생각보다 많다. 이런 환경에 배치된 분식물은 빠르게 상태가 나빠지는데 주기적으로 교체해 주어야 한다(그림 22-6). 또한 여러 가지 원인으로 회복시키기 어려운 병든 식물도 교체해야 한다. 관리방식에 따라 새로운 식물을 구입할 수도 있고 식물관리 용역업체와 계약된 경우에는 관리 용역업체에서 식물을 구비해 교체한다. 실내정원의 플랜터에 꽃피는 식물을 식재하여 계절별로 교체하도록 계획되어 있다면 관리자는 적절히 대처해주어야 한다. 병들어 교체된 식물은 관리온실에서 회복될 때까지 치료해 생육시키고 회복불능 식물은 폐기한다.

그림 22-6. 백화점 저광 주차공간에 배치된 분식물의 교체작업

22-2-8 광선, 온도, 습도, 환기 등의 환경조성 작업

분식물 관리자는 식물을 훼손하는 사람이 있으면 건물 경비원과 협조하여 감시해야 하고, 휴가철과 명절에 조명, 난방, 냉방, 환기가 장기간 중단되지 않도록 중앙 통제실과 긴밀히 협조해야 한다. 특히 겨울 휴일이나 야간의 난방이 중단되어 식물이 저온해나 동해를 입는 경우가 많으니 주의한다(표 22-4).

표 22-4. 실내공간에서 이용되는 식물의 특성에 따른 대략적인 관리요령 체크리스트

원산지	생육습성		광도	겨울 온도	수분	습도	참고
온대	목본식물	교목/관목/만경목	고	저	중	중	실외용
	초본식물	일년초와 이년초	고	저	중	중	
		다년초	고	저	중	중	
난대	목본 + 초본 식물		고	중	중	중	남부(실외용) 중부(실내용)
열대 · 아열대	목본 + 초본 식물	관엽식물	저	고	중	고	실내용
		다육식물	고	고	저	저	
		식충식물	중	고	중	고	
		수생식물	중	고	고	고	
		난	중	고	중	고	
		파인애플과 식물	중	고	중	고	
		열대 화목/화초	고	고	중	중	

22-3. 실내 분식물 번식

대부분 열대성인 실내식물은 온대식물에 비해 번식방법이 쉽고 잘 되는 편이다. 사람들은 분식물을 구입해 실내공간에 배치하고 실내정원을 조성하기도 하지만 직접 번식해 분식물의 수를 늘리고 싶어 한다. 농원이 아닌 일반적인 실내공간에서도 조금만 신경 쓰면 식물을 번식할 수 있으므로 디자이너 또는 관리자는 사람들의 이러한 요구를 도와줄 수 있도록 분식물 번식에 대한 지식과 기술을 숙지할 필요가 있다.

22-3-1 번식방법

관엽식물이 중심인 실내 분식물은 종자번식보다는 대체로 삽목과 분주로 번식한다. 가정에서 손쉽게 할 수 있는 번식방법은 다음과 같다.

(1) 종자번식

종자를 뿌려서 번식시키는 관엽식물의 종류는 적은데, 싱고니움, 쉐플레라, 커피, 자금우, 아라우카리아, 아스파라거스, 야자류, 파인애플과 식물류, 필로덴드론 셀로움, 판다너스 정도이다. 야자류

는 거의 종자로 번식시킨다.

번식용 토양은 버미큘라이트, 피트모스, 수태, 모래를 이용하는데 모래는 소독해야 한다. 버미큘라이트는 모래보다 습기를 많이 흡수하므로 미세한 씨를 뿌리는 용토로 적합하다. 수태는 2~3cm 정도로 잘라서 이용한다.

파종 후 복토는 종자 크기에 따라 다르지만 종자의 2배 정도가 좋다. 너무 두껍게 복토하면 발아가 불량하거나 종자가 썩는 수가 있고 얇게 복토하면 건조해서 말라 버린다. 야자류의 종자는 표피가 딱딱한 것이 많으므로 종자 표피에 칼로 흠을 내고 파종하면 발아하기 쉬워진다. 파종이 끝나면 물을 주는데 종자의 크기가 대립이면 구멍이 가는 물뿌리개로 뿌린다. 중립 이하이면 저면관수를 한다. 물을 줄 때는 종자가 떠올라 유실되지 않도록 한다. 파종이 끝나면 그 위에 신문지를 덮어 온도와 습도를 유지해 발아가 촉진되도록 한다. 온도는 25~30℃ 정도로 유지한다. 발아까지 빠른 것은 1~2개월, 늦은 것은 반년이나 걸리는 것도 있다. 발아하면 신문지를 제거하여 서서히 햇빛에 노출시켜 도장하는 것을 방지한다.

(2) 포자번식

고사리류는 잎 뒷면에 포자를 맺는다. 포자를 채취하여 피트모스와 같은 번식토양에 뿌리고 습도를 높게 유지해주면 발아한다.

(3) 삽목(꺾꽂이)

삽목(揷木)은 잎, 줄기 등 식물체의 일부분을 잘라 일부를 토양에 파묻어 발근시켜 번식하는 방법이다. 크게 자라는데 시일이 많이 걸리는 식물을 단시일에 키우기 위해 이용한다. 특히 가지가 특이하거나 얼룩이 있는 진귀한 종류를 번식할 때는 삽목을 한다. 삽목에 쓰는 줄기나 잎 등의 삽수를 취하는 부분에 따라 지삽(枝揷), 경삽(莖揷), 엽삽(葉揷)이 있다.

베고니아, 페페로미아, 아프리칸 바이올렛, 산세비에리아는 엽삽으로 번식하면 잘 된다. 산세비에리아나 베고니아와 같이 잎을 여러 조각으로 잘라 파묻거나(그림 22-7), 아프리칸 바이올렛이나 페페로미아와 같이 잎이 붙어 있는 엽병을 파 묻으면 쉽게 발근된다(그림 22-8). 드라세나, 아글라오네마, 페페로미아, 디펜바키아 등의 식물은 줄기 끝을 삽수로 채취하면 빠른 시일안에 아름다운 식물로 번식시킬 수 있다. 삽수의 길이는 10~15cm 정도로 아랫잎을 제거하고 3~5cm 이하의 깊이로 마디가 묻히도록 묻어준다.

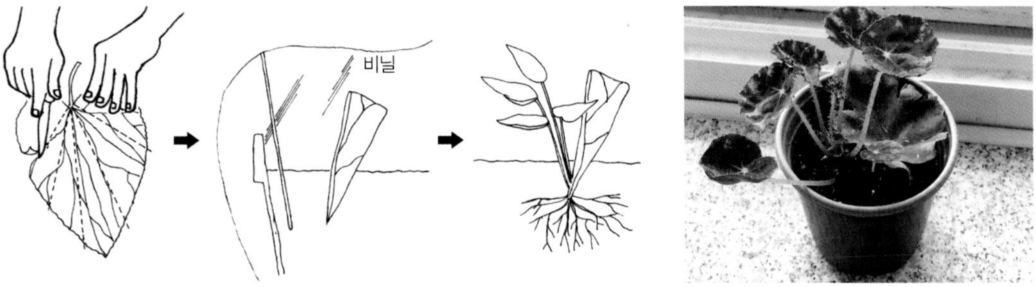

그림 22-7. 베고니아의 엽삽에 의해 자란 어린 포기

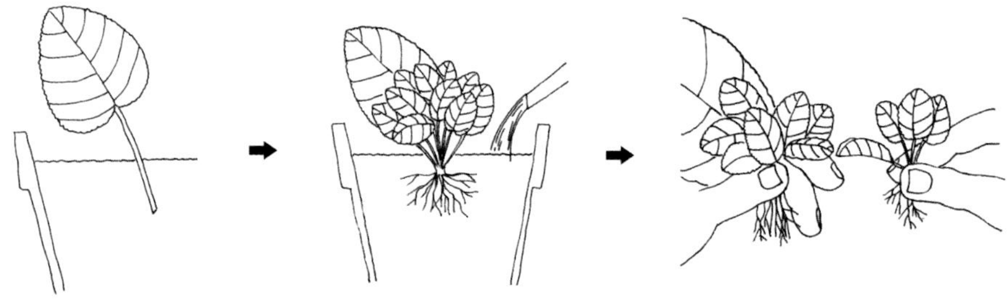

그림 22-8. 아프리칸 바이올렛의 엽병삽

필로덴드론 옥시카디움과 같은 덩굴성 식물은 줄기를 2~4cm 정도 잘라 마디가 있는 부분을 토양에 파묻으면 마디에서 발근한다. 디펜바키아, 드라세나와 같이 줄기가 굵게 자라는 식물은 줄기를 눈이 한 개씩 들어 있도록 30~120cm로 잘라 눈이 위로 보이게 하여 삽수 대부분을 토양에 파묻는다.

삽목은 기온이 15℃ 이상으로 되는 4~5월부터 발근이 잘 되고 여름에도 관엽식물은 발근이 잘 된다. 10월이 되면 뿌리가 충분히 자라기 전에 추워진다. 온실이 있으면 언제라도 삽목이 가능하다.

삽목 용토는 버미큘라이트, 피트모스, 수태, 모래를 쓴다. 식물을 발근 후 옮기지 않고 그대로 키우려면 재배 용토를 채운 용기에 그대로 삽목해서 발근시킨다. 삽수는 습도를 높게 유지할 수 있으면 잎의 조직이 넓어서 충분한 양분을 공급할 수 있는 것이 좋다. 발근은 식물에 따라 20일~1개월 정도 걸린다.

(4) 분주(포기나누기)

분주(分株, division)는 어미 포기에서 나오는 어린 포기를 잘라내어 번식시키는 방법이다(그림 22-9). 식물이 성장하여 포기가 밀생하게 되면 채광이나 통풍이 나빠져 도장하기 쉽고 생육이 나빠진다. 포기나누기는 번식뿐만 아니라 식물을 훌륭하게 가꾸기 위해 필요한 작업이다.

분주가 잘 되는 식물은 칼라데아, 마란타, 종려죽, 관음죽, 아레카야자, 시페루스, 군자란, 조란, 페페로미아, 아스파라거스, 양치류, 산세비에리아, 파인애플과 식물 등이다.

칼라데아는 분에서 뽑아내어 어미 포기와 어린 포기를 잘 나누어 손으로 떼어내거나 소독된 칼로 잘라낸다. 파인애플과 식물은 잎의 기부에서 곁순(suckers)이 돋아 나와 새 포기로 생장하는데 이 어린 포기의 잎이 4~5매가 되면 뿌리가 나온다. 뿌리가 나오지 않을 때는 잎의 기부에서 잘라내어 기부를 수태로 돌돌 말아 작은 분에 심는다.

그림 22-9. 칼라데아의 포기나누기

조란은 긴 줄기 끝에 생긴 어린 포기(crown)를 잘라내어 작은 분에 용토를 넣어서 심어주거나 어미 포기에 붙인 채 분에 심고 뿌리가 내린 뒤에 어미 포기에서 자르면 더 빠르게 번식된다. 바위취나 네프롤레피스의 포복경(runner) 끝에도 어린 식물체가 생긴다. 이 어린 식물체를 잘라 작은 분에 심어주면 번식된다.

(5) 취목(휘묻이)

취목(取木)은 가지나 줄기를 휘어 땅에 묻어 그 부위에 발근이 되도록 하는 것으로 여러 가지 방법이 있다. 스킨답서스와 같은 덩굴식물은 줄기를 잘라 삽목으로 번식하기도 하지만 덩굴줄기의 마디 부분을 휘묻어 발근이 된 후에 잘라 새로운 개체로 번식시킬 수 있다(그림 22-10). 적당한 온도는 15℃ 이상이 좋고 시기적으로 5월 이후, 특히 6~7월이 가장 좋다. 발근에 1개월 이상 걸리므로 발근되면 어미 식물에서 잘라낸 다음 초여름에 취목을 끝낸다. 9월 이후는 하지 않는 것이 좋다.

그림 22-10. 바위취의 취목

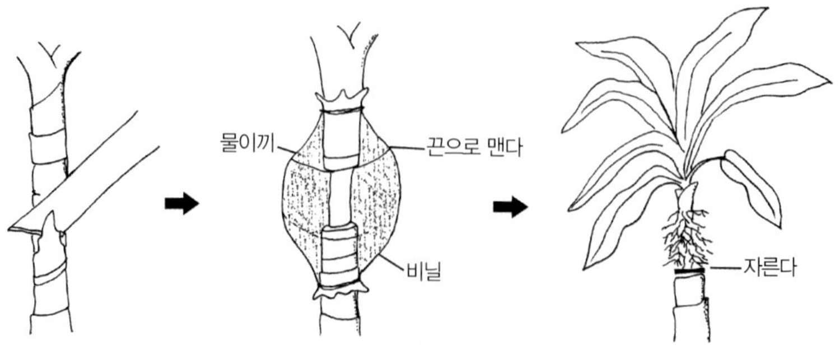

그림 22-11. 드라세나의 높이떼기(환상박피)

취목 중 줄기의 중간 부위에 상처를 낸 뒤 수태를 싸주어 땅속에 묻은 것과 같은 효과를 낸 뒤 발근된 후 잘라 새 식물로 번식시키는 방법을 높이떼기라고 한다(그림 22-11). 번식시키는 식물은 대체로 줄기가 튼튼하고 발근력이 강한 식물로 드라세나, 코르딜리네, 디펜바키아, 고무나무, 필로덴드론, 몬스테라 등이다.

높이떼기를 위해 식물의 줄기나 가지에 상처를 내는 방법에는 환상박피와 설상박피가 있다. 환상박피는 줄기나 가지에서 잎이 붙어 있는 부분 가까이의 껍질을 2cm 정도 폭으로 목질부에 달하는 깊이로 둥글게 껍질을 벗겨낸다. 벗겨내는 깊이가 얕으면 발근이 되지 않고 너무 깊으면 식물이 말라 죽는다. 설상박피는 줄기나 가지 밑에서 위를 향해 비스듬히 목질부 절반쯤 들어갈 정도로 칼로 줄기나 가지 3분의 1 내지 4분의 1 정도의 두께로 칼집을 넣는다. 칼집을 넣은 후 그곳이 맞붙지 않도록 수태를 끼워 넣는다.

박피작업이 끝나면 그 부분에 수태를 뭉쳐 싸서 비닐로 덮고 잘 묶는다. 비닐 위쪽은 넓게 벌려 물이 흘러 들어가게 하고 아래쪽은 여분의 물만 빠져 나오도록 한다. 매일 관수를 계속하면 1개월 정도 후 수태 속에 흰 뿌리가 생긴다. 흰 뿌리가 주위에 많이 나오면 박피를 한 밑쪽을 칼로 어미 식물에서 잘라내어 수태를 붙인 채 분심기를 한다. 분심기 후 1개월 정도는 반그늘에 둔다.

(6) 접목

접목(接木)은 대목에 접수를 접붙여서 두 가지 식물의 성질을 혼합하여 번식시키는 방법인데 관엽식물에 많이 하는 번식방법은 아니다. 하와이무궁화는 삽목에 의해 발근이 잘 되지 않으므로 접목으로 번식시킨다. 젓가락 정도 굵기의 대목 중앙을 면도칼로 1.5~2cm 정도 쪼개어 할접(割接)을 한다. 대목을 쐐기 모양으로 얇게 쪼갠 사이에 접수의 하단을 끼우고 어느 한쪽의 형성층이 잘 맞붙도록 한 다음 비닐끈으로 묶는다. 초보자라 해도 활착이 잘 된다.

22-3-2 수경번식

가정에서는 토양 대신 물에 삽목묘를 꽂아 번식시키는 경우가 많다(그림 22-12). 물은 통기성이 부족하고 토양 내부처럼 어둡지 않으며 삽목묘를 잘 지지하지 않아 번식을 위해 토양보다 적합한 재료는 아니다. 그럼에도 대부분의 실내식물은 물에서 빠르게 발근하므로 물을 이용하면 편리하다. 가끔 물에서 생성된 뿌리를 가진 식물을 토양으로 옮기면 토양에 적응이 잘 안 되기도 한다. 적당한 양분을 공급하면 대부분 식물은 물에서도 오랫동안 자랄 수 있다.

그림 22-12. 코르딜리네와 조란의 수경번식

07

실외환경과 분식물 관리

정원과 어우러진 실외공간의 분식물은 밝은 햇빛과 강우, 바람 때문에 실내공간에 비해 식물 생육이 왕성하다. 그러나 실외환경은 계절에 따라 변화하며 일기에 따라 변화무쌍하여 한정된 용기에 담긴 분식물은 사람이 잘 돌보아 주지 않으면 생육이 나빠지고 죽을 수도 있다. 특히 고층 건물의 발코니와 베란다, 옥상, 벽면의 강한 직사일광과 바람, 겨울 저온은 분식물이 생육하기 힘든 상황을 만든다. 또한 실외는 병충해에 노출되어 있으므로 분식물 디자이너 또는 관리자는 충분한 대처방법을 알고 있어야 좋은 디자인은 물론 적절한 관리를 할 수 있다.

7부에서는 실외공간에 배치된 분식물이 처하게 되는 실외환경의 특성과 실외환경에서 분식물을 관리하는 방법을 설명하고자 한다. 특히 친환경적인 방법으로 병해충을 방제하는 방법과 퇴비를 직접 만들어 이용하는 방법을 소개한다.

23. 실외환경과 분식물 관리

23-1. 실외공간의 환경 특성

실외는 실내공간과 달리 식물이 좋아하는 충분한 햇빛과 강우가 있지만 한국의 기후 특성에 따라 봄, 여름, 가을, 겨울의 사계절을 거치면서 가뭄과 홍수가 있으며 여름에는 폭풍이 오기도 한다.

분식물은 대부분 건물 주위의 실외공간에 배치되기 때문에 실외라 해도 방향과 처마에 따라 그늘이 될 수 있고 이런 공간에서 식물은 도장하며 꽃을 충분히 피우지 못하고 약해질 수 있다. 반대로 직사일광을 그대로 받는 공간의 분식물은 특히 여름에 토양이 빨리 건조해지므로 관수를 적절하게 해야 한다. 또 건물의 처마로 인해 자연 강우를 받을 수 없는 경우에 인위적인 관수는 필수이다.

계절과 일기에 따라 바람의 세기나 방향이 변화하지만 계절과 일기와 상관없이 높이에 따라 고층 건물의 옥상, 발코니, 베란다, 또는 벽면에는 바람이 심하게 분다. 식물은 바람으로 인해 물리적인 스트레스를 많이 받고 증산과 증발이 심해 관수를 적절하게 해도 식물은 쉽게 마른다. 또 키 큰 식물은 넘어져 식물의 형태가 달라지면서 관상가치가 저하되기도 한다. 특히 여름 폭풍이 심한 시기에는 식물이 많이 상하므로 이 시기에는 식물을 교체해야 하는 경우도 생긴다.

햇빛이나 강우, 바람을 조절할 수 없는 경우에는 그 환경에 맞는 분식물을 배치하여 적절한 관리를 해주어야 한다. 창가, 발코니와 베란다, 테라스와 파티오, 현관과 대문 앞, 옥상, 벽면, 정원, 거리

그림 23-1. 창가, 발코니 & 베란다, 거리

등에 배치된 분식물은 이들 공간의 특성에 따라 광, 온도, 수분, 바람 등의 환경조건이 달라진다(그림 23-1). 적절한 분식물 관리를 위해 실외공간의 식물 생육환경을 살펴보자.

23-1-1 창가

윈도박스나 걸이분으로 가장 많이 이용되는 창가의 분식물은 창의 크기, 창턱, 차양에 따라 생육환경이 조금씩 달라진다. 특히 건물 창의 방향에 따라 햇빛의 세기가 달라지는데 남향과 서향 창에서는 충분한 햇빛을 받을 수 있지만 건물에서 떨어진 공간에 배치된 분식물에 비해 햇빛이 부족할 수 있다. 또 차양에 따라 강우시 물을 공급받지 못하는 경우도 있어 관수해주어야 하는데 창의 높이 때문에 불편한 경우가 많다.

외국에는 창가 걸이분과 윈도박스에 대부분 미세한 관을 연결한 점적식 관수장치를 설치하여 자동관수한다. 고층 아파트가 많은 한국에는 바람이 심해 창가 분식물을 별로 이용하지 못하기도 하지만 관수가 불편해 창가 분식물을 이용하지 않을 수도 있다. 한국의 기후 특성상 여름에 자동관수장치 없이 지속적으로 관수해야 한다면 무척 번거로울 수 있다.

23-1-2 발코니 & 베란다

베란다(veranda)와 발코니(balcony)는 외부에 노출되어 있으나 공간 성격상 실내공간의 연장이며 외부공간과의 완충 역할을 한다. 옥외로 돌출되어 있기 때문에 시각적으로는 공개된 공간이며, 외부인들의 시선을 끄는 점에서는 공공 공간이기도 하다. 인간의 삶과 자연이 접촉되는 공간으로서 아름답게 장식되고 정돈된 베란다와 발코니는 매우 중요한 정원 역할을 한다.

베란다와 발코니의 위치나 방향, 높이, 그리고 형태에 따라 일조량, 일조시간, 기온, 강우량, 풍향, 풍속 등이 달라지며, 고층 건물일수록 바람이 심하게 분다. 또한 바닥의 재질이 콘크리트이기 때문에 밤과 낮의 온도교차가 커지고, 특히 겨울철에 기온이 영하로 떨어지게 되면 뿌리 부근의 온도가 낮아져서 기온과 비슷해진다. 강우량은 베란다의 위치와 방향에 따라 달라지기 때문에 과습과 건조에 대한 세심한 주의가 필요하다.

광선조건도 베란다의 위치와 방향에 따라 달라지는데, 남향의 경우에는 햇빛을 직접 받기 때문에 일사량의 과다와 고온, 그리고 건조에 의한 피해를 입기 쉽고, 북향의 경우에는 일조 부족으로 분식물을 키우기 어려운 경우도 있다. 분식물의 생육에 알맞은 베란다나 발코니의 방향은 동향 또는 동남향이고 서향이나 북향은 바람직하지 않으며 또한 고층일수록 불리하다.

23-1-3 테라스 & 파티오

테라스와 파티오는 주택 건물과 연결되어 있는 공간이면서 정원의 한 부분을 이룬다. 위치와 방향에 따라 광 환경이 달라질 수 있지만 창가나 발코니와 베란다와 같은 공간에 비해 큰 제약이 없는 편이다. 그러나 건물과 연결된 작은 공간이거나, 퍼걸러나 햇빛가리개가 설치되어 있다면 일조량이 달라질 수 있고 인위적으로 계속 분식물에 관수해야 할 수 있다. 바닥 재료에 따라 관수 후 배출되는 물 때문에 바닥을 버릴 수 있으므로 물받침이 필요할 수 있다.

23-1-4 출입구(현관 & 대문 앞)

주거용 건물의 현관이나 대문 앞, 또는 상업용 건물의 출입구에 문을 기준으로 양옆 대칭으로 분식물을 배치하는 경우가 많다. 그런데 건물의 방향이나 처마에 따라 햇빛과 강우를 충분히 받지 못할 환경이 될 수도 있다. 자동관수장치를 해 관수에 드는 노력을 줄이는 것이 좋으나 적절한 수원과 연결되지 못할 수도 있다. 도로변에 면한 공간일 경우엔 매연이 문제가 될 수 있다.

23-1-5 옥상

옥상이라 해도 건물의 층수에 따라 분식물을 위한 환경조건은 큰 차이를 보인다. 고층일수록 바람

표 23-1. 옥상 녹화지에 많이 이용되는 식물(서종택 외, 2006; 정명일 외, 2013)

<table>
<tr><th colspan="2">분류</th><th>식물 종류</th></tr>
<tr><td colspan="2">목본식물</td><td>백리향, 섬백리향 등</td></tr>
<tr><td rowspan="4">초본식물</td><td>일반 다년초</td><td>벌개미취, 범부채, 기린초, 두메부추, 매발톱꽃, 구절초, 패랭이, 수호초, 원추리, 비비추, 상록패랭이, 큰꿩의비름, 맥문동, 바위취, 금낭화, 애기기린초, 무늬둥굴레, 세덤, 바위채송화, 돌나물, 연화바위솔, 좀바위솔, 해국, 꿩의비름, 둥근잎꿩의비름 등</td></tr>
<tr><td>허브</td><td>레몬밤, 애플민트, 참당귀 등</td></tr>
<tr><td>습지식물</td><td>애기부들, 부처꽃, 꽃창포, 붓꽃, 갯버들, 노랑꽃창포, 질경이택사, 흰갈풀 등</td></tr>
<tr><td>채소</td><td>상추, 콩, 토마토, 고추, 딸기, 무, 배추, 호박 등</td></tr>
</table>

이 심하고 일조량이 강해 건조하기 쉬워 키가 크고 연약한 초화류는 쉽게 시들거나 죽기 때문에 목본식물 중 관목이나 키가 작은 다육식물 또는 고산식물과 같이 나지막하고 강한 식물이 이용된다. 또 겨울에는 기온이 매우 낮아지므로 고층 옥상에는 일반적인 식물을 키우기 어려워 옥상정원에 잘 견딜 수 있는 식물의 선정에 대한 연구가 많은 편이다(정명일 외, 2013)(표 23-1).

23-1-6 벽면

벽면의 수직정원은 조성방법에 따라 환경과 관리방식이 달라진다. 특히 고층 건물의 벽면에는 바람이 심하고 겨울에 온도가 낮아 여러 가지 방식으로 내한성이 높은 식물을 식재한다 해도 거의 겨울에 동사하는 경우가 많아 겨울에는 큰 효과를 보지 못하는 편이다.

최근 벽면에 부착하는 수직정원은 토양층이 얇아도 생육할 수 있도록 상수도에 자동관수장치를 연결하여 주기적으로 물이 공급되도록 하거나 배수된 물을 걸러 다시 관수에 이용할 수 있도록 순환장치가 있다. 전통적인 방식의 화분형 수직정원은 토양 때문에 보수성이 높은 편이지만 가뭄시에는 관수를 해주어야 한다.

23-1-7 정원

건물과 면한 다양한 목적과 양식의 정원에는 정원의 시각적 효과를 높이기 위해 분식물이 배치된다. 이러한 정원에서 분식물을 유지하기 위해 가장 중요한 것은 관수관리이다. 특히 규모가 큰 정원에서 드문드문 배치된 분식물의 관수는 매우 번거로운 일이 된다. 그래서 용기의 크기를 크게 하여 토양을 충분하게 담아 수분을 많이 함유할 수 있도록 하는 등 분식물 디자이너의 세심한 디자인 계획으로 관수하기 편한 관리방법을 고려해야 한다.

23-1-8 거리

거리에 배치된 대형 화분이나 난간의 꽃박스, 가로등의 걸이분에는 꽃이 중심인 초화류나 잎이 화려한 초화류를 많이 식재한다. 꽃이 더 피지 않거나 생육이 나빠지면 교체하는데 경제적인 문제로 대략 봄, 여름, 가을 2~3차례 교체해 주고 있다. 거리의 분식물들은 주로 공공기관에서 배치하는 것으로 개별관리가 이루어지지 않는데, 식재 후 지속적인 관수가 어려워 가뭄시 한꺼번에 고사하는 경우가 있다. 특히 가로등에 걸린 걸이분은 인위적인 관수가 어려운 위치에 있는 경우가 있다. 행사가 진행되는 일정기간에 이용되는 거리의 행사용 꽃탑은 애초부터 심지관수가 되는 용기를 이용한다.

23-2. 실외공간의 분식물 관리

23-2-1 관수

한국의 기후환경 특성상 계절에 따른 강우량의 차이는 분식물 관수를 강우에 의존할 수 없게 한다. 주기적으로 적절히 비가 오면 분식물은 잘 자라겠지만 장마기에는 배수가 잘 안 되는 토양일 경우 뿌리가 썩어 피해를 볼 수 있다. 여름 고온의 강한 일조는 토양을 빨리 건조시키기 때문에 용기가 작아 토양량이 작거나 배수가 잘 되는 토양일 경우 비가 오지 않으면 하루 한 번 관수로도 충분하지 않을 수 있다. 실외용 분식물의 용기가 커지는 것은 가뭄시 관수의 횟수를 줄이기 위함이며 관수를 잘못해도 식물이 쉽게 고사해 죽지 않도록 하기 위함이다.

물뿌리개를 이용하거나 호스에 연결된 살수기를 이용해 직접 필요한 분식물에 관수할 수 있지만, 정원이 넓을 경우 직접 분식물을 찾아다니며 관수하는 것은 번거롭다. 정원용 상수도에 관수 타이머를 연결하고 호스 끝에는 다양한 분사방식을 가지는 스프링클러를 연결해 놓으면 편리하다. 그러나 비용을 투자해야 하고 적절한 수원과 연결할 수 없는 상황일 수도 있으며 자동관수장치 연결선이 보기 흉하게 노출되는 문제도 있다.

점적식 관수장치를 연결할 수도 있는데 필요한 물이 충분히 관수되지 않을 수 있고 관수선이 보기 싫을 수 있다. 자동관수는 식물의 종류에 따라 필요한 만큼 적절하게 물을 공급할 수 없기 때문에 식물을 관찰하면서 수동관수와 병행하는 것이 좋다.

(1) 점적식 관수장치(drip irrigation)

수도꼭지에 타이머와 분식물용 점적식 관수장치를 연결해 설정된 시간에 맞게 자동관수되도록 한다. 화분의 토양 위에 꽂은 미세한 관을 통해 물이 방울방울 떨어지기 때문에 필요없이 물이 낭비되진 않지만 용기의 크기나 토양의 성질에 따라 물이 충분히 스며들지 않을 수 있다(그림 23-2).

그림 23-2. 점적식 관수장치가 설치되어 있는 분식물

(2) 스프링클러(sprinkler)

스프링클러는 노즐이 움직이면서 물을 뿜어내는 방식의 관수장치로, 수압과 노즐의 종류에 따라 뿜어내는 물의 세기와 방향, 모양이 달라 필요한 노즐을 선정하면 된다(그림 23-3). 분식물용으로 이용하기엔 물의 소비가 많지만 분식물의 수가 많을 경우 골고루 관수할 수 있고 잎을 적셔주거나 씻어주는 역할도 한다.

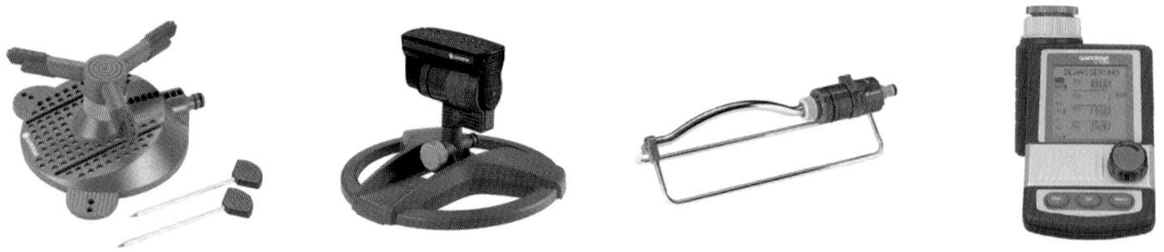

그림 23-3. 스프링클러 노즐과 관수 타이머(독일 Gardena 제품)

23-2-2 시비

생육이 왕성한 실외용 분식물에는 식물의 상태에 따라 생육기에 비료를 공급해주면 생육이 좋아진다. 토양 조제시 잘 숙성된 퇴비를 혼합했다면 당해에는 특별히 주지 않아도 된다. 하지만 화학비료가 첨가된 시판되는 상토나 인공토양이 주재료라면 1개월 정도 지나 비료성분이 고갈되고 곧 비료 결핍 증상이 일어나기 시작하므로 결핍 증상을 보이기 전에 추가로 비료를 공급해야 한다. 특히 식재한 지 1년이 넘은 분식물이라면 토양상태와 식물의 생육상태를 관찰하면서 부족할 경우 공급해준다.

분식물에는 복합비료를 물에 녹여 관수시 공급하는 것이 편리하지만 장기적인 효과를 위해 퇴비를 토양 표면에 올려주거나 고형비료를 토양 표면에 꽂아줄 수 있다. 비료를 주는 시기는 봄이나 여름 생육이 왕성한 시기이다.

23-2-3 시든 꽃 제거

생육이 왕성한 실외용 분식물, 특히 초화류가 식재된 분식물은 마른 채 붙어있거나 떨어진 잎과 꽃을 제거해야 깨끗한 느낌을 준다. 특히 초화류의 시든 꽃을 지속적으로 제거하는 일은 상당히 번거로운 일이다. 자연스러운 상태를 유지해도 좋은 장소라면 떨어진 잎이 썩어 다시 토양으로 공급되는 것도 영양적으로는 좋을 수 있다.

23-2-4 전정

분식물의 고유한 모양을 유지하거나 새로운 모양으로 만들고, 생육상태를 조절하여 개화, 결실을 촉진하고자 할 때 전정을 한다. 분식물의 종류와 크기, 수량에 따라 톱, 전정가위, 순지르기 가위, 생울타리 전정가위 등이 필요하다.

전정은 식물의 종류와 생육상태를 고려하여 적절한 시기에 하는 것이 좋다. 전정시기는 나무일 경우 낙엽활엽수는 이른 봄인 3월과 잎이 단단해진 7~8월, 그리고 낙엽 후 10~12월이 적당하며, 상록활엽수는 이른 봄인 3월과 9~10월에, 침엽수는 이른 봄이나 11~12월에 실시한다.

초화류는 초장이 너무 커지는 것을 막기 위해 순지르기를 하는데 순지르기를 하면 다시 곁순이 나오지만 키는 커지지 않는다. 화아분화가 된 후 순지르기를 하면 당해 꽃을 볼 수 없으니 주의한다. 예를 들어 9월에 개화하기 시작하는 배초향을 8월 말에 순지르기하면 꽃을 볼 수 없다. 초장을 얼마나 조절할 것이냐에 따라 여러 번 순지르기할 수 있고 시기를 달리 할 수 있다.

나무의 전정을 할 때는 요령이 필요하다. 무성하게 자란 가지, 지나치게 길게 자란 가지, 맹아지는 자른다. 수형의 균형을 잃을 정도로 웃자란 가지와 허약한 가지나 병든 가지는 자른다. 가지를 적당히 솎아주면 수관 내부에서 자라는 잔가지가 말라 죽지 않으며, 흰가루병이나 깍지벌레 등 병충해 발생을 예방할 수 있다.

토피아리는 주로 주목, 회양목, 으름덩굴, 마삭줄 등 맹아력과 생장력이 뛰어난 상록성 식물을 전정하여 원하는 형태로 만든 전정수이다. 단순한 형태는 전정만으로 만들기도 하고, 복잡한 형태는 철사로 조형틀을 만들어 식물 위에 덮은 다음 식물이 성장하여 싹이 철사의 바깥쪽으로 나오기 시작하면 전정하기 시작해 식물이 철사로 만든 조형틀을 가득 채울 때까지 장시간에 걸쳐 전정해 완성한다.

23-2-5 제초

분식물의 토양 면적은 작은 편이지만 장마기와 여름철에는 잡초가 무성해진다(그림 23-4). 잡초의 종류에 따른 발아시기와 번식방법을 이해하면 효율적으로 잡초를 제거할 수 있다.

그림 23-4. 잡초가 무성한 분식물

제초제를 이용한 화학적 방제는 어려우므로 분식물의 잡초는 손으로 뽑아준다. 일년생 잡초는 강아지풀, 바랭이, 왕바랭이, 명아주, 쇠비름, 애기땅빈대 등이 있고, 다년생 잡초는 토끼풀, 괭이밥류, 망초, 개망초, 질경이류, 쑥, 서양민들레 등이 있다. 일년생은 종자가 뿌려지기 전에 제거해야 하며, 다년생은 뿌리째 제거해야 한다.

23-2-6 병충해 방제

실외 분식물은 많은 병충해에 노출되어 있다. 병충해를 입지 않도록 예방조치를 해야 하고 병충해를 입었다면 진단하여 적절한 방법으로 약제를 살포하여 조기에 구제한다. 또 전염성이 강한 병에 걸렸을 때에는 가지나 줄기를 잘라내거나 심한 경우에는 식물체 전체를 뽑아서 소각해야 한다. 친환경적인 방제방법과 천적을 이용하는 방법도 이용해 보도록 한다('24. 친환경 병충해 방제와 퇴비' 참고).

병충해를 예방하는 방법은 여러 가지가 있다. ① 병충해가 서식하지 못하도록 화분에 떨어진 시든 꽃이나 낙엽은 긁어모아 퇴비장으로 보내고 이물질은 버리거나 소각한다. ② 잎에 살수하여 병균이나 해충, 그리고 먼지를 씻어낸다. ③ 오래된 화분의 멀칭재에는 병충해가 살 수 있으므로 1년에 2번 정도 멀칭재를 교체한다. ④ 월동을 위해 감아주는 목본 분식물 줄기의 피복재는 병충해가 자라고 이동하는 통로이므로 이듬해 봄에 피복재를 제거한다.

23-2-7 식물 교체

초화류를 중심으로 식재하는 실외용 분식물의 관리에서 관수 다음으로 비중을 차지하는 일은 식물 교체이다. 계절이 바뀌면서 개화기가 끝난 꽃식물을 새로운 꽃식물로 교체해주는데 계절별로 환경에 맞는 적절한 식물을 선정해야 한다. 이때 겨울을 보내고 이듬해 봄에 그대로 이용할 식물인지, 교체시 폐기할 식물인지에 따라 식물 선정도 달라진다.

23-2-8 월동 준비

추위에 약한 화분의 나무는 동해 방지를 위해 짚으로 감싸고, 토양 동결로 인한 뿌리 동해 방지를 위한 뿌리덮개를 만들어 준다. 초화류는 겨울의 시각적 효과를 위해 지상부를 남기는 것 외는 깨끗하게 잘라주고, 겨울 온도가 낮은 옥상에는 뿌리의 동해 방지를 위해 화분을 짚으로 감싸거나 토양 표면을 덮어 준다. 상록다년초도 화분을 감싸거나 토양 표면 부근을 짚으로 감싸준다. 다알리아, 칸나, 글라디올러스와 같은 춘식 구근류는 파내어 실내에 보관하거나 공간이 있다면 화분째 실내에 보관한다(그림 23-5).

그림 23-5. 분식물의 월동 준비

24. 친환경 병충해 방제와 퇴비

실외 분식물의 시비, 병충해 방제, 잡초 제거, 토양관리는 화학적인 방법으로 제조된 비료나 작물보호제 등을 이용하는 것이 편리하며, 그 효과도 즉각적으로 나타나고 비용이 저렴하다. 그러나 친환경적이고 유기적인 방법을 이용하면 환경에 이로우며 야생생물을 불러들일 수 있다. 또 분정원에서 재배된 꽃이나 채소, 과일을 안전하게 먹을 수 있다.

분식물 관리에 화학물질을 이용하지 않는다는 것은 생각보다 쉽지 않다. 화학물질을 이용하는 대신 다른 유기적인 기술을 이용해야 되는데 이런 방법들은 대부분 더 비싸고, 쉽게 효과를 보이지 않는다. 또 꽃이나 채소, 과일과 같은 생산물의 양과 질을 감소시킬 수 있으며, 그 효과가 드러나지 않는 경우도 많다. 그래서 유기적인 방법을 전적으로 채택하느냐, 부분적으로 이용하느냐는 관리자 또는 이용자의 선택에 달려 있다.

분식물 디자이너 또는 관리자는 아름다운 분식물을 넘어 건강한 먹거리와 생물다양성을 실천할 수 있는 분정원을 위해 벌, 나비를 비롯한 다양한 곤충과 새 등의 동물을 불러들일 수 있는 식물을 선정하고, 벌과 곤충들이 살 수 있는 집(bug hotel)을 만들어 주어야 한다. 또 새가 좋아하는 먹이를 나무에 걸어주는 것뿐만 아니라, 화학약품을 사용하지 않으며 직접 만든 퇴비를 이용해 분토양을 기름지게 할 수 있어야 한다.

생물다양성(biological diversity; biodiversity)이란 지구상의 생물종(species)의 다양성, 생물이 서식하는 생태계(ecosystem)의 다양성, 생물이 지닌 유전자(gene)의 다양성을 총체적으로 지칭하는 말이다. 자연계를 구성하는 모든 종들은 다 상호의존적이기 때문에 그 균형을 깨는 일은 그 어느 구성원에게도 이득이 될 수 없고 생물다양성이 풍부한 생태계는 그 균형이 쉽게 파괴되지 않는다. 1992년 리우의 지구정상회담에서 150개 정부가 서명한 생물다양성 협약이 이루어졌는데 이는 생물다양성이 인류와 식량 안전, 의약품, 대기, 수질, 거주지 및 우리가 살고 있는 건강한 환경에 필요한 것임을 인식하게 되었기 때문이다.

이 장에서는 실외공간의 분식물 관리방법 중 병해충을 친환경적이고 유기적인 방법으로 방제하는 방법과 분정원의 부산물로 퇴비를 직접 만들어 이용하는 방법을 소개하고자 한다.

24-1. 친환경 병충해 방제

사람들의 건강과 환경에 대한 관심이 높아지고, 화학적 작물보호제의 부작용을 우려하는 사람들이 증가하면서 전문가뿐 아니라 일반인들도 친환경 병충해 방제에 대한 관심이 높아지고 있다. 이러한 고객들의 요구에 부응하는 분식물 관리자로서 친환경 병충해 방제에 대한 지식과 기술은 필수적이다.

해충 방제법은 시대에 따라 계속 발전되어 왔으며, 최근에는 인간과 환경의 공존을 고려한 종합방제 개념이 대두되었다. 최초 인류는 손으로 일일이 잡아내거나 볏짚 등으로 해충을 유인한 후 제거하는 물리적 방법으로 해충을 구제하였다. 농경이 발달한 이후에는 작물 돌려짓기, 경운 등 재배기술을 이용한 경종적 방제나 천적을 이용한 생물적 방제가 발달하기 시작하였다.

20세기 들어 화학합성기술의 발달로 등장한 화학적 작물보호제는 해충과의 전쟁에 있어서 커다란 전환점이 되었다. 2차 세계대전 이후 수많은 화학적 작물보호제들이 개발되어 이용되었으나 1960년대부터는 저항성, 환경오염 등의 문제가 등장하면서 국가 차원에서 법으로 규제가 시작되었다. 1992년 리우(Rio) 환경회의에서 2004년까지 화학적 작물보호제 사용을 50% 줄이자는 안이 채택된 이후, 전 세계적으로 화학적 작물보호제 실제 사용량은 감소 추세이다. 우리나라에서도 친환경농업육성법을 제정하여 2020년까지 화학적 작물보호제, 화학비료 사용량을 40%까지 줄인다는 계획이 추진 중이다. 최근에는 화학적 작물보호제가 환경에 미치는 영향을 최소화하고 '생태계의 균형'을 고려하는 종합적 방제기술이 등장했다.

여기에서는 실외 분식물 관리를 위한 친환경 병해충 방제방법을 비화학적 작물보호제를 이용하는 방법과 생물학적 방제방법으로 나누어 소개한다.

24-1-1 비화학적 작물보호제 이용

화학적 작물보호제가 아닌 여러 가지 친환경 및 유기적 작물보호제는 시중에 판매되는 제품이 있으며 또 누구나 쉽게 만들어 이용할 수 있는 방법들이 있다. 분식물 관리를 위한 생물학적 방제법을 이용하기는 쉬운 일이 아니기 때문에 손쉽게 이용할 수 있는 비화학적 작물보호제를 만들어 이용하는 방법을 알고 있으면 분식물 관리자로서 좋은 역할을 할 수 있다(표 24-1, 그림 24-1).

표 24-1. 직접 만들 수 있는 몇 가지 친환경 작물보호제

친환경 작물보호제	대상 병해충	제조방법
목초액	진딧물	목초액은 자연농약으로 가장 많이 쓰인다. 나무로 숯을 만들 때 발생하는 연기가 외부 공기와 접촉하면서 액화되어 떨어지는 것을 채취한 뒤, 6개월 이상 숙성시켜 독성과 유해물질을 제거한 것을 말한다. 수용성의 액체를 목초액으로 사용한다. pH 3 전후의 산성을 띤다. 성분은 80~90%가 물이며, 아세트산이 3%이다. 그밖에 포름산, 지방산, 메탄올 등 200여 종에 이르는 소량의 미네랄을 포함한다. 목초액은 병해충 치료보다 예방에 좋고 거름도 되며 제초제 역할도 한다. 목초액은 진딧물 예방제로 쓸 수 있고, 진딧물 방제시 약하게 감식초를 타서 뿌리면 진딧물 알이나 유충의 피부가 녹아버려 죽는다. 목초액을 식물의 상태나 진딧물의 상태에 따라 800~1,200배 희석하여 소주를 약간 첨가하면 효과가 배가 된다.
EM 발효액	진딧물	물 9L에 식초 2.5L와 술 2.5L, EM 2.5L, 당밀 2.5L를 혼합하여(물 60% + 식초(현미 또는 양조) 10% + 술(25도) 10% + EM 10% + 당밀 10%) 밀봉하고 20~30℃에 7일 보관한다. 다시 7일간 조금씩 뚜껑을 열어 가스를 제거한다. 15일 후 향긋한 냄새가 나고 가스가 더 이상 생기지 않으면 된다. 유통기간은 3개월이다. 진딧물 방제에는 EM 발효액 300배액 + 목초액 300배액을 혼용 살포한다.
난황유	흰가루병, 노균병, 응애	난황유는 유채기름(카놀라유)이나 해바라기유 등을 달걀노른자로 유화시켜 만든다. 식물의 흰가루병, 노균병, 응애 등의 치료 목적으로 활용하는데 영양제 역할도 한다. 모든 해충에 대해 예방 및 치료효과가 있다. 1말(20L)을 만들 경우, ① 물 100ml에 달걀노른자 1개를 믹서기에 넣고 1~2분 정도 섞는다. ② 여기에 카놀라유나 해바라기유(식용유보다 우수) 또는 식용유(60ml)를 넣고 다시 5분 이상 강하게 섞어준다(기름방울이 작아야 분산이 잘 되고 작물에 잘 붙어 방제효과가 좋다). 예방 목적일 경우 7~14일 간격으로 아침이나 저녁에 잎 양면에 골고루 뿌린다. 치료 목적이라면 식용유를 100ml 넣고 만들어 5~7일 간격으로 뿌린다. 식물 표면에 피막을 형성하므로 너무 자주 살포하거나 농도가 높으면 식물 생육이 억제될 수 있다.
마요네즈 희석액		① 빈 통에 마요네즈 100g과 마요네즈가 잠길 정도의 소량의 물을 넣고 상하로 세차게 흔들어 섞어준다. ② 물 20L에 ①을 탄다. ③ 병이 발생한 식물의 잎 양면에 약액이 흘러내릴 정도로 충분히 살포한다. 고농도 사용시 생육장애를 일으킬 수 있으므로 사용량을 지킨다.
식초	흰가루병	흰가루병과 같은 병해충이 발생했을 경우 식물에 물로 약 100배 희석한 식초(흔히 현미식초)를 엽면에 골고루 살포한다. 예를 들면 토마토 흰가루병의 경우 감식초 100배 희석액을 살포했을 때 60% 정도 방제효과가 있다. 과도한 사용을 삼가고 식물에 따라 약해가 있으므로 미리 사용해 본다.
과산화수소 희석액	곰팡이병	과산화수소는 인체에는 전혀 영향이 없고 특히 곰팡이류의 병해에 강한 효과를 보인다. 일반적으로 시판되고 있는 과산화수소의 순도는 30~35%로, 생육 정도에 따라 물 1L에 과산화수소 10~17ml를 희석해 1주일 간격으로 반드시 엽면 살포한다. 이 방법은 딸기 잿빛곰팡이, 고추 탄저병, 오이 흰가루병, 노균병 발생을 억제하는 것으로 알려져 있다.
자리공 천연 살충제	진딧물, 응애	자리공으로 만든 천연 살충제는 살포 며칠 후 진딧물이나 응애를 사멸시킨다. 자리공의 뿌리 하나면 1,000L 정도의 살충제를 만들 수 있다. 현미식초나 목초액 20L를 기준으로 자리공 뿌리는 2,000g, 마늘 10개, 고추 20개를 갈아서 담궈 3개월 정도 숙성시킨 다음 이 액을 800배 정도 희석하여 살포한다.
어성초 (약모밀)	여러 해충	불쾌한 비린내가 많이 나는 어성초(약모밀)는 무농약으로 기르기 힘든 케일이나 양배추에 탁월한 효과가 있다고 한다.

그림 24-1. 비화학적 작물보호제를 만들기 위해 독초를 담구는 물통

24-1-2 생물학적 방제(biological control)

생물학적 방제는 미생물, 곤충, 식물 등의 기생, 포식 관계 등을 이용하여 인간에게 유해한 병원균, 해충, 잡초를 방제하는 방법이다. 자연 그대로의 먹고 먹히는 관계를 이용하여 해충의 천적들이 최대한 활동할 수 있도록 인위적으로 환경을 조성하는 기술로, 방제 후에도 환경오염 가능성이 낮은 것이 최대의 장점이다. 주로 전문 농업에 이용되는 방법이지만 정원과 연결되어 있는 실외 분식물의 병충해 방제, 그리고 어느 정도는 실내공간에 이용될 수도 있다(그림 24-2).

생물학적 방제법의 등장 이유는 건강한 자연생태계를 지키면서 해충 밀도는 요방제 수준 이하로 유지한다(변영웅 등, 2012)는 것이다. 천적 곤충을 이용한 해충 방제는 화학적 작물보호제를 부적절하게 이용하는 것보다 효과적이며 화학적 작물보호제의 위험에 대한 걱정 없이 환경이 안전하고 식물이 해를 받지 않는다. 해충을 경제적으로 장기간 방제할 수 있어 화학적 작물보호제에 대한 해충 저항성 문제도 극복된다.

단점으로는 생물학적 방제를 성공적으로 하려면 천적과 해충의 수가 많아야 한다. 그래서 천적을 정기적으로 풀어줄 필요가 있는데 천적은 비싸다. 생물학적 방제는 해충을 박멸하는 것이라기보다는 눈에 보이는 피해 이하의 수준으로 해충 수를 유지하는 것으로 약간의 곤충이나 응애를 받아들

그림 24-2. 벌레집과 새모이통

여야 한다. 어떤 천적은 특정시간에만 효과적이고 움직이기 때문에 원하는 곳에 머물지 않을 수도 있다. 화학적 작물보호제에 비하여 방제효과가 늦고, 여러 해충이 발생할 경우 천적도 여러 종류를 동시에 사용해야 하는 단점도 존재한다. 또한 사용자의 해충과 천적에 대한 공부와 꾸준한 관리가 이루어져야 성공할 수 있다.

우리나라는 1976년 일본에서 깍지벌레 천적을 처음 도입하였으며, 최근에는 시설농업을 중심으로 32종의 천적을 이용하고 있다. 도입 및 토착 천적 32종이 상품화되어 판매 중이나 외래종 천적의 비율이 40% 수준이나 된다. 그래서 차후 토종 천적을 개발하고자 하는데 다른 방제방법과 종합적으

표 24-2. 주요 해충을 방제하기 위한 천적 곤충의 적용(변영웅 등, 2012)

해충	천적 곤충		참고
	포식	기생	
진딧물	무당벌레(*Harmonia axyridis*) 칠성풀잠자리 (*Chrysopa pallens*) 풀잠자리(*Chrysopa carnea*)	콜레마니진디벌 (*Aphidius colemani*) 복숭아혹진디벌 (*Aphidius matricariae*) 진디혹파리 (*Aphidoletes aphidimyza*)	진딧물에만 기생하는 진디벌은 일생 동안 약 380개 정도의 알을 낳으며, 무당벌레는 약 1,000마리의 진딧물을 포식하고 약 600~800개의 알을 낳는다.
가루깍지벌레	깍지무당벌레 (*Cryptolaemus montrouzieri*)	작은 기생벌 (*Leptomastix dactylopii*)	
몇 종류의 연질 깍지벌레		기생봉(*Metaphycus helvolus*)	
몇 종류의 경질 깍지벌레		기생벌 종류(*Aphytis melinus*)	
흰파리 (온실가루이)	담배장님노린재	온실가루이좀벌 (*Encarsia formosa*)	온실가루이좀벌은 번데기에 알을 낳거나 몸에 구멍을 내고 체액을 먹는 형태로 온실가루이를 제거한다.
응애류	칠레이리응애 (*Phytoseiulus persimilis*) 꼬마무당벌레 (*Stethorus punctillum*)		식물체가 점박이응애의 공격을 받을 때 발산하는 냄새를 맡고 찾아와 점박이응애를 잡아먹으며, 번식력과 포식력이 좋아 널리 이용된다.
무당벌레	칠성무당벌레 (*Coccinella septempunctata*)		
총채벌레	미끌애꽃노린재 (*Orius laevigatus*) 오리이리응애 (*Amblyseius cucumeris*)		2mm의 작은 벌레인 꽃노린재와 오이이리응애로 해결
나방		쌀좀알벌 (*Trichogramma evanescens*)	알벌은 먼저 해충의 서식지인 식물체를 찾고 숨어 있는 해충의 알을 찾아 자기 알을 낳는 능력을 지닌다.

로 이용할 수 있어야 한다(변영웅 등, 2012).

해충의 천적 곤충은 포식자(predator)와 기생자(parasite), 그리고 병원균(pathogen)으로 구분된다. 포식자는 무당벌레, 풀잠자리, 사마귀, 딱정벌레처럼 해충을 잡아먹거나, 꽃노린재처럼 체액을 빨아먹는 유형이며, 기생자란 해충 몸에서 천적의 애벌레가 자라면서 그 해충을 죽게 하는 기생벌, 기생파리 등을 말한다. 주요 해충을 방제하기 위한 천적 곤충의 적용 전략을 살펴보면 표 24-2와 같다.

24-2. 퇴비 만들기

실외공간에 배치된 분식물은 햇빛 아래에서 생육이 왕성하고 꽃피는 식물이 많기 때문에 대사활동이 높아 토양에 충분한 비료를 공급해주어야 한다. 실외공간이 충분하지 않거나 공공 공간일 경우 화학비료나 이미 만들어진 퇴비를 이용하면 편리하지만, 정원이나 실외공간이 충분한 곳에서는 정원의 부산물이나 가정용 음식물 쓰레기로 직접 퇴비를 만들어 식물에 공급하면 일석이조의 효과를 볼 수 있다.

특히 봄부터 가을까지 정원을 관리하다보면 생각보다 많은 부산물들이 생긴다. 잡초를 뽑고 잔디를 깎고 초화류를 자르거나 솎아내고 나뭇가지를 전정하고, 키친가든이나 텃밭에서 채소를 수확하다보면 어느덧 겨울이 오면서 낙엽이 수북이 쌓이게 된다. 이러한 정원활동의 부산물을 정원 한쪽에 모아두면 썩으므로 퇴비로 사용할 수 있다. 그러나 아름다운 정원에 쌓여 있는 퇴비는 지저분하게 보일 수 있어 여러 가지 퇴비상자를 구입해 이용하면 깔끔한 분위기를 조성할 수 있다.

퇴비를 만드는 방법은 통풍이 잘 되는 퇴비상자를 이용하는 방법과 밀폐된 작은 용기를 이용해 만드는 두 가지 방법이 있다(그림 24-3).

24-2-1 호기성 세균을 이용한 퇴비상자

규모가 큰 정원에는 퇴비상자를 만들어 배치하면 정원을 깨끗하게 유지할 수 있고 작업하기도 편하다. 퇴비상자는 보통 3개를 세트로 만든다. 첫 번째 상자에 정원의 부산물을 넣어 2개월 정도 지나면 두 번째 상자로 옮기면서 뒤집어 주고, 또 2개월 정도 지나면 세 번째 상자로 옮긴다. 그렇게 봄, 여름, 즉 6개월 정도 지나면 정원의 부산물들은 잘 썩어 짙은 흑갈색의 퇴비로 변하게 된다.

퇴비상자는 호기성 세균이 잘 활동할 수 있게 통기가 되면서 옆으로 다 새어버리지 않을 정도의

그림 24-3. 퇴비상자

간격으로 만들어 주는데 옆 상자로 옮길 수 있도록 앞면을 개방할 수 있게 만든다. 각각의 상자를 붙여서 배치할 수도 있고 처음부터 3개를 연결해서 만들면 비용을 아낄 수 있다. 상자는 크기를 달리 만들어도 되지만 한 변이 120cm의 정육면체 3개를 연결하면 목재를 활용하기 좋은 길이이다. 호기성 세균이 잘 활동하면 내부 온도가 50~60℃로 올라가고 심하면 70℃까지 올라가 잡초씨를 죽일 수 있다. 퇴비상자를 만드는 목재는 방부하지 않은 일반 목재를 이용한다.

퇴비는 온도, 습도, 사용 재료의 크기에 따라 썩는 시간이 달라진다. 시간을 줄이고 싶으면 발효 촉진제를 섞거나 사용 재료를 더욱 작게 만들어 준다. 겨울에는 온도가 낮아 잘 썩지 않으므로 빨리 썩혀야 할 경우 비닐을 덮어 주간에 온실효과를 이용해 온도를 높여줄 수 있다. 퇴비가 적절하게 발효되면, 발생되는 열이 줄고 흑갈색을 띤다.

만들어진 퇴비는 망으로 거른 후 사용한다. 봄이나 여름 생육기에 분 위에 올려주거나 토양을 준비할 때 혼합해 준다. 성분 분석을 의뢰하지 않는다면 정확한 성분을 알 수 없기 때문에 퇴비의 양은 소량을 첨가해 본 후 식물의 반응을 관찰하여 경험적으로 판단해야 한다.

24-2-2 부엽 만들기

낙엽은 큐틴 성분 때문에 이 성분을 분해하는 호기성인 곰팡이의 역할이 필요하므로 보통 공기 소통이 매우 잘 되는 철망으로 용기를 만들어 낙엽을 쌓아두는데 빨리 썩지 않으므로 2년 정도 썩힌다. 부엽용 철망용기를 특정한 모양으로 만들면 정원의 장식물이 될 수 있다.

24-2-3 혐기성 세균을 이용한 퇴비상자

정원의 부산물이 많지 않거나 정원이 없다면 시판되는 퇴비통을 이용할 수 있다. 이 방식은 호기성 세균보다 혐기성 세균들을 이용하는데, 퇴비상자처럼 온도가 올라가지 않고 분해 속도도 느리지만 별다른 노력이 들지 않고 깔끔한 편이다. 전문 퇴비통을 구입하지 못하면 밀폐 플라스틱 통을 이용할 수 있다.

08

분식물 디자인 관련 산업

분식물 디자인 관련 산업은 분식물 재료 생산업, 유통업, 그리고 분식물을 중심으로 실내외 공간을 디자인하고 시공, 관리하는 업 등으로 구성되어 있다. 분식물 디자이너는 이러한 업체에서 직원으로 근무하거나 직접 업체를 경영할 수 있다.

8부에서는 분식물 디자인 재료를 판매하거나 디자인된 분식물을 판매하면서 소비자와 가장 밀접한 관계를 가지고 있는 화원과 가드닝숍, 가든센터, 그리고 분식물을 주재료로 공간을 디자인하는 화훼공간디자인이나 실내조경 또는 가드닝업을 살펴보고자 한다.

25. 화원, 가드닝숍, 가든센터

화원(花園, floral shop)은 분식물을 포함한 절화, 정원식물 등의 화훼생산물을 생산자로부터 소비자에게로 이동시키는 유통시스템의 마지막 연결고리로서 사람들에게 식물을 중심으로 토양, 용기, 관리용품 등의 상품을 제공하며 분식물 이용을 위한 다양한 서비스를 제공해 준다. 가드닝숍(gardening shop)은 분식물 디자인에 초점을 맞춘 화원의 한 유형으로 최근 리빙 & 라이프 스타일의 관심에 따라 새롭게 떠오르는 숍이다. 가든센터(garden center)는 소규모 화원에서부터 대규모 기업형 가든센터로 규모에 따라 차이를 보이는데 규모가 커질수록 제공하는 상품의 종류가 다양하고 서비스의 범위도 넓어진다.

화원이나 가드닝숍, 가든센터는 분식물 디자이너, 가드너, 플로리스트(florist), 실내조경가가 직업적으로 활동할 수 있는 기본적인 업체로서 소비자와 가장 가깝게 연결되어 있다.

25-1. 화원

화원의 특징적인 기능은 판매를 위한 물품의 가치를 높이는 것으로, 이러한 부가가치는 디자인에 한정되지 않고 배달과 사후관리를 비롯한 다양한 서비스를 포함한다. 화원은 구매, 디자인, 가격 결정, 진열, 판매, 배달, 통신서비스, 그리고 판매촉진 등의 다양한 업무로 운영되는데, 서비스가 세련되고 독특하며 호감가는 것일수록 소비자는 화원의 가치를 높이 평가한다. 화원 경영자의 경영 형태와 목표는 시장에서 화원의 유형과 스타일과 위상을 제시해 준다(허북구, 2002). 화원 경영자의 운영방식에 따라 화원은 분식물 공간디자인이나 실내외 정원 공사와 관리를 겸하고 있는 곳이 많다 (그림 25-1).

25-1-1 화원의 유형

국내의 화원은 판매방식, 취급상품, 경영방식, 소유권에 따라 여러 유형으로 나눌 수 있다(허북구, 2002).

전통적인 화원은 위치가 좋은 점포에서 화훼상품을 팔았지만 요즘은 다양한 장소와 방식으로 상품을 판매한다. 가장 일반적인 점포형을 비롯하여 통행량이 많은 도로나 시장 근처에서 판매하는 노점형, 위치나 점포형태에 구애받지 않고 특정 품목을 전문적으로 대량 취급하는 농장형, 매장 없이 전화 주문 또는 인터넷에 의한 판매나 서비스를 제공하는 사무실형, 그리고 이들의 복합형으로 나눌 수 있다.

취급상품에 따라 화원을 일반점, 전문점, 복합점, 종합원예점으로 나눌 수 있다. 일반점은 대부분의 화원에서 볼 수 있는 중간 정도 규모의 매장으로 분식물, 절화, 정원용 초화류, 건조소재, 조화 등 다양한 재료와 화훼상품으로 구색을 갖추고 있으며 상품의 배달, 특히 통신배달과 같은 다양한 서비스를 제공해 준다. 전문점은 분식물, 절화, 건조소재, 조화 등의 특정 품목만 전문적으로 취급하거나 연회, 결혼식 등의 행사공간이나 디스플레이 등 공간 디자인을 전문으로 하는 전문점이다. 국내 전문점의 비율은 낮은 편이나 외국의 경우 상당히 높은 편이다. 복합점은 가드닝 카페와 같이 다른 업종과 혼합되거나 리빙용품점과 연결된 것이다. 종합원예점은 규모가 큰 꽃백화점이라 할 수 있는

한국

독일

독일

프랑스

프랑스

프랑스

그림 25-1. 화원

상점으로서 분식물이나 절화, 정원식물, 화훼상품, 정원용품 판매와 서비스를 제공하는 곳으로 소규모 가든센터(garden center)라 볼 수 있다. 국내에는 아직 많지 않지만 앞으로 발전 가능성이 있는 화원의 형태이다.

경영방식에 따라 직영점(直營店), 프랜차이즈 체인점, 협력점(協力店), 총판점(總販店)으로 나눌 수 있다. 직영점은 독자적으로 경영되는 화원으로 가장 일반적이며 동일한 상호로 여러 군데 분점을 차리고 직영하는 경우도 있다. 국내에서는 다중 점포를 가진 경영주는 많지 않은 편이지만 일본이나 미국의 경우 10개 이상은 일반적이고 100개 이상의 직영점을 갖는 다중 점포가 상당수 있다. 프랜차이즈 체인은 프랜차이저(franchiser)인 본부와 가맹점인 프랜차이지(franchisee)로 종적인 연대를 갖는 체계이다. 본점과 가맹점들이 서로 소유주가 다른 독립기업이면서도 본점과 동일한 상표의 상품과 상호로 영업을 하고 본점으로부터 경영지도를 받으며 그 대신 가맹점들은 본점에 대해 로열티(royalty)를 지불함으로써 공생관계에 있는 사업결합체이다. 협력점은 동등한 입장에서 특정의 심볼을 중심으로 통신배달과 같은 서비스 등으로 협력관계를 유지해 가면서 경영하는 방식이다. 현재 일부 지역에서 특정의 로고(logo)를 중심으로 연합체를 형성하여 상호간에 협력하면서 경영하는 방식 및 통신배달업체에 가맹한 화원들이 상호간의 협력에 의해 화원을 운영하는 방식이 대표적이다. 총판점은 특정한 노하우가 있는 상품을 가진 회사가 특정의 화원과 계약을 맺고 상품의 판매권이나 서비스를 제공하는 형태이다.

화원은 개인에게 소유권이 있는 경우가 가장 많으며, 둘 이상의 사람들이 소유하고 운영하는 합자회사(合資會社), 합법적으로 등록이 가능한 형태인 주식회사(株式會社)의 형태로도 존재한다. 국내에서 주식회사의 형태로 운영되는 화원은 적은 편이다(허북구, 2002).

25-1-2 화원의 위치

어떤 화원 경영자들은 화원의 성공에는 위치가 가장 중요하다고 생각하는 반면, 어떤 화원 경영자들은 고객에게 차별화된 유익한 상품과 서비스를 제공하는 것에 승부를 건다. 그렇지만 가장 중요한 것은 점포 임대료와 상품가격의 관계이다. 소비자는 집 주변에서 상품을 구입하는 경향을 보이므로 화원이 독특한 이미지와 평판을 갖는다면 단골손님을 쉽게 확보할 수 있다. 화원 경영자가 디자인에 초점을 맞추면서 전화판매를 한다면 위치가 별로 중요하지 않을 수도 있다. 꽃의 용도가 다양해지고 판매방식이 변화됨에 따라 다양한 위치에서 화원이 운영되고 있다(허북구, 2002).

화원의 위치를 중 · 대도시의 중심상가 지역과 외곽지역, 시골 및 소도시 지역, 주택가, 사무실 건물 지역, 학교 주변 지역, 백화점 · 쇼핑센터 · 슈퍼마켓, 호텔로 구분해 주변환경과 상황에 따라 살펴보기로 한다.

중심상가 지역은 비교적 판매량이 많은 지역이나 임대료가 비싸고 주차 및 배달에 문제가 있다. 임대료가 비싸 진열공간이 충분하지 않고 즉흥적인 구입을 하는 고객이 많으며, 유행의 영향을 많이 받아 디자인이 훌륭한 상품이 중요하다. 판매량은 인맥관계의 영향을 받고 있지만 광고나 기술만 있으면 어느 정도 이를 극복할 수 있다. 외곽지역은 임대료가 싸기 때문에 넓은 매장을 구비할 수 있어 진열공간과 주차공간의 확보가 쉽다. 그러나 통행량이 적기 때문에 단기간에 홍보하는 것이 어렵다. 외곽지역에 위치함으로서 가격이 교통비 이상이 나올 정도로 싸다든지 또는 낮은 임대료를 충분히 활용하여 대형 분식물같이 부피가 큰 상품을 구비하고 원스톱 쇼핑이 이루어질 수 있도록 상품의 구색을 갖추어 놓은 것을 홍보하는 것이 중요하다. 보통 도소매 복합기능을 갖고 있는 곳이 많으며 중심가의 화원과 연대관계를 맺고 운영되는 경우도 많다(허북구, 2002).

인구 10만 이하의 소도시에서는 화원의 위치에 따라 판매품목이나 영업대상이 달라지는 경우는 많지 않다. 소도시에서는 지연, 혈연, 학연, 소속단체 등을 중요시하기 때문이다. 그래서 특수한 상품을 제외하고는 화원의 모양이나 크기, 위치, 기술 수준보다는 얼마만큼 지역사회에 적극적으로 참여하고 좋은 인간관계를 맺느냐가 중요시되는 경우가 많다.

주택가의 구입자는 주로 주부로서 분식물의 수요가 가장 많고 그 외 절화, 종자, 농약, 화분, 비료 등 원예용구의 수요가 증가하고 있어 화원 근무자는 포장이나 장식기술에 비해 식물 관리요령이나 절화의 장식요령에 대한 지식이 필요하다. 사무 지역은 전화주문에 의한 판매가 많다. 따라서 전화 주문시의 편리성을 돕기 위해 각 품목의 사진과 가격이 실린 카탈로그(catalog)를 배포하는 경우가 많다. 인사 이동시기에는 주로 난이나 경조화환, 꽃바구니 등의 선물이 많다. 학교 지역은 학교의 환경정리에 필요한 분식물과 절화의 소비가 일정하게 이루어지는 곳이지만 방학기간에는 판매량이 줄어드는 단점이 있다. 학교 구성원의 밀집도가 높기 때문에 화원에 대한 평판도 빠르게 이루어지므로 디자인이나 서비스를 만족스럽게 잘해야 한다.

백화점, 쇼핑센터, 슈퍼마켓 등의 화원은 직영 또는 분양된 것으로 장식이나 포장을 하기보다는 완성품을 파는 경우가 많다. 이러한 장소는 이용객이 많기 때문에 일정 수준의 판매량을 확보할 수 있는 이점이 있으며, 판매원이 꽃에 대한 지식이 없어도 판매에 불편이 적고 판매원이 없는 경우도 있다. 외국의 슈퍼마켓에는 분식물이나 꽃다발을 진열해놓고 디자이너의 서비스 없이 판매하는 곳이 많다. 호텔의 화원은 호텔의 직영점이거나 분양된 화원으로서 호텔 객실, 연회장 등의 공간장식이 중심이 되거나, 고객들에게 판매하기 위한 분식물이나 절화로 구성된 상품이 진열되어 있다. 홍보나 영업활동에 많은 비중을 두지 않아도 일정액의 수익이 보장되는 이점이 있으나 수준 높은 장식기술이 필요하다. 아울러 외국인의 내방이 많은 호텔은 각국의 꽃문화 특성을 이해하고 그에 맞출 수 있는 능력이 요구된다.

25-1-3 화원의 공간 배치

화원에 기본적으로 필요한 공간은 전시, 판매, 작업, 저장, 사무, 주차공간이다. 화원은 고객이 상품을 둘러보는데 편리하고 고용인이 효율적으로 작업과 판매를 할 수 있는 공간과 동선의 계획이 중요하다.

고객의 관심을 끌고, 흥미와 구매욕구를 일으켜 판매를 유도하는 상품진열은 매우 중요하다. 화원의 이미지를 보여주는 상품진열이나 창조적이고 예술적인 상품전시는 고객들에게 좋은 인상을 주게 되며 구매욕구를 일으킨다(그림 25-2). 쇼윈도의 전시는 밝고 대담한 형태와 색상으로 짧은 순간에 강인한 인상을 심어주어 지나가는 사람들이 상점 안으로 들어오도록 디자인하며 간판과 조화되도록 한다. 간판은 화원의 전체 이미지를 고려하여 눈에 띄고 읽기 쉬운 이름이여야 한다. 실내전시는 동선의 흐름을 방해하지 않도록 하여 화원의 주요 용도와 주제의 상품을 보여준다. 전시된 상품에는 가격과 식물 이름을 표시해주고, 관리요령이 첨부되어 있으면 좋다. 다양한 가격대의 상품을 진열하여 소비자의 선택의 폭을 넓혀준다(허북구, 2002).

시각적인 상품전시로 성공적인 판매촉진 효과가 달성된다면 다음 단계는 판매서비스에 신경을 써야 한다. 판매공간은 상담과 계산이 이루어지는 곳이지만, 한국의 대부분 화원은 이러한 서비스 구역을 따로 마련할 정도로 넓지 못하다. 계산대에서 포장과 계산이 이루어지고, 상담은 전시공간

그림 25-2. 화원의 상품전시

에서 이루어진다. 전화판매를 위해서는 사무공간이 필요하지만 보통 계산대나 작업공간에서 이루어진다. 화원을 설계할 때 작업공간의 계획을 잘 세우면 작업을 효율적으로 할 수 있으며 여러 가지 비용도 절감할 수 있다.

작업공간은 디자이너를 위한 공간으로서 원활한 작업의 흐름을 고려하여 싱크대가 설치된 작업대와 냉장고, 선반, 쓰레기통 등이 적절하게 배치되어 있어 손쉽게 도구와 재료들을 이용할 수 있도록 하며('8. 작업시설과 기기 및 분식물 재료 관리' 참조) 저장공간과도 쉽게 연결되어야 한다. 필요한 물품을 보관할 수 있는 저장공간은 소규모 화원일 경우에는 선반이나 냉장고 정도로 이루어지지만 대형 화원일 경우에는 사용하지 않는 여분의 소재나 계절물품 등을 보관하여 작업할 수 있도록 화원 뒤쪽의 창고와 같은 저장공간이 필요하다. 또 광도가 부족한 전시공간보다는 분식물을 보관하기 위해 온실을 부착하거나 온실 자체가 화원인 경우도 있다. 냉장고는 저장용과 전시용이 있다. 규모가 큰 저장용 냉장고에는 보존용액을 처리한 양동이, 생화 상자, 배달할 상품 등을 보관한다. 전시용 냉장고는 시각적 판매촉진을 위한 것으로 절화뿐만 아니라 판매할 꽃꽂이나 배달용 상품을 전시한다.

대부분의 국내 화원은 규모가 작기 때문에 특별한 사무공간을 확보하지 못하고 있다. 사무공간은 작업공간과 계산대를 겸하고 있다. 규모가 큰 화원일 경우 사무공간을 분리하여 고객관리와 통신서비스 등이 원활하게 이루어지도록 한다.

25-1-4 구매, 가격 책정, 디자인

화원에서 고객을 만족시킬 수 있는 적절한 가격의 재료 구입은 화원의 성공 여부에 결정적인 역할을 한다. 상품 구성은 목표로 하는 고객층에 맞춘다. 구입처는 도매상, 이동 차량, 농장 등이 있지만 대부분 도매상을 많이 이용한다(그림 25-3). 가장 적절한 구입처의 선정이 중요하며, 미리 시장, 상품, 재고에 대한 충분한 정보와 구매계획을 가지고 품질, 신선도, 가격 등을 따져 구입한다. 화원의 운영시 재고처리 문제는 매우 중요하다(허북구, 2002).

구매를 끝내면 적절한 가격을 책정해야 한다. 소매화원은 이윤을 근거로 상품 가격을 정하게 된다. 상품 가격은 원래의 재료비에 노동비와 함께 디자인비를 포함해서 결정한다. 국내 화원에는 가격 표시가 없는 경우가 많은데 이것은 소비자 입장에서 서비스의 부재이므로 가격 표시를 할 필요가 있다. 화원은 그 유형과 운영방식에 따라 외부 공간디자인 공사를 포함하는 경우가 많아 이런 경우에는 미리 계획을 하여 공사비를 책정한 후 필요한 양의 재료를 주문하고, 목적에 맞는 디자인을

서울 양재동 농수산물유통공사(도소매)

과천 화훼집하장(도매)

영국 뉴 코벤트 플라워 마켓
(New Coventflower Market)(도매)

프랑스 헝기스 시장(Rungis Market)(도매)

프랑스 헝기스 시장(Rungis Market)(도매)

프랑스 헝기스 시장(Rungis Market)(도매)

그림 25-3. 구매를 위한 도매시장

하여 장식물을 만들거나 설치하게 된다(허북구, 2002).

화원의 경영에 있어서 독창적이고 아름다운 디자인은 가격만큼 중요한 요인이다. 디자이너는 적절한 가격의 범위에서 고객이 선호하는 디자인 요소를 지닌 상품을 만들거나 의뢰받은 공간을 디자인한다. 고객에 따라 선호하는 디자인은 다르며, 같은 가격에 크고 화려한 디자인을 선호하는 경우도 있고, 매우 우아한 디자인을 선호하는 경우도 있다. 화원의 디자이너들은 이러한 고객의 기대를 만족시켜 주어야 한다.

25-1-5 판매, 배달, 통신배달 서비스

고객이 화원에 발을 들여놓는 순간, 고객에 대한 서비스는 시작되어 고객이 만족하는 순간까지 계속된다. 고객에 대한 고용인의 긍정적이고 친절한 태도는 실제 서비스보다 강한 인상을 줄 수 있으므로 화원 경영자는 고객에 대한 서비스가 사업의 성공 비결이라는 것을 알아야 한다. 판매원은 화원의 상품과 서비스를 전문적이고 효과적으로 제공하도록 교육을 받아, 친절하고 열정적이며 대인기술이 뛰어나고 상품에 대해 잘 알고 있어야 한다. 또 디자인 제안, 화원이 제공하는 서비스, 적절한 가격대 등을 고객에게 알려주어야 한다. 특히 진열된 상품마다 가격표를 붙여주면 고객의 상품 구입이 쉬워진다.

화원의 상품 구매는 전화나 인터넷으로 이루어지는 경우도 많으며 배달을 요구한다. 이럴 경우 구매자의 화원에 대한 이미지는 통신판매원과의 관계에서 이루어진다. 판매원은 전화상으로 상품의 종류, 가격, 배달 등의 서비스 내용을 잘 설명해 주고, 주문서를 작성하며 계산방법에 대해 설명해 준다. 전화주문에 의한 구매비율이 증가하고 있어 배달은 판매의 기본이 되어가고 있다. 판매원과 마찬가지로 배달원은 중요한 역할을 하게 되며 화원의 평가는 상품의 품질과 서비스, 배달원의 태도, 배달차량에 의해서도 평가된다. 또한 배달은 자연스러운 화원의 홍보 역할을 하게 되므로 화원의 로고(logo)와 주소, 전화번호가 인쇄된 카드나 인수증, 카탈로그 등을 최대한 활용하며, 화원의 이름과 전화번호가 적혀있는 배달차량은 홍보와 함께 신뢰감을 주게 된다. 화원 종사자수가 적어 재료 구입이나 배달이 어려운 화원은 배달 전문업체를 이용함으로써 해결할 수 있다. 이 경우 직접 배달하는 경우보다 비용절감 효과가 있으나 교통난, 주말의 주문쇄도 등으로 쉽지 않을 때도 있다. 꽃배달 대행업체의 수요는 증가할 것으로 생각되나 화원은 배달차량을 한 대 정도는 구비하고 있어야 한다(허북구, 2002).

멀리 있는 사람에게 꽃을 보내고 싶을 때 이용하는 것이 통신배달 서비스이다. 한 도시의 화원에 주문을 하면 다른 도시 또는 다른 나라의 화원으로 전화, 인터넷, 팩시밀리를 이용하여 주문서를 보내게 되고 그 화원에서 배달을 하게 된다. 대금은 화원끼리 또는 협회 본부의 정산기구를 통해 정산하게 된다. 통신배달은 약 100년 전 미국에서 시작되었으며, 일본에서는 1953년, 한국에서는 1980년 초에 도입되었다. 이러한 통신배달 서비스는 화원 형식의 점포 없이도 가능하게 되었으나 신용 문제와 상품의 질이 저하될 가능성도 배제할 수 없다.

25-1-6 판매촉진과 고객관리

목표로 삼는 고객을 대상으로 알리거나 설득하거나 정보내용을 상기시키는 정보제공 활동을 판매촉진 활동이라고 한다. 이러한 판매촉진 활동에는 홍보, 광고, 선전, 인적 판매 등이 있다.

홍보는 전단, 카탈로그, 편지, 신문, 라디오, TV, 인명부, 방문, 상품 샘플 등의 매체를 통해 화원이나 분식물에 대한 일반적인 인식을 만들어 가는 모든 활동을 말하는데, 화원과 분식물에 대한 이미지를 알리는 것으로 소비자로 하여금 구입하도록 하지는 않는다. 고객들에게 분식물의 효과와 이용방법에 대한 설명으로 분식물에 관심을 가지도록 하는 과정에서 소비를 촉진시킬 수 있다. 광고는 특별한 아이디어, 이유, 특정 가격 등을 알려 소비자가 상품을 구입하도록 유도한다. 화원 대부분의 광고는 전화서비스에 관한 것으로, 전화서비스를 통해 분식물을 구입하도록 유도한다. 선전은 특별행사나 상품전시회를 통해 화원과 상품, 서비스에 대해 알리는 작업으로, 크리스마스나 봄의 개업행사는 일종의 선전이 된다. 인적 판매는 고객과의 대화과정에서 고객의 상품 구입을 도와주는 소비자 지향적인 구매환경의 조성활동이다. 이 외에 계절이나 날씨에 대한 소비자의 심리를 이용한 판매촉진 활동도 상당히 효과적이다.

화원의 성장은 새로운 고객 개발과 기존 고객의 화원에 대한 지속적인 만족 없이는 어렵다. 고정고객을 증가시키기 위해 꾸준한 정성으로 고객관리를 해야 한다. 고객관리를 위해서는 빠른 속도로 다양하게 변하는 소비자의 욕구에 즉각적으로 대응해야 하며, 이를 위해 고객정보 관리시스템을 구축하여 고객에 대한 정보를 체계적으로 수집하고 분석해서 구체적인 영업활동과 연결시킬 수 있도록 항상 관리해야 한다. 고객에 대한 서비스는 우편물로 광고나 감사의 표현을 하거나 무료 강의 등과 같은 일반적인 서비스와 상품을 구입했을 경우 반품 서비스나 사후관리 서비스, 자동대금 서비스, 배달 서비스, 포장 서비스 등의 서비스와 신용카드 사용과 같은 다양한 서비스가 있으며 그 외 다양한 새로운 서비스를 개발할 필요가 있다.

25-1-7 직원, 상품 및 자금관리

화원은 소유주와 관리자가 있으며 디자이너와 판매원, 회계원, 배달원이 있다. 규모가 작은 화원은 여러 가지 역할을 한 사람이 맡아서 하게 되지만, 규모가 커질수록 업무가 나뉘고 업무별 직원이 많아진다. 화원에서 고객은 선택적인 소비를 하며 이용기술과 관리 등에 대한 자문을 구하는 경우가 많아 화원의 서비스 수준에 따라 고객이 많아질 수도 적어질 수도 있다. 따라서 직원들의 자질과 업무수행 능력이 중요하므로 화원의 직원관리는 중요한 의미를 지닌다.

관리자는 적절한 사람을 고용하여 일을 생산적으로 수행하도록 교육시키며 노동력을 통제하여 생산비용간의 관계가 수익성 있는 균형을 맞추도록 해야 한다. 인건비를 조절하기 위해서 직원은 임금을 충당할 만큼 유능해야 하며, 이러한 직원의 생산성을 측정하기 위해 관리자는 그들이 무엇을 하는지 체크한다. 작은 화원에서는 일이 뚜렷하게 구분되어 있지 않지만 나름대로 적절한 기준을 마련하여 업무수행 능력을 평가해야 한다. 능숙한 관리인은 직원의 평가와 보상에 대한 의사전달을 명확히 하며, 직원의 용기를 북돋우고 자극을 주며 능력을 개발하도록 한다. 직원의 교육을 위해 관련 잡지를 구독하거나 주기적으로 세미나, 연수 등에 참가할 수 있도록 충분한 배려를 하는 것도 관리자의 중요한 역할이다.

성공적인 화원 관리인은 직원들을 감독하고, 상품의 구매, 사용, 판매를 통제하며 자금의 흐름을 관리한다. 화원은 상하기 쉬운 식물과 오래가는 두 가지 유형의 상품을 취급한다. 적절한 상품을 구입하는 것이 관리의 시작이며, 구입된 상품은 적절한 가격을 매겨 빠르게 판매되도록 한다. 모든 상품의 구입은 투자이다. 이러한 투자의 첫째 목표는 이윤을 남기는 것이며 화원은 이러한 이윤을 위한 물품관리 명세서에 대한 책임있는 관리를 필요로 한다. 화원에서는 상하기 쉬운 상품 때문에 이러한 물품명세서에 대한 책임이 상당히 중요하다.

화원이 잘 운영되기 위해서는 충분한 자금이 있어야 한다. 화원은 물품대금을 지불하고 경영비용을 충당하기 위해 적절한 자금이 회전되어야 하는데, 자금에 대한 관리를 위해서는 재정적인 계획서가 작성되어야 한다. 디자이너는 좋은 경영인이 아닌 경우가 많다. 화원이 재정 관리자를 직원으로 고용할 정도로 충분히 크지 않다면 외부 회계사의 도움을 받는 것이 좋은데, 이러한 일은 매달 적절하게 이루어져야 하며 충분히 투자할 가치가 있다.

25-2. 가드닝숍

문화와 소득 수준의 상승으로 리빙 & 라이프 스타일에 대한 관심이 커지면서 국내 리빙 시장이 확대되고 있다. 이러한 리빙 산업의 주요 부분으로 가드닝이 대두되면서 기존 화원과는 스타일이 다른 가드닝숍이 떠오르고 있다. 외국의 가드닝의 의미와 달리 국내 가드닝숍은 수준 높은 실내디자인과 결합된 분식물 디자인이 중심이다. 이러한 상황에서 가드닝을 콘셉트로 한 카페, 레스토랑, 패션 매장 등이 생겨나면서 국내에는 새로운 가드닝 트렌드가 만들어지고 있다.

1990년부터 시작된 실내공간에서의 관엽식물 이용은 대중들의 큰 관심으로 붐을 이루면서 이후 실내공간의 분식물 이용은 일반화되었다. 그러나 실내공간에서 분식물이 지속적으로 살지 못하는 것과 관련한 몇 가지 이유로 관심은 다소 줄어들었는데 식물의 환경적 효과에 대한 인식은 다시 실내 분식물에 대한 관심을 불러일으켰다. 이제 수준 높은 분식물 디자인에 대한 관심으로 시작된 가드닝숍은 분식물의 단순한 이용보다는 전체적인 생활공간 디자인과의 결합으로 아름다운 생활환경과 디자인의 중요성을 부각시키는 역할에 앞장 서 있다.

가드닝숍은 백화점이나 리빙용품 전문점, 가드닝카페 등과 결합하여 주요 분야가 되고 있으며, 분

마이 알레 ㈜디자인 알레 가드닝숍 퀸마마마켓 가드닝숍

그림 25-4. 가드닝숍

식물이 중심이 되는 공간디자인업체의 역할까지 하고 있다(그림 25-4). 수준 높은 분식물 디자인을 부각한다는 것 외 세부적인 내용은 화원과 다음 장에서 설명하는 화훼공간디자인업체의 역할과 비슷하므로 참고한다.

25-3. 가든센터

가든센터는 가드닝을 위한 식물과 관련 물품을 판매하고 관련 서비스를 제공하는 소매업이다. 국내의 가든센터는 소규모 화원을 비롯하여 실내외 분식물과 정원식물, 토양, 화분, 비료, 도구 등을 판매하는 유리온실 또는 비닐하우스를 점포로 이용하는 식물원 또는 농원으로 가든센터라는 명칭을 이용하는 곳이 증가하고 있다. 아직 외국과 같은 규모의 가든센터가 전국적으로 활성화되어 있지 않지만 도시농업법이나 국가 정원 정책을 담은 '수목원 · 정원 조성 및 진흥에 관한 법률' 제정(2014)으로 외국과 같은 대규모 가든센터가 발전할 것으로 전망된다.

25-3-1 가든센터의 역할과 유형

식물을 생산하여 판매하던 소매농원(nursery)에서 발전된 가든센터는 다른 농원에서 생산된 식물을 가져와 판매하는데, 선진 외국의 가든센터는 판매하는 물품의 범위가 넓어져 정원과 관련된 용품 외에도 캠핑, 바비큐와 같은 실외활동용 물품을 비롯하여 애완동물용품, 가구와 같은 가정용품 등 다양한 범위의 물품과 시설을 판매한다(표 25-1). 또 가든센터는 보통 봄(3~6월)과 가을(9~10월)이 가장 번창한 시기이나 겨울(11~1월) 계절의 수익을 올리기 위해 크리스마스트리와 장식물, 파티용품 등의 상품도 판매하고 있다.

표 25-1. 영국 가든센터의 판매물품

구분	세부 내용
식물 재료	일년초, 다년초, 교목, 관목, 잔디, 관엽식물, 종자, 구근류 등
식물 디자인 상품	분식물 상품, 절화 상품 등
화분	각종 화분 등
토양과 비료	혼합토, 퇴비, 토양개량제, 멀칭재 등
작물보호제	병충해 제거, 잡초 제거 등
도구	모종삽, 삽, 호미, 괭이, 낫, 갈퀴, 포크, 가위, 고지가위, 물조리, 호스, 살수기 등
기계	잔디깎기, 엔진톱, 엔진전정기, 전기분쇄기, 경운기, 롤러, 카트, 트롤리, 트레일러, 비료 스프레더 등
정원 건물	온실, 창고, 작업장, 동물우리, 놀이집 등
정원 장식물	포장재, 목재, 울타리, 트렐리스, 오벨리스크, 아치, 조형물, 연못, 분수 등
정원 가구	의자, 벤치, 테이블, 선베드, 파라솔, 아버벤치, 가제보, 천막, 그네 등
실내 가구	테이블, 의자, 서랍, 장식장 등
애완동물	기니피그, 토끼, 물고기, 쥐, 애완동물 관련제품 등
캠핑	천막, 캠핑용품, 옷 등
겨울 연료	장작, 숯, 석탄 등
바비큐 용품	바비큐 그릴과 도구 등
크리스마스용품	크리스마스트리와 받침, 장식용품 등
선물용품	
상품권	

독일 독일 영국

독일 영국 네덜란드

그림 25-5. 가든센터

외국의 가든센터는 한국의 화원처럼 소규모로 운영되는 곳도 있지만, 규모가 큰 기업형으로 운영되면서 많은 체인점을 가지고 있거나 여러 가든센터가 모여 협회를 이루고 있다. 또 주택용품 판매회사의 한 부서로 운영되기도 하고 슈퍼마켓과 합쳐지기도 하면서 계속 진화 발전하고 있다(그림 25-5, 표 25-2).

표 25-2. 2007 영국 정원 관련 생산액(AMA Research, 2008)

구분	세부 내용	천 파운드(£)	비율(%)	천 원(1£=1,862원 기준)
정원 식물	초화류, 구근류, 종자, 목본식물, 관엽식물	1,207,960	23	2,249,221,520
정원 건물	온실, 헛간	1,523,080	29	2,835,974,960
정원 레저	정원가구, 바비큐와 관련 도구	525,200	10	977,922,400
정원 도구	잔디깎기, 잔디트랙터, 정원엔진 도구, 정원 도구	577,720	11	1,075,714,640
정원 화학물질	잔디관리, 병충해, 잡초 제거, 퇴비, 피트, 바크, 비료	420,160	8	782,337,920
정원 잡동사니	울타리, 데킹 및 목재산물, 정원 장식물, 그물, 수경재료, 번식도구, 바닥돌	997,880	19	1,858,052,560
계		5,252,000	100	9,779,224,000

25-3-2 가든센터의 변화

외국의 기존 가든센터는 더 많은 경험을 제공하고, 가든센터에서 시간을 더 보낼 수 있도록 어린이를 위한 놀이공간, 카페, 식당 등 여러 여가활동이 가능한 공간을 복합적으로 운영하면서 변화하고 있다. 또한 온라인 전문 가든센터가 생성되면서 기존 가든센터들도 온라인 가든센터를 병행해 운영하고 있으며, 상업적인 정원이나 수목원 등에서도 가든센터를 운영하고 있다(표 25-3).

가든센터는 문제를 진단하고 도움을 줄 수 있는 전문 원예가나 가드너를 고용하여 무료 서비스를 제공하며 때로는 공개 강의도 개설한다. 또 가든센터의 운영방식에 따라 정원 디자인, 시공, 관리 등의 서비스를 제공하는 곳도 있다.

25-3-3 한국의 가든센터

분식물 디자인과 관련하여 한국의 가든센터의 발전은 매우 중요하다. 가든센터는 가드닝과 관련된 다양한 식물과 재료들을 구비하여 전문가는 물론 전 국민이 편리하게 재료를 구매할 수 있고 조

표 25-3. 영국과 미국의 주요 가든센터

영국	가맹점 수	미국	가맹점 수
The Garden Center Group (Wyevale)	129	Master Nursery Garden Centers	750
Dobbies	32	Home and Garden Showplace	260
Klondyke	26	Northwest Nursery Buyers Association	81
Mole Country Store	19	ECGC	12
Notcutts	19		
Hillier Nurseries	14		
Squires	14		
Blue Diamond	12		

언을 들을 수 있다. 또한 가든센터의 운영방식에 따라 분식물 디자인, 정원 디자인과 시공, 그리고 관리 서비스, 교육 프로그램까지 제공할 수 있다. 그래서 분식물 디자이너는 가든센터의 직원으로 근무할 수 있으며, 소규모 가든센터라면 직접 경영자로 참여해 볼 수도 있다.

가드닝이 활성화되기 위해선 경제적 성장으로 인한 사회적 변화, 대중들의 요구 증가 등이 중요하지만 이러한 요구에 부응하고 또 가드닝 붐을 형성하기 위해 충분한 가드닝 재료가 준비되어 있어야 한다. 특히 한국 어디에서도 구입할 수 있고 사후 서비스를 받을 수 있는 대중들을 위한 질 좋고 값싼 재료의 공급은 중요하다.

26. 화훼공간디자인, 실내조경, 가드닝

화훼공간디자인, 실내조경 또는 가드닝업은 화원이나 가드닝숍, 가든센터에서의 판매보다는 실내외 공간의 분식물 디자인 또는 정원 조성 공사를 수주하여 디자인, 시공, 관리하거나 관련 물품을 제작, 판매하는 업체들을 중심으로 구성되어 있다. 화훼공간디자인은 물론이고 실내조경과 가드닝에는 분식물 디자인이 주요한 부분이며, 특히 도시의 컨테이너 가든은 분식물 디자인이 중심이 된다. 분식물 디자이너는 이러한 업체의 직원으로 근무하거나 경영자일 수 있으며, 화원이나 가드닝숍, 가든센터에서도 유통을 통한 판매뿐만 아니라 화훼공간디자인 또는 실내조경이나 가드닝 의뢰를 받는다. 이 장에서는 분식물 디자이너가 활동하는 화훼공간디자인과 실내조경, 그리고 가드닝업을 간략하게 살펴보기로 한다.

26-1. 화훼공간디자인

화훼공간디자인은 실내공간을 중심으로 화훼식물을 이용하여 공간을 아름답게 디자인하는 업체들에 의해 이루어진다. 분식물 디자이너, 실내디자이너 또는 실내조경가, 플로리스트, 가든 디자이너 등이 관여하고 있는데 백화점, 호텔, 레스토랑 등의 상업용 건물의 분식물 디자인, 실내조경, 계절별 디스플레이 등을 비롯하여 회사, 은행, 관공서 등의 업무용 건물과 주거용 건물의 분식물 디자인, 실내정원 등을 디자인하고 시공한다(그림 26-1, 표 26-1).

그림 26-1. 분식물 디자인이 이루어지는 산업체

표 26-1. 분식물 디자인 관련 업

구분	관련 업
식물 생산	화훼식물 생산농원 등
식물 외 재료 생산	토양, 용기, 플랜터, 인조식물, 조형물 생산 및 제작 등
유통(도매)	화훼집하장, 화훼단지, 화훼유통센터 등
유통(소매)	화원, 가드닝숍, 가든센터 등
디자인, 시공, 관리	화원, 가든센터, 화훼공간디자인업, 실내조경업, 실내디자인업, 가든디자인업, 가드닝업, 조경업 등
식물 임대관리	분식물 관리 전문업 등

(주)디자인 알레　　수수플라워&가든　　베리띵스

그림 26-2. 국내 화훼공간디자인업체

실내공간 중심의 화훼공간디자인은 살아있는 화훼식물을 이용한 분식물 디자인이 중심이지만 광환경이 적합하지 않은 실내공간에서 인조식물을 이용하는 경우도 많고, 일시적 용도일 경우 절화를 이용한 플로랄디자인도 이루어진다. 그래서 실내조경과 실외공간 중심의 가드닝업 종사자들과 비교해 분식물 디자이너를 중심으로 실내디자이너, 디스플레이어, 플로리스트, 화원 종사자들이 관여하고 있다. 국내에는 화훼공간디자인 전문업체가 있지만 화원이나 실내조경, 가드닝을 동시에 겸하는 업체들이 더 많으며 실내디자인업체들도 직접 일을 수주하여 디자인하거나 전문업체들에 하청을 준다. 수주하는 일의 범위와 규모에 따라 매출에 큰 차이를 보인다(그림 26-2).

화훼공간디자인업체의 업무 중 가장 중요한 것은 공사를 수주하기 위한 디자인 제시와 시공 및 관리로, 컴퓨터디자인이 가능한 분식물 디자이너의 역할이 중요하다. 최근 이러한 업체들도 생활용품 숍과 가든센터 운영, 힐링 레스토랑과 교육센터를 겸하거나 가든 디자인을 포함한 다양한 가드닝 일을 수주하면서 일의 영역을 확장하고 있다.

26-2. 실내조경

26-2-1 한국의 실내조경업 현황

1988년 올림픽을 전후하여 건축 붐이 형성되면서 아파트 모델하우스의 실내조경은 실제 아파트를 포함한 주거공간이나 업무용, 상업용 공간으로 확대되어 실내조경 붐이 형성되었고 전문업체들이 생성되기 시작하였다. 2000년을 지나면서 실내조경에 대한 관심은 커졌지만 실내조경이 점유하는 시장이 크지 않아 전문업체들은 실외조경이나 실내디자인, 공간디자인업을 겸하게 되었다. 2000년 이후 식물을 이용한 실내환경 개선에 대한 관심이 높아지고 아파트 발코니의 조경면적 확보에 대한 건축법이 시행되면서 실내조경에 대한 관심은 지속되고 있다.

실내조경의 주 업무는 실내정원 공사 수주, 디자인과 시공, 관리, 마케팅, 경영 등이다. 실내조경 전문업체가 있고, 실내조경을 겸하는 조경회사와 실내조경을 직접 하거나 하청을 주는 실내디자인 업체가 있으며, 규모가 작은 실내정원은 화원이나 가드닝숍에서 수주하고 있다. 이와 관련하여 실내식물을 생산, 판매하는 농원이나 유통업체, 실내정원의 플랜터와 첨경재료, 그리고 인조식물을 제작, 판매하는 업체, 실내식물 임대 및 관리업체, 그리고 실내조경 교육업체 등이 있다(표 26-1).

실내조경은 대부분 공사 규모가 작아 동일한 업체에서 디자인과 시공, 관리를 맡는다. 화원이나 가드닝숍, 소규모 가든센터는 소규모 실내정원을 중심으로 공사를 수주하고, 실내조경 전문업체는 회사나 관공서, 호텔 등과 같은 건물 규모가 큰 실내정원을 디자인하고 시공한다. 최근 실내 버티컬 가든 조성 의뢰가 많은 편이며 자동관수되는 플랜터 제작에 관심을 기울이는 업체들도 있다.

국내 화훼생산액은 연도별로 다르지만 호경기시 약 1조 원 정도이고, 이러한 화훼식물은 화원이나 기타 유통센터를 통하여 약 4조 원 정도 시장을 형성하고 있는 것으로 추정된다. 또한 조경시장

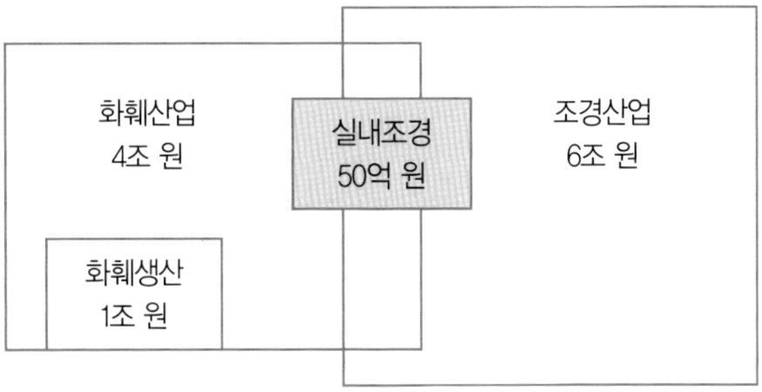

그림 26-3. 2012년 실내조경과 관련된 화훼산업 또는 조경시장 추정 규모(호경기시)

그림 26-4. 실내조경 재료 유통

은 호경기시 6조 원 정도로 추정되는데, 화훼 이용과 조경시장은 여러 분야에서 중복된 부분이 있으며 이 중 실내조경은 약 50억 원 시장을 형성한다고 추정한다(그림 26-3, 4).

26-2-2 실내조경업의 주요 업무

(1) 실내조경 수주

실내조경 시장 규모는 큰 편이 아니기 때문에 실내조경 공사 수주는 매우 중요하다. 업무용 건물이나 상업용 건물에는 비교적 규모가 큰 실내조경이 이루어지고, 주거용 건물에서 요구되는 실내조경은 규모가 작지만 지속적인 수요가 있다. 예를 들면 신축 아파트가 완공되면 플랜터가 건축되어 있는 베란다 실내조경의 주문이 많다. 실내조경 결과가 만족스러울 경우 의뢰인은 지속적인 고객이 될 수 있고 소개를 통한 새로운 수주가 이루어진다. 홈페이지나 잡지를 통한 홍보와 회사소개도 중요하다. 박람회 참가, 전시, 잡지 투고 등 실내조경 수주를 위한 관심과 열정은 실내조경 회사의 성패를 결정한다. 실내조경업은 디자인과 시공뿐 아니라 회사나 관공서, 호텔, 쇼핑센터 등과 분식물 임대 또는 실내정원 관리 계약을 맺어 안정적인 수입원을 만드는 것이 중요하다.

(2) 실내조경 디자인과 시공

의뢰인의 요구를 잘 수용하면서 차별화된 디자인과 깔끔한 시공 능력은 업체의 지속과 발전에 결정적인 역할을 한다. 식물재료 사용에 대한 지식과 식재방법, 토양 이용, 플랜터와 데크 제작을 위한 목공과 석공작업, 첨경재료 활용, 실내조경 재료 구매처 정보 등에 대한 지식과 기술, 그리고 정보력을 갖추어야 한다. 실내조경은 디자인과 시공, 관리를 동시에 수행할 수 있어야 수익을 올릴 수 있으므로 업무 담당자는 다양한 능력을 가지고 있어야 한다.

플랜터와 식물, 토양을 비롯한 재료를 제공하는 온라인 실내조경업체가 많으며 이럴 경우 디자인과 가격에서 구매자들의 선택이 이루어지므로 지속적으로 디자인 아이디어를 개발하여야 한다.

(3) 경영

어느 정도 축적된 기술력과 창의성을 가꾸어 나가는 경영 마인드가 있다면 실내조경업을 경영할 수 있다. 실내조경 관련 업을 시작하기 위해 제작, 판매, 디자인, 시공, 관리 등 어느 방향의 목표를 가지고 있는지 구분해 사업계획서를 만든다. 중요한 것은 실내조경의 수요 조사로 사업 타당성 분석을 해야 한다. 시장성, 장래성, 수익성, 경쟁성, 기타 많은 조사를 토대로 손익분기를 분석하고 타당성 분석이 끝나면, 예를 들어 제품개발이라면 공장설립 계획, 제품개발 계획, 제품생산 계획, 재무계획을 세워야 한다. 또 홍보와 광고를 통한 잠재 구매고객에 정보를 제공할 수 있어야 한다. 그리고 영업력을 동원해 고객유치, 거래처 확보, 판매마케팅을 해야 한다.

26-3. 가드닝

가드닝(gardening)은 포괄적인 의미를 가지고 있는데 보통 우리말로 '정원만들기', '정원가꾸기' 등으로 번역하지만 2015년 국립국어원에서는 가드닝을 '생활원예'라 하였다. 구글 자료를 참고하면, '가드닝'은 자신들의 주택정원을 가꾸고, 개인 텃밭이나 과수원 등 농장에서 가족들을 위해 먹거리를 제공하는 아마추어 가드너(gardener)에서부터 화훼생산농장의 직원이나 넓은 토지의 정원사인 전문 가드너에 의해 이루어진다고 설명하고 있다.

26-3-1 분식물 디자인과 관련한 가드닝업

가드닝업은 상업적 정원 경영, 정원식물 및 정원용품 생산 및 유통, 정원 디자인 및 시공, 정원관리, 정원 박람회 및 전시, 가드닝 경연대회, 정원 잡지, 정원 관련 TV 프로그램, 정원 관련 교육, 정원여행 등 대중들의 가드닝을 위한 서비스와 행사, 교육 등을 제공하는 업체들로 구성된다(표 26-2, 그림 26-5). 전 국민을 위한 가드닝의 중심에 분식물이 있으며 가드닝을 위한 많은 디자인에서 분식물 디자인은 빼놓을 수 없는 부분이다.

그림 26-5. 가드닝 용품 유통

표 26-2. 가드닝 관련 업의 분류

구분	관련 내용
정원 경영	상업적 정원, 관광농원, 식물원, 수목원 등
정원식물 생산	농원, 식물원, 종묘회사 등
정원용품 생산	의자, 벤치, 테이블, 파라솔, 그네, 해먹, 가제보, 아치, 퍼걸러, 온실 등 생산 등
정원식물 및 정원용품 유통(도매)	화훼집하장, 화훼유통센터, 화훼단지 등
정원식물 및 정원용품 유통(소매)	가든센터, 가드닝숍, 화원 등
정원 디자인 및 시공	가든디자인업, 가드닝업 등
정원관리	정원관리업, 가드닝업 등
정원 박람회 & 전시 & 행사	정원 박람회, 꽃박람회, 가든쇼, 플라워쇼 등
가드닝 경연대회	정원디자인공모전, 정원페스티벌, 생활정원 등
정원 잡지	가드닝 잡지, 가든디자인 잡지 등
정원 TV 프로그램	가드닝, 정원관리 등
정원 교육	대학, 평생교육원, 학원 등
정원 여행	국내외 정원 여행 등
관련 협회	가든디자이너, 가드닝, 정원문화 등
관련 학회	정원디자인 등

26-3-2 한국의 가드닝 현황

2010년 통계청 자료를 참고하면 한국 전체 건축물 수의 67%가 주거용 건물인데 이 중 아파트는 가구수로는 47%, 주택수(거처)로는 58%로 대부분의 사람들이 아파트 생활을 하고 있다(표 26-3). 또 다른 보고서에 의하면 단독주택에 사는 사람들이 아파트에 사는 사람들보다 경제적으로 부유하지 않다고 하는 결과가 있는데, 이것은 아직 정원을 가꾸면서 생활하는 사람들이 많지 않은 것을 의미한다고 볼 수 있다.

표 26-3. 2010년 전국 거처와 가구 분포

구분	계 (호, 가구)	단독주택 (%)	아파트 (%)	연립주택 (%)	다세대주택 (%)	비거주용 건물내 주택 (%)	주택 이외의 거처 (%)
거처	13,883,571	27	58	4	9	1	2
가구	17,183,370	40	47	3	7	1	2

이러한 이유로 개인 주택정원을 중심으로 정원생활을 즐기는 외국과는 달리 한국에는 가드닝이 개인주택과 함께 텃밭이나 주말농장, 도시농업의 형태로 공동 정원에서 발전할 것으로 예상된다. 정부는 2010년에 247개밖에 되지 않는 도시 텃밭이나 주말농장을 2020년까지 8,000개 만들 것이라는 발표를 했는데, 정부의 입장은 급격한 도시화로 오염된 공기와 수질을 정화하기 위한 환경문제 해결의 일환이라지만 일반인들의 입장에선 가드닝 욕구를 충족시킬 수 있는 한 가지 방법이라 할 수 있다.

개인 정원이 많지 않은 한국의 주거환경에서 가드닝은 네 방향으로 발전하게 될 것 같다. 첫째는 개인 주택정원에서의 가드닝 활성화, 둘째는 아파트, 연립주택, 다세대주택 등 공동주택의 정원에서 구성원들이 함께 만들어 가는 가드닝, 셋째는 주택과 상관없이 임대받는 얼로트먼트 정원(allotment garden)이나 주말농장과 같은 공동 정원에서의 가드닝, 넷째는 어떤 공간에서도 이용할 수 있는 컨테이너 가드닝(container gardening)이다.

정원이 없는 곳에서 용기를 이용한 컨테이너 가드닝 이용의 증가로 컨테이너 가든을 조성해주는 가드닝업체도 형성될 것으로 보인다(그림 26-6). 컨테이너를 이용한 텃밭정원이 증가하고 있으며 2004년부터 서울시에서는 16층 이상 대형 건물에 옥상조경설치를 의무화하는 방안을 만들어 옥상조경에서의 분식물 이용이 증가하고 있다. 2014년 정원법 제정으로 가드닝에 대한 관심이 증대되고 있다.

그림 26-6. 컨테이너 가드닝

참고문헌

한국 단행본

고하수. 1993. 한국의 꽃예술사 I ~ II. 하수출판사.

곽병화. 1994. 화훼원예각론. 향문사.

김광진 역. 2005. 사람을 살리는 실내공기정화식물. 중앙생활사.

김혜숙. 2015. 집안에 숲을 들이다 힐링원예. 아카데미북.

다바타 데쓰오. 2016. 초미니 수족관 보틀리움. 한스미디어.

동경주부생활사. 2004. 내가 만든 미니분재. 그린홈.

마이 가든 드림팀. 2007. 베란다에서의 즐거운 시간. 혜지원.

마틴 콕스. 2011. 우리집 화분 식물 가꾸기. J&P.

박희란. 2010. 베란다 채소밭. 로그인.

손관화. 2004. 아름다운 생활공간을 위한 화훼장식. 중앙생활사.

손기철, 2014. 실내식물 사람을 살린다. 중앙생활사.

심우경. 2000. 옥상정원. 보문당.

아담 카플린. 2005. 새로운 유기농 채소정원. 동학사.

어반북스콘텐츠랩. 2016. 식물수집가. 위즈덤하우스.

오하나. 2015. 그녀의 작은 정원. 넥서스북스.

와타나베 히토시. 2012. 관엽식물 가이드 155. 그린홈.

원주희. 1997. 실내조경디자인. 조경.

월간 플로라. 2013. 꽃 인테리어. 플로라.

윤경은. 2008. 우리집 용기정원 만들기. 김영사.

이상희. 1998. 꽃으로 보는 한국문화 2. 넥서스.

이선영. 2013. 베란다 꽃밭. 로그인.

이영무. 1995. 실내조경. 기문당.

이영선. 2008. 내 손으로 꾸미는 실내조경. 프로방스.

이정식, 윤평섭. 1997. 자생식물학. 서일.

이종석, 방광자, 원주희. 1993. 실내조경학. 조경.

이창혁. 1994. 실내조경학. 명보문화사.

장진주. 2012. 열두달 베란다 채소밭. 조선앤북.

전영은. 2013. 화초 기르기를 시작하다. 하서.

조애너 K. 해리슨, 미랜더 스미스. 2010. 화분 안에 담긴 정원. J&P.

최상진 역. 1993. 절화와 화분식물의 수확 후 취급 및 저장. 아카데미서적.
한국화훼연구회. 1998. 화훼원예학총론. 문운당.
허북구. 2002. 화훼유통과 플라워샵 비지니스. 중앙생활사.
황수로. 1990. 한국꽃예술문화사. 삼성출판사.

한국 논문

강광철, 주진희. 2013. 관상용 수경재배에서 활성탄 비율에 따른 스킨답서스의 생육반응. 한국인간식물환경학회 16(6):377-382.
권계정, 정현환, 박봉주. 2015. 관수주기에 따른 실내 관엽식물의 생장반응. 한국인간식물환경학회 18(5):379-385.
김선혜, 방광자. 2004. 미적 접근분석을 통하여 본 실내조경의 디자인 연구. 한국인간식물환경학회 7(4):76-80.
김성민, 박성용, 김기성, 홍정원, 박천호. 2014. 관엽식물과 화훼식물 그리고 장식용 식물의 향기가 인간에게 심리생리학적으로 미치는 효과. 원예과학기술지 32(별지 2) pp. 198.
김수연, 방광자. 2002. 경영효과를 고려한 실내조경 도입방안에 관한 연구. 한국인간식물환경학회 5(3):23-30.
김수연. 2004. 실내조경의 효과변수가 복합 상업공간 이용자 만족도에 미치는 영향. 화훼연구회지 12(3):273-277.
김승덕, 김주형, 이종원, 김태중. 2011. 겨울철 온도관리가 관엽식물의 생육에 미치는 영향. 원예과학기술지 29(별지 1) pp. 193.
민고명, 이정식. 1992. 광조건의 변화가 벤자민고무나무(*Ficus benjamina* 'WG-1')의 생장 및 순화에 미치는 영향. 한국원예학회지 33(1):48-53.
박소홍, 이정식. 1997. 관엽식물의 광합성활성에 미치는 광순화의 영향. 한국원예학회지 38(1):71-76.
박인숙, 임태조, 오욱. 2012. 인공광원의 종류에 따른 실내 *Plectranthus amboinicus*와 *Fittonia albivernis*의 생장반응. 화훼연구회지 20(4):179-186.
백정애, 장유진, 박천호. 2003. 두 종류 천남성과 식물의 수경재배시 스트레스 발생정도와 토양재배와의 생육비교. 원예과학기술지 21(4):341-345.
서종택, 유동림, 이현숙, 이희경, 남춘우, 류승열, 송정섭. 2006. 분화 및 옥상 녹화용 내건성 자생화 선발. 한국인간식물환경학회 9(3):1-5.
손관화. 2012. 정원 디자인을 위한 초화류 선정 체크리스트 제시. 한국인간식물환경학회 15(1):47-60.
손관화. 2013. 국내 정원용 다년생 초화류의 생육 특성별 화색, 초장, 개화기 분류. 한국인간식물환경학회 16(6):383-400.
손기철, 김미경, 박소홍, 장명갑. 1998. 관엽식물 파키라가 실내 온 · 습도 변화에 미치는 영향. 원예과학기술지 16(3):377-380.
손기철, 나선영, 류명화. 1998. 녹색이 인간생활에 미치는 영향. 한국원예치료연구회 p. 65-81.
손기철, 류명화, 박웅규. 2000. 실내식물이 컴퓨터 모니터 발생 전자파 차단에 미치는 영향. 한국인간식물환경학회 41(4):423-428.

송천영, 송은경. 2012. 비모란 접목선인장과 다육식물을 합식한 분화의 실내위치 및 LED 조명에 따른 식물의 생장변화. 화훼연구회지 20(2):64-70.

송천영, 이상덕, 박인태, 조창휘. 2007. 배합토 종류와 식재 깊이에 따른 혼합 분식 선인장과 다육식물의 생장. 원예과학기술지 25(4):429-435.

신현철, 박남창, 최경옥. 2010. 자생 상록 '고사리목 식물'의 광적응성 및 실내조경 공간도입 방안. 한국인간식물환경학회 13(6):109-116.

신현철, 홍점규, 최경옥. 2015. 아파트 베란다 실내정원에 대한 선호도 분석. 한국인간식물환경학회 14(6):437-442.

엄은경, 김완순. 2014. 무늬베고니아 'Harmony's Red Robin'의 실내 도입시 적정 광도. 한국인간식물환경학회 17(5):357-363.

유미, 이은희. 2015. 업무공간에서 모듈화 된 실내조경이 업무자의 심리적 회복에 미치는 영향. 한국인간식물환경학회 18(2):79-87.

유은하, 장혜숙, 김광진, 정현환, 김윤정. 2015. 그린인테리어 주거공간에 대한 인간의 심리적 효과 분석. 한국인간식물환경학회 18(4):249-256.

이나영, 한승원, 주나리, 이종석. 2008. 실내환경 개선을 위한 *Ardisia*속 식물의 열 성능 평가. 화훼연구회지 16(1):1-6.

이애경. 2007. 감성디자인을 적용한 야우리백화점 실내조경 계획 및 시공. 한국인간식물환경학회 10(2):139-145.

이정민. 1998. 화예디자인의 현대적 개념과 기능에 관한 연구. 한국꽃예술디자인학회 p. 85-112.

이정민. 2001. 환경친화 가치를 위한 화예디자인의 정체성 확립과 표현에 관한 연구. 숙명여자대학교 디자인대학원 석사학위논문.

이종석, 오혜원. 2002. 실내조경시 자생식물의 이용현황에 관한 연구. 화훼연구회지 10(2):91-96.

이종섭, 손기철, 송종은, 이손선. 1998. 실내식물이 인간의 뇌파변화에 미치는 영향. 한국원예치료연구회 p. 57-64.

이진희, 김훈희. 1999. 실내식물의 향기가 과업 집중도에 미치는 영향. 한국인간식물환경학회 2(3):23-32.

이해일, 홍종원, 장유진, 김재윤, 박천호. 2011. 서울시 아파트가구내의 실내식물이 행복지수에 미치는 영향. 화훼연구회지 19(1):64-67.

장태경, 김홍열, 임기병. 2013. 실내 벽면녹화용 관엽식물의 생장에 적합한 인공배지의 선발. 화훼연구회지 21(1):11-16.

정명일, 한승원, 김재순, 송정섭. 2013. 중부지방 저관리 경량형 옥상정원에서 활용이 가능한 초본 자생식물의 선발. 화훼연구회지 21(4):172-181.

정미숙. 1992. 실내조경 설계기법의 정립에 관한 연구: 식물외적 첨경소재 활용을 중심으로. 한양대학교 석사학위논문.

정진, 권민훈, 방광자. 2006. 고속도로 휴게소 화장실의 실내식물 관리현황에 관한 연구 -우리나라 주요 고속도로를 중심으로-. 한국인간식물환경학회 9(4):140-147.

주나리. 2011. 분식관상식물의 장식 트렌드에 관한 연구. 서울여자대학교 원예학과 박사논문.

주진희, 김선혜, 방광자. 2009. 지하철 모형 실내공간에서 형광등 광도가 실내식물의 생육반응에 미치는 영향. 한국인간식물환경학회 12(2):15-24.

최경옥. 2005. 광원 및 광도에 따른 실내식물의 생육반응. 한국인간식물환경학회 8(2):73-80.

한승원, 이종석, 손장열. 2006. 아라우카리아의 실내소음 저감특성에 관한 실험적 연구. 한국인간식물환경학회 9(3):6-11.

허북구, 유용권, 송채은, 백진주, 박윤점. 2004. 화분 식물 포장의 유형화와 품목별 포장 적용성. 원예과학기술지 22(4):504-508.

홍정, 이종석, 곽병화. 1994. 실내조경용 *Codiaeum variegatum* 'Yellow Jade'의 생육과 반엽형성에 미치는 광선과 시비의 영향. 한국원예학회지 35(6):610-616.

한국 잡지

변영웅, 김정환, 김황용, 최준열, 최만영. 2012. 하늘이 내린 적, 천적 -천적과 생물적 방제의 놀라운 세계-. RDA Interrobang (59호).

인터넷

국립원예특작과학원. 2016. 공기정화식물. http://www.nihhs.go.kr/personal/air.asp?t_cd=0.

상록(주). 2016. 식물영양소의 역할. http://sr8655.com/nutrient.

외국 단행본

AMA Research. 2008. Trade estimates 2008. AMA Research Ltd. U.K.

Austin, Richard L. 1985. Designing the interior landscape. Van Nostrand Reinhold Company. New York.

Bird, Richard. 2005. The Kitchen garden. Ryland Peters & Small.

Bridgewood, Les. 2003. Hydroponics soilless gardening explained. The Crowood Press.

Briggs, George B. and Clyde L. Calvin. 1987. Indoor plants. John Wiley & Sons. New York.

Brookes, John. 1989. The indoor garden book. Dorling Kindersley.

Carter, George. 2000. Wohnen mit planzen. Augustus.

Chapman, Baylor. 2014. The plant recipe book. Artisan Publishers.

Cooper, Paul. 2003. Interiorscapes. Mitchell Beazley.

Furuta, Tokuji. 1983. Interior landscaping. Reston Publishing Comp. Virginia.

Graf, Alfred. 1978. Exotica Third. East Rutherford, Roehrs Company.

Greenoak, Francesca. 1996. Water features for small gardens. Conran Octopus.

Hammer, Nelson. 1991. Interior landscape design. New York. McGraw-Hill Architecture & Scientific Publication.

Hammer, Patricia R. 1991. The new topiary. Longwood Gardens Inc. England.

Hendy, Jenny. 1997. Balconies & roof garden. New Holland Ltd.

Herwig, Rob. 1992. Growing beautiful houseplants. Facts On File. New York.

Hillier, Malcolm. 1995. Container gardening through the year. Dorling Kindersley.

Hillier, Malcolm. 1996. Herb garden. Dorling Kindersley.

Hunter, Margaret K. and Edgar H. Hunter. 1978. The indoor garden. John Wiley & Sons.

Hunter, Norah T. 1994. The art of floral design. Delmar Publishers Inc. New York.

Joiner, Jasper. N. 1981. Foliage plants production. Prentice-Hall. New Jersey.

Mader, Günter. 2004. Freiraumplanung. Deutsche Verlags-Anstalt.

Manaker, George H. 1987. Interior plantscapes. Prentice-Hall, Inc. New Jersey.

Marston, Peter. 1998. Garden room style. Weidenfeld & Nicolson.

Neidiger, Helmut. 1990. Pflanzschalen. Ulmer.

Palmer, Isabelle. 2014. The house gardener. CICO Books.

Pierceall, Gregory M. 1987. Interiorscapes: planning, graphics, and design. Prentice-Hall, Inc. New Jersey.

Search, Gay. 1997. Gardening without a garden. Dorling Kindersley.

Sunset Books. 2004. Container gardening. Sunset Books. CA.

Warren, William. 1991. The tropical garden. Thames and Hudson. London.

Williams, Paul. 2004. Container gardening. Dorling Kindersley.

외국 논문

McWilliams, E.L. and C.W. Smith. 1978. Chilling Injury in *Scindapsus pictus, Aphelandra squarrosa*, and *Maranta leuconeura*. HortScience 13(2):179-180.

Peterson, J.C. 1982. Effects of pH upon nutrient availability in a commercial soilless root medium utilized for floral crop production. Ornamental plants, A summary of reserch, research circular 253, Ohio agricultural research and development center.

W.C. Fonteno and E.L. McWilliams. 1978. Light compensation points and acclimatization of four tropical foliage plants. J. Amer. Soc. Hort. Sci. 103(1):52-56.

외국 잡지 및 기타

A.P. Hammer and G. Holton. 1975. Asexual reproduction of spider plant, *Chlorophytum elatum*, by day length control. Florists' Review 157(4057): 35, 76.

Conover, C.A. and R.T. Poole. 1975. Acclimatization of tropical foliage plants. Grower Talks 39(6):6-14.

Koths, J.S. 1976. Nutrition of greenhouse crops. U. of Connecticut bulletin 76-14 p.2.

그림 출처

Atlas. 2016. World, average annual precipitation. http://go.grolier.com/atlas?id=mtlr080.

Casual Living for Home and Garden. 2016. Hydroculture. http://swisscasualliving.com/2.html.

Doopedia. 2016. 공기정화식물. http://www.doopedia.co.kr/doopedia/master/master.do?_method= view&MAS_IDX=101013000878910.

Eastlake victorian. 2016. In search of the perfect wardian case. ttp://eastlakevictorian.blogspot.kr/2010/06/in-search-of-perfect-wardian-case.html.

Fansshare. 2016. Hydroculture plant. http://www.fansshare.com/community/uploads96/1580/hydroculture_plant.

Gardenvisit.com. 2016. Vegetable gardens. http://www.gardenvisit.com/history_theory/library_online_ebooks/ml_gothein_history_garden_art_design/egyptian_vegetable_gardens.

Monnik. 2016. Huge wardian case. http://www.monnik.org/billion/biophilic-living-notes/attachment/huge-wardian-case.

Occupy wall street. 2016. Ford foundation. https://twitter.com/occupywallstnyc/status/702943242237689856.

Pearson Education, Inc. 2016. Biome distribution. http://garingerearthsci.weebly.com/uploads/3/7/7/3/37738075/biome_map.jpg.

Steves's digicams. 2016. Ford foundation indoor garden. http://forums.steves-digicams.com/landscape-photos/167039-ford-foundation-indoor-garden.html.

SWAW. 2016. The hanging gardens of Babylon. http://www.unmuseum.org/hangg.htm.

The flower doctor. 2016. Planting in a wardian case. http://flowerdoctor.net/?p=691.

문화재청. 2016. 자수사계분경도. http://www.cha.go.kr/korea/heritage/search/Culresult_Db_View.jsp?mc=NS_04_03_02&VdkVgwKey=12,06530000,11.

민화. 2016. 책거리. https://www.pinterest.com/ch4yoon/%EB%AF%BC%ED%99%94/.

석원. 2016. 연폭기명도도. http://blog.naver.com/patcad/220135205523.

심천. 2016. 고려시대 분재 및 원예생활의 복원. http://blog.daum.net/gardenofmind/13424976.

알라스카. 2016. 세계 분재역사를 다시 쓴다. http://m.blog.daum.net/silve/15395655.

오소미. 2016. 풍속화에서 보이는 즐김과 여유의 미학. http://www.k-heritage.tv/hp/hpContents/story/view.do?contentsSeq=1320&categoryType=3.

이윤재. 2016. 동궐도-고려대학교 박물관. http://racio.tistory.com/183.

한반도. 2016. 까마귀 노는 곳에 백로야 가지 마라. http://m.blog.daum.net/allpeninsula/7513524.

황영찬. 2016. 양화소록. 선비, 꽃과 나무를 벗하다. http://dmoo.tistory.com/m/post/1295.

중앙생활사 Joongang Life Publishing Co.
중앙경제평론사 | 중앙에듀북스 Joongang Economy Publishing Co./Joongang Edubooks Publishing Co.

중앙생활사는 건강한 생활, 행복한 삶을 일군다는 신념 아래 설립된 건강 · 실용서 전문 출판사로서
치열한 생존경쟁에 심신이 지친 현대인에게 건강과 생활의 지혜를 주는 책을 발간하고 있습니다.

아름다운 생활공간을 위한 분식물 디자인

초판 1쇄 발행 | 2016년 8월 17일
초판 3쇄 발행 | 2024년 9월 20일

지은이 | 손관화(KwanHwa Sohn)
펴낸이 | 최점옥(JeomOg Choi)
펴낸곳 | 중앙생활사(Joongang Life Publishing Co.)

대 표 | 김용주
책임편집 | 한옥수
본문디자인 | 박근영

출력 | 케이피알 종이 | 에이엔페이퍼 인쇄 | 케이피알 제본 | 은정제책사

잘못된 책은 구입한 서점에서 교환해드립니다.
가격은 표지 뒷면에 있습니다.

ISBN 978-89-6141-185-1(03520)

등록 | 1999년 1월 16일 제2-2730호
주소 | ㊐ 04590 서울시 중구 다산로20길 5(신당4동 340-128) 중앙빌딩
전화 | (02)2253-4463(代) 팩스 | (02)2253-7988
홈페이지 | www.japub.co.kr 블로그 | http://blog.naver.com/japub
네이버 스마트스토어 | https://smartstore.naver.com/jaub 이메일 | japub@naver.com
♣ 중앙생활사는 중앙경제평론사 · 중앙에듀북스와 자매회사입니다.

※ 이 도서의 국립중앙도서관 출판시도서목록(CIP)은 서지정보유통지원시스템 홈페이지(http://seoji.nl.go.kr)와
국가자료공동목록시스템(http://www.nl.go.kr/kolisnet)에서 이용하실 수 있습니다.(CIP제어번호 : CIP2016017559)